“十三五”国家重点出版物出版规划项目
藏文信息处理技术
藏语文传承与发展之藏汉双向机器翻译平台建设（藏财预指〔2020〕1号）项目
西藏大学珠峰学者计划-高原学者-珠杰（藏财教指〔2018〕54号）资助

རྩིས་འཁོར་ཐོག་ནས་བོད་ཡིག་རང་འགུལ་སྒྲིག་གཅོད་ཀྱི་ཐབས་ཤེས་ལ་དཔྱད་པ།

藏文文本自动处理方法研究

（第二版）

珠 杰 著

西南交通大学出版社
·成 都·

图书在版编目（CIP）数据

藏文文本自动处理方法研究 / 珠杰著. —2 版.—成都：西南交通大学出版社，2022.5
（藏文信息处理技术）
"十三五"国家重点出版物出版规划项目
ISBN 978-7-5643-8676-4

Ⅰ. ①藏… Ⅱ. ①珠… Ⅲ. ①藏文－语言信息处理学－研究 Ⅳ. ①TP391

中国版本图书馆 CIP 数据核字（2022）第 078718 号

"十三五"国家重点出版物出版规划项目
藏文信息处理技术

藏文文本自动处理方法研究
（第二版）

Zangwen Wenben Zidong Chuli Fangfa Yanjiu

珠 杰 **著**

*

责任编辑 李 伟
封面设计 墨创文化
西南交通大学出版社出版发行
四川省成都市二环路北一段 111 号西南交通大学创新大厦 21 楼
邮政编码：610031 发行部电话：028-87600564
http: //www.xnjdcbs.com
四川森林印务有限责任公司印刷

*

成品尺寸：210 mm × 285 mm 印张：15.5
字数：431 千
2018 年 5 月第 1 版
2022 年 5 月第 2 版
2022 年 5 月第 2 次印刷
ISBN 978-7-5643-8676-4
定价：88.00 元

第二版前言

藏文作为人类语言的一个典型例子，具有人类共同的思维方式和语言组织形式，具有自身悠久的历史和完备的理论体系，同样受到现代科学技术进步的影响，也不断适应现代社会日新月异的变化；藏文虽然是一个小语种，同样受到自然语言处理领域研究者的关注。自计算机诞生之日起，人们就开始了藏文在计算机上的表示、显示、输入和输出的研究。目前，人们开始探索藏文自然语言处理问题，以不断提升藏文自身适应现代社会的能力。

随着藏文信息技术的不断发展，经过科研院所、高等学校和企业众多研究者的努力，藏文信息技术研究已经取得了丰硕成果，使得藏文字处理技术趋于成熟。随着互联网的普及和大数据时代的到来，藏文电子资源数据得到了迅速增长，这些数据成为藏文信息处理进一步发展的基石。由此，研究人员广泛开展藏文字处理、词处理、短语处理和语句处理等相关研究工作。目前，在藏文字处理、词处理、短语处理和语句处理等领域上取得了不少成绩，但也存在很多尚未解决的问题。本书从目前亟待解决的几个关键问题出发，研究其解决方案和相应的实现算法，这也是本人从事藏文信息处理技术研究的相关成果，大部分成果已经发表在国内中文核心期刊上。在本书编写过程中，作者得到了多方的大力支持。在此，感谢我的导师李天瑞教授，西藏大学欧珠教授、格桑多吉教授、仁青诺布副教授等；感谢我的学生郑亚楠、侯恩帅、尹良成、李震松、刘赛虎、罗之翔、尼玛等的辛勤努力。另外，本书还得到了“藏语文传承与发展之藏汉双向机器翻译平台建设（藏财预指〔2020〕1号）项目”“西藏大学珠峰学者计划-高原学者-珠杰（藏财教指〔2018〕54号）项目”的资助。

本书总共分四个部分，第一部分以藏文字处理为研究对象，讨论了藏文排序方法、藏文音节规则、自动拼写算法和藏文音节构件识别算法的内容；第二部分以藏文词处理为研究对象，讨论了藏文停用词自动处理方法、藏文人名识别方法，研究了条件随机场（CRF）和深度学习的藏文人名识别技术；第三部分以藏文自动校对为研究对象，讨论了基于音节规则的藏文拼写检查算法、藏文自动校对系统框架和接续关系检查算法；第四部分以藏文句子和语义处理方法为研究对象，讨论了论元角色的藏语语义角色标注研究、认识自然语言处理和文本自动处理技术比较。

本书可以作为高等院校藏文信息处理技术、计算机科学与技术、藏语言文学等相关专业研究生的参考书，也可以作为从事藏文信息处理技术、藏语计算语言学、藏语言文学研究相关人员的参考书。

由于本人水平有限，加之时间仓促，书中难免存在疏漏和不妥之处，恳请广大读者批评指正。

珠 杰

2020 年 7 月

第一版前言

藏文作为人类语言的一个典型例子，具有人类共同的思维方式和语言组织形式，具有自身悠久的历史和完备的理论体系，同样受到现代科学技术进步的影响，也不断适应现代社会日新月异的变化；藏文虽然是一个小语种，同样受到自然语言处理领域研究者的关注。自计算机诞生之日起，人们就开始了藏文在计算机上的表示、显示、输入和输出的研究。目前，人们开始探索藏文自然语言处理问题，以不断提升藏文自身适应现代社会的能力。

随着藏文信息技术的不断发展，经过科研院所、高等学校和企业众多研究者的努力，藏文信息技术研究已经取得了丰硕成果，使得藏文字处理技术趋于成熟。随着互联网的普及和大数据时代的到来，藏文电子资源数据得到了迅速增长，这些数据成为藏文信息处理进一步发展的基石。由此，研究人员广泛开展藏文字处理、词处理、短语处理和语句处理等相关研究工作。目前，在藏文字处理、词处理、短语处理和语句处理等领域上取得了不少成绩，但也存在很多尚未解决的问题。本书从目前亟待解决的几个关键问题出发，研究其解决方案和相应的实现算法，这也是本人从事藏文信息处理技术研究的相关成果，大部分成果已经发表在国内中文核心期刊上。在本书编写过程中，作者得到了多方的大力支持。在此，感谢我的导师李天瑞教授，西藏大学欧珠教授、格桑多吉教授、仁青诺布副教授等；感谢我的学生郑亚楠的辛勤努力。另外，本书还得到了“西藏大学珠峰学者计划-高原学者-珠杰”项目、国家自然基金项目（61751216）的资助。

本书总共分三个部分，第一部分以藏文字处理为研究对象，讨论了藏文排序方法、藏文音节规则和自动拼写算法的内容；第二部分以藏文词处理为研究对象，讨论了藏文停用词自动处理方法、藏文人名识别方法，研究了条件随机场（CRF）和深度学习的藏文人名识别技术；第三部分以藏文自动校对为研究对象，讨论了基于音节规则的藏文拼写检查算法、藏文自动校对系统框架和接续关系检查算法。

本书可以作为高等院校藏文信息处理技术、计算机科学与技术、藏语言文学等相关专业研究生的参考书，也可以作为从事藏文信息处理技术、藏语计算语言学、藏语言文学研究相关人员的参考书。

由于本人水平有限，加之时间仓促，书中难免存在疏漏和不妥之处，恳请广大读者批评指正。

珠 杰

2018 年 3 月

目　录

第一篇　藏文字处理技术

第二篇　藏文词处理方法

第三篇　藏文自动校对方法

第四篇　藏文句子和语义处理方法

第一篇

藏文字处理技术

从20世纪80年代初于道泉先生的论文《藏文数码代字》开始，藏文信息处理技术研究的大门被打开了，从此，许多研究人员致力于藏文信息处理技术的研究。历经40年的努力，藏文信息处理技术已经进入藏文字处理技术逐步成熟、词处理技术蓬勃发展、应用技术逐步完善的阶段。藏文字处理技术包含藏字构件的属性统计、藏文编码体系研究、编码制定、编码转换、输入输出、字型与字库设计、藏文排序等众多内容。本篇内容由五章构成。第一章是藏文基础理论，后四章分别介绍了基于藏文编码GB的藏文排序方法研究，藏文音节规则库的建立与应用分析，藏文音节规则模型及应用，藏文音节构件分解及类型识别算法；主要讨论了藏文字符排序问题，提出了藏文基字定位算法；讨论了藏文音节规则模型，建立了藏文音节规则库和应用范围，提出了藏文音节自动拼写算法和藏文音节构件识别算算法，并通过附录一至五展示了相关研究成果。

第一章　藏文基础理论

传统的藏文语法主要由“文法根本三十颂”(简称“三十颂”)和“字性组织法”组成[1, 2]。早在 1 300 多年前吐蕃王朝的松赞干布时期，由文臣图弥桑布扎始创，经过噶玛司都·却吉迥乃、欧曲·法贤、欧曲·央金珠白多吉等历代语言学家的注释和扩充，形成了以虚词和动词为核心，具有显性语言组织结构特征的传统文法体系[3]。其中“三十颂”主要描述了藏文音节拼写结构、格助词和各类虚词的用法；“字性组织法”描述了以动词为中心的形态变化、时态变化、施受关系、能所关系、单句句式和复句句式等有关动词的一系列语法规则和功能。

第一节　藏文字符

按语法理论，藏文有显性的 30 个字母和 4 个元音，但在藏文字符国家标准[4]中，藏文字符有 211 个，包含了语法理论中的字母、藏文数字以及藏文文本中出现的各类符号。

30 个字母：ཀ་ཁ་ག་ང་ ཅ་ཆ་ཇ་ཉ་ ཏ་ཐ་ད་ན་ པ་ཕ་བ་མ་ ཙ་ཚ་ཛ་ཝ་ ཞ་ཟ་འ་ཡ་ ར་ལ་ཤ་ས་ ཧ་ཨ་

4 个元音：ཨི་ཨུ་ཨེ་ཨོ་

部分符号：༎ ◌༹ ༝ ༀ ༕ ༟ ࿕ ༚ ༔

第二节　藏文音节

藏文音节（有些文献称为藏字）是由藏文 30 个字母和元音组成的字符序列。藏文音节结构是二维的字符序列组织结构，如图 1-1 所示。根据音节中基字为中心的位置关系，分为前加字、基字、后加字、再后加字、上加字、下加字和元音。

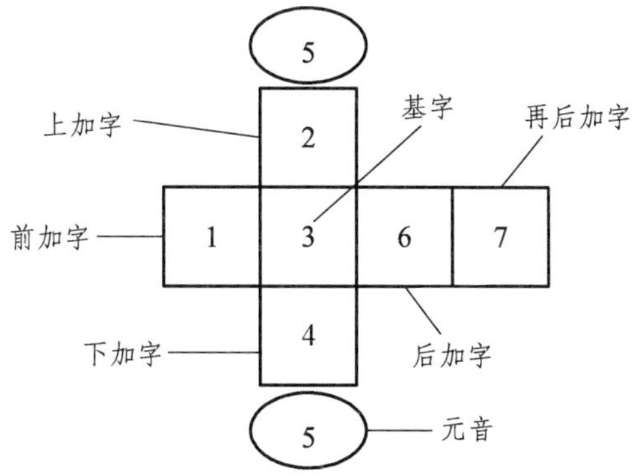

图 1–1　藏文音节结构

藏文音节的拼写规则主要依据藏文“字性组织法”中的音韵理论，将基字、前加字和后加字分为阳性、中性和阴性，阴性又细分为准阴性、纯阴性和极阴性。字符的音韵分类如表1-1 ~ 1-3 所示。

表 1-1　基字字性

字性	阳性	中性	阴性			无性
			准阴性	纯阴性	极阴性	
基字	ཀ་ཅ་ཏ་པ་ཙ་	ཁ་ཆ་ཐ་ཕ་ཚ་	ག་ཇ་ད་བ་ཛ་ཝ་ཞ་ཟ་འ་ཡ་ཤ་ས་	ར་ལ་ཧ་ཨ་	ང་ཉ་ན་མ་	ཨ་

表 1-2　前加字字性

字性	阳性	中性	阴性	极阴性
前加字	བ་	ག་ད་	འ་	མ་

表 1-3　后加字字性

字性	阳性	中性	阴性
后加字	ག་ད་བ་ས་	ན་ར་ལ་	ང་མ་འ་

第三节　藏文词语

一个及以上藏文音节构成词语（ཡི་གེའི་ཁོངས་ནས་མིང་དབྱུང་སྟེ།།）。传统藏文语法中，关于词语讨论最丰富的应属动词、格助词和各类虚词。“三十颂”中分析了格助词和各类虚词的功能和用法，“字性组织法”中分析了动词的形态变化、功能和意义。在“三十颂”中，对格助词和虚词的分析是从不同视角讨论虚词的两种表象，即“一套是从形式到意义，另一套是从意义到形式”[3]。

格助词的分析是从意义到形式的论述，各类虚词的分析是从形式到意义的论述。藏语“格”从语法意义来分远不止八“格”（传统语法分为八“格”），如果从语法形式来分，却只有属格、作格、位格和从格。这些形式不仅表示词与词、句子成分之间的结构关系，还可以附加在动词谓语之后，用来表示分句之间的关联关系，具有“格”和虚词的双重功能[3]。从形态上划分的藏语格助词如表 1-4 所示。

表 1-4　藏语格助词表

格助词	属格助词	作格助词	位格助词	从格助词
意义格	领属格	施动格	受动格、目的格、处所格	来源格
词数	5	5	7	2
形态变化	གྱི་ཀྱི་གི་འི་ཡི་	གྱིས་ཀྱིས་གིས་འིས་ཡིས་	སུ་ར་རུ་དུ་ན་ལ་ཏུ་	ནས་ལས་

藏语虚词分为自由虚词和不自由虚词。不自由虚词是指有多种形态，受接续规则约束的一类虚词[3]；自由虚词正好相反，是不受接续规则约束的一类虚词。不自由虚词共有 9 种，除了属格助词、作格助词和位格助词之外，其余如表 1-5 所示。

表 1-5　藏语不自由虚词表

虚词	饰集词	待述词	离合词	终结词	ཞིང་等	གྱིན་等
个数	3	3	10	10	15	4
形态变化	ཀྱང་ཡང་འང་	ཏེ་སྟེ་དེ་	གམ་ངམ་དམ་ནམ་བམ་མམ་འམ་རམ་ལམ་སམ་ཏམ་	གོ་ངོ་དོ་ནོ་བོ་མོ་འོ་རོ་ལོ་སོ་ཏོ་	ཞིང་ཞེས་ཞེའོ་ཞེ་ན་ཞིག་ ཅིང་ཅེས་ཅེའོ་ཅེ་ན་ཅིག་ ཤིང་ཤེས་ཤེའོ་ཤེ་ན་ཤིག་	གྱིན་ཀྱིན་གིན་ཡིན་

接续规则是指不自由虚词的接续受前一个音节后置字母的语音强弱影响的一种语法规则。自由虚词则不受接续规则的约束。在传统文法“三十颂”中，提到了 6 种自由虚词，具体如表 1-6 所示。

表 1-6　藏文自由虚词

虚词	ནི་སྒྲ་	དང་སྒྲ་	དེ་སྒྲ་	ཀྱི་སྒྲ་	དགག་སྒྲ་	བདག་སྒྲ་
功能	语气助词	连词	指示代词	疑问代词	否定词	指人构词后置
形态	ནི་	དང་	དེ་	ཅི་ཇི་སུ་གང་ནམ་	མ་མི་མིན་མེད་	པ་བ་མ་པོ་བོ་མོ་མཁན་ཅན་ལྡན་

虚词和动词是传统藏文文法的两根支柱，动词作为“字性组织法”的核心，词法和句法都受制于动词理论，在整个文法体系中占有支配地位[3]。动词的分类有三种形式：按是否带有宾语，分为及物动词和不及物动词。能带宾语的动词是及物动词，不能带宾语的是不及物动词。按主观能动性，分为自主动词与不自主动词[3]。动作行为能够由行为主体自由支配的动词是自主动词，不能由行为主体自由支配的动词是不自主动词。按与其他助词的组合形式，分为使动式和兼语式。与英语类似，藏文动词也有时态的划分，分为过去时、现在时、将来时和命令式，动词一般有少于四种的形态变化。

为了适应藏文信息处理的发展，与传统文法不同，已有不少研究成果在讨论藏文词类和词性的问题；同时借鉴英文和汉文的词性分类方法，研究名词、形容词等更多词性内容。

第四节　藏语句子

藏语句子是多个词语或短语组成的字符序列（མིང་གི་ཁོངས་ནས་ཚིག་ཕྱུང་ནས།།　ཚིག་གིས་དོན་རྣམས་སྟོན་པར་བྱེད།།）。与英语和汉语不同，藏语句子是 SOV 型，是动词后置的语言，谓语成分作为句子的核心，在传统文法中有充分的论述。藏文句子一般分为单句和复句，单句又分陈述句和祈使句，每个句式还可以进行更多的细分；复句也分为联合复句和偏正复句。联合复句可以细分为并列、连贯、选择、对比和递进五种关系，偏正复句可以细分为因果、转折、条件、假设和目的五种关系[3]。

参考文献

[1]土弥三菩札. 藏文文法四种合编[M]. 北京：民族出版社，2000.
[2]嘎玛司都. 四都文法详解[M]. 西宁：青海民族出版社，2003.
[3]格桑居冕，格桑央京. 实用藏文文法教程[M]. 成都：四川民族出版社，2004.
[4]国家技术监督局. 信息技术 信息交换用藏文编码字符集 基本集[S]. 北京：中国标准出版社，1997.

第二章　基于藏文编码 GB 的藏文排序方法研究

藏文排序在字、词典排序，计算机中藏文排序等方面有着广泛的应用，本章主要根据藏文编码国家标准（GB）的整字编码方案，研究藏文的排序问题。通过藏文结构的线性化处理，提出基于藏文编码国家标准的基字定位算法和排序算法，并将其应用于藏文电子词典的排序中。

第一节　概　述

藏文拼写是既有横向组合又有纵向组合的非线性结构，是一种二维的独特的文字构成形式。不少专家对藏文字的字典序性进行过深入的研究，并对其在计算机中的实现进行过有益的探讨，为藏文在计算机中的处理奠定了良好的理论基础。藏文音节构件（构造级[1]）排序顺序[2]：基字→前加字→上加字→下加字→元音字符→后加字→再后加字，这符合藏文语法的排序规则。根据藏文编码国家标准，本章通过藏文非线性的结构变成线性化的思想，使其按线性规则进行比较、排序。

第二节　藏文字排序规则

一、一级排序规则

在藏文排序时，总体上需要遵守的排序规则定为一级排序规则，其基本原则就是藏文编码国家标准基本集中的 0F40 到 0F68 字符序列，符合传统约定藏文字母次序排列规则，即基本辅音序[1]，还包含从梵文转写来的基本的几个叠置字符，如表 2-1 所示。

表 2-1　藏文一级排序规则

字符	ཀ	ཁ	ག	གྷ	ང	ཅ	ཆ	ཇ	ཉ	ཊ	ཋ
编码	0F40	0F41	0F42	0F43	0F44	0F45	0F46	0F47	0F49	0F4A	0F4B
字符	ཌ	ཌྷ	ཎ	ཏ	ཐ	ད	དྷ	ན	པ	ཕ	བ
编码	0F4C	0F4D	0F4E	0F4F	0F50	0F51	0F52	0F53	0F54	0F55	0F56
字符	བྷ	མ	ཙ	ཚ	ཛ	ཛྷ	ཝ	ཞ	ཟ	འ	ཡ
编码	0F57	0F58	0F59	0F5A	0F5B	0F5C	0F5D	0F5E	0F5F	0F60	0F61
字符	ར	ལ	ཤ	ཥ	ས	ཧ	ཨ				
编码	0F62	0F63	0F64	0F65	0F66	0F67	0F68				

二、二级排序规则

在藏文一级排序规则中，以各个辅音字符为依据，建立概念字符[3]（辅音字符）为基础的字符系，这样可以为某个字符系建立二级排序规则。本书依据藏文编码国家标准扩充集 A 和扩充集 B，为各个字符系建立二级排序规则。比如ཀ字符系，可以建立如表 2-2 所示的二级排序规则。

表 2–2 字符系二级排序规则

扩充集 A	ཀྭ	ཀི	ཀཱི	ཀུ	ཀེ	…	ཀྵེ	ཀྵོ
编码	F305	F306	F307	F308	F309	…	F340	F341
扩充集 B	ཀྭི	ཀཱུ	ཀྭཱི	ཀྭྀ	ཀྭེ	…	ཀྲ	ཀྵྃ
编码	F612	F613	F614	F615	F616	…	F653	F654

虽然建立了以藏文编码国家标准为基础的藏文两级排序规则，但是在真正排序时还涉及其他的因素。因为藏文构成中，基字之前还有前加字的问题[3]，给藏文排序带来很大的困难。

第三节 藏文字排序算法

一、构造级的线性化

藏文排序的构造级中包含了上加字、下加字、元音符号，这样藏文排序时就会涉及二维结构的藏文排序问题。藏文编码国家标准中字符采用的是“预组合”的方式，从藏文排序角度来看，“预组合”方式解决了纵向结构的藏文排序问题（预组合字符称为“字丁”[3]），把二维结构的藏文进行了线性化，这样原先的二维藏文构造级变成了一维线性构造级：基字（字丁）→前加字→后加字→再后加字，基字中包含了字丁和概念字符（辅音字符）。

二、藏文字排序集

字丁字符排序集：以字符系为基础的字符排序集，包含了藏文编码基本集中 40 个辅音字符、扩充集 A 和扩充集 B 中的字符[4]。设字丁字符排序集为 TBSET={（ཀ系），（ཁ系）……（ཨ系）}，按照藏文文法的规则，前加字排序集为 TPSET={ག，ད，བ，མ，འ}。后加字排序集中除了考虑藏文字符的排序问题外，还考虑了梵音转写藏文的排序问题，因此后加字排序集包含了藏文文法中的后加字之外的其他字符[1]，集合设为 TSSET={ག，ང，ད，ན，བ，མ，འ，ར，ལ，ས}，再后加字符排序集设为 TSSET1={ད，ས}。

三、基字定位

在藏文排序中，如果首先找到的是藏文的预组合的基字（字丁），排序就容易实现；但是藏文文法结构中，基字之前也许还包含了前加字，这给藏文的排序带来了一定的困难[5]，如何对基字进行定位成为藏文排序首先要解决的问题。下面描述基字定位算法。

四、基字定位算法

（1）判断藏文单音节是否是一个音节字符组成。如果是，则该字符为基字；否则，转到第 2 步。

（2）判断藏文单音节的一个音节中，第一个字符是否包含了 TPSET 集合中的字符。如果否的话，判定该字符为基字；否则，转到第 3 步。

（3）判断藏文单音节是否由两个音节字符组成。如果是，则第一个字符为基字；否则，转到第 4 步。

（4）这里第一个字符可能是前加字，也可能是基字。可以通过第二个字符来判定，所以应查找第二个字符。根据藏文的文法规则，判断第二个字符是否为叠加字符。如果是，第二个字符为基字，文法规则说明 1[6]和说明 2[7]如图 2-1 和图 2-2 所示；否则，转到第 5 步。

སྔོན་འཇུག་ཕོ་སྟེ་བ་ཡིག་ནི། ……………………
བརྩེགས་ཕོ་ཀ་སྐ་ཙ་སྩ་དང་། ཏ་བརྩེགས་གསུམ་བཅས་བདུན་ལ་འཕུལ།
མོ་ཡིག་ར་མགོ་ས་མགོ་ཡི། ག་ང་ཉ་ན་བ་ཞི་གཉིས་བརྒྱད།
ཛ་རྫ་ཏ་བརྩེགས་གསུམ་དང་སྣ། བཅུ་བཞི་སྔོན་དུ་འཇུག་པ་འོ།
སྔོན་འཇུག་བ་ནི་མགོ་ཅན་གྱི་ཡི་གེ་ཉེར་གཅིག་ལ་འཇུག

图 2-1 文法规则说明 1

ཕོ་ནི་མ་ནིང་ལ་མི་འཇུག མོ་ནི་ཕོ་ལ་འཇུག་པ་མིན།
མ་ནིང་རང་ལ་རང་མི་འཇུག རང་གི་སྡེ་དང་ཐྲད་པ་ན།
ཕོ་ཡང་མོ་ལ་འཇུག་མི་འགྱུར། མ་ནིང་མོ་ཡང་དེ་བཞིན་ནོ།

图 2-2 文法规则说明 2

（5）藏文前加字文法[7]有一定的匹配规则，文法规则说明 3 如图 2-3 所示。

ཕོ་ནི་ཕོ་དང་མོ་ལ་འཇུག མོ་ནི་མོ་དང་མ་ནིང་ལ།
མ་ནིང་ཡང་ནི་ཕོ་མོ་ལའོ། ཤིན་ཏུ་མོ་ནི་མ་ནིང་དང་།
མོ་དང་ཤིན་ཏུ་མོ་ཉིད་ལའོ།

图 2-3 文法规则说明 3

根据该规则，可以得到藏文文法匹配表，表中的左边一列是前加字，右边一列是相应基字匹配字符，如表 2-3 所示。

表 2-3 前加字匹配表

前加字	匹配基字
ག	ཅ་ ཏ་ ཙ་ ཉ་ ད་ ན་ ཞ་ ཟ་ ཡ་ ཤ་ ས་
ད	ཀ་ པ་ ག་ ང་ བ་ མ་
བ	ཀ་ ཅ་ ཏ་ ཙ་ ག་ ང་ ཇ་ ཉ་ ད་ ན་ ཛ་ ཞ་ ཟ་ ར་ ཤ་ ས་
མ	ག་ ཇ་ ད་ ཛ་ ང་ ཉ་ ན་ མ་
འ	ག་ ཇ་ ད་ བ་ ཛ་ ཁ་ ཆ་ ཐ་ པ་ ཕ་ ཚ

根据文法规则说明 3 和说明 4，如图 2-3 和 2-4 所示，如果有两个以上字符，并具有如下文法特征，可以进行以下判断。

མིང་གཞི་གཉིས་སམ་གསུམ་སྦྲེལ་ལས།
དེ་ལ་དབྱངས་ཀྱི་བཞི་ལྡན་ཡང་།
གང་དུའང་འཇུག་མིན་སྦྱར་བའང་མིན།

图 2-4 文法规则说明 4

① 当第一个字符是ག，第二个字符判定为ཅ་ ཏ་ ཙ་ ཉ་ ཞ་ ཟ་ ཡ་ ཤ单音基字时，可以直接确定ག是前加字，第二个字符为基字。

② 当第一个字符是ད，第二个字符判定为ཀ་ པ单音基字时，可以直接确定ད是前加字，第二个字符为基字。

③ 当第一个字符是བ，第二个字符判定为ཀ་ ཅ་ ཏ་ ཙ་ ཇ་ ཉ་ ཛ་ ཞ་ ཟ་ ཤ单音基字时，可以直接确定བ是前加字，第二个字符为基字。

④ 当第一个字符是མ,第二个字符判定为ཇ་ ཛ་ ཉ单音基字时,可以直接确定མ是前加字，第二个字符为基字。

⑤ 当第一个字符是འ，第二个字符判定为ཇ་ ཛ་ ཁ་ ཆ་ ཐ་ ཕ་ ཚ单音基字时，可以直接确定འ་是前加字，第二个字符为基字；否则转到第 6 步。

（6）如果是三个以上字符，判断第三个字符是否为{ད，ས}[7]的其中之一。如果是，则第一个字符必定是基字；否则为语法错误。文法规则说明 5 如图 2-5 所示。

ད་དང་ས་གཉིས་ཡང་འཇུག་སྟེ།
ད་ནི་ན་ར་ལ་གསུམ་དང་།
ས་ནི་ག་ང་བ་མར་འཐོབ།

图 2-5 文法规则说明 5

五、排序算法

根据线性化的构造级：基字（字丁）→前加字→后加字→再后加字，可以建立如下排序算法。

（1）通过基字定位算法确定基字，然后依据藏文文法规则确定的字丁集合 TBSET 和一级排序规则，判定基字属于哪个“系”。

① 先在基本集合中查找，若未找到，按顺序在扩充集 A 和扩充集 B 中查找。示例如图 2-6 所示。即确定属于哪个“系”级，然后在相应的基本集，扩充集 A、B 中查找。

② 在同一“系”级中，先查找基本集，再查找扩充集 A，最后查找扩充集 B。同一级别中，具有多个基字的时候，排序按照编码的顺序进行。

（2）当基字相同时，查看前加字。排序过程根据 TPSET 的字符顺序进行。

（3）当前加字相同时，查看后加字，排序过程根据 TSSET 的字符顺序进行。

（4）当后加字相同时，查看再后加字，排序过程根据 TSSET1 的字符顺序进行。

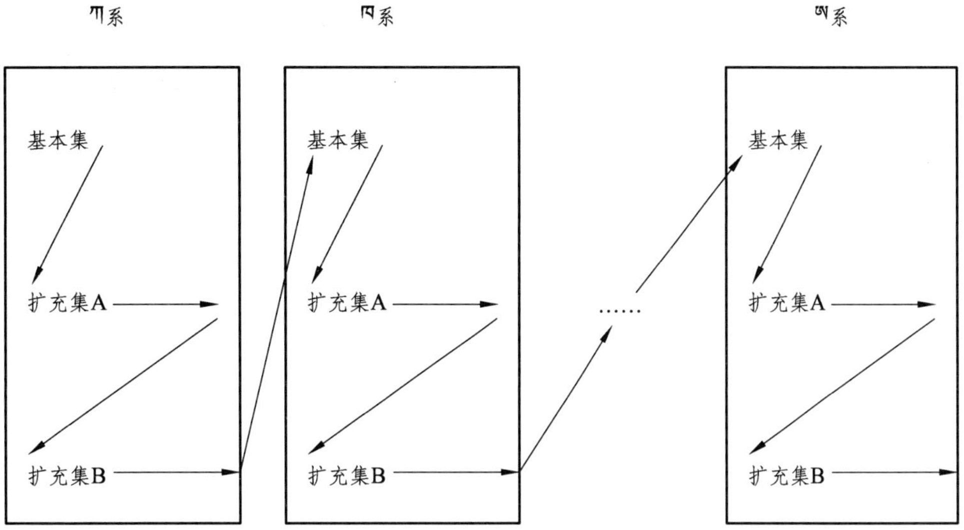

图 2-6　藏文排序过程图

第四节　结　论

本章的排序顺序和排序规则，依据藏文编码国家标准和藏文的文法特点，具有很强的易实现特点，已在藏文电子词典中得到实现。

参考文献

[1] 江荻，周季文. 论藏文的序性及排序方法[J]. 中文信息学报，2000，14（1）：56-64.

[2] 扎西次仁. 藏文的排序规则及其计算机自动排序的实现[J]. 中国藏学，1999（4）：128-134.

[3] 林河水，程伟，曹晖，等. 一种符合 ISO14651 语义的藏文排序实现方法[J]. 中文信息学报，2004，05（18）：35-41.

[4] 西藏自治区藏语言工作委员会办公室，等. 信息技术 藏文编码字符集（基本集及扩充集 A）[S]. 北京：中国标准出版社，2009.

[5] ISO/IEC.ISO/IEC FCD14651-International String Ordering-Method for Comparing Character and Description of the Common Template Tailorable Ordering[S].1997.

[6] དཔའ་རིས་སངས་རྒྱས་ཀྱིས་བརྩམས་　བརྡ་སྤྲོད་གསལ་བྱེད་ངག་སྒྲོན་[M]. མཚོ་སྔོན་མི་རིགས་དཔེ་སྐྲུན་ཁང་ནས་

[7] ཐོན་མི་སམ་བྷོ་ཊ་དང་དཔལ་ཆུ་ཡབ་སྲས་ཀྱིས་བརྩམས་　སུམ་རྟགས་རྩ་འགྲེལ་སི་ཏུའི་ཞལ་ལུང་[M]. མི་རིགས་དཔེ་སྐྲུན་ཁང་ནས་

第三章 藏文音节规则库的建立与应用分析

藏文音节具有独特的构造方法，不同的构造位上有不同的藏文字符，根据不同的组合，构成了千变万化的藏文音节。由于字符的语音特性，藏文组合形式上有很多的限制。本章借助藏文文法规则和藏汉大词典，建立了现代藏文音节规则库，并分析了可能的应用领域。

第一节 概 述

随着现代信息技术的发展和互联网的普及，藏文信息处理技术有了较快的进步。从藏文的属性统计工作开始[1]，许多专家通过几十年的努力，从多格局编码状况[2]到统一编码的时代[3]，从多键盘布局的设计到统一键盘布局的出台[4]，解决了藏文在计算机中的输入、输出问题，并在现代互联网上实现了藏文信息的共享。现在不少高校和科研机构，在前人的研究基础上不断探索，开始在藏文语音识别[5]、文字识别[6，7]、分词、词类标记[8]、机器翻译[9]等领域着手研究，并取得了一些研究进展。

随着藏文信息处理技术的进一步发展，藏文文本处理成为藏语自然语言处理的研究内容。藏文音节作为文本组成的重要成分，对其进行分析是一个基础性工作。从书面藏文的信源属性来看，藏文文本中的音节有 72%的冗余度，这说明 3/4 的藏文字母是保证依据语法规则来组合藏文音节的，只有 28%是可自由选择的[10]。根据此特点，本章以“预组合”的形式建立一个规则库，并分析了在藏文信息处理研究领域中应用的可能性。

第二节 藏文的结构

藏文音节结构是以基字为核心，既有横向拼写又有纵向拼写。前加字、基字、后加字、再后加字是横向拼写；上加字、基字、下加字和元音符是纵向拼写。藏文音节结构十分复杂，字符在音节中的特定位置可以称为“构造位”。根据藏文的文法，各个构造位上出现的字符的性质与数量均有一定限制，相互之间也形成一种约束关系。

不包括梵音转写藏文，藏文音节结构中的构造位共有 7 个，如图 3-1 所示。

每个构造位在藏文字中的表示为：1 是前加位，2 是上加位，3 是基字位，4 是下加位，5 是元音位，6 是后加位，7 是再后加位，分别由前加字、上加字、基字、下加字、元音、后加字、再后加字来表示，在字中的位置如图 3-2 所示。

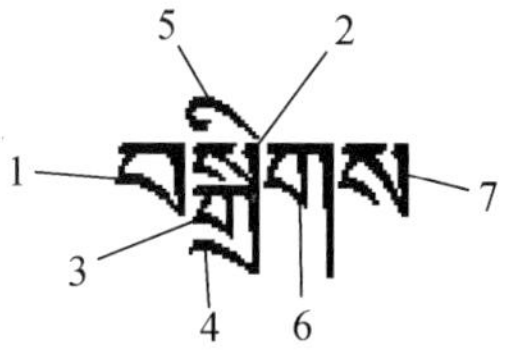

图 3-1　藏文音节基本结构

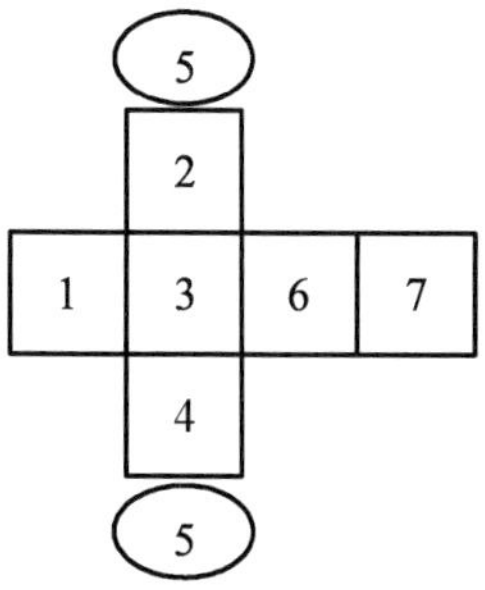

图 3-2　构造位

定义 1：构造位上的字符称为构件，根据不同位置分别称为前加字、上加字、基字、下加字、元音、后加字和再后加字。

定义 2：在一个音节中的纵向单位（上下叠加的组合体）叫字丁或叠加字符，如སྣ。

根据藏文文法，有 5 个前加字，分别是ག，ད，བ，མ，འ；3 个上加字，分别是ར་མགོ，ལ་མགོ།，ས་མགོ；30 个基字是 30 个藏文辅音字母；4 个下加字，分别是ཡ་བཏགས，ར་བཏགས།，ལ་བཏགས，ཝ་བཏགས；5 个元音符号中，有 3 个是上元音符号，分别是ཨི，ཨེ，ཨོ，1 个下元音符号ཨུ，1 个隐含元音ཨ；10 个后加字，分别是ག，ང，ད，ན，བ，མ，འ，ར，ལ，ས；两个再后加字，分别是ད，ས。

第三节　藏文规则库的建立

一、规则库的建立原则

首先，根据藏语的语音理论体系，藏语语音可以分为元音和辅音。而根据藏文的语音特性，30 个辅音字母按照字性可分为阳性、中性、阴性 3 种，其中阴性又分为准阴性、极阴性、纯阴性 3 种，共计 5 种字性。辅音字母中提取出来的前加字、后加字构件又可进行上述 5 种分类。根据每个构件的发音特性，字母组合上有很多限制，以这些限制条件为依据，建立符合文法的藏文规则，本节主要依据前加字与基字、上下加字与基字、叠加字符与前加字之间的组合关系来形成固定的字符串，建立藏文的规则库。

其次，3 个上加字和 4 个下加字与基字组合上，有它自身的组合规律，根据这些规律建立规则库。

最后，选择 30 个辅音字母和 10 个藏文数字作为规则库的内容之一，4 个元音符号、10 个后加字、两个再后加字作为动态组合的成分。

二、藏文规则库

定义 3：根据藏文的组合关系能够构成一个音节的称为音节字符。

定义 4：藏文 30 个字符为辅音字符。

定义 5：藏文数字符号为数字字符。

定义 6：藏文中的特殊符号为特殊字符。

定义 7：根据藏文的组合关系能够构成组合字符串，但不构成一个音节的称为规则字符。

例如，“དཀ”“འཆ”“མཐ”。

本章的叙述中，为了便于描述，藏文的“辅音字符”“数字字符”“特殊字符”“音节字符”“规则字符”统称为“规则”。

根据规则库建立的原则和“规则”的频率统计，建立了规则表。规则表按藏文字母、上加字与基字组合、基字及下加字组合、上加字与基字与下加字组合、前加字与基字组合的分类方式建立了 1 ~ 17 个规则表，如表 3-1 ~ 3-17 所示。表 3-1 中第一列为每个规则序列，第二列为藏文音节规则，第三列为规则组合形成的音节个数，第四列为每个规则的统计频率。下面介绍频率统计的过程。

三、频率和组合统计

为了得到藏文规则库中字符的频率统计，参考《藏汉大词典》，统计了每一个规则有多少种组合形式，该组合形式就是规则构成的藏文音节个数；参考《现代藏文频率词典》，统计每个规则组合形成的音节频率，这是规则库中频率数据来源的主要依据。

藏文规则库中的规则组合形成的音节数和频率统计过程如下：

设 A 为藏文音节集合，B 为《藏汉大词典》中的音节集合，C^y 为《现代藏文频率词典》中的音节集合，则：

$$A=\{x \mid x\text{是藏文一个音节}\},\ \text{且}\ B\subseteq A$$
$$C^y=\{(y,v) \mid y\text{是藏文一个音节，}v\text{是}y\text{的词频}\}$$
$$C=\{y \mid y\text{是}C^y\text{中藏文的一个音节}\},\ \text{且}C\subseteq A$$

设 x_i^k，$x_i^k\in B\text{且}x_i^k\in C$，即 $x_i^k\in D=B\cap C,(i=1,\cdots,n)$，其集合关系如图 3-3 所示。

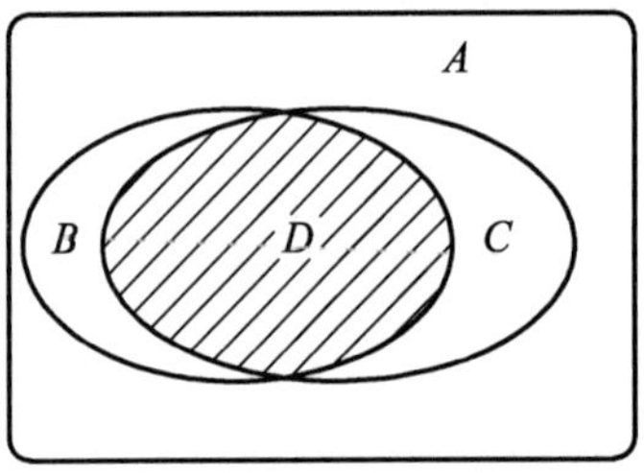

图 3-3 藏文规则库的集合关系

其中，x_i^k 为由第 k 个规则组合形成的第 i 个藏文音节，n 是规则表中的音节个数。下面元素是一个音节和其词频：

$$(x_i^k,|x_i^k|)\in C^y$$

其中，$|x_i^k|$ 为 x_i^k 的词频。则规则 x^k 的频率统计公式为

$$x^k=\sum_{i=1}^{n}|x_i^k|$$
$$x_i^k=\begin{cases}|x_i^k| & (x_i^k=C^y.y)\\ 0 & (\text{其他})\end{cases} \tag{3-1}$$

其中，x^k 为第 k 个规则，k 为规则数，公式（3-1）就是第 k 个规则的频率统计结果。

表 3-1　辅音字母规则表

序号	字母	音节数	频率/‰	序号	字母	音节数	频率/‰
1	ཀ	41	12.254 31	16	མ	42	45.168 83
2	ཁ	49	19.651 3	17	ཙ	24	2.221 89
3	ག	42	14.550 07	18	ཚ	50	23.261 83
4	ང	24	7.342 97	19	ཛ	7	0.379 35
5	ཅ	32	4.763 74	20	ཝ	8	1.083 83
6	ཆ	50	23.478 75	21	ཞ	41	12.039 29
7	ཇ	14	2.039 94	22	ཟ	43	11.203 81
8	ཉ	43	8.277 82	23	འ	30	4.85
9	ཏ	30	4.999 18	24	ཡ	50	18.339 05
10	ཐ	60	17.490 41	25	ར	54	32.989 65
11	ད	49	14.766 96	26	ལ	44	26.242 06
12	ན	41	14.241 8	27	ཤ	64	20.172 87
13	པ	22	16.257 48	28	ས	58	21.527 72
14	ཕ	46	9.253 25	29	ཧ	28	7.356 62
15	བ	47	21.798 67	30	ཨ	29	6.787 51

表 3-2　高频符号规则表

序号	符号	频率/‰
1	་	242.340 7
2	།	26.082 03
3	༄	0.034 55
4	༅	0.025 73

表 3-3　元音字母规则表

序号	元音符号	频率/‰
1	ཨི	70.601 77
2	ཨེ	38.156 60
3	ཨོ	55.710 82
4	ཨུ	43.053 83

表 3-4 上加字规则表之“ར་མགོ་ཅན་གྱི་ཡི་གེ”

序号	字符	音节数	频率/‰
1	རྐ	17	2.343 8
2	རྒ	15	2.641 85
3	རྔ	23	1.910 26
4	རྗ	9	2.289 61
5	རྙ	15	1.056 76
6	རྟ	20	5.961 06
7	རྡ	29	4.999 2
8	རྣ	15	2.994 1
9	རྦ	7	0.406 44
10	རྨ	31	2.736 7
11	རྩ	35	9.659 72
12	རྫ	24	5.080 81

表 3-5 上加字规则表之“ལ་མགོ་ཅན་གྱི་ཡི་གེ”

序号	字符	音节数	频率/‰
1	ལྐ	7	0.609 67
2	ལྒ	3	0.135 49
3	ལྔ	2	1.503 82
4	ལྕ	23	3.623 82
5	ལྗ	11	0.894 18
6	ལྟ	25	1.869 52
7	ལྡ	41	6.083 05
8	ལྤ	2	0.338 7
9	ལྦ	2	0.013 55
10	ལྷ	35	8.549 61

表 3-6 上加字规则表之“ས་མགོ་ཅན་གྱི་ཡི་གེ”

序号	字符	音节数	频率/‰
1	སྐ	45	7.492 07
2	སྒ	28	5.128 18
3	སྔ	15	0.989
4	སྙ	44	2.167 68

续表

序号	字符	音节数	频率/‰
5	སྟ	39	8.142 33
6	སྡ	31	2.628 27
7	སྣ	33	16.813 1
8	སྤ	35	4.281 18
9	སྦ	39	2.858 61
10	སྨ	21	3.956 01
11	སྩ	4	0.081 29

表 3-7 下加字规则表之“ཡ་བཏགས་ཅན་གྱི་ཡི་གེ”

序号	字符	音节数	频率/‰
1	ཀྱ	23	1.626 9
2	ཁྱ	34	4.199 86
3	གྱ	23	1.679 94
4	པྱ	3	0.040 65
5	ཕྱ	29	5.822 01
6	བྱ	38	12.423 47
7	མྱ	28	1.720 62

表 3-8 下加字规则表之“ར་བཏགས་ཅན་གྱི་ཡི་གེ”

序号	字符	音节数	频率/‰
1	ཀྲ	24	1.231 77
2	ཁྲ	39	5.893 35
3	གྲ	40	8.291 36
4	ཏྲ	5	0.203 22
5	ཐྲ	1	0.027 1
6	དྲ	39	6.841 71
7	ནྲ	1	0.013 55
8	པྲ	6	0.298 05
9	ཕྲ	23	2.980 58
10	བྲ	40	3.603 77
11	མྲ	1	0.054 19
12	ཤྲ	3	0.013 55
13	སྲ	42	12.613 27
14	ཧྲ	23	2.546 5

表 3-9　下加字规则表之“ལ་བཏགས་ཅན་གྱི་ཡི་གེ”

序号	字符	音节数	频率/‰
1	ཀླ	23	1.620 94
2	གླ	27	3.657 83
3	བླ	25	4.194 49
4	ཟླ	8	2.926 36
5	རླ	22	1.083 86
6	སླ	28	3.834 09

表 3-10　下加字规则表之“ཝ་བཏགས་ཅན་གྱི་ཡི་གེ”

序号	字符	音节数	频率/‰
1	ཀྭ	3	0.111 85
2	ཁྭ	1	0.027 1
3	གྭ	1	0.013 55
4	ཉྭ	1	0.027 1
5	དྭ	4	0.623 21
6	ཚྭ	1	0.433 53
7	ཞྭ	1	0.650 3
8	ཟྭ	1	0.094 84
9	རྭ	1	0.718 04
10	ལྭ	1	0.040 64
11	ཤྭ	1	0.243 86
12	ཧྭ	3	0.094 84
13	གྲྭ	1	0.555 47
14	ཕྱྭ	1	0.162 57
15	རྩྭ	1	0.718 04

表 3-11　前加字“ག”匹配规则表

序号	字符	音节数	频率/‰
1	གཅ	33	3.983 11
2	གཉ	20	3.428 54
3	གཏ	39	6.313 35
4	གད	31	3.332 76
5	གན	14	4.985 65

续表

序号	字符	音节数	频率/‰
6	གཅ	18	1.314 17
7	གཉ	40	6.367 58
8	གཟ	42	5.120 56
9	གཡ	37	4.623 94
10	གཤ	35	2.831 56
11	གས	41	15.945 94

表 3-12　前加字“ད”匹配规则表

序号	字符	音节数	频率/‰
1	དཀ	11	2.986 19
2	དཀྱ	11	0.700 48
3	དཀྲ	16	0.993 87
4	དག	27	4.812 29
5	དགྱ	7	0.718 05
6	དགྲ	6	0.948 36
7	དང	9	1.964 85
8	དཔ	18	4.327 81
9	དཔྱ	11	0.948 36
10	དཔྲ	4	0.189 68
11	དབ	23	4.023 76
12	དབྱ	14	2.506 37
13	དབྲ	10	0.555 49
14	དམ	16	3.671 49
15	དམྱ	4	0.081 29

表 3-13　前加字“བ”匹配规则表

序号	字符	音节数	频率/‰
1	བཀ	23	2.449 1
2	བཀྱ	12	0.338 71
3	བཀྲ	19	0.735 66
4	བཀླ	4	0.054 2
5	བརྐ	7	0.386 34

续表

序号	字符	音节数	频率/‰
6	བསྐ	24	1.083 87
7	བཀྲ	2	0.203 22
8	བསྐྲ	31	0.961 99
9	བསྐྱ	6	0.094 85
10	བག	12	0.528 39
11	བགྲ	6	0.094 85
12	བགྱ	13	0.772 24
13	བརྒ	1	0.135 48
14	བསྒ	14	0.352 25
15	བརྒྱ	15	2.059 31
16	བསྒྲ	3	0.270 96
17	བསྒྱ	29	0.921 29
18	བསྔ	5	0.054 19
19	བང	13	0.135 49
20	བཅ	34	1.869 65
21	བརྗ	5	0.853 52
22	བརྙ	10	0.474 19
23	བསྙ	34	0.880 67
24	བཏ	23	1.168 07
25	བརྟ	13	0.948 35
26	བསྟ	21	1.097 41
27	བལྟ	6	0.203 22
28	བད	17	3.820 53
29	བརྡ	14	1.097 39
30	བསྡ	20	0.718 04
31	བལྡ	7	0.108 4
32	བརྣ	10	0.203 24
33	བསྣ	18	0.365 82
34	བཙ	28	2.452 22
35	བརྩ	20	0.988 88
36	བསྩ	3	0.040 65

续表

序号	字符	音节数	频率/‰
37	བརྫ	12	0.338 7
38	བཞ	27	4.484 36
39	བཟ	15	3.332 4
40	བཟླ	7	0.176 13
41	བཟྲ	12	0.555 49
42	བཤ	32	3.327 65
43	བས	40	5.608 9
44	བསྲ	23	1.485 44
45	བསླ	18	1.110 69

表 3-14　前加字“འ”匹配规则表

序号	字符	音节数	频率/‰
1	འག	35	3.739 26
2	འགྱ	17	1.056 77
3	འགྲ	30	4.077 98
4	འཁ	26	2.059 31
5	འཁྱ	26	2.059 31
6	འཁྲ	29	1.936 25
7	འཆ	33	2.099 98
8	འཇ	45	5.583 38
9	འཐ	36	2.086 72
10	འད	41	8.047 49
11	འདྲ	27	1.124 5
12	འཕ	25	2.614 76
13	འཕྱ	26	1.232 9
14	འཕྲ	20	2.547 01
15	འབ	39	5.676 64
16	འབྱ	22	2.154 17
17	འབྲ	31	4.917 92
18	འཚ	37	2.398
19	འཛ	36	4.972 12

表 3-15 前加字“མ”匹配规则表

序号	字符	音节数	频率/‰
1	མཁ	10	2.113 46
2	མཁྱ	3	0.392 89
3	མཁྲ	4	0.555 46
4	མག	8	0.790 88
5	མགྱ	1	0.162 58
6	མགྲ	2	0.189 67
7	མང	8	1.178 67
8	མཆ	20	3.644 39
9	མཇ	6	1.070 3
10	མཉ	7	0.907 72
11	མཐ	22	4.850 15
12	མད	19	4.606 29
13	མན	15	0.931 27
14	མཚ	21	5.039 86
15	མཛ	15	2.899 26

表 3-16 上下叠加匹配规则表

序号	字符	音节数	频率/‰
1	རྐྱ	12	2.076 69
2	སྐྱ	48	9.225 08
3	སྐྲ	17	1.710 14
4	རྒྱ	22	9.998 38
5	སྒྱ	10	0.528 38
6	སྒྲ	35	5.405 66
7	སྣྲ	2	0.027 1
8	སྤྱ	23	1.869 64
9	སྤྲ	21	2.668 94
10	སྦྱ	10	1.300 62
11	སྦྲ	20	1.354 81
12	རྨྱ	6	0.108 39
13	སྨྱ	20	0.433 05
14	སྨྲ	9	0.42

表 3-17　藏文数字字符表

序号	数字	频率/‰
1	༠	8.01
2	༡	15.42
3	༢	8.99
4	༣	6.52
5	༤	5.54
6	༥	5.36
7	༦	4.63
8	༧	4.36
9	༨	4.00
10	༩	3.68

四、歧义规则处理

在规则表 3-11 中，“གད，གན，གས” 3 个规则字符；表 3-12 中，“དག，དང，དབ，དམ” 4 个规则字符；表 3-13 中，“བག，བད，བས” 3 个规则字符；表 3-15 中，“མག，མད，མང，མན” 4 个规则字符共计 14 个存在歧义现象，这些规则字符在藏文中不仅能单独构成一个音节，而且跟其他“后加字”连接也能构成另外的一个藏文音节。

在具体应用中，针对这 14 个规则需要另加判断条件，如判断这 14 个规则后面是否跟有音节点，若有则为一个音节而非规则；否则为规则。

第四节　规则库的应用

一、自动拼写藏文音节

除了表 3-2、3-3、3-10 和 3-17 之外，其余设为 *Trule* 集合；表 3-3 和隐含的元音“ཨ”设为 *Tvowel* 集合；10 个后加字“ག་ང་ད་ན་བ་མ་འ་ར་ལ་ས”和“གས་ངས་ནད་རད་ལད་”设为 *Tpostfix* 集合。

设基字扩展字符集合为 *Trule*，其元素定义如下：

Trule ={བརྐྱ，བསྐྱ，བསྐྲ，བརྒྱ，བསྒྱ，བསྒྲ，བཀྱ，བཀྲ，བཀླ，བརྐ，བསྐ，རྐྱ，སྐྱ，སྐྲ，དཀྱ，དཀྲ，འཁྱ，འཁྲ，མཁྲ，མཁྱ，རྒྱ，སྒྱ，སྒྲ，བགྱ，བགྲ，བརྒ，བསྒ，མགྱ，མགྲ，དགྲ，དགྱ，འགྱ，འགྲ，བསྔ，བརྗ，བརྙ，བསྙ，བརྟ，བསྟ，བལྟ，བརྡ，བསྡ，བལྡ，འདྲ，བརྣ，བསྣ，སྣ，དཔྱ，དཔྲ，སྤྱ，སྤྲ，འབྱ，འབྲ，འཕྱ，འཕྲ，དབྱ，དབྲ，སྦྱ，སྦྲ，དམྱ，རྨྱ，སྨྱ，སྨྲ，བརྩ，བསྩ，བཛ，བརྫ，བཟླ，བརླ，བསྲ，བསླ，བཀ，དཀ，རྐ，ལྐ，སྐ，ཀླ，ཀྱ，ཀྲ，མཁ，འཁ，ཁྱ，ཁྲ，འག，དག，མག，བག，རྒ，ལྒ，སྒ，གྱ，གྲ，གླ，ཇ，ལྔ，སྔ，དང，མང，བཅ，ལྕ，གཅ，འཆ，མཆ，འཇ，མཇ，རྗ，ལྗ，གཉ，མཉ，རྙ，སྙ，གཏ，བཏ，རྟ，ལྟ，སྟ，ཏྲ，མཐ，འཐ，ཐྲ，རྡ，ལྡ，སྡ，གད，བད，མད，འད，དྲ，རྣ，

སྣ, ནྲ, གན, མན, ཕྱ, སྤ, དཔ, སྤྱ, སྤྲ, འཕ, ཕྲ, ཕྱ, དབ, འབ, སྦ, ལྦ, རྦ, སྦྱ, སྦྲ, ཟླ, དམ, སྨ, རྨ, སྨྱ, སྨྲ, རྩ, སྩ, གཙ, བཙ, འཚ, མཚ, རྫ, འཛ, མཛ, གཞ, བཞ, ཟླ, གཟ, བཟ, གཡ, རླ, གཤ, བཤ, ཤྲ, གས, བས, སླ, སྲ, ལྷ, ཧྲ, ཀ, ཁ, ག, ང, ཅ, ཆ, ཇ, ཉ, ཏ, ཐ, ད, ན, པ, ཕ, བ, མ, ཙ, ཚ, ཛ, ཝ, ཞ, ཟ, འ, ཡ, ར, ལ, ཤ, ས, ཧ, ཨ}

设归并后的后加字集合为 *Tpostfix*：

Tpostfix ={ག, ང, ད, ན, བ, མ, འ, ར, ལ, ས, གས, ངས, བས, མས, ནད, རད, ལད}

设元音字符集合：

Tvowel ={∅, ཨི, ཨེ, ཨོ, ཨུ}，其中∅表示无元音字符。

根据如下的藏文文法，后加字与任何“基字”可以进行匹配，这里的“基字”可以包含 *Trule* 集中的任何“规则”。文法如下所示：

རྗེས་འཇུག་ཡི་གེ་བཅུ་པོ་ཡི……མིང་གཞིའི་ཡི་གེ་ཀུན་ལ་འཇུག

其笛卡儿乘积为

$$Trule \times Tvowel \times Tpostfix = \{< b, v, s > | b \in Trule, v \in Tvowel, s \in Tpostfix\}$$

根据如上所述，自动拼写藏文音节系统如图 3-4 所示。

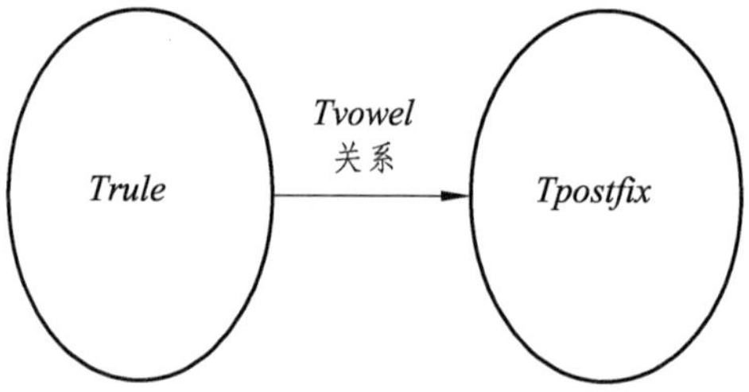

图 3–4 自动拼写藏文音节系统

通过自动拼写藏文音节系统，设计算法如下：

（1）规则集 *Trule* 与 *Tvowel* 元音字符集进行组合，构成藏文音节。

（2）规则集 *Trule* 与 *Tvowel* 元音字符集、*Tpostfix* 集合进行组合，构成藏文音节。

经过实验测试，算法的第一部分产生 1 045 个音节，算法的第二部分能够产生 17 765 个音节，共计 18 810 个藏文音节。但是所产生的音节中存在一些歧义现象，例如：

（1）算法的第一部分中前加字+基字+隐含元音构成一些字符序列“གཙ”“གཉ”“གཏ”“དག”“བཟ”存在歧义，作为一个音节是不符合语法的。

（2）算法的第二部分中，基字后跟一个黏着字“འ”时，会产生形如“ཀའ”“ཀིའ”“ཀུའ”“ཀེའ”“ཀོའ”的音节，这种音节是存在歧义的。这样的音节存在 1 000 个左右，藏文文字改革中去掉了这些黏着字，但其语法是没有错误的。

（3）另外，当 5 个前加字作为基字，后跟后加字和再后加字的时候，产生的音节在基字定位上存在歧义，形如“དངས”“གགས”“མགས”“འགས”“མནད”这样的音节，虽有藏文语法的“不匹配原则”可以消除歧义，但计算机难以识别哪个是基字。

（4）自动产生的一些生僻音节，还需要语言学家的进一步论证。

二、拼写检查中的应用

目前，藏文音节校对（拼写检查）中，有些学者通过 n-gram 方法进行研究，有些学者通过词典匹配模式进行校对，但未曾见到利用规则进行拼写检查的研究文献。

藏文拼写检查中把一个音节拆分成三个部分，即前缀、元音和后缀。在匹配模式中由于总计只有 224 个规则，比在一万八千多个音节中查找和匹配简单得多。本章的拼写检查算法中，总体想法是将一个音节的拼写检查归结到局部规则的检查，然后拓宽至整个音节的拼写检查，先进行前缀部分检查，再进行元音和音节点的检查，最后进行后缀部分的检查。具体算法如下：

（1）当对文本进行拼写检查时，首先加载文本，读取一个音节内容，读取完毕结束循环。

（2）识别一个音节，若是音节则进入（3）；否则做错误标记，进入（1）读取下一个音节内容。

（3）目标音节与规则集 *Trule* 进行匹配，若匹配不成功，则认为拼写有误，做错误标记并进入（1）读取下一个音节内容；否则进入（4）。

（4）后面的字符与 *Tvowel* 集合和 *Tpostfix* 集合中的元素匹配，若匹配不成功，做错误标记并进入（1）读取下一个音节内容；否则拼写正确不做标记，进入（1）读取下一个音节内容。

下面是算法的一个测试和实验结果的数据分析：

语料 1 的测试结果：

“༄༅།།ཟླ་?①བ་༤?②ནས་བཟུང་ རང་?③ལྗོངས་ཀྱི་ཡུལ་སྐོར་ལས་རིགས་དབྱར་མཚོ་རྒྱས་པ་ལྟར་གོང་འཕེལ་འགྲོ་འགོ་ཚུགས་” 中，错误标记①是算法没有考虑藏文符号处理而造成的；错误标记②是算法没有考虑数字字符的处理而造成的；错误标记③是算法没有考虑空格等其他非藏文符号处理而造成的。字符序列中遇到数字、藏文符号、非藏文符号时算法做错误标记，这些错误可以在音节识别过程中针对数字、藏文符号、非藏文符号需要另加判断条件，去除非音节字符造成的噪声干扰，正确识别出一个藏文音节。

语料 2 的测试结果：

“ཟླ་བ་དྲུག་པ་ནས་བཟུང་རངལྗོངས་? ④ཀྱི་ཡུལ་སྐོར་? ⑤ལས་རིགས་དབྱར་བཚོ་? ⑥རྒས་? ⑦པ་ལྟར་གོང་འཕེལ་འགྲོ་འགོ་ཚུགས་” 中，错误标记④是一个缺少音节点的错误，算法能够正确识别出其错误；错误标记⑤是上加字添加错误，算法能够正确识别出其错误；错误标记⑥是前加字添加错误，算法能够正确识别出其错误；错误标记⑦是下加字添加错误，算法也能正确识别出其错误。如果字符序列是一个音节字符，算法能够很好地判断出错误的音节。

语料 3 的测试结果：

“ཟླ་བ་དྲུག་པ་ནས་བཟུང་རང་ལྗོངས་ཀྱི་ཡུལ་སྐོར་ལས་རིཏ་? ⑧པདྨ་? ⑨རྒྱས་པ་ལྟར་གོང་འཕེལ་གཏ་⑩འགོ་ཚུགས་” 中，错误标记⑧是一个藏文特殊音节，由于在规则库中没有考虑这些字符，所以算法做出错误标记。如果在规则表中添加特殊音节的字符规则，则可以提高拼写检查能力。错误标记⑨是一个梵音转写藏文音节，梵音转写藏文与现代藏文的语法完全不一样，它有自身的拼写方法，本章的规则方法是无法判别正确与否的。如果在规则表中根据梵音转写藏文的拼写特征，将此类音节规则添加到规则表中，可以扩大拼写检查的范围。标记⑩是一个错误的情况，但是算法未能检查出拼写错误，算法对 31 个规则存在音节拼写判断失误的问题。

形如“གཙ”“གཞ”“གད”“དག”“བཟ”的字符序列会出现判断失误情况。

从如上 3 个语料的实验情况分析，首先，在音节识别中需要去除藏文符号、数字、其他语言符号的干扰，经过预处理提取出藏文音节。其次，对藏文音节进行拼写检查，检查错误的拼写情况。针对判断失误的 31 个规则，需要在拼写检查算法中另加判断条件，对于特殊藏文音节、梵音转写藏文音节，需要在规则表中添加相应的字符规则。最后，如果剔除干扰因素、不考虑梵音转写藏文音节和特殊藏文音节，算法的检错能力可以达到 99.8%（1 – 31/18 810）。

三、藏文排序中的应用

在文献[11]中，江荻等人针对藏文的规则特性，提出了藏文排序中的字符序、构造序概念，并设计了计算机中实现的排序方案。在文献[12]中，Robert R. Chilton 利用藏文规则，对藏文编码国际标准 ISO/IEC 10646 字符进行了排序。作者通过“collation element”的概念，建立一个“collation element”表，该表通过对藏文规则建立权重分级的藏文字符排序，第一级由 133 个规则字符、4 个元音字符和 30 个后置字符组成一个 167 个字符的排序表；第二级由 9 个特殊字符组成字符表，剩余 120 个字符不涉及字典序排序方法，没有列到权重分级列表中。作者较好地利用了藏文规则，设计了易于实现的排序算法。虽然需要排序的“字符”数量多了许多，但是算法简单并易于实现，该算法在 Mysql 和 MIMER SQL 中得到了应用。

四、信息提取和文本挖掘中的应用

在文献[13]中，作者利用藏文音节点的高频率特点，对藏文编码进行了识别；在文献[14]中，作者利用音节点的上述特点，提取藏文网页中的主体信息。这些将在藏文文本挖掘、Web 挖掘等研究领域中将起到积极的作用。

五、其他领域中的应用

该算法在藏文的字库设计、字符标准制定、语音标注、词典编纂等领域中能够提供参考依据。

第五节　结论与展望

本章试图根据藏文音节的特征来解决藏文信息处理中的自动拼写藏文音节、拼写检查、藏文排序等问题，并在自动拼写藏文音节、拼写检查等研究内容中提出了相应的算法；在藏文排序、信息提取等研究内容中通过举例来说明藏文规则库在实际应用中的可行性。由于本章只考虑了符合藏文文法的现代藏文的规则，没有涉及梵音转写、符号、数字等内容，所以下一步需要考虑更多的因素，扩大藏文规则库解决问题的范围。

参考文献

[1] 江荻，董颖红. 藏文信息处理属性统计研究[J]. 中文信息学报，1995，9（2）：37-44.

[2] 彭寿全，黄可，张义刚. 藏文综合编码方案的研究与实现[J]. 中文信息学报，1996，10（4）：32-39.

[3] The Unicode Consortium.The Unicode Standard 4.0[S]. 2004.

[4] 国家技术监督局. GB/T 22034—2008 信息技术 藏文编码字符集键盘字母数字区的布局[S]. 北京：中国标准出版社，2008.

[5] NGODRUP, ZHAO D C, DRORNA D Q. Research on Tibetan Lhasa Dialect Phonetic Feature Extraction Technology Based on LDA-MFCC[C]. IEEE ICIST, 2011, 5: 369-372.

[6] LI Y Z, HE G. Research on Printed Tibetan Character Recognition Technology Based on Fractal Moments[C]. IEEE ICCSIT, 2010, 3: 57-60.

[7] NGODRUP, ZHAO D C. Research on Wooden Blocked Tibetan Character Segmentation Based on Drop Penetration Algorithm[C]. IEEE CCPR, 2010: 1-5.

[8] 扎西加，珠杰. 面向信息处理的藏文分词规范研究[J]. 中文信息学报，2009，23（4）：113-117.

[9] LU Y, LIU Y, LIU Q. Multilingual Machine Translation system[C], IEEE IUCS, 2010: 401.

[10] 江荻. 中文信息处理国际会议论文集（书面藏语的熵值及相关问题）[M]. 北京：清华大学出版社，1998.

[11] 江荻，周季文.论藏文的序性及排序方法[J].中文信息学报，2000，14（1）：56-64.

[12] CHILTON R R. Sorting Unicode Tibetan using a Multi-Weight Collation Algorithm. https://collab.itc.virginia.edu/access/wiki/site/26a34146-33a6-48ce-001e-f16ce7908a6a/sorting%20tibetan.html

[13] 刘汇丹，芮建武，吴建. 藏文网页的编码识别与转换[C].北京：西苑出版社，2007.

[14] 珠杰，欧珠，格桑多吉. 基于 DOM 修剪的藏文 Web 信息提取[J].计算机工程，2008，12（27）：58-60.

第四章 藏文音节规则模型及应用

本章首先介绍藏文音节独特的构造方法，以及藏文字母的语音特性带来的藏文组合形式上的诸多限制；然后以藏文音节为研究对象，借助藏文语法规则，建立现代藏文音节的简化模型和相应的规则库，介绍了其应用领域，提出了一种基于音节模型的藏文音节自动拼写算法，并通过实验验证了规则方法的有效性。

第一节 概 述

藏文音节作为构词的成分，有其自身的特征，特别是字母组合上有很多拼写规则。从书面藏文的信源属性来看，藏文文本中的音节有 72%的冗余度，只有 28%是可自由选择的[1]，这说明藏文中 3/4 的音节是依据语法规则拼写的。在藏文信息处理中，藏文拼写规则在藏文排序中有重要的应用价值。江荻等[2]利用藏文语法提出了构造序、构造级（拼写序）和字符序相结合的排序算法，建立了藏文排序模型，为藏文排序在计算机上的实现提供了理论基础。Robert R. Chilton[3]利用藏文规则，对藏文编码国际标准 ISO/IEC 10646 音节进行了排序，通过“collation element”的概念，建立一个“collation element”表，该表通过对藏文规则建立权重分级来解决藏文的排序问题。虽然需要排序的“字符”数量多了许多，但是算法简单并易于实现，在 Mysql、MIMER SQL 和 OpenOffice 2.0 等系统得到成功应用，然而该方法没有从藏文规则模型的角度来进行讨论。本章先依据藏文语法探讨了藏文规则的数学模型，并建立藏文规则库，然后将其应用到藏文音节自动拼写和拼写检查等领域。本章研究结果说明，由规则模型建立的藏文规则方法能够有效解决藏文信息处理研究中的若干基础性问题。

第二节 藏文音节结构

藏文音节结构以基字为核心，既有横向拼写又有纵向拼写。前加字、基字、后加字、再后加字是横向拼写；上加字、基字、下加字和元音符是纵向拼写，因此具有十分复杂的音节结构。字符在音节中的特定位置可以称为“构造位”。根据藏文的语法，各个构造位上出现字符的性质与数量均有一定限制，相互之间形成一种约束关系。

藏文音节中不包括梵音转写藏文，藏文音节的基本结构中构造位共有 7 个，如图 4-1 所示。

定义 1[4]：构造位上的字符称为构件，根据不同位置分别称为前加字、上加字、基字、下加字、元音、后加字和再后加字，如图 4-2 所示，该模型称为藏文音节模型-1（简称模型-1）。

图 4-1　藏文音节的基本结构

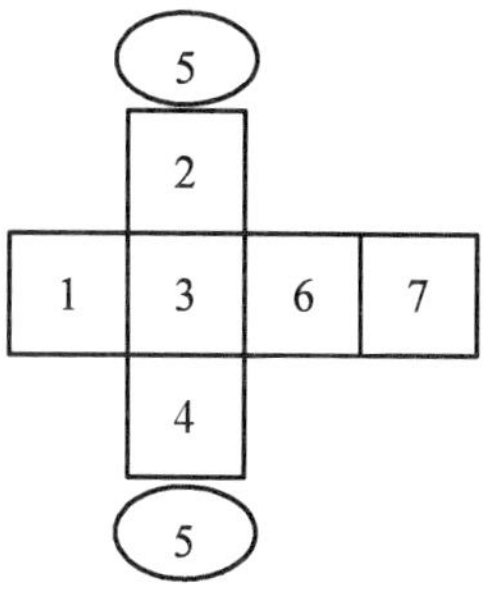

图 4-2　构造位及模型-1

每个构造位在藏文音节中的表示为：1 是前加位，2 是上加位，3 是基字位，4 是下加位，5 是元音位，6 是后加位，7 是再后加位，分别由前加字、上加字、基字、下加字、元音、后加字和再后加字来表示在字中的位置。

定义 2[5]：一个音节中的纵向单位（上下叠加的组合体）叫字丁或叠加字符。例如，“སྐྲ”“སྒྲ”称为叠加字符。

根据藏文语法，有 5 个前加字，分别是ག，ད，བ，མ和འ།；3 个上加字，分别是ར་མགོ，ལ་མགོ和ས་མགོ；30 个基字是 30 个藏文辅音字母；4 个下加字，分别是ཡ་བཏགས，ར་བཏགས，ལ་བཏགས和ཝ་བཏགས；5 个元音符号中，有 3 个是上元音符号，分别是ཨི，ཨེ，ཨོ，1 个下元音符号ཨུ，一个隐含元音ཨ；10 个后加字，分别是ག，ང，ད，ན，བ，མ，འ，ར，ལ，ས；两个再后加字，分别是ད，ས。结合模型-1，对每一个构造位的元素集合描述如下：

基字集合用 B 来表示：

B ={ཀ, ཁ, ག, ང, ཅ, ཆ, ཇ, ཉ, ཏ, ཐ, ད, ན, པ, ཕ, བ,མ, ཙ, ཚ, ཛ, ཝ, ཞ, ཟ, འ, ཡ, ར, ལ, ཤ, ས, ཧ, ཨ}

前加字集合用 Pr 来表示：

Pr ={ག，ད，བ，མ，འ}

上加字集合用 U 来表示：

U ={ར་མགོ，ལ་མགོ，ས་མགོ}

下加字集合用 D 来表示：

D ={◌ྱ，◌ྲ，◌ླ，◌ྭ}

后加字集合用 S 来表示：

S ={ག，ང，ད，ན，བ，མ，འ，ར，ལ，ས}

再后加字集合用 SS 来表示：

SS ={ད，ས}

元音字符集合用 $Tvowel$ 来表示：

$Tvowel$ ={∅，◌ི，◌ེ，◌ོ，◌ུ}

其中，∅表示隐含元音字符。

第三节 藏文音节规则模型

一、藏文音节模型的建立与简化

模型-1 是根据藏文的音节结构建立的一个模型，该模型中以基字为核心，在元音和后加字的作用下构成一个音节，在实际写法中除了构造位 3 不能空之外，其余位置均可以为空。当一个基字构成音节时，该音节隐含了元音“ཨ”和后加字“འ”。模型-1 的笛卡儿积如下式所示：

$$Pr \times U \times B \times D \times Tvowel \times S \times SS = \{< p,u,b,d,v,s,ss > | \, p \in Pr, u \in U, b \in B, v \in Tvowel, s \in S, ss \in SS\}$$

藏语的语音理论体系将藏语语音分为元音和辅音。根据藏文的语音特性，将 30 个辅音字母分为阳性、中性和阴性 3 种，其中阴性包括准阴性、极阴性和纯阴性 3 种，共计 5 类。辅音字母中提取出来的前加字、后加字构件又可进行上述 5 类的划分。根据每个构件的发音特性，字母组合上有很多拼写限制。从前面的描述可知，模型-1 中的各个构造位的元素是有限的，可以看出经过适当的迭代，藏文全部音节能够被拼写出来，但也产生了很多不符合语法的冗余音节。为了不产生冗余音节，通过预组合方式对模型-1 进行简化。

假设 1：根据上加字与基字、下加字与基字、上加字+基字+下加字的固定组合关系，模型-1 中的构造位 2、3、4 合成为一组。

假设 2：再后加字部分归并到构造位 6 上，根据后加字与再后加字之间的组合关系，如“གས”“ནད”的形式归并到后加字集合中。

假设 3：扩展基字的组成成分，在 30 个辅音字母的基础上，增加上加字+基字的组合、基字+下加字的组合、上加字+基字+下加字的组合。

假设 4：根据语音强弱关系来决定前加字与扩展基字之间的组合关系。由于上加字、下加字没有语音的强弱特性，不分阴阳关系，扩充基字（假设 3 的扩展内容）的语音强弱决定其阴阳类别。具体组合关系为阳性与阳性、阳性与阴性组合；阴性与阴性、阴性与中性组合；中性与阳性、中性与阴性组合；中性与阳性、中性与阴性组合；极阴性与中性、极阴性与阴性、极阴性与极阴性组合。

根据假设 1 和 2，简化的藏文音节模型-2（简称为模型-2）如图 4-3 所示。模型-2 中，上加字+基字的组合、基字+下加字的组合、上加字+基字+下加字的组合形式合成到构造位 2 上，成为基字的一部分，即模型-1 中的构造位 2、3、4 合成到模型-2 上的构造位 2 上；再后加字归并到后加字集合中，成为模型-2 的构造位 4，成为后缀部分。这样，模型-2 中的构造位 1 是前加位、2 是扩展基字位、3 是元音位、4 是后缀位。

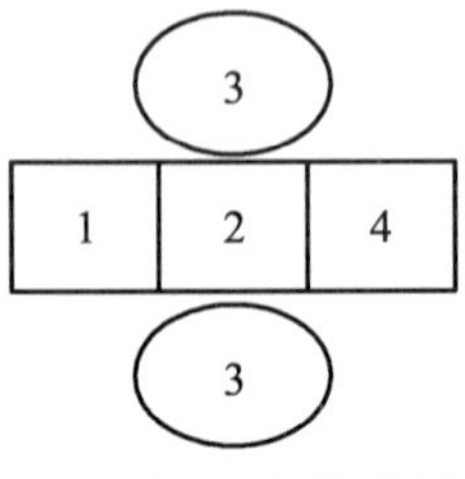

图 4-3 藏文音节模型-2

根据假设 3，设扩展基字集合为 Con，遵循语法的阴阳关系对扩展基字进行分类，其元素定义如下：

$$Con = p \cup ne \cup pn \cup qn \cup vn$$

其中，p 为阳性，ne 为中性，pn 为纯阴性，qn 为准阴性，vn 为极阴性，分别取值为

p={ཀ，ཅ，ཏ，པ，ཙ，རྐ，ལྐ，སྐ，ཀྱ，ཀྲ，ཀླ，རྐྱ，སྐྱ，སྐྲ，རྟ，ལྟ，སྟ，ལྤ，སྤ，པྱ，པྲ，རྩ，སྩ}

ne={ཁ，ཆ，ཐ，ཕ，ཚ，ཁྱ，ཁྲ，ཕྱ，ཕྲ}

pn={ག，ཇ，ད，བ，ཛ，ཝ，ཞ，ཟ，འ，ཡ，ཤ，ས，རྒ，ལྒ，སྒ，གྱ，གྲ，གླ，རྒྱ，སྒྱ，སྒྲ，རྗ，ལྗ，རྡ，ལྡ，སྡ，དྲ，བྱ，བྲ，རྫ，ཟླ，སྲ，སླ}

qn={ར，ལ，ཧ，ཨ，ལྷ}

vn={ང，ཉ，ན，མ，རྔ，ལྔ，སྔ，རྙ，སྙ，རྣ，སྣ，རྨ，སྨ，མྱ，སྨྲ}

设归并后的后缀字符集合为 $Tpostfix$：

$Tpostfix$={ག，ང，ད，ན，བ，མ，འ，ར，ལ，ས，གས，ངས，བས，མས，ནད，རད，ལད}

模型-2 的笛卡儿积为

$$Pr \times Con \times Tvowel \times Tpostfix = \{< p,b,v,s > | \ p \in Pr, b \in Con, v \in Tvowel, s \in Tpostfix\}$$

根据模型-2，前加字与 Con 中元素组合仍能产生不符合语法的冗余音节，以下将利用假设 4 的前加字与基字之间的阴阳关系来进一步简化模型-2。

根据藏语的语音理论，对前加字集合进行阴阳关系分类，设前加字集合 Pr 为

$$Pr = pp \cup pne \cup ppn \cup pvn$$

其中，pp 为阳性，pne 为中性，ppn 为纯阴性，pvn 为极阴性，分别为 pp={བ}，pne={ག，ད}，ppn={འ}，pvn={མ}。

已知前加字集合与基字字符集合的笛卡儿积为

$$Pr = Con = \{< x, y > \big| x \in Pr, y \in Con\}$$

根据前加字与基字的组合关系，存在如下几个前后关系。

关系 1： R_1 为阳性与阳性、阳性与阴性组合，则 $R_1 \subseteq Pr \times Con$，且

R_1={<བ，ཀ>，<བ，ཅ>，<བ，ཏ>，<བ，ཙ>，<བ，རྐ>，<བ，ལྐ>，<བ，སྐ>，<བ，ཀྱ>，<བ，ཀྲ>，<བ，ཀླ>，<བ，རྐྱ>，<བ，སྐྱ>，<བ，སྐྲ>，<བ，རྟ>，<བ，ལྟ>，<བ，སྟ>，<བ，རྩ>，<བ，སྩ>，<བ，ག>，<བ，ད>，<བ，ཛ>，<བ，ཞ>，<བ，ཤ>，<བ，ས>，<བ，རྒ>，<བ，ལྒ>，<བ，སྒ>，<བ，གྱ>，<བ，གྲ>，<བ，གླ>，<བ，རྒྱ>，<བ，སྒྱ>，<བ，སྒྲ>，<བ，རྡ>，<བ，ལྡ>，<བ，སྡ>，<བ，རྗ>，<བ，ལྗ>，<བ，རྫ>，<བ，ཟླ>，<བ，སྲ>，<བ，སླ>，<བ，རྔ>，<བ，ལྔ>，<བ，སྔ>，<བ，རྙ>，<བ，སྙ>，<བ，རྣ>，<བ，སྣ>}

关系 2： R_2 为阴性与阴性、阴性与中性组合，则 $R_2 \subseteq Pr \times Con$，且

R_2={<འ, ག>, <འ, ཇ>, <འ, བ>, <འ, ཛ>, <འ, གྱ>, <འ, གྲ>, <འ, དྲ>, <འ, བྱ>, <འ, བྲ>, <འ, གྱ>, <འ, གྲ>, <འ, ཁ>, <འ, ཆ>, <འ, ཐ>, <འ, ཕ>, <འ, ཚ>, <འ, ཁྱ>, <འ, ཁྲ>, <བ, ཕྱ>, <བ, ཕྲ>}

关系 3： R_3为中性与阳性、中性与阴性组合，则 $R_3 \subseteq Pr \times Con$，且

R_3={<ག, ཅ>, <ག, ཏ>, <ག, ཙ>, <ག, ད>, <ག, ཞ>, <ག, ཟ>, <ག, ཡ>, <ག, ཤ>, <ག, ས>, <ག, ཉ>, <ག, ན>}

关系 4： R_4为中性与阳性、中性与阴性组合，则 $R_4 \subseteq Pr \times Con$，且

R_4={<ད, ཀ>, <ད, པ>, <ད, ཀྱ>, <ད, ཀྲ>, <ད, པྱ>, <ད, པྲ>, <ད, ག>, <ད, བ>, <ད, གྱ>, <ད, གྲ>, <ད, བྱ>, <ད, བྲ>, <ད, ང>, <ད, མ>, <ད, མྱ>, <ད, མྲ>}

关系 5： R_5为极阴性与中性、极阴性与阴性、极阴性与极阴性组合，则 $R_5 \subseteq Pr \times Con$，且

R_5={<མ, ཁ>, <མ, ཆ>, <མ, ཐ>, <མ, ཚ>, <མ, ཁྱ>, <མ, ཁྲ>, <མ, ག>, <མ, ཇ>, <མ, ད>, <མ, ཛ>, <མ, གྱ>, <མ, གྲ>, <མ, ང>, <མ, ཉ>, <མ, ན>}

根据关系 1 至 5，在模型-2 的基础上进一步简化，形成藏文音节模型-3（简称为模型-3），即模型-2 中的构造位 1 和 2 预组合成模型-3 的构造位 1，如图 4-4 所示。

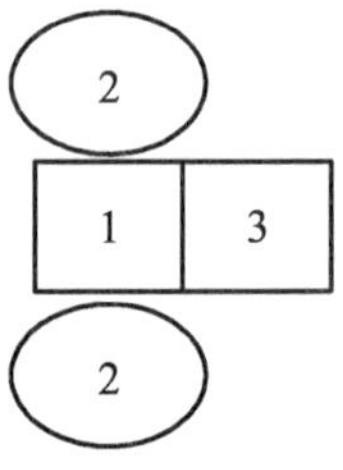

图 4-4 藏文音节模型-3

在模型-3 中，构造位 1 是前缀部分，2 是元音部分，3 是后缀部分，其笛卡儿积为

$$Trule \times Tvowel \times Tpostfix = \{<b, v, s> \mid b \in Trule, v \in Tvowel, s \in Tpostfix\}$$

其中，*Trule* 为规则字符集，是模型-3 中构造位 1 中的元素，包括 *Con* 中的元素和关系 1 至 5 中形成的元素，其余两个集合与模型-2 的集合一致。根据藏文语法，基字、元音和后加字组合才能构成藏文音节，所以在 *Trule*、*Tvowel*、*Tpostfix* 三个集合中按顺序各取一个元素能够组合成藏文音节。

二、藏文音节规则库

定义 3： 字符序列 *xyz*（$x \in Trule$，$y \in Tvowel$，$z \in Tpostfix$），称字符序列 *xyz* 为藏文音节。

由定义 3 可知，符合语法的并由点（该点称为音节点）分的藏文字符串为藏文音节。

定义 4： $\forall x \in Trule$，且 x 满足 $x \in R_i$（$R_i \subseteq Pr \times Con, i = 1,\ldots,5$），则 x 称为规则字符。

由定义 4 可知，根据 *Pr* 与 *Con* 的 R_1 至 R_5 组合关系构成的字符串组合，但不构成一个音节的为规则字符。例如，"དག" 为规则字符，不能构成一个音节。

在规则库的构建中，*Trule* 与 15 个"ལ་བདགས་ཅན" 规则字符构成主要规则表的内容，如表 4-1 所示，其中 15 个"ལ་བདགས་ཅན" 规则字符是指表 4-1 中的"ལ་བདགས་ཅན།*"所在行

对应的字符。*Tvowel* 集合、*Tpostfix* 集合、4 个常用符号、10 个藏文数字作为辅助规则表的内容，其中 *Tvowel* 集合是模型-3 中构造位 2 的元素，*Tpostfix* 集合是模型-3 中构造位 3 的元素，辅助规则表如表 4-2 所示。可以看出，规则表 4-1 是模型-3 中藏文音节的前缀部分，规则表 4-2 是模型-3 中的元音集合、后缀字符集合和其他一些字符。

表 4-1　藏文规则表

གསལ་བྱེད་༣༠	ཀ	ཁ	ག	ང	ཅ	ཆ	ཇ	ཉ	ཏ	ཐ	ད	ན	པ	ཕ	བ				
	མ	ཙ	ཚ	ཛ	ཝ	ཞ	ཟ	འ	ཡ	ར	ལ	ཤ	ས	ཧ	ཨ				
ར་མགོ་ཅན།	རྐ	རྒ	རྔ	རྗ	རྙ	རྟ	རྡ	རྣ	རྦ	རྨ	རྩ	རྫ							
ལ་མགོ་ཅན།	ལྐ	ལྒ	ལྔ	ལྕ	ལྗ	ལྟ	ལྡ	ལྤ	ལྦ	ལྷ									
ས་མགོ་ཅན།	སྐ	སྒ	སྔ	སྙ	སྟ	སྡ	སྣ	སྤ	སྦ	སྨ	སྩ								
ཡ་བཏགས་ཅན།	ཀྱ	ཁྱ	གྱ	པྱ	ཕྱ	བྱ	མྱ												
ར་བཏགས་ཅན།	ཀྲ	ཁྲ	གྲ	ཏྲ	ཐྲ	དྲ	ནྲ	པྲ	ཕྲ	བྲ	མྲ	ཤྲ	སྲ	ཧྲ					
ལ་བཏགས་ཅན།	ཀླ	གླ	བླ	ཟླ	རླ	སླ													
ཝ་བཏགས་ཅན།*	ཀྭ	ཁྭ	གྭ	ཉྭ	དྭ	ཚྭ	ཞྭ	ཟྭ	རྭ	ལྭ	ཤྭ	ཧྭ	གྲྭ	ཕྱྭ	རྩྭ				
ག་མངོན་འཇུག	གཅ	གཉ	གཏ	གད	གན	གཙ	གཞ	གཟ	གཡ	གཤ	གས								
ད་མངོན་འཇུག	དཀ	དཀྱ	དཀྲ	དག	དགྲ	དགྱ	དང	དཔ	དཔྱ	དཔྲ	དབ	དབྱ	དབྲ	དམ	དམྱ				
བ་མངོན་འཇུག	བཀ	བཀྱ	བཀྲ	བཀླ	བརྐ	བསྐ	བརྐྱ	བསྐྱ	བསྐྲ	བག	བགྱ	བགྲ	བརྒ	བསྒ	བརྒྱ				
	བསྒྱ	བསྒྲ	བསྔ	བརྔ	བཅ	བརྗ	བརྙ	བསྙ	བཏ	བརྟ	བསྟ	བལྟ	བད	བརྡ	བསྡ				
	བལྡ	བརྣ	བསྣ	བཙ	བརྩ	བསྩ	བརྫ	བཞ	བཟ	བཟླ	བརླ	བཤ	བས	བསྲ	བསླ				
འ་མངོན་འཇུག	འག	འགྱ	འགྲ	འཁ	འཁྱ	འཁྲ	འཆ	འཇ	འཐ	འད	འདྲ	འཕ	འཕྱ	འཕྲ	འབ	འབྱ	འབྲ	འཚ	འཛ
མ་མངོན་འཇུག	མཁ	མཁྱ	མཁྲ	མག	མགྱ	མགྲ	མང	མཆ	མཇ	མཉ	མཐ	མད	མན	མཚ	མཛ				
བརྩེགས་པ་ཅན།	རྐྱ	སྐྱ	སྐྲ	རྒྱ	སྒྱ	སྒྲ	སྣྲ	སྤྱ	སྤྲ	སྦྱ	སྦྲ	རྨྱ	སྨྱ	སྨྲ					

规则表 4-1 中，第一组为 30 个藏文字母；第二组为 3 个上加字与基字组合的 33 字符；第三组为基字与 4 个下加字组合的 42 个字符；第四组为 5 个前加字、基字和其他叠加字符组合的 105 个字符；第五组为上加字、基字和下加字组合的 14 个叠加字符。辅助规则表（见表 4-2）列出了 4 个显示元音字符和 1 个隐含元音，4 个常用符号，10 个藏文数字符号，10 个后加字，7 个组合的再后加字符。需要说明的是，两个规则表可根据应用需求的不同而增加和减少。

表 4-2 辅助规则表

元音字符	ཨ	ཨི	ཨེ	ཨོ	ཨུ					
常用符号	་	།	༄	༅	༼	༽				
数字符号	༠	༡	༢	༣	༤	༥	༦	༧	༨	༩
后加字	ག་	ང་	ད་	ན་	བ་	མ་	འ་	ར་	ལ་	ས
组合的后缀字符	གས་	ངས་	བས	མས	ནད	རད་	ལད་			

三、歧义规则处理

规则表 4-1 中与前加字ག组合的{གད，གན，གས}3 个规则字符、与前加字ད组合的{དག，དང，དབ，དམ}4 个规则字符、与前加字བ组合的{བག，བད，བས}3 个规则字符和与前加字མ组合的{མག，མད，མང，མན}4 个规则字符共计 14 个存在歧义现象。这些规则字符在藏文中不仅能够单独构成一个音节，而且跟其他“后加字”连接也能构成另外的一个藏文音节。

在具体应用中，针对这 14 个规则需要另加判断条件，即“判断这 14 个规则后面是否有音节点，若有，则为一个音节而非规则；否则为规则”。

第四节 规则方法的应用研究

藏文音节规则模型（TSRM）是根据模型-3 以建构和解构方式建立的一种方法，简称为规则方法，以建构方式进行藏文音节自动拼写。以解构方式进行藏文音节的拼写检查算法，可参见第九章“TSRM 的藏文拼写检查算法”。

在实际书写的现代藏文音节中，包含 5 种类型的音节，如下所示：

（1）*Trule* 中大部分元素构成的音节，在实际的语法中含有隐含元音和“འ”黏着后加字；

（2）*Trule* 集合与 *Tvowel* 集合元素组合构成的音节，含有隐含的“འ”黏着后加字；

（3）*Trule*、*Tvowel* 与 *Tpostfix* 集合元素组合构成的音节；

（4）特殊的藏文音节，如“སྤྲེའུ”“ནྭ”“གཏོཏ”“ཞྭའང”形式的特殊藏文音节；

（5）常见的梵音转写藏文音节，如“པཎྜི”形式的藏文音节。

本章所讨论的自动拼写藏文音节方法只考虑了前 3 种藏文音节，后两种属于特殊现象的音节，情况比较复杂，未列入本章考虑范围。自动拼写藏文音节系统以模型-3 为依据，取 *Trule* 中 209 个元素，*Tvowel* 中 5 元音个元素，*Tpostfix* 后缀字集合中 17 个元素作为自动拼写藏文音节对象。

根据藏文语法，模型-3 中的任何“基字”与后缀字之间在元音的作用下可以进行任意组合，这里的“基字”可以包含 *Trule* 集合中的任何元素。模型-3 的藏文语法如下所示：

རྗེས་འཇུག་ཡི་གེ་བཅུ་པོ་ཡི……མིང་གཞིའི་ཡི་གེ་ཀུན་ལ་འཇུག

通过如上所述的语法和模型-3 可以建立自动拼写藏文音节方法，如图 4-5 所示。

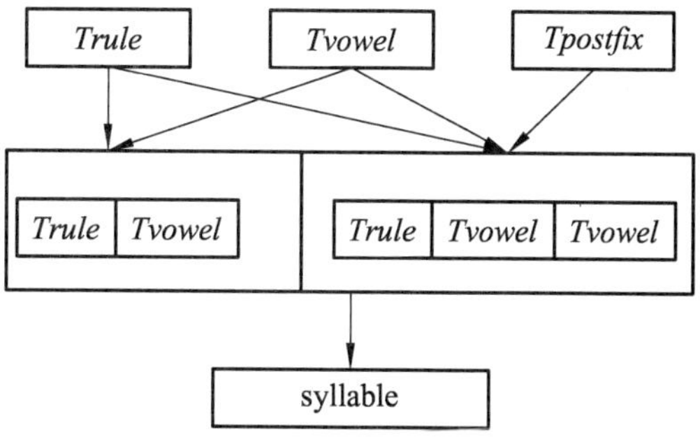

图 4-5　自动拼写藏文音节方法

对于上述三种不同的藏文音节，前两种音节由系统的 *Trule* 与 *Tvowel* 集合的组合完成自动拼写；第三种音节由 *Trule*、*Tvowel* 与 *Tpostfix* 集合的组合完成自动拼写。

根据自动拼写藏文音节系统，拼写算法通过算法 1 和算法 2 来实现自动拼写过程。算法 1 是从 *Trule* 集合中取一个元素，与 *Tvowel* 集合中元音组合拼写出藏文音节；算法 2 是从 *Trule* 集合中取一个元素，在 *Tvowel* 的作用下与 *Tpostfix* 集合中的每一个元素结合拼写出藏文音节。具体算法设计如下：

算法 1：规则集 *Trule* 与 *Tvowel* 元音字符集进行组合，构成藏文音节，如图 4-6 所示。

```
算法 1：规则集、元音集组合，构成藏文音节
输入：
Trule：规则字符集合
Tvowel：元音字符集合
输出：藏文音节
    begin
    创建输出对象 outfile;
    创建规则集的字符串类型 latter;
    创建元音集的字符串类型 vowel;
    创建藏文音节的字符串类型 syllable;
    for  each latter ∈ Trule do
         for  each vowel ∈ Tvowel  do
              syllable=latter+vowel;
              outfile.writetofile（syllable）;
         end
    end
    end
```

图 4-6　藏文音节拼写算法 1

算法 1 包括的主要步骤如下：

（1）创建输出对象 outfile；

（2）创建规则元素变量 latter；

（3）创建元音元素变量 vowel；

（4）latter 与 vowel 组合构成藏文音节。

算法 2：规则集 *Trule* 与 *Tvowel* 元音字符集、*Tpostfix* 集合（不含空集）进行组合，构成藏文音节，如图 4-7 所示。

算法 2 包括的主要步骤如下：

（1）创建藏文后缀元素变量 postfix；

（2）latter、vowel 与 postfix 构成藏文音节，其余释义与算法 1 一致。

经过实验测试，算法 1 产生 1 045 个音节，算法 2 能够产生 17 765 个音节，共计 18 810 个藏文音节。自动拼写的藏文音节中，存在不符合语法的、写法不一致等情况，具体各需要说明如下。

（1）由算法 1 中的前加字+基字+隐含元音构成的 45 个音节确实存在不符合语法的情况，如表 4-3 所示。

算法 2：规则集、元音集和后缀集的组合，构成藏文音节

```
输入：
Trule：规则字符集合
Tvowel：元音字符集合
Tpostfix：后缀字符集合
输出：藏文音节
    begin
    创建输出对象 outfile;
    创建规则集的字符串类型 latter;
    创建元音集的字符串类型 vowel;
    创建后缀集的字符串类型 postfix;
    创建藏文音节的字符串类型 syllable;
    for   each latter ∈ Trule do
          for   each vowel ∈ Tvowel   do
                for each postfix ∈ Tpostfix   do
                    syllable=latter+vowel+poatfix;
                    outfile.writetofile（syllable）;
                end
          end
    end
    end
```

图 4-7 藏文音节拼写算法 2

（2）由算法 2 产生的藏文音节中与黏着字“འ”组合的 1 045 个音节中除去 45 个不符合语法的音节，共计 1 000 个音节与现代藏文音节写法不一致，但语法上没有错误，样例如表 4-3 中所示。

表 4-3 存在歧义的音节表

不符合语法的 45 个规则	གཅ	གཉ	གཏ	གད	གན	གཙ	གཞ	གཟ	གཡ	གཤ
	གས	དཀ	དག	དང	དཔ	དབ	དམ	བག	བཅ	བཏ
	བད	བཞ	བཀ	བཙ	བཟ	བཤ	བས	འག	འཁ	འཆ
	འཇ	འཐ	འད	འཕ	འབ	འཚ	འཛ	མཁ	མག	མང
	མཆ	མཇ	མཉ	མཐ	མད	མན	མཚ	མཛ		
黏着字འ的样例	ཀའ	ཀིའ	ཀུའ	ཀེའ	ཀོའ	ཀྲའ	ཀྲིའ	ཀྲུའ	ཀྲེའ	ཀྲོའ
	ཀྱའ	ཀྱིའ	ཀྱུའ	ཀྱེའ	ཀྱོའ	ཀྲྱའ	ཀྲྱིའ	ཀྲྱུའ	ཀྲྱེའ	ཀྲྱོའ
前加字作为基字的音节	གགས	དགས	དངས	དབས	དམས	དནད	དརད	དལད	བགས	བངས
	བལད	བརད	བནད	མགས	མངས	མབས	མམས	མནད	མརད	མལད
	འགས	འངས	འབས	འམས	འནད	འརད	འལད			

（3）当 5 个前加字作为基字，后跟后加字和再后加字的时候，产生的音节在基字定位上存在歧义，如表 4-3 所示。表 4-3 中加粗部分表示前加字作为基字的部分，但计算机难以识别哪个是基字，如图 4-8 和 4-9 所示，其中图 4-8 是以“མ”为基字，图 4-9 是以“ང”为基字，表示基字定位上存在歧义。

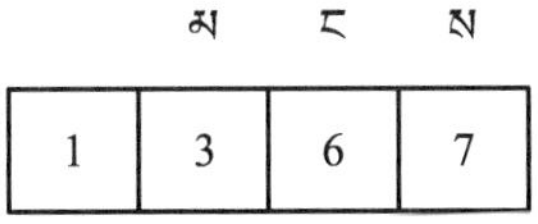

图 4-8　基字+后加字+再后加字

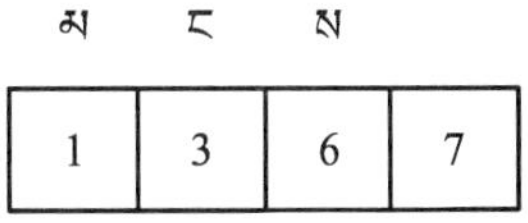

图 4-9　前加字+基字+后加字

（4）常用的“ཀྱེ”等形式的藏文音节没有包含在自动拼写音节方法中，特别是许多生僻的音节还需要语言学专家进一步论证。

根据算法 1 和 2 自动拼写出来的藏文音节，去掉 45 个规则，再增加 15 个“ཡ་བཏགས་ཅན”规则字符，共计 18 780 个音节，这与文献[6]中提到的两个数字是接近的，一个数字是萨迦索南孜木提到的 18 745 个藏文音节，另外一个是才旦夏茸提到的将近 18 000 个藏文音节。

第五节　结论与展望

本章简单回顾了藏文信息处理的历史过程，概述了针对藏文音节开展的研究工作，分析了藏文音节模型在藏文信息处理过程中的应用情况，并讨论了藏文音节的结构、组成成分、拼写规则。接着根据藏文音节的拼写规则建立藏文音节数学模型和规则库，并提出了规则方法的自动拼写藏文音节算法。通过编程自动拼写出 18 810 个藏文音节。下一步的工作将是利用藏文音节的规则方法，提高该方法在实际应用中的有效性，并继续开展规则方法在藏文词语校对、短语校对、藏文分词等领域的应用研究。

参考文献

[1] 江荻．中文信息处理国际会议论文集（书面藏语的熵值及相关问题）[M]．北京：清华大学出版社，1998.

[2] 江荻，康才畯．书面藏语排序的数学模型及算法[J]．计算机学报，2004，27(4)：524-529.

[3] CHILTON R R. Sorting Unicode Tibetan using a Multi-Weight Collation Algorithm.

[4] https://collab.itc.virginia.edu/access/wiki/site/26a34146-33a6-48ce-001e-f16ce7908a6a/sorting%20tibetan.html

[5] 扎西次仁.《中华大藏经・丹珠尔》藏文对勘本字频统计分析[J]．中国藏学，1997，2：122-133.

[6] 王维兰，陈万军．藏文字丁、音节频度及其信息熵[J]．术语标准化与信息技术，2004，2: 27-31.

[7] 才旦夏茸．才旦夏茸全集．8[M]．北京：民族出版社，2007：44-45.

第五章　藏文音节构件分解及类型识别算法

本章针对藏文排序、音节构件属性统计和语音识别等应用领域中藏文音节构件识别问题，利用藏文音节规则模型，提出了藏文音节分解和构件识别算法，在混排复杂的藏文文本上经过实验，准确率、召回率达到了90%左右的效果。

第一节　概　述

藏文信息处理技术经过众多专家三四十年的努力，在字处理、词处理层面取得了一定成果，先后颁布了信息交换用藏文编码国际标准、国家标准，藏文编码字符集键盘布局国家标准，藏文编码字符集字型标准；另外，2018年还颁布了信息处理用藏文分词规范和藏文字符排序规范国家标准。这些标准的公布说明藏文信息处理的某些研究领域取得了公认的研究成果，并逐步推向应用领域。虽然藏文字处理、词处理层面已经取得了很多可喜的研究成果，但是针对不同的应用场景和应用领域，需要设计、开发相适应的算法和藏文处理模型，开展更精细化的研究：如搜索引擎中的藏文分词和语音合成中的分词粒度可以不同；藏文排序研究领域和藏文音节的拼读应用领域，需要把藏文音节进行拆分，并识别每个字符的属性和类别等。

开展藏文音节分解和每个构件的识别问题，主要有以下三个原因：第一，藏文字符排序是计算机必须处理和解决的问题，在计算机中制作电子表格，使用数据库系统表格，都会涉及字符串的排序问题。藏文的排序主要是音节的排序，其关键技术是识别音节各个构件类别，然后依据排序规则完成藏文字符串的排序。第二，藏文音节的自动拼读中首先要识别音节的各个构件类别，在此基础上按照前加字、上加字、基字、下加字、元音、后加字和再后加字的顺序实现自动拼读。第三，大量藏文文本中需要统计各种属性，比如藏文词频统计、音节频率统计、音节中各种构件的属性统计等，特别是音节构件属性统计和熵计算对藏文编码制定、键盘布局设计具有重要的基础价值和参考价值。因此，本章主要研究藏文音节的构件识别算法，特别是利用藏文音节规则模型设计新的算法，提高算法效率和执行速度。

第二节　相关研究工作

随着藏文在计算机排序问题中的研究，研究者开始了藏文音节构件的分解和类型识别算法的设计。早在20世纪90年代，以藏文编码国际编码标准小字符集方案为依据，扎西次仁[1]开始了藏文排序算法研究，提出了藏文音节分解和排序的思想。江荻等[2]提出了构造序和字符序的概念，对藏文音节结构进行了更为详细的讨论。黄鹤鸣等[3]讨论了基于DUCET的藏文排序方法，其基本思想是对藏文音节除基字位之外，其余 6 个位中如果不存在藏文字符，则用空格来代替。边巴旺堆等[4]在藏文构件识别的基础上，提出了基于笛卡儿积数学模型的现代藏文音节优先级排序算法。同时，按藏文编码国家标准大字符集方案为依据，珠杰等[5]研究了藏文排序算法，提出了基字定位算法。从这些研究内容的总体思想上看，首先拆分音节，然后利用藏文语法规则从字符串编码序列中找出藏文基字，并逐步确定音节的每个构件，从而实现藏文音节排序目的。藏文排序算法研究过程中，研究者发现排序算法的关键是藏文音节构件的识别，因此边巴旺堆等[6]根据藏文文字结构、书写规律和文法规则，研究并设计了藏文音节构件元素识别算法，主要利用藏文语法规则、音节元组个数、构件位置来识别基字，总体上来看是从左向右逐步识别的过程。才华[7]研究了藏文组字部件自动识别问题，提出了 7 种大类结构，每个大类结构又划分了多种不同的子类结构，然后根据子类结构来判定藏文音节的构件。仁青卓么等[8]研究了藏文音节的结构问题，提出了 7 个大类结构，每个大类又划分了不同子类，在 5 元组结构中划分了 11 个子类结构。藏文音节构件识别的另一种思路是由黄鹤鸣等[9]提出的，首先根据藏文编码的特点，提出了占位符和非占位符的概念，根据此概念把藏文音节划分成两种类型，即不含非占位符的音节和含非占位符的音节。对于前一种情况，利用前加字的限制条件来判断音节的每个构件，但存在གངས་等音节构件的判断失误；对于第二种情况，利用上加字和下加字与基字之间的组合规则、前加字与叠加字之间的规则，以及非占位符编码之间位置特点来确定音节的每个构件。

上述这些研究中，藏文音节构件识别的总体思路是先按照从左到右书写顺序和字符元素个数来判断音节结构，即判断属于哪个大类结构；然后根据藏文语法规则（音节构成规律）来判断属于某个大类的哪个子类结构；最后根据子类结构中元素的位置顺序关系来判别每个字符的构件类别。这种思路的特点是算法执行过程中不但涵盖了元素个数的判断，而且涵盖了大类结构和子类结构的判断，判断的语法规则多，算法设计分支繁杂，且循环结构复杂，导致算法的时间复杂度很高。

与上述研究的思想不同，本章采用藏文音节规则模型（TSRM）[10]研究音节构件分解和识别算法，即把一个藏文音节（不含梵音转写藏文）分解成前缀、元音和后缀三个部分，然后从前缀部分识别前加字、上加字、基字和下加字；从后缀部分识别后加字和再后加字。该算法的特点是将复杂的语法判断过程放在了 TSRM 模型中，构件识别算法只需考虑前缀中类别识别问题，大大简化了算法的复杂度。

第三节　音节构件识别算法

一、问题分析

一个完整的现代藏文音节由 7 个部分组成，如图 5-1 所示。其中 1 是前加位，2 是上加位，3 是基字位，4 是下加位，5 是元音位，6 是后加位，7 是再后加位。在实际写法中除了构造位 3（基字位）不能空之外，其余位置均可以为空，因此，1 个藏文音节少则 1 个字符，多则由 7 个字符构成。

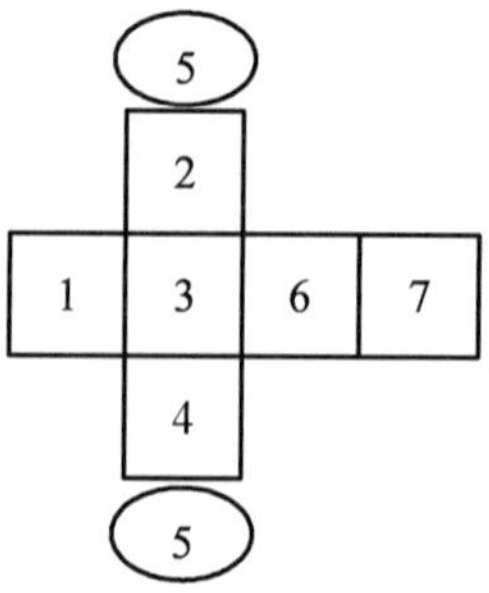

图 5-1 藏文音节

藏文音节在计算机中是藏文字符编码组成的序列，如表 5-1 所示。可以看出藏文音节少则 1 个编码，多则 7 个编码，在这种编码序列中，藏文基字编码位置是不确定的，可以出现在第一个、第二个和第三个编码位，在编码序列中，基字编码位的不确定性，直接影响其他构件编码位的不确定，构件识别难度大大增加。藏文音节的构件识别，目前绝大多数文献的观点是首先需要确定基字，这是藏文音节构成规律决定的，是由藏文语法理论支撑的。因此，在藏文音节构件识别算法上，能够利用结构类型和语法规则识别每个构件的类别，但算法较为复杂，时间复杂度很高。本章采用藏文音节规则模型把一个藏文音节分解成前缀、元音和后缀三个部分，然后从前缀部分分别识别出前加字、上加字、基字和下加字，后缀部分识别出后加字和再后加字，最后实现音节构件的分解，并确定每个构件的类别。

表 5-1 藏文音节、基字位和编码关系

音节	编码	基字位/字符数	音节	编码	基字位/字符数
ག	0F42	1/1	བརྒྱ	0F56 0F62 0F92 0FB1	3/4
གད	0F42 0F51	1/2	གྱུར	0F42 0FB1 0F74 0F62	2/4
སྒ	0F66 0F92	2/2	གྱུརད	0F42 0FB1 0F74 0F62 0F51	2/5
གངས	0F42 0F44 0F66	1/3	རྒྱུག	0F62 0F92 0FB1 0F74 0F42	2/5
འགོ	0F60 0F42 0F7C	2/3	བརྒྱལ	0F56 0F62 0F92 0FB1 0F63	3/5
བརྒ	0F56 0F62 0F92	3/3	རྒྱུགས	0F62 0F92 0FB1 0F74 0F42 0F66	2/6
རྒན	0F62 0F92 0F53	2/3	བསྒྲགས	0F56 0F66 0F92 0FB2 0F42 0F66	3/6
འགངས	0F60 0F42 0F44 0F66	2/4	བསྒྲིགས	0F56 0F66 0F92 0FB2 0F72 0F42 0F66	3/7

二、音节分解算法

根据藏文音节规则模型，藏文语法知识应用在音节分解算法之前，形成藏文音节预组合字符集合。按照藏文语法规律，预组合字符集合包括三个部分，即前缀字符集合、元音集合和后缀字符集合，*Trule* 为前缀字符集合，*Tvowel* 元音集合，*Tpostfix* 为后缀集合。具体如下：

Trule ={ཀ,ཁ,ག,ང,ཅ,ཆ,ཇ,ཉ,ཏ,ཐ,ད,ན,པ,ཕ,བ,མ,ཙ,ཚ,ཛ,ཝ,ཞ,ཟ,འ,ཡ,ར,ལ,ཤ,ས,ཧ,ཨ,རྐ,རྒ,རྔ,རྗ,རྙ,རྟ,
རྡ,རྣ,རྦ,རྨ,རྩ,རྫ,ལྐ,ལྒ,ལྔ,ལྕ,ལྗ,ལྟ,ལྡ,ལྤ,ལྦ,ལྷ,སྐ,སྒ,སྔ,སྙ,སྟ,སྡ,སྣ,སྤ,སྦ,སྨ,སྩ,ཀྱ,ཁྱ,གྱ,པྱ,ཕྱ,བྱ,མྱ,ཀྲ,ཁྲ,གྲ,ཏྲ,ཐྲ,དྲ,ནྲ,
པྲ,ཕྲ,བྲ,མྲ,ཤྲ,སྲ,ཧྲ,ཀླ,གླ,བླ,ཟླ,རླ,སླ,ཀྭ,ཁྭ,གྭ,ཉྭ,དྭ,ཚྭ,ཞྭ,ཟྭ,རྭ,ལྭ,ཤྭ,ཧྭ,གྲྭ,ཕྱྭ,རྩྭ,གཅ,གཉ,གཏ,གད,གན,གཙ,གཞ,གཟ
,གཡ,གཤ,གས,དཀ,དཀྱ,དཀྲ,དག,དགྱ,དགྲ,དང,དཔ,དཔྱ,དཔྲ,དབ,དབྱ,དབྲ,དམ,དམྱ,བཀ,བཀྱ,བཀྲ,བཀླ,བརྐ,བསྐ

,བཀྲ,བསྐྱ,བསྐྲ,བག,བགྱ,བགྲ,བརྐ,བསྐ,བརྐྱ,བསྒྱ,བསྒྲ,བརྔ,བང,བཅ,བརྗ,བརྙ,བསྙ,བཏ,བརྟ,བསྟ,བལྟ,བད,བརྡ,བསྡ
,བལྡ,བརྣ,བསྣ,བཙ,བརྩ,བསྩ,བརྫ,བཞ,བཟ,བཟླ,བརླ,བཤ,བས,བསྲ,བསླ,འག,འགྱ,འགྲ,འཁ,འཁྱ,འཁྲ,འཆ,འཇ,འཐ,
འད,འདྲ,འཕ,འཕྱ,འཕྲ,འབ,འབྱ,འབྲ,འཚ,འཛ,མཁ,མཁྱ,མཁྲ,མག,མགྱ,མགྲ,མང,མཆ,མཇ,མཉ,མཐ,མད,མན,མཚ,
མཛ,ཀྲ,སྐྱ,སྐྲ,ཀྱ,སྒྱ,སྒྲ,སྣ,སྤྱ,སྤྲ,སྦྱ,སྦྲ,སྨྱ,སྨྲ}

Tvowel = {∅, ི, ེ, ོ, ུ}，其中∅表示隐含元音字符。

Tpostfix = {∅,ག,ང,ད,ན,བ,མ,འ,ར,ལ,ས,གས,ངས,བས,མས,ནད,རད,ལད}，其中∅表示空位，无后加字的情况。

音节分解算法根据藏文音节规则模型，从一个音节中分解出前缀、元音和后缀三个部分，具体算法如图 5-2 所示。

```
算法 1：音节分解算法
输入：藏文音节
输出：前缀、元音和后缀
begin
创建读取藏文音节的对象 fr;
创建输出结果字符串变量 Tv，Tr，Tp;
创建字符串 syllable;
syllable=fr.read();
while(syllable!=null) do
      if(Tv□syllable in Tvowel)
        Tv=该元音；Tr=元音前的字符串；Tp=元音后的字符;
      else
        Tr= syllable;
        if(Tr not in Trule)
            Tp= syllable 的最后一个字符；Tr= syllable 的剩余字符串；endif
            if(Tr not in Trule)
                Tp= syllable 的最后两个字符；Tr= syllable 的剩余字符串；endif
      endif
endw
endb
```

图 5-2　藏文音节分解算法

三、构件识别算法

构件识别算法按前缀构件、元音和后缀构件识别三个步骤来开展，第二步和第三步比较简单，主要难点在第一步的构件识别上。藏文音节规则模型中的前缀部分最少 1 个字符，最多 4 个字符，字符组成个数与基字位之间的关系如表 5-2 所示。在第一步前缀构件识别方法中，按字符个数划分了 4 个类别，其中字符个数 1 和 4 的构件识别很简单，算法的重点放在字符个数 2 和 3 的构件识别上。

表 5-2　藏文音节前缀个数与基字位的关系

前缀	基字位/字符数	前缀	基字位/字符数
ག	1/1	བསྐ	3/3
གཅ	2/2	གྲ	1/3
སྐ	2/2	དགྱ	2/3
གྱ	1/2	སྤྲ	2/3
གྲ	1/2	བསྒྱ	3/4

从表 5-2 中可以看出，当只有 1 个字符时，直接判定为基字；当有 4 个字符时，可以判定为前加字、上加字、基字和下加字。当前缀字符个数为 2 时，基字位可能在编码序列的 1 和 2 的位置上；当前缀字符个数为 3 时，基字位可能在编码序列的 1、2 和 3 的位置上，判断基字位置比较困难。针对 2 个字符个数的前缀，首先判断第 1 个字符是否在集合 ={ར་མགོ, ལ་མགོ,ས་མགོ}中，若是第 1 个字符为上加字，第 2 个字符为基字；再判断第 2 个字符是否在下加字集合={◌ྱ,◌ྲ,◌ླ,◌ྭ}中，若是第 1 个字符为基字，第 2 个为下加字；否则，第 1 个字符为前加字，第 2 个字符为基字。针对 3 个字符的前缀，首先判断第 3 个字符是否在下加字集合={◌ྱ,◌ྲ,◌ླ,◌ྭ}中，若是，再判断第 2 个字符是否也在下加字集合={◌ྱ,◌ྲ,◌ླ,◌ྭ}中，是则第 1 个字符为基字，第 2、3 个字符为下加字；否则再判断第 1 个字符是否在上加字集合={ར་མགོ, ལ་མགོ,ས་མགོ}中，是则第 1 个字符为上加字，第 2 个字符为基字，第 3 个字符为下加字。如果第 3 个字符不在集合={◌ྱ,◌ྲ,◌ླ,◌ྭ}中，则第 1 个字符为前加字，第 2 个字符为上加字，第 3 个字符为基字。具体算法如图 5-3 所示。

```
算法 1：音节构件识别算法
输入：Tv，Tr，Tp，syllable
输出：音节的每个构件及类型
begin
  创建输出结果字符串变量 TrP，TrU，TrB，TrD，Ap 分别为前加字、上加字、基字、下加字和第二个下加字；Tv 为元音，TpF，TpS 分别为后加字和再后加字。
  创建字符串 syllable;
  while(Tr!=null) do
      if(Tr.lenth==1)//第一步
     TrP=∅，TrU=∅，TrB=Tr，TrU=∅;
  elseif(Tr.lenth==2)
     if(第 1 个字符∈U)
        TrP=∅，TrU=第 1 个字符，TrB=第 2 个字符，TrD=∅;
      elseif(第 2 个字符∈D)
        TrP=∅，TrU=∅，TrB=第 1 个字符，TrD1=第 2 个字符;
      else
        TrP=第 1 个字符，TrU=∅，TrB=第 2 个字符，TrD=∅;
      endif
  elseif(Tr.lenth==3)
     if(第 3 个字符∈D&&第 2 个字符∈D)
       TrP=∅，TrU=∅，TrB=第 1 个字符，TrD=第 2 个字符，Ap=第 3 个字符;
     elseif(第 3 个字符∈D&&第 1 个字符∈U)
       TrP=∅，TrU=第 1 个字符，TrB=第 2 个字符，TrD=第 3 个字符; Ap=∅;
    else
       TrP=第 1 个字符，TrU=第 2 个字符，TrB=第 3 个字符，TrD=∅; Ap=∅;
    endif
  elseif(Tr.lenth==4)
   TrP=第 1 个字符，TrU=第 2 个字符，TrB=第 3 个字符，TrD=第 4 个字符;
  else
    print err
  endif
  Tv=该元音；//第二步
   if(Tp!= ∅)//第三步
     if(Tp.lenth==1)
       TpF=Tp，TpS=∅; endif;
     if(Tp.lenth==2)
       TpF=第 1 个字符, TpS=第 2 个字符; endif;
     endif
   endw
  endbegin
```

图 5-3　藏文音节构件识别算法

第四节　实　验

实验分为 2 组，一是按分项进行实验，二是按原始语料进行实验。分项实验中，把原始语料按三种类型进行分类，分别是其他语种符号混排组、无元音音节组和有元音音节组。从原始语料中挑选有其他语种符号的藏文语料，建立混排的测试文件，该文件称为 TEST1；从原始语料中挑选无元音音节，建立由无元音音节构成的测试文件，该文件称为 TEST2；从原始语料中挑选有元音音节，建立有元音音节的测试文件，该文件称为 TEST3；同样，从网络上下载的原始语料作为测试文件，该文件称为 TEST4，TEST4 具有前面测试文件 TEST1、TEST2 和 TEST3 的所有特性。

一、测试语料

测试语料是从中国藏族网通（www.tibet3.com）中下载的 100 篇文章，包括新闻、文化、写作、教育、经济、法律、朝圣、常识和民俗等内容，TEST1、TEST2、TEST3 和 TEST4 大小分别为 120 KB、790 KB、1.65 MB 和 1.71 MB，其中 TEST1 选择了混排情况比较多的 4 个文件，TEST4 包含了 100 篇原文内容，总体上看不仅包含了藏文编码中的各类符号、藏文字符、梵音转写藏文和错误的藏文音节，还包括了汉语编码中的字符和符号，英文中的符号和字符，混排情况比较复杂。

二、评测标准及测试

根据信息检索中召回率和精度的定义，文档分相关和不相关两种情况，检索结果分为检索到和未检索到两种情况。借鉴信息检索评测标准，可以画出如图 5-4 所示的形式，藏文语料中的音节（正确的藏文音节、错误音节和梵音转写藏文）分成现代藏文音节（符合藏文文法的音节）和非现代藏文音节（不符合藏文文法的音节，包括梵音转写藏文和古文献中的特殊藏文音节，为了便于讨论，错误的藏文音节也归入其中），其中现代藏文音节对应相关文档，非现代藏文音节对应不相关文档。构件识别正确的音节对应检索到的文档，构件识别不正确的音节对应未检索到的文档。

	现代藏文音节	非现代藏文音节
识别正确	TP	FP
识别不正确	FN	TN

图 5-4　藏文音节分解关联图

设 TP 为现代藏文音节构件识别正确的个数，FP 为非现代藏文音节构件识别正确的个数，FN 为现代藏文音节构件识别不正确的个数，TN 为非现代藏文音节构件识别不正确的情况。然后利用准确率、召回率和查准率来描述评测标准。设准确率为 A，其公式为

$$A=(TP+TN)/(TP+FP+FN+TN) \qquad (5\text{-}1)$$

设召回率为 R，其公式为

$$R=\mathrm{TP}/(\mathrm{TP}+\mathrm{FN}) \tag{5-2}$$

设查准率为 P，其公式为

$$P=\mathrm{TP}/(\mathrm{TP}+\mathrm{FP}) \tag{5-3}$$

将实验结果经过人工校对，测试的实验结果如表 5-3 所示。

（1）由算法 1 中的前加字+基字+隐含元音构成的 45 个音节确实存在不符合语法的情况，如表 5-3 所示。

表 5-3 音节分解和构件识别实验结果

测试文件	指标						
	TP	FP	FN	TN	*A*	*R*	*P*
TEST1	8 823	0	769	5	91.98	91.98	100
TEST2	75 126	0	8 673	165	89.67	89.65	100
TEST3	121 612	0	10 879	458	91.81	91.78	100
TEST4	196 738	0	19 552	623	90.98	90.96	100

测试结果随机抽取的截图如图 5-5 所示。

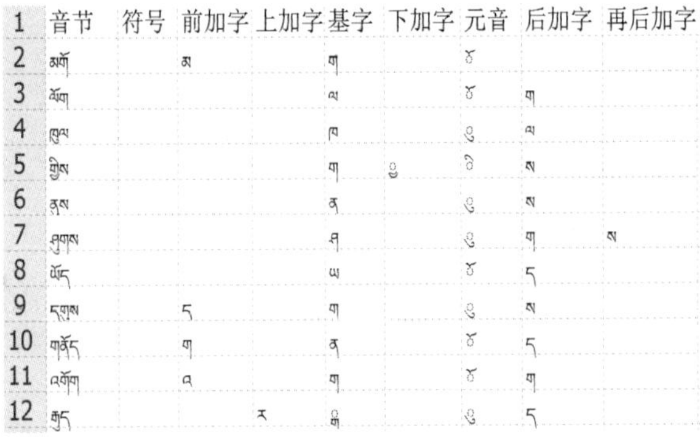

（a）TEST1 测试结果

（b）TEST2 测试结果

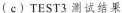

（c）TEST3 测试结果

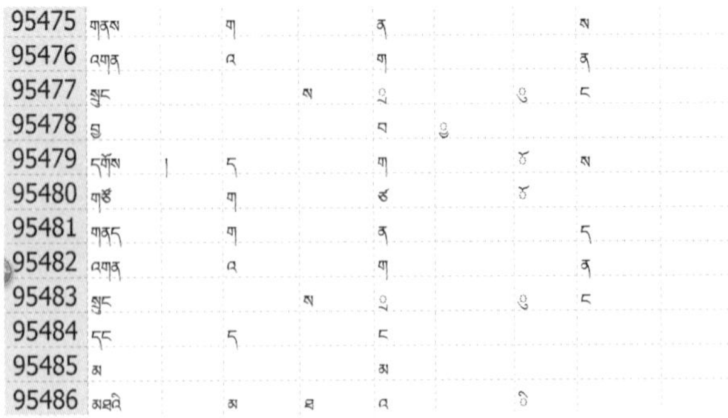

（d）TEST4 测试结果

图 5-5 测试文件截图

经过对实验结果的分析，音节分解错误的原因有如下几点：

（1）藏文音节划分不正确。藏文词中存在ས་ ར་ འ་ འི་ འུ་ འོ་ འང་ འམ་等不少紧缩格，这些紧缩格附着在其他音节中，由于没有还原成两个音节，导致音节分解有误，其中འི་ འུ་ འོ་ འང་ འམ་这类词紧缩格在 FN 数据中占比达到了 90%以上。

（2）歧义规则字符判断有误。藏文音节规则模型中，{གད, གན, གས, དག, དང, དབ, དམ, བག, བད, བས, མག, མད, མང, མན}规则字符存在歧义现象，既可以作为一个音节的前缀部分，也可以单独构成音节，导致算法在分解音节时存在错误。TEST2 的测试结果在 FN 数据中占 70%左右。

（3）非现代藏文音节分解错误。非现代藏文音节中的梵音转写藏文、古文献中的特殊音节和藏文错误音节由于不符合藏文音节规则模型而出现分解失误的情况，如པཏྲེ分解པ 为前加字，ཏ为上加字，◌ྲ为基字，◌ེ为元音。FP 为非藏文音节不按藏文文法书写，不是一个语法体系，一般情况 FP 值为 0。

第五节　结论与展望

根据藏文音节规则模型，提出的藏文音节自动拼写算法，能够拼写出绝大多数符合文法的藏文音节；提出的藏文音节拼写检查算法，能够很好地检查出错误音节。本章总结藏文音节规则模型应用经验，提出了藏文音节构件分解算法和构件识别算法，能够很好地分解出每个藏文音节，并能够正确识别每个构件的类型，跟其他算法相比具有简单易实现的特点，也能在很大程度上提高算法的效率。藏文音节规则模型是利用藏文语法规则形成的模型，构件分解和类型识别也是依据语法规则提出的算法，在后续工作中可采用机器学习算法进行更多的研究。

参考文献

[1]扎西次仁. 藏文的排序规则及其计算机自动排序的实现[J]. 中国藏学，1999，(4)：128-135.

[2]江荻，周季文. 论藏文的序性及排序方法[J]. 中文信息学报，2000，14(1)：56-62.

[3]黄鹤鸣，赵晨星. 基于 DUCET 的藏文排序方法[J]. 中文信息学报，2008，22(4)：109-113.

[4]边巴旺堆，卓嘎，董志诚，等. 藏文排序优先级算法研究[J]. 中文信息学报，2015，19(1)：191-196.

[5]珠杰，欧珠. 基于藏文编码 GB 的藏文排序方法研究[J]. 西藏大学学报（自然科学版），2018(1)：33-35.

[6]边巴旺堆，卓嘎，陈延利，等. 藏文构件元素识别算法研究[J]. 中文信息学报，2014，28(3)：104-111.

[7]才华. 藏文组字部件的自动识别与字排序研究[J]. 西藏大学学报（自然科学版），2014，29(2)：80-86.

[8]仁青卓么，祁坤钰，贡保扎西. 藏文音节七元组类型分析研究[J]. 西北民族大学学报(自然科学版)，2015，36(97)：32-36.

[9]黄鹤鸣，达飞鹏. 基于排序的现代藏文音节判定[J]. 计算机应用，2009， 29(7)：2003-2005.

[10]珠杰，李天瑞，格桑多吉，等. 藏文音节规则模型及应用[J]. 北京大学学报（自然科学版），2013，49(1)：68-74.

第二篇

藏文词处理方法

藏文和汉语类似，没有天然的单词分界符号，藏文分词需要从藏文字的序列切分成一个个单独的词。与汉语不同，藏文有独特的构词规则，比如词上存在紧缩格（黏着词）、文本中存在丰富的格助词和大量的虚词等。因此在藏文分词上除了共有的分词歧义、未登录词识别难点之外，还存在两个特殊的困难：一是不同专家学者提出的词类划分方法虽然总体趋于一致，但在细节上还存在分歧，词类划分和分词规范没有达成一致，致使语句处理研究、篇章分析和应用研究受到制约和阻碍；二是存在紧缩格识别和切分的困难，现有的很多方法难以施展其“才华”，藏文分词准确率的提升受到了限制。

除了藏文分词的困难之外，还需要研究藏文词性标注、藏文分词歧义处理等众多内容，本篇内容由四章构成，主要讨论了藏文停用词自动处理方法、藏文词性标注方法、藏文人名识别技术；分别介绍了藏文停用词选取与自动处理方法，基于词向量的藏文词性标注方法，基于条件随机场的藏文人名识别技术，基于深度学习模型的藏文人名识别技术。

第六章 藏文停用词选取与自动处理方法研究

停用词的处理是文本挖掘中一个关键的预处理步骤。本章结合现有停用词的处理技术，研究了基于统计的藏文停用词选取方法，通过实验分析了词项频率、文档频率、熵等方法的藏文停用词选用情况，提出了藏文虚词、特殊动词和自动处理方法相结合的藏文停用词选取方法。实验结果表明，该方法可以确定一个较合理的藏文停用词表。

第一节 概 述

在基于词袋模型的文本挖掘研究中，词作为文本的特征，在文本主题信息提取、文本摘要、文本分类、文本聚类、网络舆情分析、社会网络分析、网络搜索引擎与问答系统等研究中，往往组织成特征向量来表示文本内容。停用词的处理是文本挖掘中数据清洗的重要过程，能够大幅减少文本的无用特征，大大降低向量空间的维数、节省存储空间、减少计算时间，提高文本分析的能力和精确度。

停用词是指在文本中出现频率很高但是所包含的信息对体现主题没有多大贡献的词。在很多文本挖掘方法中，停用词被作为“噪声”处理。本章以藏文文本为研究对象，主要讨论藏文停用词的选取和自动处理方法。

第二节 相关研究工作

从国内外研究现状来分析，英文停用词处理的研究成果多，技术成熟，目前已有公认的停用词表，是其他语言研究的参考对象。美国 Bell 实验室的 Ho 认为，在典型的英文文章中，停用词的使用数量占到一半以上，而这些停用词的数量却不足 150 个[1]。英语公开发表的停用词表中，比较著名的有 Van Rijsbergen 发表的停用词表以及 Brown corpus 的停用词表[2,3]。

从停用词的自动选取方法[4]上看，研究主要采用词项频率、文档频率、信息增益（IG）、熵计算、互信息（MI）、χ^2-统计方法等方法。汉语的停用词处理上，Hao 等人提出了 χ^2-统计方法[5]，顾益军等人提出了依据联合熵选取停用词的方法[6]，Zou 等人提出了一种基于统计与信息论模型的停用词选取方法[7]。

从停用词选取上来看，停用词的认定与实际应用环境是密不可分的，根据应用环境的不同，停用词选取范围、数量的确定有所差别。例如，文献[8]列出了针对搜索引擎英文的停用词列表，其数量达到 658 个。汉语停用词的选取上，周钦强等人认为停用词主要包括英文字符、数字、数学字符、标点符号以及使用频率特高的单汉字等[9]；罗杰等人认为，除数字等切分标记外，停用词还包括数词、量词、代词、方位词、拟声词、叹词等，没有实际意义的动词，如“可能”等，以及一些太过于常用的名词，如“操作”等[10]。

从停用词选取的阈值上来看，Silva 验证了应用停用词表削减特征空间，对提高基于支持向量机的文本分类器准确率所产生的积极作用[11]。Yang 和 Pedersen 认为，如果对停用词按照其出现的文本频数降序排序，用前 10 个停用词削减特征向量空间，不会产生负面影响；用前 100 个停用词削减特征向量空间，所产生的负面影响非常小[12]。

少数民族语言中，除了介绍蒙文停用词处理的方法外[13]，还没有看到针对藏文停用词处理的相关文章。本章借鉴其他语言停用词处理的研究成果，分析藏文停用词处理的特殊情况，研究藏文停用词自动处理方法和分析停用词表确定的可能性，并通过实验进行验证。

第三节　藏文停用词选取方法

本节主要采用基于词项频率统计、文档频率、熵的自动选取方法来选取藏文停用词。

一、词项频率（TF）

词项频率（Term Frequency, TF），简称词频，指的是某一个给定的词项（本章主要指词语）在该文档中出现的频率。通过对文本中词语的词频统计，能够获得该文本的词语特征向量。设：

$$D_i=\{a_{ij}\}, i=1,\cdots,m; j=1,\cdots,n$$

其中，D_i 为第 i 个文档，a_{ij} 为第 i 个文档中第 j 个词的词频。由于同一个词在长文件里的词频会比短文件更高，为防止偏向长文件，确保各分量的比重保持不变，对每个文本中的词频特征向量作归一化处理，即文本 D_i 中第 j 个词出现的词频除以所有词在该文档中的词频之和，如式（6-1）所示。

$$w_{ij}=\frac{a_{ij}}{\sum_{j=1}^{n}a_{ij}} \qquad (6\text{-}1)$$

其中，w_{ij} 表示第 i 个文档中第 j 个词的比重，是该词在文本中的某种特征。

由于同一个词允许在多个文档出现，设：

$$w_j=\sum_{1\leqslant i\leqslant m}w_{ij} \qquad (6\text{-}2)$$

其中，w_j 表示词 j 在所有文档中出现的词的比重，m 为文档的个数。根据词频的比重大小，从高到低对词进行降序排序，由于停用词往往在文本中出现的次数比较高，规定阈值前的藏文作为停用词。

二、文档频数（DF）

文档频数是指有该词条出现的文档数量。在文本集中对每个词条计算它的文档频数，设：

$$w_j=|\{k: j\in D\}| \qquad (6\text{-}3)$$

其中，w_j 为第 j 个词出现的文档数量，k 为第 j 个词出现的文档个数，D 为文档集合，随着词的变化出现该词的文档个数也会变化。根据 w_j 的值从高到低对词进行降序排序，规定阈值前的词作为藏文停用词。

三、熵计算方法

熵是信息论中很重要的概念。香农用信息熵来度量信息的不确定性程度，熵越大则不确定性越强。信息熵的定义如下：

设随机变量 X，$X=\{x_1,x_2,\cdots,x_n\},i=1,\cdots,n$，其分量 x_i 的概率为 $p(x_i),i=1,\cdots,n$，$0\leqslant p(x_i)\leqslant 1$，$\sum_{i=1}^{n}p(x_i)=1$。则随机变量 X 的信息熵为式（6-4）所示。

$$H(X)=E(X)=-\sum_{i=1}^{n}p(x_i)\log_u p(x_i) \tag{6-4}$$

在停用词的处理上，文本中的词特征向量作为随机变量 X，每个词 x_i 作为 X 的分量，进行单个词的熵计算，这样基于单词出现的平均信息量的计算来度量文本中词出现的频率变化。

设：

$$D_i=\{x_{ij}\},(i=1,\cdots,m,j=1,\cdots,n)$$

其中，D_i 为第 i 个文本的随机变量，$x_{ij}(i=1,\cdots,m,j=1,\cdots,n)$ 为第 i 个文本中出现的词 j。则计算词的熵值计算如式（6-5）所示。

$$H(x_{ij})=1+\frac{1}{\ln(m)}\sum_{j=1}^{m}p(x_{ij})\ln[p(x_{ij})] \tag{6-5}$$

其中

$$p(x_{ij})=\frac{f(x_{ij})}{\sum_{i=1}^{m}f(x_{ij})} \tag{6-6}$$

这里 $f(x_{ij})$ 为第 i 个文本中出现的第 j 个词的词频，m 为文本个数。文本集合中每个词的熵值计算完成后，按照熵值的大小进行升序排列，然后取规定阈值前的词作为藏文停用词。

采用具有统计特征 TF、DF、熵计算来选取藏文停用词，这些停用词是否具有合理性，指定的阈值是否合适，不能凭空想象。因此，下面通过实验来说明自动方法选取停用词的合理性。

第四节　停用词处理实验

一、实验语料

语料采用了西藏大学藏文信息技术研究中心提供的测试语料，该语料大小为 360 KB、25 个文件、共计 2 518 条句子。该语料是从不同类别的文本中人工提取出来的句子，包括历史、法律、宗教、教育、新闻、文学、民俗、经济、政治、地理等内容的句子。每个文件存放了约 100条句子,虽然句子个数相同,但是句子长度不同,文件的大小有所区别。最大的为 79 KB，最小的为 10 KB。

二、预处理

藏文文本语料的预处理过程包括藏文自动分词、词频统计过程。分词采用了西藏大学开发的藏文分词系统，该系统分词正确率能够达到 90%。为了得到准确的分词结果，对分词结果的每个文件进行人工校对，纠正其分词错误。

词频统计过程中,经过对 2 518 个句子统计,出现了 7 490 个词,词的总共词频数为 36 028 个，前 100 个词的词频占总词频的 44.87%，词频数为 1 的有 4 479 个，占总词数的 59.84%。

按照词频的高低降序排序后，词序和词频空间中的分布状况如图 6-1 所示。其中 $\log10^{n}$ 为词序的对数，$\log10^{r}$ 为词频的对数。

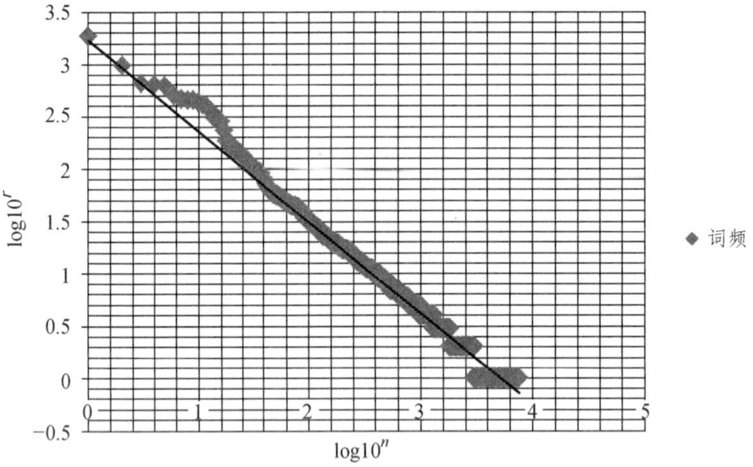

图 6-1　词的分布情况

从图 6-1 中可以看出，词序-词频的走向趋势近似于一个具有阶梯形状的直线，走向趋势满足 Zipf 定律；从实验数据来看，第 0 ~ 200 序号区是一个高频词区，并具有陡降的趋势，在第 200 个词条之后，其具有长尾分布特征；另外，第一个词条“འི་”的词频 1 852 和第二个词条“ལ་”的 986 之间具有类似 1/2 的倍数关系。这些现象正好是 Zipf 定律的特征，实验数据的 7 490 个词条中词频数为 30 以上的只有 115 个词条，而且词频数为 1 的词条数将近达到 60%。

词频统计过程中，发现不少虚词和一些特殊动词出现的频率很高。为此，以文献[14]中列出的虚词为蓝本，收集了 180 个藏文虚词，如表 6-1 所示。另外，还收集了部分特殊动词，包括他动词、助动词、存在动词、判断动词等，如表 6-2 所示。

表 6-1　藏语虚词表

གྱི	ཀྱི	གི	འི	ཡི	གྱིས	ཀྱིས	གིས	འིས
ཡིས	སུ	ར	རུ	ཏུ	ན	ལ	དུ	ནས
ལས	ཀྱེ་ཀྱེ	ཕྱ་ཡི	ཀྭ་ཡི	ཧོ་རེ	ཨ་བས	ཀྱང	ཡང	འང
ནའང	ན་ཡང	ཏེ	དེ	སྟེ	གམ	ངམ	དམ	ནམ
བམ	མམ	འམ	རམ	ལམ	སམ	ཏམ	གོ	ངོ
དོ	ནོ	བོ	མོ	འོ	རོ	ལོ	སོ	ཏོ
ཞིང	ཞེས	ཞེའོ	ཞེ་ན	ཞིག	ཅིང	ཅེས	ཅེའོ	ཅེ་ན
ཅིག	ཤིང	ཤེའོ	ཤེ་ན	ཤིག	གྱིན	ཀྱིན	གིན	ཡིན
ནི	དང	འདི་	འདི་དག	འདི་ལྟར	འདི་རྣམས	འདི་འདྲ	འདི་སྐད	འདི་ཙམ
འདི་ག	དེ་དག	དེ་ལྟར	དེ་རྣམས	དེ་འདྲ	དེ་སྐད	དེ་ཙམ	དེ་ག	དེ་
འདི་ལྟ་བུ	ཅི་ཞིག	ཅི་སྟེ	ཅི་སྙད	ཅི་འདྲ	ཅི་ཕྱིར	ཅི་ནས	ཇི་སྙེད	ཇི་སྲིད
ཇི་ལྟར	ཇི་བཞིན	ཇི་སྐད	ཇི་ཙམ	གང་ཅི	གང་ལྟར	གང་འདྲ	གང་དེ	ནམ་
སུ	ཀྱེ་མ	ཀྱེ་ཧུད	ཨེ་མ་ཧོ	ཨ་ལ་ལ	ཨ་མ་མ་མ	ཨ་ཁ་ཁ	ཅི་ག	ཅི་མ་རུང
ཨ་ཧོ	ཨ་རེ	ཨ་ཅི	ཧེ་ཧེ	ཐོག	དང་འབྲེལ	དང་ཆབས་ཅིག	དེ་བཞིན	དེ་མཚུངས
དུས་མཚུངས	དེ་ནས	ཟད	མ་ཟད	ལྟ་ཞོག	ཕར་བཞག	ལྟ་ཅི	ལྟ་ཅི་སྨོས	རུང
མོད་	ཡིན་ན་ཡང	ཡིན་ནའང	འོན་ཀྱང	ཕྱིར	དེ་ཕྱིར	པར་བརྟེན	དེར་བརྟེན	གལ་ཏེ
མ་གཏོགས	ཇི་འདྲ	ཇི་ལྟ་བུ	དོན་དུ	ཆེད་དུ	ཕྱིར་དུ	སླད་དུ	ཤིན་ཏུ	ངེས་པར་དུ
རབ་ཏུ	གློ་བུར་དུ	གཏན་དུ	ལྷག་པར་དུ	མཉམ་དུ	ཁྱད་པར་དུ	མྱུར་དུ	ཅིག་ཅར་དུ	རྟག་པར
ཆེས་ཆེར	ནང་ནས	སྔོ་ནས	ངང་ནས	ཐོག་ནས	སྐབས་ཀྱིས	དབང་གིས	རྐྱེན་གྱིས	བབས་ཀྱིས
ཤུགས་ཀྱིས	པས	བས	སྐབས	དགོས་ཆེད	བཞིན་	མ་	མི་	མིན་

表 6-2　特殊动词表

他动词	བསྒྲུབ	སྐོར	སྤུར	བསླངས	སྒྱུར་	
助动词	ཐུབ	བྱུང	སྦྱོང	དགོས	མཁོ	ཐུབ
	འཐད	འགྲིག	ནུས	དཔེ	འོས	ཆོག
	སྲིད	མོས	བྱས	བྱེད་པ	བྱེད	བྱུང་བ
存在动词	ཡོད	མེད	འདུག	སྣང	གདའ	བདོག
	མཆིས	མངའ	ཡོད་པ་	མེད་པ		
判断词	ཡིན	རེད	ངས	ཡིན་པ		

按照虚词表 6-1 的内容，进一步对实验数据中的虚词分布情况进行分析，发现虚词的分布存在三种情况：一种是高频的虚词，另一种是低频的虚词，而中频虚词较少。高频的虚词占总虚词数的 22.78%，中间频率虚词占总虚词数的 12.78%，低频的虚词占总虚词数的 64.44%（包括低频虚词和未出现虚词，是两个部分之和）。实验数据中藏文虚词分布情况如表 6-3 所示。

对于特殊动词也有类似虚词的分布，在此不再赘述。

表 6-3 虚词分布情况统计表

虚词分布项	词条数	频率区间	累计词频	分布率
高频词	41	（21，1 852）	10 975	22.78%
中频词	23	（4，20）	276	12.78%
低频词	46	（1，4）	76	25.56%
未出现词	70			38.88%

从表 6-3 中可以看出，频率区间是指对所有词按照词频从高到低降序排序后，某个词频区间为频率区间；累计词频是指在某个频率区间内出现的所有虚词的词频之和；分布率是指在某个频率区间内出现的虚词占虚词表中总虚词数的百分比；未出现词是指在虚词表 6-1 中存在，但在实验语料中没有出现的虚词。

三、实验数据分析

根据预处理中发现的虚词、特殊动词的分布和满足 Zipf 定律的情况，实验分两组进行，第一组实验中预处理结果和分词后的文本作为输入，对语料中的词进行 TF、DF、熵计算的停用词处理实验。根据计算结果和参考文献[11]中停用词选取阈值的说明，列出前 100 个高频率和低熵值的词条作为藏文停用词。第二组实验中，人工选取的 180 个虚词和 37 个特殊动词作为停用词，在去除这些停用词的基础上，再进行 TF、DF、熵计算的停用词处理实验，并列出前 10 个高频和低熵值词条作为藏文停用词。根据两组实验结果的分析，说明不同策略选取停用词的影响。

采用式（6-1）和（6-2）进行 TF 方法的停用词处理实验；采用式（6-2）和（6-3）进行 DF 方法的停用词处理实验；采用式（6-5）和（6-6）进行熵计算方法的停用词处理实验。经过计算，按照高频词降序排序、熵值升序排序，得到了自动处理的藏文停用词。下面主要以第一组实验结果为依据，分析实验结果。实验结果如表 6-4 所示。

表 6-4 是按照 TF、DF 方法对计算结果进行降序排序，然后提取前 100 个词作为停用词；另外熵计算是按照熵值由低到高进行升序排序，提取前 100 个词作为停用词，该表称为结果集。TF 的结果集用 A 表示，DF 的结果集用 B 表示，熵的结果集用 C 表示。对结果集的词条在词序-词频空间上的分布情况进行考察，分布情况如图 6-2 所示。从总体上看，其分布情况具有函数 $1/|x|$ 的趋势，可以看出，TF 和 DF 的频率分布趋势基本一致，但熵计算结果集的频率分布有所差别。

表 6-4 自动处理的停用词表

TF	འི་	ལ་	ཀྱི་	དང་	རུ་	གི་	དུ་	ནས་	ཡིས་	ནི་	གྱི་	ཞིག་	དེ་	ཡོད་	ཡིན་	ན་	སུ་	ལས་	ཀྱིས་	མི་
	འདི་	བོད་	གིས་	ཏུ་	རྣམས་	རེད་	ཀྱང་	གྱིས་	མ་	ཡང་	བྱས་	བྱེད་པ་	འདུག་	ཏེ་	བྱེད་	ང་	ནང་	བཞིན་	ཡོད་པ་	རང་
	མང་པོ་	མི་རིགས་	མེད་	ལོ་རྒྱུས་	གང་	གཉིས་	དགོས་	ཡིན་པ་	མེད་པ་	བྱུང་	རིག་གནས་	ཞིང་	སོ་	ཁོང་	དུས་	ཞེས་	ཡི་གེ་	སོང་	དག་	འང་
	ཤིག་	ཙམ་	སྟེ་	ལོ་	གྱུར་	པ་	ཁྱོད་	བཅས་	ཟེར་	ཤིང་	བྱུང་བ་	ཡུལ་	སོགས་	ཁོ་	གནས་	ཅིག་	བར་	བྱ་བ་	གཞན་	རྒྱལ་ཁབ་
	འཚོ་བ་	རྒྱལ་པོ་	ལྟར་	ཆེན་པོ་	རྗེས་	ཐོག་མ་	གཅིག་	འོ་	སྐད་ཆ་	ཁ་དབང་	ཐོག་	དགོས་པ་	དོན་	མཁས་པ་	ཚོས་	བོད་མི་	ཤིན་ཏུ་	ཆེ་བ་	ཐམས་ཅད་	འཇིག་རྟེན་
DF	འི་	ལ་	ཀྱི་	དང་	རུ་	གི་	དུ་	ནས་	ཡིས་	ནི་	ཞིག་	དེ་	ཡོད་	ཡིན་	ན་	ལས་	ཀྱིས་	མི་	གིས་	རེད་
	བྱེད་	གྱི་	སུ་	འདི་	ཏུ་	ཀྱང་	འདུག་	བྱས་	གྱིས་	མ་	ནང་	རྣམས་	ང་	ཤིག་	ཤིང་	བྱེད་པ་	རང་	མང་པོ་	གང་	ཁོང་
	པ་	བོད་	ཡང་	བཞིན་	མེད་	དགོས་	ཞིང་	སོ་	གྱུར་	ཅིག་	ཏེ་	གཉིས་	ཡི་གེ་	དུས་	སོང་	ཚིག་	ཁྱོད་	བར་	ཡུལ་	ཐོག་མ་
	ཆེ་	ཡོད་པ་	ལོ་རྒྱུས་	དག་	ཁོ་	འཚོ་བ་	ལྟར་	ཕྱིར་	ཐམས་ཅད་	བཤད་	ས་	མི་རིགས་	ཡིན་པ་	བྱུང་	འང་	བྱ་བ་	ཟེར་	སོགས	གནས་	རྒྱལ་པོ་
	འོ་	རྗེས་	དོན་	མི་ཏོག་	འཇིག་རྟེན་	ཏ་ཙང་	རིག་གནས་	ཞེས་	སྟེ་	རྒྱལ་ཁབ་	གཞན་	ཆེན་པོ་	གཅིག་	མཁས་པ་	ཤིན་ཏུ་	སྙིང་	བྱ་	ཡི་	དེ་	མང་
熵计算	ལ་	རུ་	ཀྱིས་	ཡིས་	འི་	ལས་	ཡིན་	བྱེད་	གིས་	ནས་	དུ་	བྱས་	གི་	སུ་	ཡོད་	གྱིས་	ང་	འདི་	ཏུ་	འདུག་
	ནི་	དེ་	གྱི་	ནང་	དུས་	མི་	ཞིག་	རེད་	ཀྱི་	ཁོང་	ཤིག་	ཚིག་	ཤིང་	ན་	པ་	མ་	མང་པོ་	སོ་	ས་	གྱུར་
	ཀྱང་	རྣམས་	ཏེ་	གང་	གཉིས་	དགོས་	ཅིག་	ཁྱོད་	དང་	ཐོག་མ་	མང་	མེད་	རང་	སོང་	ཡུལ་	གྲུབ་པ་	ཞིང་	བཤད་	འཇིག་རྟེན	ཡང་
	ལྟར་	དོ་	བཞིན་	ཏ་ཙང་	འདྲ་	ད་ལྟ་	ཅིང་	བཅས་	ཁོ་	བྱེད་པ་	ཡི་གེ་	ཀུན་	ཕྱིར་	རྗེས་	གཅིག་	མཁས་པ་	བྱ་བ་	ཡི་	སྙིང་	བྱ་
	ཆེ་	འོ་	གནས་	མི་ཏོག་	རྒྱལ་པོ་	བྱུང་	བར་	བོད་	སྟེ་	སྟོན་	ཐོག་	འཚོ་བ་	དོན་	ཤིན་ཏུ་	ཆེན་པོ་	ལམ་	བཟུང་	ཟེར་	ཞེས་	འགའ་

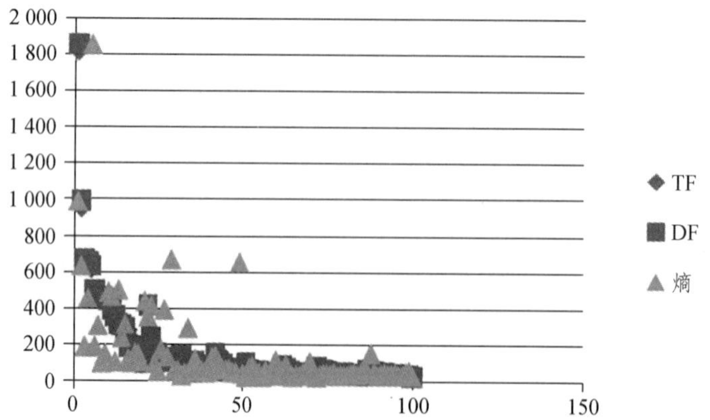

图 6-2　TF、DF 和熵结果集的停用词分布

对 3 种方法的结果集进行比较，比较情况如表 6-5 所示。

表 6-5　结果集之间的比较

交集项	数量	对称差集	数量
$\|A\cap B\|$	88	$\|A\oplus B\|$	12
$\|A\cap C\|$	76	$\|A\oplus C\|$	24
$\|B\cap C\|$	93	$\|B\oplus C\|$	7

从实验结果中发现，TF 与 DF、熵计算结果比较，前 20 个出现的词条基本一致，从第 20 个词条之后，TF 中出现了不少高频名词、数词和形容词。TF 与 DF 相比，100 个词汇中有 12 个不同的词条，即各自特有 12 个词汇；与熵计算相比，有 24 个不同的词条，即各自特有 24 个词汇。DF 与熵计算结果相比，在 100 个词中有 7 个不同的词汇；在 DF 和熵计算中，出现的词汇基本相同，只是顺序上不相同。从总体上看，3 种方法出现的词汇具有 75%以上的相同之处，特别是在 DF 和熵计算上具有更高的相似度。

对结果集中的数据进行词性统计，数据分析结果如表 6-6 所示。

表 6-6　停用词的词性分布

项目	虚词	特殊动词	名词	形容词	人称代词	数词	状语	动词
TF	48	20	16	4	5	2	5	0
DF	49	19	15	6	5	2	3	1
熵	51	17	13	7	4	2	4	2

从表 6-6 中可以看到，虚词和特殊动词将近占到了 70%，而且是 3 种方法结果集的交集部分，说明虚词和特殊动词在文本中具有较好的稳定性。另一方面说明，这些词在表达文本含义时不具备较好的区分能力。

从实验结果中发现，基于 3 种方法选取的停用词基本相似，存在的差别主要是由语料自身特点形成的局部不均衡造成的。其中，TF 倾向于高频词的特征；DF 在高频的基础上能够照顾到文本局部特征；基于熵计算的选取方式，更倾向于选取文本中稳定出现的词，因此更容易受到文本行文方式等的影响。

同时从实验结果中发现，与其他语言不同的是，藏语虚词具有虚词兼类特性，例如，“ནས”既表示格助词“ནས”，又表示名词“ནས”（青稞）。由于藏文分词技术和词性标注的不成熟，本实验过程中无法区分虚词兼类的这种情况，都以虚词来对待。幸运的是具有兼类特性的虚词频率很高，而实词的频率会较低，虚词兼类通过虚词来对待还是具有很强的代表性。

从实验结果中还发现，采用上述 3 种方法处理的停用词表中，有一些实词不应进入停用词的范围，如“རིག་གནས་”“རྒྱལ་ཁབ་”等实词，这些词虽然频率很高，但是它在文本中是具有一定意义的。

预处理过程中知道有些低频虚词在文本中出现情况很少，甚至没有出现，而这些虚词在文本中也没有实际意义。因此，在第二组实验中，虚词和特殊动词作为停用词，首先去除这些停用词，然后再采用 TF、DF、熵计算进行实验。根据实验结果发现，这些停用词的词频数为 13 356 个，占总词频数的 37.07%，并根据计算结果，列出前 20 个词作为停用词处理，如表 6-7 所示。

表 6-7　自动处理的停用词表

方法	停用词									
TF	ཡོད་	རྣམས་	ང་	ནང་	རང་	མི་རིགས་	མང་པོ་	ལོ་རྒྱུས་	གཉིས་	གང་
	རིག་གནས་	ཡི་གེ་	སྐད་ཆ་	ཁོང་	དུས་	སོང་	དག་	སོགས་	ཙམ་	གྱུར་
DF	ནང་	རྣམས་	ང་	རང་	མང་པོ་	གང་	ཁོང་	པ་	ཡོད་	གྱུར་
	གཉིས་	ཡི་གེ་	དུས་	བསྐྱུབ་པ་	ཁྱོད་	སོང་	བར་	ཡུལ་	ཐོག་མ་	ཆེ་
熵	ང་	ནང་	དུས་	ཁོང་	པ་	མང་པོ་	སྐུ་འདུམ་	གྱུར་	བསྐྱུབ་པ་	ས་
	གང་	རྣམས་	གཉིས་	ཁྱོད་	མང་	ཐོག་མ་	སོང་	ཡུལ་	རང་	འཇིག་རྟེན་

设 TF、DF 和熵计算的结果集分别为 A'、B'、C'，对 3 种方法的结果集进行比较，比较结果如表 6-8 所示。

表 6-8　结果集之间的比较

交集项	数量	对称差集	数量
$\lvert A' \cap B' \rvert$	13	$\lvert A' \oplus B' \rvert$	7
$\lvert A' \cap C' \rvert$	11	$\lvert A' \oplus C' \rvert$	9
$\lvert B' \cap C' \rvert$	17	$\lvert B' \oplus C' \rvert$	3

从实验结果中发现，TF 与 DF 相比，20 个词汇中有 7 个不同的词条，即各自特有 7 个词汇；与熵计算相比，有 9 个不同的词条，即各自特有 9 个词汇。在 20 个词中，DF 与熵计算结果相比，有 3 个不同的词条，即各自特有 3 个词汇。对结果集中的数据进行词性统计，数据分析结果如表 6-9 所示。

表 6-9 停用词的词性分布

项目	名词	形容词	人称代词	数词	状语	动词
TF	6	1	3	1	7	2
DF	3	2	6	1	5	3
熵	4	2	4	1	6	3

从表 6-9 中可以看到，3 种方法的结果集交集部分占到了 50%以上，即 10 个词条以上。

从第二组实验来看，虚词和特殊动词为停用词的前提假设，没有通过实验和理论来验证该假设的正确性。下面通过参考文献[15]中的区分度来分析该假设的合理性。根据区分度的定义，25 个文件为 25 个类别，如式（6-7）所示。

$$Dist(w_j)=\frac{1}{l-1}\left(\sum_{l=1}^{l}g_{ij}^2-1\right), j=1,2,\cdots,m \tag{6-7}$$

其中，l=25，m 为第 i 个文档中的词个数，g_{ij} 为词 w_j 的类间分布，且为式（6-8）。

$$g_{ij}=f_{ij}/\sum_{i=1}^{l}f_{ij} \tag{6-8}$$

其中，f_{ij} 为词 w_j 的词频，且为式（6-9）。

$$f_{ij}=count(w_j)/\sum_{i=1}^{m}count(w_i) \tag{6-9}$$

其中，$count(w_j)$ 为词 w_j 在第 i 个文档中出现的次数，分母为第 i 个文档中所有词条出现的次数。

如果 $Dist(w_j)>Dist(w_k)$，则 w_j 的区分能力强于 w_k。通过实验计算结果集 A 中词的区分度，发现词出现的文档越多，区分能力越弱，同时文档中出现的分布越均匀，区分能力越弱。例如，出现文档多，分布均匀的词“འི་”“ཀྱི་”“གི་”“གྱི་”“ཡིས་”的区分度分别为 0.027 271 18，0.032 413 418，0.035 160 244，0.036 761 762，0.034 361 961；而出现文档少，分布不均匀的词“རྒྱལ་ཁབ་”“འཚོ་བ་”“རྒྱལ་པོ་”“སྐད་ཆ་”“མཁས་པ་”的区分度分别为 0.362 632 88，0.338 923 479，0.337 723 286，0.329 884 474，0.336 201 253。

根据实验结果，藏文停用词选取上藏文虚词应列入停用词范围，这与实际的语言现象也是一致的，因为藏文虚词在文章中起到承上启下的作用，不表示实际意义。另外，藏文的一些特殊动词也应列入停用词范围，这些动词包括自动词、他动词、助动词、存在动词、判断动词等，它们只在句子中起到判断、存在等作用。从实验分析来看，藏文虚词和特殊动词在文本中具有两头大中间小的分布特征，如果完全依赖自动处理的方法，很多低频的虚词和特殊动词不会纳入停用词的范围，建议虚词和特殊动词作为藏文的停用词；在此基础上，利用 TF、DF、熵计算等方法，提取其他的停用词。

另外，在藏文停用词选取上，藏文编码国际标准 ISO/IEC 10646 中的藏文符号也应列入停用词选取范围；如果藏文文本中存在其他语种的符号和词汇，也应列入停用词范围。在停用词选取上，阈值的确定参考了 Yang 和 Pedersen 的观点[12]，在不使用藏文停用词表的情况下阈值确定为 100，使用藏文停用词表时阈值确定为 10。

第五节　结论与展望

本章以词袋模型的藏文文本挖掘过程来考虑，对藏文文本中停用词的选取范围、选取方法进行了讨论。采用 TF、DF、熵计算方法讨论了停用词选取方法，并通过对 2 518 条藏文句子语料的测试，对停用词选取结果进行了比较。根据测试结果和藏文的虚词理论、动词理论，本章认为完全依靠自动处理方式来处理藏文停用词，并不是很准确。建议 180 个藏文虚词和 37 个藏文特殊动词、藏文符号作为基本的停用词。当然停用词的处理具有很强的应用性质，不同场合需要不同的停用词选取范围，在基本的停用词基础上，选择不同应用场合的停用词和停用词选取策略。本章工作是藏文文本挖掘的一个预处理过程，今后在此基础上继续研究停用词对藏文文本分类的影响和阈值范围的选择，还要进一步考虑藏文文本挖掘更深入的研究内容，例如，情感分析、语义分析、社会网络分析等的藏文文本挖掘内容，以提高藏文文本挖掘的深度和广度。

参考文献

[1] HO T K. Stop Word Location and Identification for Adaptive Text Recognition[J]. International Journal on Document Analysis and Recognition, 2000, 3(1): 16-26.

[2] VAN RIJSBERGEN C J. Information retrieval[M]. London: Butterworths Scientific Publication, 1975.

[3] FOX C. Lexical analysis and Stop list, Information Retrieval: Data Structures and Algorithms, Upper Saddle River[M]. New Jersey: Prentice Hall, 1992.

[4] 周茜，赵明生，扈旻. 中文文本分类中的特征选择研究[J]. 中文信息学报，2003，18(3): 17-23.

[5] HAO L. Automatic Identification of Stop Words in Chinese Text Classification[A]. 2008 International Conference on Computer Science and Software Engineering[C]. Wuhan, China: IEEE Computer, 2008: 718-722.

[6] 顾益军，樊孝忠，王建华，等. 中文停用词表的自动选取[J]. 北京理工大学学报，2005，25（4）：337-340.

[7] ZOU F, WANG F L, DENG X T, etc. Automatic Construction of Chinese Stop Word List[C].Proceedings of the 5th WSEAS International Conference on Applied Computer Science, Hangzhou, China 2006, 4: 1010 -1015.

[8] Stop Word List-Words Filtered out by Search Engine Spiders [EB /OL]. [2007-06-14]. http: //www. seo-innovation.com/support- files/stop word list.pdf

[9] 周钦强，孙炳达，王义. 文本自动分类系统文本预处理方法的研究[J]. 计算机应用研究，2005，2: 85-86.

[10] 罗杰，陈力，夏德麟，等. 基于新的关键词提取方法的快速文本分类系统[J]. 计算机应用研究，2006，4: 32-34.

[11] SILVA C, RIBEIRO B. The importance of stop word removal on recall values in text categorization[J]. Neural Networks, 2003, 3: 20-24.

[12] YANG Y. PEDERSEN J. A comparative study on feature selection in text categorization[A]. Proceedings of ICML-97, 14th International Conference on Machine Learning[C]. San Francisco: Morgan Kaufmann Publishers Inc. 1997: 412-420.

[13] 攻政，关高娃. 蒙古文停用词和英文停用词比较研究[J]. 中文信息学报，2011，25（4）: 35-38.

[14] 格桑居冕，格桑央京. 实用藏文文法教程[M]. 成都: 四川民族出版社，2004.

[15] 游荣彦，邓志才，李传宏. 向量空间模型中特征词的区分度的定量研究[J]. 中文信息学报，2011，16（3）: 15-19.

第七章　基于词向量的藏文词性标注方法研究

藏文词性标注是藏文信息处理的基础，在藏文文本分类、自动检索、机器翻译等领域有广泛的应用。本章针对藏文语料匮乏，人工标注费时费力等问题，提出一种基于词向量模型的词性标注方法和相应算法，该方法首先利用词向量的语义近似计算功能，扩展标注词典，其次结合语义近似计算和标注词典，完成词性标注。实验结果表明，该方法能够快速有效地扩大标注词典规模，并能取得较好的标注结果。

第一节　概　述

藏文信息处理起步于 20 世纪 80 年代，经过 30 多年的发展，已取得一些令人瞩目的成绩。但由于缺乏统一标准，处理技术尚不够成熟，加上藏文语料严重匮乏，其研究一直进展缓慢。藏文词性标注作为藏文信息处理中重要的基础性工作，其标注效果直接制约着藏文信息处理技术的发展，并对藏文词法分析、句法分析和语义分析等研究领域有很大影响。虽然藏文信息处理研究在技术上充分利用已有的国内外先进的处理方法，但其基础语料资源相对贫乏，各研究单位公开的语料较少且多为未标注语料，应用价值非常有限。因此，针对藏文词性人工标注费时又费力的问题，本章提出了一种基于词向量模型的词性标注方法。

深度学习模型训练的词向量具有良好的语义特征，是表示词语特征的常用方式，一般用 Distributed Representation 表示。词向量是一个稠密、低维的实数向量，它的每一维表示词语的一个潜在特征，该特征捕获了有用的句法和语义特征。本章充分利用词语之间的语义相似关系扩充原始标注词典，并结合扩充后的标注词典及词向量近似计算对测试语料进行词性标注。

第二节　相关研究工作

词性标注是计算机自动语言分析和理解的一个重要环节，其任务是为文本中的每一个词都标记上一个恰当的语境词类标记符号，即确定每个词的名词、动词、形容词或其他词类属性[1]。汉语、英语等语言的词性标注研究较为成熟，都有开源的标注系统。藏文词性标注起步相对较晚，研究基础相对薄弱，采用的标注方法多借鉴于汉语、英语等国内外较为成熟的方法。

2004 年，江荻[2]最先讨论了藏文词性标注问题。2006 年，才让加[3]等根据藏文词类的功能和性质提出了一种藏文的词性分类及代码。扎西加[9]等以藏文语法理论和汉语、英语词性划分为依据，将藏文词语划分为 26 个基本类和 9 个特殊类。苏俊峰[4]等使用人工标注的语料统计词和词性，并通过训练二元语法的 HMM 模型参数，运用 Viterbi 算法完成了基于统计方法的藏文词性标注。扎西多杰[5]等以 4 万词的语料库作为训练语料，同样采用 HMM 模型对 20 篇文章进行词性标注，其标注正确率达到 84%。华却才让[6]等在分析了现有藏文词性标注方法的基础上，提出感知机训练模型的判别式藏语词性标注方法，并在 573 句人工标注的语料上进行了相关实验，取得了较好的效果。于洪志[7]等研究了融合语言特征的最大熵藏文词性标注模型，并通过实验证明音节特征可以显著提高藏文词性标注的效果。康才畯[8]采用最大熵结合条件随机场模型实现了藏语词性标注，并在小规模语料训练下达到了 87.76%的准确率。综上所述，可以看出在已有的藏文词性标注研究中，均是采用统计模型的方法进行词性标注。由于统计方法需要大规模的语料来提高精度，而藏文公开的语料较少，各研究人员的实验条件和实验语料不统一，使得实验结果相差较大，还达不到可实际应用的程度。

第三节　词性标注算法

一、标注集的确定

由于目前还没有一个统一的藏文词类划分标准，因此，各研究单位和人员所用词类划分的粒度和标记符号并不相同。本章参照前人对标注集的研究，将藏文词语分为一、二、三级类别、其中包括三个一级类别，16 个二级类别、70 个三级类别，如表 7-1 所示。然后根据藏文文法特点，在该标注集的基础上按照划分粒度的不同分别定义了粗切分标注集和细切分标注集，涉及的相关概念定义如下：

定义 1：将最初统计的各标注类别所包含词语称为种子。

定义 2：将藏文词语中数量及词性无太大变化的虚词组成的集合称为固定标注集，标注规范及各类词数统计结果如表 7-2 所示，称之为固定标注库。

定义 3：将藏文词类标注集中二级类别和三级类别相结合的标注规范称为粗切分，如表 7-3 所示，称之为粗切分标注库。该表包含了标注规范和种子数量，在标注库扩充算法中将其作为粗切分的种子库。

定义 4：将藏文词类标注集中三级类别的标注规范称为细切分，如表 7-4 所示。该表称之为细切分标注库，包含了标注规范和种子数量，在标注库扩充算法中将其作为细切分的种子库。

表 7-1　藏文词类集

一级类别	二级类别	标记集	序号	三级类别	标记集	序号
实词	名词	N	1	普通名词	NN	1
				人名	NR	2
				地名	ND	3
				机构名	NJ	4
				处所词	NL	5
				方位词	NF	6
				时间词	NT	7
				其他专有名词	NZ	8

续表

一级类别	二级类别	标记集	序号	三级类别	标记集	序号
实词	数词	M	2	基数词	MC	9
				序数词	MO	10
				倍数词	MI	11
				分数词	MF	12
	量词	Q	3	长量词	QL	13
				状量词	QS	14
				重量词	QH	15
				集量词	QG	16
				器量词	QC	17
				动量词	QM	18
	代词	R	4	人称代词	RP	19
				叙述代词	RD	20
				不定代词	RN	21
				指示代词	RI	22
				疑问代词	RQ	23
	副词	D	5	程度副词	DX	24
				否定副词	DN	25
				范围副词	DR	26
				时频副词	DH	27
				情态副词	DM	28
	动词	V	6	自动词	VT	29
				他动词	VI	30
				助动词	VU	31
				存在动词	VE	32
				判断词	VS	33
	形容词	A	7	性质形容词	AQ	34
				状态形容词	AS	35
				颜色形容词	AC	36
				限定形容词	AX	37
				面积形容词	AR	38
	状态词	S	8	性质状态词	SQ	39
				体态状态词	SP	40
				声态状态词	SO	41
				动态状态词	SD	42
	区别词	B	9	区别词	B	43

续表

一级类别	二级类别	标记集	序号	三级类别	标记集	序号
虚词	助词	U	10	时态助词	UT	44
				语气助词	UN	45
				祈使助词	UP	46
				比较助词	UI	47
				原因助词	UC	48
				目的助词	UE	49
				终结助词	UF	50
	格助词（介词）	P	11	作格助词	PZ	51
				属格助词	PS	52
				位格助词	PW	53
				从格助词	PC	54
	连词	C	12	集饰连词	CS	55
				待述连词	CX	56
				和聂连词	CH	57
				提聂连词	CN	58
				总聂连词	CZ	59
				离合连词	CL	60
				陈述连词	CC	61
				并列连词	CB	62
				递进连词	CD	63
				转折连词	CU	64
				条件连词	CT	65
	叹词	E	13	叹词	E	66
	拟声词	O	14	拟声词	O	67
其他	藏文符号	T	15	藏文符号	TF	68
				藏文数字	TD	69
	非藏文字符	TN	16	非藏文字符	TN	70

表 7-2 固定标注库

类别	标记	标注词数	类别	标记	标注词数	类别	标记	标注词数
人称代词	RP	15	时态助词	UT	8	集饰连词	CS	3
叙述代词	RD	5	语气助词	UN	18	待述连词	CX	3
不定代词	RN	9	祈使助词	UP	6	和聂连词	CH	3
指示代词	RI	15	比较助词	UI	3	提聂连词	CN	6
疑问代词	RQ	18	原因助词	UC	4	总聂连词	CZ	3

续表

类别	标记	标注词数	类别	标记	标注词数	类别	标记	标注词数
程度副词	DX	6	目的助词	UE	4	离合连词	CL	1
否定副词	DN	4	终结助词	UF	11	陈述连词	CC	1
范围副词	DR	9	作格助词	PZ	5	并列连词	CB	8
时频副词	DH	19	属格助词	PS	5	递进连词	CD	7
情态副词	DM	12	位格助词	PW	7	转折连词	CU	2
叹词	E	9	从格助词	PC	2	条件连词	CT	2
藏文符号	TF	31	藏文数字（非常用）	TD	20			

表 7-3　粗切分标注库

类别	标记	种子数	类别	标记	种子数	类别	标记	种子数
普通名词	NN	8	数词	M	26	动词	V	42
人名	NR	5	长量词	QL	8	形容词	A	53
地名	ND	6	状量词	QS	5	状态词	S	57
机构名	NJ	21	重量词	QH	8	区别词	B	11
处所词	NL	5	集量词	QG	7	拟声词	O	12
方位词	NF	18	器量词	QC	6	藏文数字（常用）	TD	10
时间词	NT	23	动量词	QM	3	非藏文字符	TN	
其他专有名词	NZ	12						

表 7-4　细切分标注库

类别	标记	种子数	类别	标记	种子数	类别	标记	种子数
普通名词	NN	8	长量词	QL	8	状态形容词	AS	6
人名	NR	5	状量词	QS	5	颜色形容词	AC	9
地名	ND	6	重量词	QH	8	限定形容词	AX	8
机构名	NJ	21	集量词	QG	7	面积形容词	AR	5
处所词	NL	5	器量词	QC	6	性质状态词	SQ	29
方位词	NF	18	动量词	QM	3	体态状态词	SP	12
时间词	NT	23	自动词	VT	7	声态状态词	SO	8
其他专有名词	NZ	12	他动词	VI	6	动态状态词	SD	8
基数词	MC	12	助动词	VU	17	区别词	B	11
序数词	MO	5	存在动词	VE	9	拟声词	O	12
倍数词	MI	4	判断词	VS	3	藏文数词（常用）	TD	
分数词	MF	5	性质形容词	AQ	25	非藏文字符	TN	

二、标注库扩充算法

Mikolov[10]通过三个词向量的计算，例如，$X = vector(\text{"king"}) - vector(\text{man}) + vector(\text{woman})$ 可以预测出“queen”的结果。本章提出的标注库扩充算法利用词向量的语义近似计算功能，对种子库中的词语进行近似计算，进而得到扩充后的标注库，算法的具体过程如图 7-1 所示。

```
算法 1：标注库扩充算法
输入：X, Y, V
输出：扩充之后的 Y
（1）for（j=1;j<=m;j++）
（2）        read  w_j  in  Y
（3）            A=similar（ w_j ,V ）;
（4）            取 A 集合中的前 n 个词语存入 B 集合；
（5）            if（each element in B not belong to Y ）
（8）                then 用 w_j 的词性标记这该词语,并添加至 Y；
（9）end for
```

图 7-1　标注库扩充算法

在标注库扩充算法中，初始状态下，含有已标记词性的词库称为种子库。在种子库中每个词性只将少数的典型词作为种子，称之为目标词。算法执行过程中遍历种子库中的所有目标词，并通过词向量对每一个目标词进行词义相似计算，按照相似度计算值的大小降序排列，取出前 n 个相似词，作为扩充词的候选词。遍历所有候选词，若该候选词已存在于种子库和固定标注库中，则不添加到种子库，否则就将该候选词添加到种子库中，并以目标词的词性来标注该候选词。通过反复迭代，使得种子库中所含已标记词性的词数量不断地增加，直至迭代结束，可得到扩充后的标注库。

设虚词和词性集合为 $X = \{w_i^1 : p_i^1\}$，其中，w_i^1 表示一个藏文虚词，p_i^1 表示藏文虚词 w_i^1 对应的词性，该集合即固定标注库。

设标注库集合：$Y = \{w_i^2 : p_i^2\}$，其中，w_i^2 表示除藏文虚词 w_i^1 之外的其他词语，p_i^2 表示藏文词 w_i^2 对应的词性，该集合即种子库。

设词向量集合：$V = \{v_1 : v_2, \cdots\cdots, v_k\}^{\mathrm{T}}$，其中，$v_i$ 表示词 w_i 对应的词向量，k 为词的个数。

三、词性标注

词性标注算法是通过固定标注库、标注库和语义近似计算相结合的一种标注方法。该算法中首先输入已分好词的句子，然后遍历句子中所有词，判断该词是否存在于固定标注库和标注库中，若存在，则直接标记该词语；否则，先将其作为目标词进行语义相似计算，再确定其词性。根据语义近似计算的结果降序排列，取出前 n 个词，从计算值最高的词开始，逐个与标注库进行对比，一旦找到一个词与标注库中的词相匹配，就用该词的词性来标注目标词。最后，既不在固定标注库和标注库中，也不能通过词向量的语义近似计算来标注词性的词，就用 NULL 来标记。

设句子集合：$S=\{s_1,s_2,\cdots,s_n\}$，其中 $s_i=\{w_1/w_2/\cdots/w_m\}$ 是词序列组成的一个句子，n 为句子的个数。X 表示固定标注库，Y 表示标注库，V 表示词向量，与上一节中的表示方式相同。具体标注算法如图 7-2 所示。

算法 2：词性标注算法

输入：X，Y，V，S
输出：词性标记句子
for（i=1; i<=n; i++ ）　//读取每个句子
　for（j=1; j<=m; j++）　//检查句子中每个词的词性，并完成标记
　　read w_j in s_i；
　　if（ $w_j \in X$ ）
　　　w_j 对应的词性作标记；
　　else
　　　if（ $w_j \in Y$ ）
　　　　w_j 对应的词性作标记；
　　　else
　　　A=*similar*（ w_j， V ）;
　　　取 A 集合中的前 n 个词语存入 B 集合；
　　　if（a element in B belong to Y ）
　　　　Y 中该词的词性标注 w_j 的词性；
　　　　else 用 NON 标注 w_j 的词性；
　end for
end for

图 7-2　词性标注算法

第四节　实验及数据分析

一、实验语料

实验中词向量是用 2009 年、2010 年和 2014 年《西藏日报》的文本内容作为语料，经过断句、分词和特殊标点符号的处理之后，在 word2vec 中进行训练的。按照 word2vec 工具提供的 skip-gram 模型，在窗口大小 5、迭代次数 100、学习参数 0.025 的条件下，在 50 维度下完成训练。

本章采用的测试语料是分词后由人工标注的 500 条句子，并按两种方案完成实验。第一种方案采用粗切分种子库和固定标注库相结合进行词性标注；第二种方案采用细切分种子库固定标注库相结合进行词性标注。其中，固定标注库共包含 35 个词性，粗切分种子库共包含 22 个词性，细切分种子库共包含 36 个词性。

二、实验评估标准

实验采用了三个评测指标，分别为召回率、精确度和 F_1 值，具体公式如下：

（1）召回率：

$$R = f_n / n \times 100\% \tag{7-1}$$

（2）精确度：

$$P = f_n / f_a \times 100\% \tag{7-2}$$

（3）F_1 值：

$$F = 2 \times P \times R / (P + R) \tag{7-3}$$

其中，f_n 为算法正确标注的个数，f_a 为算法词性标注出来的个数（非 NULL 的个数），n 为测试语料中正确标注的个数。

三、不同实验方案下的结果对比

（一）实验方案 1

该实验是粗切分标注集和固定标注集相结合的一种词性标注方法。

（1）固定语义近似词数 n=2，通过调整迭代次数来完成词性标注。算法 1 的实验参数如表 7-5 所示。

表 7-5 方案 1 实验参数设置

训练语料	2009 年、2010 年和 2014 年三年《西藏日报》的文本内容
测试语料	人工标注的 500 句藏文句子
X（虚词库）	固定标注集，共 35 个词性，507 个词
Y（标注库）	粗切分标注库，共 22 个词性，694 个词
V（词向量）	Word2vec 输出的二进制文件

实验中迭代次数 t 分别设为 5，10，15，20；算法 2 的词性标注结果如表 7-6 所示。

表 7-6 不同迭代次数下词性标注结果（粗分集+固定标注集）

迭代次数	精确度/%	召回率/%	F_1 值/%
5	58	46	51.31
10	60	48	53.11
15	59	47	52.32
20	58	47	51.92

从实验结果可以看出，随着迭代次数的增加，词性标注效果精确度和召回率均呈现出先增加后减小的趋势，在迭代次数在 10 的情况下，F_1 值得到了最好的效果。

（2）固定迭代次数 $t=10$ 的情况下，调整语义近似词数 n 来完成词性标注，实验中 n 分别设为 1，2，3，4；算法 2 的词性标注结果如表 7-7 所示。

表 7-7　不同近似词组数下词性标注结果（粗分集+固定标注集）

词数	精确度/%	召回率/%	F_1 值/%
1	67	44	53.12
2	60	48	53.11
3	54	48	50.38
4	56	50	52.83

从实验结果可以看出，随着近似词组数的增加，词性标注效果精确度逐渐下降，召回率逐渐上升，在词数为 1 的时候，F_1 值取得了最好的效果。

（二）实验方案 2

该实验是细切分和固定标注集结合的一种词性标注方法。

（1）固定语义近似词数 $n=2$，通过调整迭代次数来完成词性标注。算法 1 的实验参数如表 7-8 所示。

表 7-8　方案 2 实验参数设置

训练语料	2009 年、2010 年和 2014 年三年《西藏日报》的文本内容
测试语料	人工标注的 500 句藏文句子
X（虚词库）	固定标注集，共 35 个词性，507 个词
Y（标注库）	细切分标注库，共 36 个词性，684 个词
V（词向量）	Word2vec 输出的二进制文件

实验中迭代次数 t 分别设为 5，10，15，20；算法 2 的词性标注结果如表 7-9 所示。

表 7-9　不同迭代次数下词性标注结果（细分集+固定标注集）

迭代次数	精确度/%	召回率/%	F_1 值/%
5	55	42	47.63
10	53	43	47.40
15	42	34	37.58
20	53	43	47.48

从实验结果可以看出，随着迭代次数的增加，词性标注的精确度和召回率逐渐下降，且低于粗分集+固定标注集的结果。这是符合客观规律的，标注集越细，区分难度越大。

（2）固定迭代次数 $t=10$，通过调整语义近似词数 n 来完成词性标注，实验 n 分别设为 1，2，3，4；算法 2 的词性标注结果如表 7-10 所示。

表 7-10 不同近似词组数下词性标注结果（细分集+固定标注集）

词数	精确度/%	召回率/%	F_1 值/%
1	68	40	50.37
2	53	43	47.48
3	49	44	46.37
4	52	47	49.37

从实验结果可以看出，随着 n 的增加，词性标注效果精确度依然呈现出逐渐下降的趋势，但召回率有所上升，整体 F_1 值均低于第一种实验方案。

由以上实验可知，精确度最好可达 68%，召回率最高值为 50%。实验整体上随着近似词数逐渐增大，迭代次数逐渐增加，呈现出精确度逐渐下降、召回率逐渐上升的趋势。该实验结果证明本章提出的方法对标注词典扩展和词性标注是行之有效的。

第五节 结论与展望

在充分研究现有藏文词性标注方法的基础上，本章提出了一种基于词向量的藏文词性标注方法。该方法首先利用词向量的语义相似计算完成种子库的扩充，然后结合已扩充的标注库和语义相似计算对测试数据进行词性标注。同时，分别以“粗分集+固定标注集”和“细分集+固定标注集”进行实验，并将其结果进行对比分析。

与现有的藏文词性标注方法相比较，该方法不依赖大规模的词典，摆脱了人工标注词典耗时耗力的局限性，较好地解决了未登录词的词性标注，为研究藏文词性标注提供了一种新视角。但分析其标注结果，该方法还有很大的提升空间，离实际应用还有一定的距离。

本章认为造成实验结果偏低的原因主要有以下几点：

（1）训练出来的词向量不是最好的，因此直接影响语义近似计算结果；

（2）测试数据可能包含一些错误标注；

（3）种子库扩充时未考虑兼类词的情况；

（4）词向量中未包含的词语，无法获得其向量表示，故不能进行近似计算。

针对以上问题，如何进行改进是我们今后研究的主要方向。

参考文献

[1] 洛桑嘎登，赵小兵. 藏文词级处理研究现状及热点方法[J]. 电脑知识与技术，2015.11：183-185.

[2] JIANG D.Text-annotation Oriented Tibetan-Chinese Dictionary and Its Construction[C]. The 4th China-Japan Joint Conference to Promote Cooperation in Natural Language Processing (CJNLP-04), HongKong, 2004: 10-15.

[3] 才让加，吉太加. 藏语语料库中词性分类代码的确定[C]. 中文信息处理前沿进展-中国中文信息学会二十五周年学术会议论文集. 北京：清华大学出版社，2006.

[4] 苏俊峰，祁坤钰，本太. 基于 HMM 的藏语语料库词性自动标注研究[J]. 西北民族大学学报（自然科学版），2009，30（1）：42-45.

[5] 扎西多杰，安见才让. 基于 HMM 藏文词性标注的研究与实现[J]. 计算机光盘软件与应用.2012，12:100-101.

[6] 华却才让，刘群，赵海兴. 判别式藏语文本词性标注研究[J]. 中文信息学报. 2014，28（2）：56-60.

[7] 于洪志，李亚超，江昆，等. 融合音节特征的最大熵藏文词性标注研究[J]. 中文信息学报：2013，27（5）：160-165.

[8] 康才畯. 藏语分词与词性标注研究[D]. 上海：上海师范大学，2014.

[9] 扎西加，珠杰. 面向信息处理的藏文分词规范研究[J]. 中文信息学报，2009. 24（3）：113-123.

[10] MIKOLOV T, YIH W T. ZWEIG G. Linguistic regularities in continuous space word representations[J]. In NAACL-HLT, 2013: 746-751.

第八章　基于条件随机场的藏文人名识别技术研究

文本挖掘中命名实体识别是一项重要的研究内容，利用统计学原理进行命名实体识别具有较高的识别率。本章利用条件随机场（CRF）方法，研究藏文人名识别技术，重点探讨藏文人名的内部结构特征、上下文特征、特征选择和数据预处理等内容，并通过实验分析了不同特征的有效性。首先给出基于字（音节）和字位信息的人名识别方法；其次研究了触发词、虚词、人名词典和指人名词后缀为特征的不同特征组合与优化，并细化不同虚词对人名识别的作用；最后，通过不同组合的实验测试。结果表明：① 触发词和作格助词特征在藏文人名识别上能够起到积极的作用；② 不同特征窗口大小对人名识别有一定影响；③ 利用 CRF 识别藏文人名 F_1 值能够达到 80%左右，但由于藏文两字人名的高歧义性，目前还达不到与其他语言相近的识别效果。

第一节　概　述

随着藏文信息处理技术的提高和互联网在藏族地区的普及，藏文电子资源和藏文 Web 资源越来越丰富，也慢慢开始追赶“大数据”时代的步伐。这些互联网的资源极大地影响了农牧民思想，拓宽了互联互通的渠道，方便了知识获取的途径，藏族同胞享受到了信息时代的好处。然而事物是矛盾的统一体，既有有利的一面，又有不利的一面。在互联网大量藏文数字资源中，也有不健康的内容，因此如何鉴别这些内容是信息处理必须完成的一项任务。

在海量的信息中，文本的结构化表示是知识获取和发现的重要途径，其中命名实体识别是结构化信息表示的重要组成部分，也是信息抽取、信息检索、机器翻译等领域的重要研究内容。命名实体识别（Named Entity Recognition, NER）是识别出文本中的人名、地名、机构名、时间、日期、货币、百分比等的表示符号。从语言分析的角度来考虑，命名实体识别属于词法分析中未登录词识别的范畴，识别难度、重要性等在词法分析中是举足轻重的。

藏文是古老的文字，至今有 1 300 多年的历史。在历史的长河中，通过众多语言学家的努力，藏文具有比较完备的语法理论体系。在句子的组织上，通过虚词连接各类词而组成句子，是显性的语言组织形式。因此，藏文命名实体识别上，既不同于英语具有的大写字符表示的边界特征，又不同于汉语具有的姓氏特征和隐性语言特征。藏文具有大量虚词表现的显性语言特征，而这些特征对于人名实体识别起到边界标记作用。本章主要采用 CRF 的命名实体识别方法，充分发挥自然语言本身现有数据的统计特征。

第二节　相关研究工作

英文的命名实体识别研究早在20世纪90年代初就开始了，而后来召开的MUC[2]和ACE[3]评测会议直接带动了命名实体识别技术的发展，出现了HMM、CRF、SVM等以统计模型为主的实体识别方法。MUC-7的评测会议上英语命名实体识别最好效果 F_1 值可达90%以上。紧跟时代步伐，20世纪90年代初孙茂松等[1]开始了中文命名实体识别的研究，在随后的SIGHAN、863等中文评测会议上也加入了中文命名实体识别任务，在BAKEOFF-3[2]的MSRC、LDC封闭语料上人名识别效果 F_1 值分别获得90.09%和78.84%。

命名实体识别采用规则方法、统计方法和二者混合方法。基于规则方法需要语言专家手工添加规则的方式来完成。基于统计的方法利用人工标注的语料进行训练，采用HMM、ME、SVM、CRF等方法进行识别，统计的方法是主流的研究方法。混合方法是集规则方法的精确性和数据统计特性的优点，识别命名实体，目前多数系统是二者的结合体。近年来，一些机器学习的方法广泛应用于信息抽取领域，通过监督、半监督、和无监督学习，实现信息抽取任务。例如，监督学习上，吴秦等[3]针对网页结构的分块特征和网页元素的二维依赖关系，通过网页结构类型的人工标注，提出了二维CRF模型的信息抽取方法；半监督学习上，程显毅和朱倩[4]针对监督学习人工标注数据的困难，借助维基百科良好结构化特征，通过抽取种子，提出了"实体-属性-值"关系提取的半监督学习框架；在无监督学习上，李广一和王厚峰[5]针对实体消解的困难，通过文本中待消歧词，与知识库中实体之间的链接关系，提出了多步聚类实现歧义消解的方法。另外，深度学习在特征学习上也具有无监督学习的功能，在探索语言模型和自然语言处理的各种任务上，取得了较好的效果[6, 7]。

藏文命名实体识别中，窦嵘等[8]提出了基于统计与规则相结合的藏文人名自动识别方法。该方法利用藏文的属格助词、作格助词来提取人名上下文中的关联，结合互信息设计了人名识别算法，并完成了人名识别的实验，表明借助属格助词、作格助词对人名识别起到了积极的作用。藏文数字识别上，Liu等人[9]分析了藏文文本中日期、时间、货币、百分比、小数等数字特征，也分析了藏文数字字符和藏文数量词特征，根据这些特征建立了12条数字识别规则，通过数字特征库、数字词典，结合规则识别藏文各类数字和数量词；孙萌等[10]采取最优路径决策模型判断数词构建边界，然后通过有限自动极模型识别并翻译基本数词，最后用模板匹配算法处理复杂数词；华却才让等[11]根据藏文命名实体的构词规律，提出了感知机模型的藏文命名实体识别方案，以藏文音节（音节和其他语言中的字具有等同概念）为单位，格助词、词典、上下文为特征，利用感知机模型研究了命名实体识别问题，其中人名识别的 F_1 值取得了88.04%；加羊吉等[12]以词为单位，通过人名的边界特征和人名词典特征，提出了CRF和ME融合方法，实验中人名识别的 F_1 值能达到92.38%；康才俊等[13]根据人名用字的统计特征和字位信息，利用CRF研究了藏文人名的识别问题，在封闭语料中 F_1 值能达到94.31%。但是藏文人名内部特征和上下文特征不是很有规律，人名歧义现象严重，一般情况下很难达到较高的召回率。本章以字为单位结合英文、中文的命名实体识别方法，利用 CRF 模型研究藏文人名识别，重点考虑藏文虚词、触发词和人名词典等不同特征来识别藏文人名实体。

第三节 藏文人名特征

一、藏文人名内部组成特点

藏族人名作为藏族文化的重要组成部分，与语言文化、价值取向、宗教信仰、美学观点、思维方式等具有密切关系，因此藏族人名的命名具有独特的地域文化特色和语言描述方式。从命名特征上来说，藏族人名没有姓和名之分，只有名字而没有姓。比如“བཀྲ་ཤིས་”只是名字而已，另外“གཡུ་ཐོག་ཡོན་ཏན་དགོན་པོ་”中“གཡུ་ཐོག་”是家族的名称，“ཡོན་ཏན་དགོན་པོ་”是他本身的名字。藏族人名的命名具有比较大的随意性，从字符个数上来看，少则 1 个字（音节），多则 22 个字（音节）[14]。在三大藏语方言区域中，卫藏方言区藏族人名主要由两个字符或四个字符组成，康巴和安多方言区藏族人名以三个字符组成为主。从命名取材来看，藏族人名包括了日月星辰、神山圣湖、珍禽奇兽、奇花异草、富贵吉祥、智慧神勇、权贵名衔、神佛名讳等非常广泛的内容。人名字符的组成在形态上没有可循规律，但在字符用字上有统计规律。从名字缩写方式来看，三个藏区缩名形式也有所不同，在卫藏方言区，四个字（音节）中取掉第二和第四音节，以第一音节和第三音节组合成缩名；在安多和康巴方言区，在四个字（音节）中取前两个字符或后两个字组合成缩名。

二、藏文人名外部引导特征

从人名的语境特征上来说[15]，藏文人名实体的上下文有比较丰富的虚词特征，下面通过举例来说明这些特征，具体如下：

（1）人名与属格助词组成的关系：（修饰）人名+属格助词，例如，སྐལ་བཟང་གི་ཞྭ་མོ།（格桑的帽子），表示领属关系。

（2）人名与作格助词组成的关系：（修饰）人名+作格助词，例如，བཀྲ་ཤིས་ཀྱིས་ལོ་ཏོག་འདེབས།（扎西在种庄稼），表示行为的施事。

（3）人名与从格助词组成的关系：人名/人称代词+从格助词+人名，例如，བཀྲ་ཤིས་ལས་བློ་བཟང་ལོ་ཆུང་།（洛桑比扎西小），表示比较关系；人名+（格助词）ནས，例如，དོན་གྲུབ་ནས་རྒྱ་སྐད་དུ་བསྒྱུར།（顿珠译成汉文），表示行为的施事。

（4）人名与饰集词组成的关系：人名+饰集词，例如，བཀྲ་ཤིས་ཀྱང་ངུ་ཤོར།（扎西都哭了），表示转折关系。

（5）人名与ནི་སྒྲ་组成的关系：人名+（格助词）ནི་，例如，དོན་གྲུབ་ནི་སྤྱོད་བཟང་ལྡན་པའི་སློབ་མ་ཞིག་རེད།（顿珠是品德优秀的学生），表示主题和强调。

（6）人名与离合词、དང་སྒྲ་组成的关系：人名+དང+人名，例如，བཀྲ་ཤིས་དང་དོན་གྲུབ་（扎西和顿珠），表示并列关系。

（7）人名与指示代词组成的关系：人名+指示代词，例如，བཀྲ་ཤིས་འདི་མཚར་པོ་འདུག།（扎西这人帅得很），表示指示关系。

从上述具体实例中可以看出，藏文虚词一般出现在人名实体之后，这些虚词是人名识别的重要特征，特别是作格助词的作用最明显。虽然这些虚词是人名上下文的重要特征，但使用频度不同，作用大小不一样，而且不是唯一来表示人名上下文关系，因此可能产生很多歧义现象。

其次，在藏文人名外部引导特征中，触发词特征也起到重要的作用。比如人物的官衔、职级等作为触发词一般出现在藏文人名上下文中，表现为一个或多个字，如བློ་མཐུན་བསམ་གྲུབ་（桑珠老师）、ཧྲུའུ་ཅི་བློ་་བཟང་（洛桑书记）等。

最后，在藏文人名外部引导特征中，“指人名词后缀（བདག་སྒྲ་）[15]特征”也具有类似触发词的功能。在藏文构词规律中，某些名词或现在时动词后面添加一些特殊的藏文字符（指人名词后缀）构成新的名词，用来表示与该事物或动作相关的人。这些字符包括[~པ་], [~བ་], [~མ་], [~པོ་], [~བོ་], [~མོ་], [~མཁན་], [~ཅན་], [~ལྡན་]共九个。例如，བཟོ་པ་（工人），ཆབ་མདོ་བ་（昌都人），སློབ་མ་（学生），རྒྱལ་པོ་（国王），དགྲ་བོ་（敌人），གྲོགས་མོ་（女友），རྩོམ་མཁན་（著者）等新构成的词具有触发词的特性。

总之，在内部组成结构没有较好特征的情况下，人名上下文的外部引导特征是藏文的人名识别特征选择上唯一考虑的选项。

第四节　模型及人名识别

一、CRF 模型

CRF 模型[16]是一个在给定输入节点条件下，计算输出节点的条件概率的无向图模型，若 X 是一个值可以被观察的“输入”随机变量观察序列集合，Y 是一个值能够被模型预测的“输出”随机变量的标记序列集合，让 $C(y, x)$ 表示这个图中的 Clique 集合（全连接的节点集合）。其中 x，y 分别表示观察序列和标记序列随机变量。CRFs 将输出随机变量值的条件概率定义为与无向图中各个 Clique 的势函数的乘积，CRFs 的条件概率如式（8-1）所示：

$$P_{\mathrm{A}}(y/x)=\frac{1}{Z(x)}\prod_{c\in C(y,x)}\Phi_c(y_c,x_c) \tag{8-1}$$

其中，x，y 分别表示观察序列和标记序列随机变量，$Z(x)$为归一化因子，$C(y, x)$表示这个图中的 Clique 集合，$\Phi_c(y_c,x_c)$表示 Clique 的势函数，x_c 和 y_c 分别表示 Clique 集合中值 c 的情况下观察序列和标记序列随机变量。

在命名实体识别问题上，势函数定义为式（8-2）所示：

$$\Phi(y,x)=\exp\left[\sum_{i=1}^{n}\sum_{k}\lambda_k f_k(y_{i-1},y_i,x,i)\right] \tag{8-2}$$

其中，$f_k(y_{i-1},y_i,x,i)$为状态特征函数和转移特征函数的统一表示，是一个二值特征函数，表示 i 时刻状态 x 和标记 y_i 到 y_{i-1} 的转移形式，λ_k 表示特征权重，k 表示 $C(y, x)$ 中特征函数个数。

归一化因子定义为式（8-3）：

$$Z(x)=\sum_{j}\exp\left[\sum_{i=1}^{n}\sum_{k}\lambda_k f_k(y_{i-1},y_i,x,i)\right] \quad (8\text{-}3)$$

结合最大熵特征函数选择的特点，其中 $f_k(y_{i-1},y_i,x,i)$ 表示二值特征函数，如式（8-4）所示：

$$f_k(y_{i-1},y_i,x,i)=\begin{cases}1, & \text{时刻}i,\ x\text{和}y\text{都满足特征约束}\\ 0, & x\text{和}y\text{都不满足某种特征约束}\end{cases} \quad (8\text{-}4)$$

二、特征选择

命名实体的特征选择上可以从形态学特征、语义特征和不同的语境信息进行考虑。形态学特征又称为语法特征，表示了命名实体关键词的上下文语境。从本章第二节中描述的特征来看，藏文人名虽然没有明显的内部构词规律，但藏文人名实体有较为丰富的上下文信息。

CRF 模型中特征是非常重要的内容，特征选择得好坏直接影响 CRF 系统的识别性能。藏文文本中，更多的是四字以下的藏文人名，包含了藏族人名和译名。本章以字为基础，选择字符的构词特征和上下文词语特征。特征项的选择设为基本特征和组合特征，特征窗口大小设置为 5。基本特征（为方便起见，简记为 BL）作为实验 Baseline，包含字信息和字位信息，具体如表 8-1 和表 8-2 所示。

表 8-1 基本特征

序号	特征描述	特　征
1	当前字	C0
2	当前窗口的所有 1 个字是否分别构成人名	C-2，C-1，C0，C1，C2
3	当前窗口的所有连续 2 个字是否分别构成人名	C-1C0，C0C1
4	当前窗口的所有连续 3 个字是否分别构成人名	C-2C-1C0，C-1C0C1，C0C1C2
5	当前窗口的所有连续 4 个字是否分别构成人名	C-2C-1C0C1，C-1C0C1C2
6	当前窗口的所有连续 5 个字是否分别构成人名	C-2C-1C0C1 C2

表 8-2 字位信息特征

序号	特征描述	特　征
7	当前窗口的所有 1 个字的字位标记	C-2，C-1，C0，C1，C2
8	当前窗口的所有连续 2 个字的字位标记	C-2C-1，C-1C0，C0C1，C1C2
9	当前窗口的所有连续 3 个字的字位标记	C-2C-1C0，C-1C0C1，C0C1C2
10	当前窗口的所有连续 4 个字的字位标记	C-2C-1C0C1，C-1C0C1C2
11	当前窗口的所有连续 5 个字的字位标记	C-2C-1C0C1C2

字位信息的字符标记集设为{B，I，E，S，O}，其中 B 为词首，I 为词的中间字，E 为词尾，S 为单字成词，O 为非藏文字符。需要输出的标记集设为{B-PER，I-PER，E-PER，S-PER，N}，其中 B-PER 为人名首字，I-PER 为人名中间字，E-PER 为人名最后尾字，S-PER 为单字人名，N 为非人名构词字符。基本特征所采用的模板如下所示。

TemPlate-1:

#Unigram

U00:%x[-2, 0]

U01:%x[-1, 0]

U02:%x[0, 0]

U03:%x[l, 0]

U04:%x[2, 0]

U05:%x[-2, 0]/%x[-1, 0]

U06:%x[-1, 0]/%x[0, 0]

U07:%x[0, 0]/%x[1, 0]

U08:%x[1, 0]/%x[2, 0]

U09:%x[-1, 0]/%x[1, 0]

为了丰富藏文人名识别特征，增加了上文特征，比如触发词特征（TRI）（见表 8-3）和“指人名词后缀”特征（POST），还增加了下文虚词特征（FW）和人名词典特征（PN）。触发词特征主要是指人名前面特有的一些修饰词，如སྲས་མོ། སློ་མཐུན། སྲས། ཇེ། ཡབ། ཡུམ།等，对人名的识别起到激活的作用。虚词特征主要是指藏文人名后面常出现的格助词，如表 8-4 所示。

表 8-3 触发词特征

序号	特征描述	特　征
12	当前窗口的所有 1 个字是否是人名触发词	C-2，C-1，C0，C1，C2
13	当前窗口的所有连续 2 个字是否是人名触发词	C-2C-1，C-1C0，C0C1，C1C2
14	当前窗口的所有连续 3 个字是否是人名触发词	C-2C-1C0，C-1C0C1，C0C1C2
15	当前窗口的所有连续 4 个字是否是人名触发词	C-2C-1C0C1，C-1C0C1C2
16	当前窗口的所有连续 5 个字是否是人名触发词	C-2C-1C0C1C2

表 8-4 虚词特征

序号	特征描述	特　征
17	当前窗口的所有 1 个字是否是人名之后虚词	C-2，C-1，C0，C1，C2
18	当前窗口的所有连续 2 个字是否是人名之后虚词	C-2C-1，C-1C0，C0C1，C1C2

人名词典特征主要依靠人名词典（见表 8-5），窗口中的字符是否在人名词典中出现为依据来表示特征；指人名词后缀特征主要依靠藏文构词规律中的一些特殊的藏文字符，用来指

示事物和动作有关的人，具有触发词的特性（见表 8-6）。

表 8-5 人名词典特征

序号	特征描述	特征
19	当前窗口的所有 1 个字是否在人名词典	C-2，C-1，C0，C1，C2
20	当前窗口的所有连续 2 个字是否在人名词典	C-2C-1，C-1C0，C0C1，C1C2
21	当前窗口的所有连续 3 个字是否在人名词典	C-2C-1C0，C-1C0C1，C0C1C2
22	当前窗口的所有连续 4 个字是否在人名词典	C-2C-1C0C1，C-1C0C1C2
23	当前窗口的所有连续 5 个字是否在人名词典	C-2C-1C0C1C2

表 8-6 指人名词后缀特征

序号	特征描述	特征
24	当前窗口的所有 1 个字是否是指人名词后缀	C-2，C-1，C0，C1，C2

根据前缀特征、后缀特征和人名词典匹配情况，在模板 1 的基础上增加了另外一些特征，设置的特征模板 2 如下：

```
TemPlate-2:
…
//是否为触发词
U10:%x[-2, 2]
U11:%x[-1, 2]
U12:%x[0, 2]
U13:%x[l, 2]
U14:%x[2, 2]
U15:%x[-1, 2]/%x[-2, 2]
U16:%x[0, 2] %x[-1, 2]
U17:%x[-1, 2] %x[0, 2]
U18:%x[1, 2]/%x[2, 2]
//是否为虚词
U19:%x[-2, 3]
U20:%x[-1, 3]
U21:%x[0, 3]
U22:%x[l, 3]
U23:%x[2, 3]
U24:%x[-1, 3]/%x[-2, 3]
U25:%x[0, 3] %x[-1, 3]
U26:%x[-1, 3] %x[0, 3]
```

U27:%x[1, 3]/%x[2, 3]
//是否为人名

U28:%x[-2, 0]

U29:%x[-1, 0]

U30:%x[0, 0]

U31:%x[l, 0]

U32:%x[2, 0]

U33:%x[-1, 4]/%x[-2, 4]

U34:%x[0, 4] %x[-1, 4]

U35:%x[-1, 4] %x[0, 4]

U36:%x[1, 4]/%x[2, 4]

在模板-2 的基础上还考虑了字符的标记特征，设置的特征模板 3 如下：

TemPlate-3:
…

U37:%x[-2，0]/%x[-2，1]

U38:%x[-1，0]/%x[-1，1]

U39:%x[0，0]/%x[0，1]

U40:%x[1，0]/%x[1，1]

U41:%x[2，0]/%x[2，1]

三、识别过程

藏文人名识别过程形式化定义为：设句子集合 A，任意一个句子 $s \in A$，则

$$s = w_1 w_2 \ldots w_{p-2} w_{p-1} e_p w_{p+1} w_{p+2} \ldots w_{n-1} w_n \qquad (1 \leqslant p \leqslant n) \tag{8-5}$$

其中，e_p 为词序列中的某个人名实体。设 D 为人名词典，X 为虚词词典，C 为触发词库，S 为指人名词后缀，定义观察值序列的真实特征函数 $b(x,i)$，然后结合 $b(x,i)$ 再定义模型的特征集函数 $f_k(y_{i-1}, y_i, x, i)$，具体如公式（8-6）和（8-7）所示。藏文人名识别过程中用公式（8-7）代替公式（8-4）作为模型的特征函数，并训练模型参数。

$$b(x,i) = \begin{cases} 1, \text{if } x \in \text{D or } x \in \text{X or } x \in \text{C or } x \in \text{S at } i \text{ moment} \\ 0, \quad \text{else} \end{cases} \tag{8-6}$$

$$f_k(y_{i-1}, y_i, x, i) = \begin{cases} b(x,i), \ \text{if } y_{i-1} = e_p \text{ or } y_i = e_p \\ 0, \ \text{else} \end{cases} \tag{8-7}$$

藏文人名识别的具体过程如图 8-1 所示。

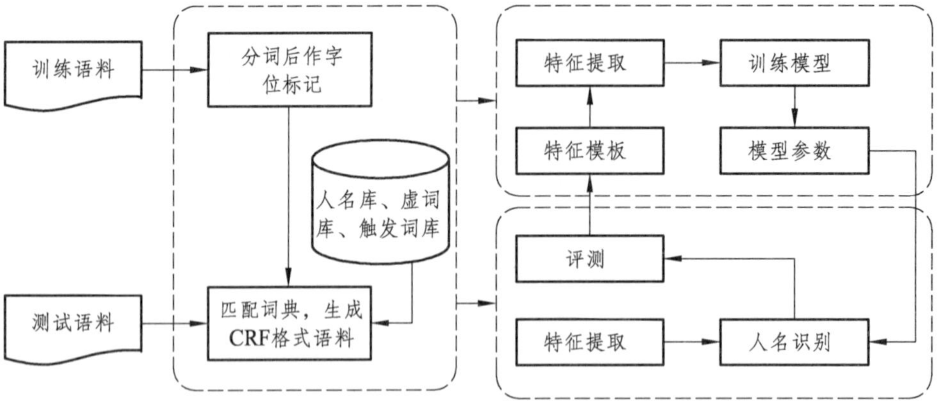

图 8-1 藏文人名识别过程

首先是对生语料进行分词并作字位标记，匹配人名词典、虚词词典、触发词库和指人名词后缀，生成 CRF 工具软件（CRF++）[17]需要的训练语料；其次根据特征选择的结果，设计相应的特征模板；再次利用 CRF 模型对语料进行训练，训练出该特征模板下的相应模型参数；然后用生成的模型参数，CRF 模型对测试语料中的人名进行识别和预测；最后根据评测结果重新选择特征和特征模板，设计较为合理的特征和特征模板。

第五节 实 验

一、实验语料

语料采用了西藏大学藏文信息技术研究中心提供的语料，该语料大小为 381 KB，2 698 条句子。该语料是从不同的类别的文本中人工提取出来的句子，包括了历史、法律、宗教、教育、新闻、文学、民俗、经济、政治和地理等内容。

二、预处理

藏文文本语料的预处理过程中首先对 2 698 条句子进行分词，分词采用了中国科学院软件所开发的藏文分词系统。由于分词结果还不能达到实验所需正确率的要求，对分词结果进行了重新校验，在此基础上利用{B，I，E，S，O}标注集对字进行逐一标注；其次语料中出现的词汇与人名词典、触发词词典、虚词词典进行匹配，生成 CRF++格式要求的训练语料，具体格式如表 8-7 所示。其中，收集的人名知识库有 2 170 个词条，触发词知识库有 425 个词条，虚词知识库有 189 个词条。

表 8-7 藏文人名识别训练语料格式

字	词位标记	是否为触发词	是否为虚词	是否为人名	是否为指人名词后缀	标注结果
ཁྱི་	S	1	0	0	0	N
ཚེད་	B	0	0	1	0	B-PER
བ་	I	0	0	1	0	I-PER
པ་	E	0	0	1	1	E-PER

续表

字	词位标记	是否为触发词	是否为虚词	是否为人名	是否为指人名词后缀	标注结果
མདོ་	B	0	0	0	0	N
སྨད་	E	0	0	0	0	N
ནས་	S	0	1	0	0	N
དབུས་	B	0	0	0	0	N
གཙང་	E	0	0	0	0	N
དུ་	S	0	1	0	0	N
ཞབས་	S	0	0	0	0	N

为了弥补实验语料中样本的不足，提高模型的泛化能力，文本采用 5 倍交叉验证策略，将 2 698 个句子划分为 5 个独立的、大小一致的子集，即 540 条语句的 4 个子集和 538 条语句的 1 个子集。每次组织实验数据时，从 5 个子集中选择其中 1 个子集作为测试集，而其余 4 个子集作为训练集。利用训练集分 5 批训练模型，然后使用该模型在相应测试集上进行分类，最后计算 5 次实验结果的平均值。5 个测试集的信息如表 8-8 所示。

表 8-8　5 倍交叉验证的测试集数据信息

测试集	含人名个数	包含人名的正例句	不含人名的反例句
test1	75	48	492
test2	67	44	494
test3	110	89	451
test4	133	94	446
test5	101	61	479

三、实验数据分析

首先实验采用了三个评测指标；召回率、精确度和 F_1 值，具体公式如下：

（1）召回率：

$$R = f_n / n \times 100\% \tag{8-8}$$

（2）准确率：

$$P = f_n / f_a \times 100\% \tag{8-9}$$

（3）F_1 值：

$$F = 2 \times P \times R / (P + R) \tag{8-10}$$

其中，f_n 为正确识别的人名数，f_a 为标记出来的所有人名数，n 为测试语料中的人名数。

实验按不同特征、优化特征和不同窗口进行 3 组实验。第 1 组以基本特征为模板元素进行人名识别实验，该实验作为 Baseline。然后在 Baseline 基础上添加虚词特征、触发词特征、人名词典特征和指人名词后缀特征为模板元素，进行各种组合实验。为了提高实验的召回率和准确率，在第 1 组实验的基础上第 2 组实验进行特征优化实验。第 3 组实验选择不同的窗口验证窗口大小对实验效果的影响。

作为实验的 Baseline，在第 1 组实验中选择字、字位信息特征进行人名实体识别实验。在此基础上一是分别选择基本特征和其他特征进行两两组合实验；二是分别选择基本特征和其他两个特征进行三三组合实验；三是选择所有特征进行综合实验。实验中藏文人名识别的召回率、准确率和 *F*1 值如表 8-9 所示。

表 8-9 不同特征模板的召回率、准确率和 F_1 值

特征	召回率/%	准确率/%	F_1 值/%
BL	48.19	53.33	50.63
BL+FW	51.90	54.67	53.25
BL+TRI	52.54	69.33	59.77
BL+POST	51.28	53.33	52.29
BL+PN	57.48	<u>97.33</u>	73.32
BL+FW+POST	51.95	53.33	52.63
BL+FW+TRI	54.55	56.00	55.26
BL+FW+PN	58.73	98.67	73.63
BL+TRI+POST	51.95	53.33	52.63
BL+TRI+PN	59.20	<u>98.67</u>	74.00
BL+POST+PN	58.06	<u>96.00</u>	72.36
BL+TRI+POST+PN	62.07	<u>96.00</u>	75.39

从表 8-9 中可以看出，具有人名词典特征的识别准确率很高（加下划线的数据所示），而选择的虚词、触发词和指人名词后缀特征没有起到预先的作用。通过对训练语料、测试语料的认真分析，发现存在两个问题：一是训练语料的标注带有很多噪声，许多普通名词当作人名标注；二是所有虚词当作人名识别的下文特征，特征过于泛化，作用不明显。

针对第 1 组实验的问题，第 2 组实验中对各个特征进行优化处理。训练语料中的人名与人名词典比较，其中第 1 个问题是由隐藏在数据中的噪声信息造成的，它的表象是虚词、触发词和指人名词后缀特征作用不明显，准确率达不到 70%。而这些噪声信息是许多藏文普通名词当成人名对待，是由藏文人名的歧义性导致的。另外，训练语料中还有一些人名和触发词未被标注，说明语料中的人名和触发词不能被现有的词库涵盖。沿着现有语料的趋势，对人名词典、触发词库进行了更新优化，尽可能减少训练语料上携带的噪声信息。

针对第 2 个问题，使用 189 个虚词作为人名实体识别特征过于泛化，本章按照藏文虚词的功能划分方法，选取人名实体上下文密切相关的虚词，在 Baseline 基础上对不同的虚词特征进行分类实验。选取的虚词分别为作格助词（ZG）、属格助词（SG）、从格助词（CG）、饰集词（SJ）、དང་སྒྲ་（DZ），具体实验结果如表 8-10 所示。

表 8-10 不同类别虚词特征的召回率、准确率和 F_1 值

特征	召回率/%	准确率/%	F_1 值/%
BL+FM	51.90	54.67	53.25
BL+ZG	54.20	86.34	66.59
BL+SG	52.67	81.23	63.90
BL+CG	51.33	78.18	61.97
BL+SJ	52.47	79.62	63.25
BL+DZ	53.21	82.35	64.65

从表 8-10 中可以看出，虚词细分之后的特征在人名识别的准确率上有明显的提高，作格助词作用最明显，实验的 F_1 值（表 7-10 中加下划线的数据）能提高 13 个百分点，属格助词提高 10 个百分点，从格助词提高 8 个百分点，饰集词提高 10 个百分点，དང་སྒྲ་提高 11 个百分点。说明与人名上下文比较相关的虚词对人名的准确率提高有比较明显的作用，从表 8-9 中也可以看到，所有藏文虚词作为人名实体识别的特征，在 Baseline 实验基础上 F_1 值只提高了 3 个百分点。

经过词典的优化、选择人名相关的虚词之后，选择虚词特征、触发词特征和指人名词后缀特征进行不同组合实验。新的实验没有考虑词典特征，只用在训练语料的标注上。虚词特征只选择 5 个作格助词、5 个属格助词、2 个从格助词、3 个饰集词和དང་སྒྲ་作为特征。重新完成的实验结果如表 8-11 所示。

表 8-11 不同特征的召回率、准确率和 F_1 值

特征	召回率/%	准确率/%	F_1 值/%
BL	62.67	92.16	74.60
BL+FW	65.33	96.08	77.78
BL+TRI	68.10	96.23	79.69
BL+POST	64.00	94.12	76.19
BL+FW+POST	65.33	96.08	77.73
BL+FW+TRI	68.02	98.07	80.31
BL+TRI+POST	66.67	94.34	78.13

从表 8-11 中可以看出，对各个特征优化之后不管是召回率，还是准确率都有了明显的提高。从召回率都上看，与第 1 组实验相比，有了 10 个百分比的提高，F_1 值平均提高 20 多个百分点，而准确率的提高更加显著，表中加下划线的数据为得到最高的 F_1 值。特别需要指出的是，经过对人名词典的优化，让人名词典尽可能地覆盖语料中出现的人名实例，使得训练语料的标注尽可能准确。测试中准确率的显著提高得益于词典的优化，得益于训练语料尽可能准确地标注，部分也得益于触发词和虚词特征的优化，当然召回率也是如此。总的来看，对不同特征的优化起到了明显的作用。

第 3 组实验是选择不同窗口大小，对表 8-11 中的特征选项进行重新测试，探讨窗口大小对人名识别效果的影响。窗口大小分别设为 1、3 和 5，具体实验结果 F_1 值如表 8-12 所示。

表 8-12　不同大小窗口的 F1 值

特征	1W	3W	5W
BL	70.97	75.00	74.60
BL+FW	74.80	76.42	77.78
BL+TRI	76.80	78.12	79.69
BL+POST	73.17	78.46	76.19
BL+FW+POST	75.20	77.16	77.73
BL+FW+TRI	74.80	76.80	80.31
BL+TRI+POST	73.37	75.80	78.13

从表 8-12 中可以看出，除了 3 窗口的 BL+POST 的实验个例外，基本上随着窗口的变大人名识别的效果有所提升，但窗口大小对特征的敏感程度不是很明显，只有少于 5 个百分点的变动，表中加下划线的数据为不同窗口中最大的 F_1 值。这说明了窗口大小和实验效果存在一定的关联，但不能说明窗口越大，识别效果越好，有时候窗口越大，反而性能下降，效果不佳。

总结以上 3 组实验，CRF 模型识别藏文人名过程中，总体上有四个特点：一是人名识别效果是否能提高关键是需要高质量的训练语料，包含噪声的训练语料降低了人名识别的召回率和准确率，藏文人名识别效果下降明显；二是如果把所有藏文虚词当成特征，特征过于泛化，人名识别起不到明显的作用，需要选择藏文人名上下文密切相关的特征作为人名识别的特征；三是分析测试语料时发现两字的藏文人名召回率低于四字及以上人名，主要原因是两字的人名产生歧义的概率远远高于四字以上人名，易产生歧义的两字人名要么召回不上，要么带来过多的噪声，而准确率的提高也主要得益于四字及以上人名识别效果；四是从实验数据可以看出，窗口的大小对特征不太敏感，虽然 F_1 值略有提高，但作用不明显。

根据对 3 组实验数据及真实语料的分析，发现三个问题：一是藏文人名取材非常广泛，因此诸如“གཞུང་གི་རྒྱ་མཚོ་ལས་ལེགས་བཤད་ནོར་བུ་མང་།”“ཁོ་ལ་བདེ་སྐྱིད་ལྡན་ནམ།”语句中的真实实体“རྒྱ་མཚོ་（海洋）”“བདེ་སྐྱིད་（幸福）”误识别为人名，不管是在训练集，还是在测试集中含有类似的实例有很多，产生歧义的可能性很大，针对人名识别来说，这些噪声数据直接导致了召回率直线下降、F_1值快速下滑；二是产生歧义人名的识别，或是用消歧方法，或是用语义理解方法，纯粹统计的方法识别难度很大，特别是两字人名的识别更具难度；三是译名的识别也存在难度，比如识别“ཀང་ཆིང་ལིས་”（张庆黎），首先要训练语料中标注准确，才有可能识别，而在标注过程中需要依靠丰富的人名词典。上述三个问题直接导致实验的召回率低而F_1值不高。与相关的文献相比，本章F_1值上有一定的差距，虽然采用的方法类似，但采用的语料完全不同，人名词典、分词工具各有迥异。而语料质量、词典词汇量和分词效果直接影响训练语料的标注质量。加羊吉等[12]的公式对藏文人名的上下边界做了严格的限定，这跟该实验语料相关，可能存在比较丰富的人名上下文边界。但比较严格的限定，可能会丢掉没有上下文边界的人名，而本章采取的是一种更宽泛的策略，不管是否存在上下文边界信息，只要与人名词典相匹配，训练语料做了相应标记，这导致了F_1值的差距。另外，与英文、汉语人名识别相比，藏文人名识别更具挑战性，主要原因：一是藏文人名字符组成上没有显示特征，比如英文大小写关系和词边界信息；二是藏文人名内部组成上没有明显的结构特征，比如汉语姓氏关系；三是藏族人名取材非常广泛，外部世界的事物名称都可能成为人名取材的对象，产生歧义的可能性很大。由于人名取材过于宽泛，上下文的特征起不到明显的作用。

第六节　结论与展望

本章利用 CRF 方法，对藏文文本中人名进行识别。在识别过程中，重点考虑了藏族人名的内部特征结构和上下文特征，特别是考虑了藏文中触发词、藏文格助词等虚词在人名识别中的作用。由于实验语料等方面的缺陷，以及藏族人名取材广泛性等原因，藏文人名识别的F_1值不高。为了提高人名识别效果，虚词在选择上进行了分类和细化，人名词典和触发词库做了优化，对提高藏文人名识别准确率和召回率起到了积极作用，各种特征组合的实验中F_1值提高近 10 个百分点。总之，与英文、汉语的人名实体抽取效果相比，藏文人名实体抽取更具挑战性。

本章是藏文命名实体识别的一个组成部分，也只使用了统计学其中的一个方法，下一步的研究工作将从以下几个方面开展研究：一是从人名、地名、机构名等 7 个命名实体上考虑藏文不同实体的识别问题，重点考虑特征的合理选择问题；二是利用 ME、HMM 等其他方法进一步研究藏文人名实体识别问题；三是从藏文人名与普通名词之间存在的歧义问题，考虑如何采用更有效的方法研究藏文人名消歧问题。这些研究工作的深入开展，有利于藏文文本挖掘研究的进一步提升，有利于藏文信息处理技术的发展。当然实验过程还有一些不足之处，比如语料规模不足等问题，在今后的实验中需要完善和提高。

参考文献

[1] 孙茂松，黄昌宁，高海燕，等. 中文姓名的自动辨识[J]. 中文信息学报，1995，9（2）：16-27.

[2] LEVOW G A. The third international Chinese language processing backoff: Word segmentation and name entity recognition[C]. Proceedings of the Fifth SigHAN Workshop on Chinese Language Processing, Sydney: Association for Computational Linguistics, 2006:108-117.

[3] 吴秦，胡丽娟，梁久祯. 基于分块重要度和二维条件随机场的 Web 信息抽取[J]. 南京大学学报（自然科学），2014，50（1）：79-85.

[4] 程显毅，朱倩. 未定义类型的关系抽取的半监督学习框架研究[J]. 南京大学学报（自然科学），2012，48（4）：465-473.

[5] 李广一，王厚峰. 基于多步聚类的汉语命名实体识别和歧义消解[J]. 中文信息学报，2013，27（5）：31-34.

[6] COLLOBER M, WESTON J. A unified architecture for natural language processing: Deep neural networks with multitask learning[C]. proceedings of the 25th international conference on Machine learning, New York: ICML, 2008: 160-167.

[7] TURIAN J, RATINOV L, BENGIO Y. Word representations: A simple and general method for semi-supervised learning[C]. proceeding of the 48th Annual Meeting of the Association for Computational Linguistics, ACL 2010: 384-394.

[8] 窦嵘，加羊吉，黄伟. 统计与规则相结合的藏文人名自动识别研究[J]. 长春工程学院学报（自然科学版），2010，11（2）：113-115..

[9] LIU H, ZHAO W, NUO M, et al. Tibetan number identification based on classification of number components in Tibetan word segmentation[C]. Proceedings of the 23rd International Conference on Computational Linguistics, Beijing, Coling 2010: 719-724.

[10] 孙萌，华却才让，刘凯，等. 藏文数词识别与翻译[J]. 北京大学学报（自然科学版），2013，1（1）：75-80.

[11] 华却才让，姜文斌，赵海兴，等. 基于感知机模型藏文命名实体识别[J]. 计算机工程与应用，2014，50（15）：172-176.

[12] 加羊吉，李亚超，宗成庆，等. 最大熵和条件随机场模型相融合的藏文人名识别[J]. 中文信息学报，2014，1（1）：107-112.

[13] 康才畯，龙从军，江荻. 基于条件随机场的藏文人名识别研究[J]. 计算机工程与应用，2015，51（3）：109-111.

[14] 嘎·达哇次仁. 藏族人名文化[J]. 西藏大学学报，1996，11（2）：21-25.

[15] 格桑居冕，格桑央京. 实用藏文文法教程[M]. 成都：四川民族出版社，2004: 11.

[16] LAFFERTY J, MCCALLUM A, PEREIRA F. Conditional random fields: Probabilistic models for segmenting and labeling sequence data[C]. In Proceedings of the 18th International Conference on Machine Learning, San Francisco, ICML 2001：282-289.

[17] CRF++. http://sourceforge.net/projects/crfpp/files/crfpp/, 2012-02-14.

第九章 基于深度学习模型的藏文人名识别方法研究

本章采用深度学习技术探讨藏文文本中人名识别的方法。首先通过 Word2vec 训练出藏文词向量，然后在该词向量的基础上利用神经网络探讨了藏文人名识别技术，通过实验证明识别效果 F_1 值能够达到 94%以上。本章的贡献主要体现在以下几点：一是训练出比较好的藏文词向量；二是结合藏文特点设计了藏文词向量好坏的检测方法；三是采用前向传播、随机梯度下降算法，经过多组实验验证了藏文人名识别效果。研究结果说明，利用深度学习端到端的特点，像藏文这样少资源的语言更便于完成特定的任务。

第一节 概 述

命名实体识别上，目前主要采用统计的方法，比如采用 HMM、ME、SVM 和 CRF 等。采用统计模型的机器学习方法，需要人工设计特征，标注大量的语料。这种使用标注语料、人工完成特征工程的方法称为监督学习。监督学习方法一般对标注语料进行训练，学习模型参数，通过该模型和参数对测试数据进行分类和预测，对不同实体进行标注。由于特征学习的难度和大量人工标记工作的困难，深度学习（Deep Learning）方法在图像处理、语音识别和自然语言处理领域得到广泛的应用，并取得了很好的成绩。深度学习从特征学习开始，到训练参数，直至实现分类和预测，是一种端到端的学习过程，避免各种特征学习的困难，能够充分发挥语料本身具有的各类统计特征。

第二节 相关研究工作

命名实体识别主要采用基于统计的机器学习方法，分为监督学习、半监督学习和无监督学习方法。在监督学习方法中，HMM、ME、SVM、CRF 等在命名实体识别上已经取得了很好的成绩。为了减少特征工程的复杂性，不少研究人员利用聚类思想探讨半监督学习[1]和无监督学习[2]方法，减少训练语料标注的难度，提高人名识别的效果。深度学习在特征学习上无监督学习的特点和语言组织上的层次结构特点，最近几年得到了自然语言处理领域的极大关注。

深度学习在图像和语音处理的成功应用[3]，认为图像和语音构成上有层次结构，深度学习模型可逐层抽象出各层的特征。与此类似，人们也认为自然语言处理具有天然的层次结构[4]，比如具有字、词、短语、句子、段落、篇章到语义理解的层次结构，在深度学习的隐藏层上可以逐层抽象每层的特征，最后输出语义理解的内容。目前，深度学习在自然语言处理应用上取得了与其他方法一样好的效果，并免去了烦琐的特征提取过程。

深度学习在自然语言处理上的应用主要从训练语言模型开始，通过多层的神经网络来构建 n-gram 语言模型，即已知前 $n-1$ 个词的情况下，预测第 n 个词。深度学习在训练语言模型的同时可以训练出 Word Embedding。2003 年，Bengio 等[5]使用三层神经网络来构建 n-gram 语言模型，简称为“NNLM”模型。该模型中神经网络主要通过输入层到隐藏层、隐藏层到输出层的矩阵计算，训练出无须平滑的 n-gram 语言模型和词向量(Distributed Representation，Word Embedding 的另一种提法)。Mnih 和 Hinton 也研究了用神经网络建立语言模型方法[6]，提出了 Log-Bilinear Language Model，讨论了三种语言模型，并经过对模型改进提出 Hierarchical log-bilinear 语言模型[7]，简称为“HLBL”模型。该模型用层级思想替换了 Bengio 的 NNLM 模型中最花时间的隐藏层到输出层矩阵乘法，在保证效果的基础上，同时也提升了速度。Collobert 和 Weston 利用神经网络模型，通过窗口中预测中间目标词的得分来训练语言模型，并完成自然语言处理中的词性标注、短语标注、命名实体识别、语义角色标注的任务[8, 9]，提出了处理自然语言多种任务的通用深度学习模型和 Word Embedding 计算方法，不仅可以训练语言模型，还可以生成好的词向量。Mikolov 等[10]提出了循环神经网络语言模型(RNNLM)，在此基础上提出了训练词向量的 CBOW 模型和 skip-gram 模型[11]。CBOW 模型在给定上下文的情况下，预测当前词的概率；skip-gram 在给定当前词的情况下，预测上下文词，并公布了 Word2vec[12]词向量训练工具。两个新模型不但能够减少训练神经网络的时间，还能产生很好的词向量。Huang[13]在 C&W 的工作基础上改进模型，提出了“全局信息”辅助“局部信息”的思想，即 C&W 方法得到的“局部得分”加上“全局得分”作为最终得分，然后使用 C&W 提出的 pair-wise 目标函数来优化模型。该模型实现了多义词用多个词向量表示的方法，并通过实验说明能够更好地捕捉词的语义信息。Turian[14]针对 Mnih 和 Hinton[7]方法产生的 M&H 词向量、Collobert 和 Weston[9]方法产生的 C&W 词向量和 Brown clusters 结果做了对比实验，词向量效果在短语标注和 NER 任务上，与 baseline 对比具有略微的优势，并公布了各自方法产生的词向量。Lai[15]通过 skip-gram、CBOW、Order、LBL、NNLM、C&W 模型在多个数据集训练了词向量，并以语义、语法、词性标注、命名实体识别等作为评测进行了词向量好坏的检测。

藏文作为汉藏语系藏缅语族的一个分支，具有人类共同的思维方式和语言组织形式，即藏文具有字母、字、词、短语、句子、段落、篇章等组织结构，通过这些语言的组织形式能够表达人们的各种语义信息。藏文作为一个独立的语言系统，也有不同于其他语言的特点，比如字母个数、字结构、词的组成形式、短语结构、句法形式等内容。按照神经网络逐层抽象特征的特点，藏文也具有其他语言一样的分层组织形式，也能逐层抽象出不同层次的语言特征。下面利用深度学习方法研究藏文人名识别技术，探讨词作为神经网络的输入单位对藏文人名识别的效果。

第三节 深度学习模型

藏文人名识别作为命名实体识别的一个组成部分，不同于其他命名实体有自身的描述形式和语境特征。根据这些语境信息的统计特征，识别出藏文人名是属于自然语言中的分类问题，即输入一个字符序列，输出一个标记序列。本章借鉴 C&W 模型研究藏文人名识别的问题。

C&W 根据不同的自然语言任务，提出了窗口方法、句子方法、多任务处理方法的深度学习框架，本章借鉴窗口方法探讨神经网络的各类参数对藏文人名识别效果。本章的深度学习模型包含三层结构，即输入层、隐藏层和输出层，如图 9-1 所示。输入层输入窗口中词序列相对应的词向量，经过线性运算预测出目标词的得分值。

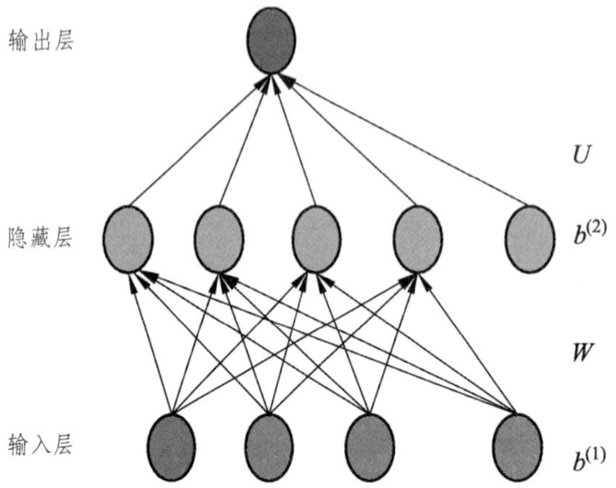

图 9-1 藏文深度学习模型

神经网络通过前向传播算法来逐层激活输入层、隐藏层、输出层。现设词典为 V，词向量为 $L\in\Re^{d\times|V|}$，词典 V 中的词和 L 的向量之间有一一对应关系，其中 d 为词向量维数，$|V|$ 为词典的大小。当句子的词序列 $(w_1,w_2,\cdots,w_n)$ 作为输入值时，首先确定一个 s 大小的窗口，并在句子中从左往右滑动该窗口。在窗口中如果词个数少于窗口大小 s 时，设置两个特殊的开始符号和结束符号，即 w_s 和 w_e，例如 $s=3$ 时，$[w_s,w_1,w_2]$，$[w_{n-1},w_n,w_e]$。其次窗口中的词要找到对应的词向量，并把每个词的向量首尾拼接构成一个大的向量，作为神经网络的输入；然后经过输入层的输入，隐藏层的特征学习，输出层预测出窗口中目标词的得分情况。本章与 C&W 模型一样，在向神经网络输入之前，词需要通过查找表来转化成词向量，因此建立词和向量之间的对应关系，如式（9-1）所示。

$$L(w_i)=e(w_i) \tag{9-1}$$

其中，$e(w_i)$ 为词 w_i 对应的实数向量，经过式（9-1）可以得到窗口中每个词对应的向量，对于窗口中的所有词可以得到公式（9-2）的形式。

$$L\{[w]_1^s\}=\{e(w_{i-s/2}),\cdots,e(w_s),\cdots,e(w_{i+s/2})\} \tag{9-2}$$

通过每个向量的首尾拼接可以得到一个大的向量，该向量作为神经网络的输入值，经过与输入层到隐藏层的权值矩阵和偏置向量的线性运算，可以得到隐藏层的输入值，具体如式（9-3）所示。

$$\alpha=W\{[e(w_i)]_1^s\}^{\mathrm{T}}+b^{(1)} \tag{9-3}$$

其中，$W\in\Re^{H\times sd}$ 是输入层到隐藏层的一个权值矩阵，H 为隐藏层的单元个数，d 为向量维数，$b^{(1)}$ 为输入层到隐藏层之间的偏置向量。由式（9-3）得到的结果，前向输入给隐藏层，按照一个非线性函数来学习窗口中隐藏的各类特征，隐藏层的非线性函数采用 tanh 函数，具体如式（9-4）所示。

$$\beta = f(\alpha) = \tanh(\alpha) \tag{9-4}$$

其中，β 为 H 大小的列向量。式（9-5）是 $\tanh(x)$的导数形式，可以看出在计算时导数能直接使用已经计算过的 $\tanh(x)$函数值，这会在模型训练过程中节省大量的计算时间。

$$\frac{\mathrm{d}}{\mathrm{d}x}\tanh x = 1 - \tanh^2 x \tag{9-5}$$

完成了隐藏层的运算，得到的 β 向量经过与隐藏层到输出层的权值矩阵和偏置向量的线性运算，前向输入给输出层，线性运算如式（9-6）所示。

$$\rho = U^{\mathrm{T}}\beta + b^{(2)} \tag{9-6}$$

其中，$U \in \Re^{H\times 1}$是隐藏层到输出层的权值矩阵，$b^{(2)}$为隐藏层到输出层的偏置向量。在输出层通过一个 sigmoid 函数来计算目标词的得分情况，具体如式（9-7）所示。

$$h = g(\rho) = \mathrm{sigmoid}(\rho) = 1/(1+e^{-\rho}) \tag{9-7}$$

式（9-8）是 sigmoid(x)的导数形式，可以看出在计算时导数能直接使用已经计算过的 sigmoid(x)函数值。

$$\frac{\mathrm{d}}{\mathrm{d}x}\mathrm{sigmoid}(x) = [1-\mathrm{sigmoid}(x)]\times \mathrm{sigmoid}(x) \tag{9-8}$$

神经网络经过式（9-3）、（9-4）、（9-6）、（9-7）逐层运算，实现神经元的激活过程，称为前向传播算法。综合起来，实现神经网络的前向传播算法，需要计算公式（9-9）的内容。

$$h_\theta[x^{(i)}] = g(U^{\mathrm{T}} f\{W[e(w_i)]_1^s + b^{(1)}\} + b^{(2)}) \tag{9-9}$$

前向传播算法过程如图 9-2 所示。

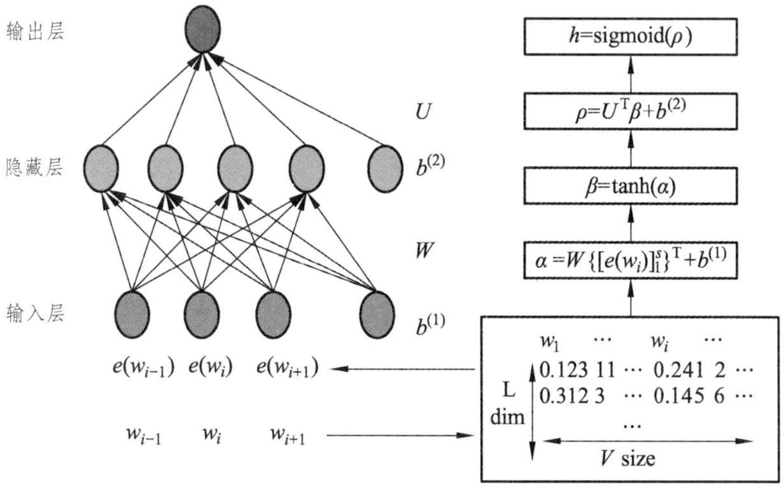

图 9-2　前向传播算法过程

在此需要说明的是，该算法与 C&W 模型不同，本节先用 Word2vec 训练出词向量，然后将训练好的词向量作为神经网络的输入，神经网络训练过程中不再更新词向量。

第四节 训练模型

激活每层的神经单元之后，需要优化各层的参数，该过程称为模型训练过程。使用训练数据集合 $\{(x^{(i)},y^{(i)})\}$ 训练神经网络的整个参数，其中 $y^{(i)}\in(0,1)$ 。现设神经网络的参数集合为 θ ，$\theta=[L,W,b^{(1)},U,b^{(2)}]$ ，通过神经网络反向传播算法优化每个参数，由于词向量 L 已经完成训练，不在神经网络训练中更新，所以本节需要更新的参数为：$\theta=[W,b^{(1)},U,b^{(2)}]$ 。

训练参数集合 θ 先定义优化的目标函数，然后通过反向传播算法和随机梯度下降算法完成模型的优化过程。假设有一个样本集合 $\{(x^{(1)},y^{(1)}),\cdots,(x^{(m)},y^{(m)})\}$ ，定义单个样例 $[x^{(i)},y^{(i)}]$ 的方差代价函数，如式（9-10）所示。

$$J[V,b;x^{(i)},y^{(i)}]=\frac{1}{2}\|h_{V,b}[x^{(i)}]-y^{(i)}\|^2 \tag{9-10}$$

其中，V 代表本节中的权重矩阵 W 和 U ，b 代表偏置向量 $b^{(1)}$ 和 $b^{(2)}$ ，在求解神经网络过程中，很小的随机值初始化各个参数。对于 m 个样例的数据集合，整体代价函数定义为公式（9-11）所示。

$$J(V,b)=\left\{\frac{1}{m}\sum_{i=1}^{m}J[V,b;x^{(i)},y^{(i)}]\right\}+\frac{\lambda}{2}\sum_{l=1}^{n_l-1}\sum_{i=1}^{s_l}\sum_{j=1}^{s_{l+1}}[V_{ji}^{(l)}]^2 \tag{9-11}$$

其中，第一项是一个均方差，第二项是规则化项，第二项的目的是减小权重的幅度，防止过度拟合。现在的目标是针对参数 V 和 b 优化式（9-11），使其达到最小化。要实现这个目标，可以让式（9-11）的偏导数最小。在神经网络训练过程中，对目标函数采用随机梯度下降算法来实现优化过程，即在每次迭代过程中分别按照式（9-12）、（9-13）来更新 V 和 b 的参数。

$$V=V+\lambda\frac{\partial}{\partial V}J(V,b) \tag{9-12}$$

$$b=b+\lambda\frac{\partial}{\partial b}J(V,b) \tag{9-13}$$

其中，λ 为学习参数。因此参数的优化问题关键是要求解目标函数的偏导数，而反向传播算法是求解偏导数的好方法，可以通过每次迭代中采用反向传播算法来实现求解偏导数。

给定一个样例 $[x^{(i)},y^{(i)}]$，首先对神经网络进行“前向传播”计算，计算网络中各层的激活值。之后，针对输出层和隐藏层的每一个节点 i ，计算出其“残差”，该残差表明了该节点对最终输出值的错误产生了多少影响。计算残差是通过求偏导数来实现的，随机梯度下降算法可以实现每个节点参数的偏导数求解，随机梯度下降算法如图 9-3 所示。

随机梯度下降算法[16]：

输入：$\{[x^{(1)},y^{(1)}],\cdots,[x^{(m)},y^{(m)}]\}$
输出：U and W
设 $\alpha^{(i)}$ 为输入层的向量，$\alpha^{(o)}$ 为输出层的激活值，$\alpha^{(h)}$ 为隐藏层的激活值，$\alpha^{(h)}=\beta$，$\alpha^{(o)}=h_\theta(x)$
for i=1 to m
　1. 用前向传播算法计算公式（9-3）、（9-4）、（9-6）、（9-7）；
　2. 计算输出层残差：　　//公式（9-12）和（9-13）由下面求导来实现
　　$\delta^{(o)}=-[y^{(i)}-\alpha^{(o)}]g'(\rho)$　　//o 为输出层，i 为样例
　3. 计算隐藏层残差：
　　$\delta^{(h)}=[W^{\mathrm{T}}\delta^{(o)}]f'(\alpha)$　　// h 为隐藏层
　4. 网络参数更新为
　　$U=U+\Delta U$ 其中 $\Delta U=\lambda\delta^{(o)}\alpha^{(h)}$
　　$W=W+\Delta W$ 其中 $\Delta W=\lambda\delta^{(h)}\alpha^{(i)}$
end for

图 9-3　随机梯度下降算法

第五节　词向量训练

词向量的训练中，将 2009 年、2010 年和 2014 年三年《西藏日报》的文本内容作为语料，经过断句、分词和特殊标点符号的处理之后，在 Word2vec 中进行词向量的训练。按照 Word2vec 工具提供的 skip-gram 和 CBOW 模型，在窗口大小 5、迭代次数 100、学习参数 0.025 的条件下，在 200 维度下训练词向量，训练参数如表 9-1 所示（##表示与上相同的参数）。其中使用 skip-gram 训练的词向量作为本节语法和语义测试的内容。

表 9-1　词向量训练参数

模型	语料	词典	词数	维数	窗口	采样
skip-gram	263.4M	33 385	13 698 064	200	5	hs
CBOW	##	##	##	##	##	##

一、语义检测

语义检测借鉴了 Mikolov[11, 17]和 Lai[15]的方法，采用了人名（སྐལ་བཟང་）、县级地名（རིན་སྤུངས་）、寺庙名（འབྲས་སྤུངས་）、动物名（ར་ལུག）、藏文（བོད་ཡིག）、帽子（ཞྭ་མོ་）等测试内容，测试中只列举了前 10 个语义相近的词语，测试结果如表 9-2 所示。

从表 9-2 中可以看出，词向量的语义近似计算列出了测试内容同类和相关的内容，相关内容在表中用下划线做了标记，比如“帽子”测试中，除了列出语义相近的衣物名称之外，还列出了相关的动词，如གྱོན་པ་（穿）等。有趣的是，测试县级地名采用了日喀则地区的རིན་སྤུངས་（仁布），在结果中除了སྙེ་མོ་（尼木）为拉萨地区的县之外，其余都是日喀则地区各县区名称。

表 9-2 不同名词的语义测试

测试内容	测试结果
སྐལ་བཟང་	ཡེ་ཤེས་ ཉི་མ་ སྦྱིན་པ་ བསྟན་འཛིན་ བློ་བཟང་ ཕུར་བུ་ རྡོ་རྗེ་ རྒྱལ་མཚན་ མིག་དམར་ ཆོས་འཕེལ་
རིན་སྤུངས་	བཞད་མཐོང་སྨོན་ ལྷ་རྩེ་ སླེ་མོ་ རྣམ་གླིང་ ངམ་རིང་ རྒྱལ་རྩེ་ གཉིང་སྐྱིད་ དིང་རི་ ཁང་དམར་ སྟག་གྲུ་ཁ་
འབྲས་སྤུངས་	སེ་ར་དགོན་ གཙུག་ལག་ཁང་ བྱམས་པ་གླིང་ དགའ་ལྡན་དགོན་ བཀྲས་ལྷུན་ བཀྲ་ཤིས་ལྷུན་པོ་ ས་སྐྱ་དགོན་ སེ་ར་དགོན་པ བསམ་ཡས་ འབྲས་སྤུངས་དགོན་ ཆབ་མདོ་བྱམས་པ་གླིང་
ར་ལུག་	ལུག་ འབྲི་གཡག་ ནོར་ལུག་ རྒྱུད་བཟང་ ཕྱུགས་རིགས་ ཕྱུགས་རིགས་དཀར་ནག་ སྟོམ་གསོ་ ཕག་པ་ བཞོན་མ་ སྟོམ་གསོས་
བོད་ཡིག	རྒྱ་ཡིག རྒྱ་ཡིག་ བོད་ཡིག་ དབྱིན་ཡིག་ ཨང་རྩིས་ དབྱིན་ཡིག དུས་དེབ་ རིགས་གཉིས་ རྩོམ་སྒྲིག་ གནམ་རིག་
ཞྭ་མོ་	ལྷམ་ གྱོན་ཆས་ གྱོན་པ་ བོད་ཆས་ ཚེ་རིང་སྐྱིན་ཁེབས་ སྟོད་གོས་ གྱོན་གོས་ ཉལ་ཆས་ སྣམ་བུ་ ཕྱུ་པ་

在 Mikolov 文献[11]中通过三个词向量的计算，例如 $X = vector("king") - vector(man) + vector(woman)$可以预测出的“queen”的结果，本节借鉴该方法测试了三组词的语义关系。具体测试结果如表 9-3 所示。

表 9-3 中[.]为希望检测出来的目标词，加方框的是检测结果中的目标词语。可以看出，三个测试除了一个能预测出目标词语之外，其他检测结果只列出了一些相关词语，没有预测出目标词语，说明词向量的质量还有提升空间。

表 9-3 三个词组的关系检测

测试词组	输出结果
གྲོགས་མོ་-བུ་མོ་+བུ་[གྲོགས་པོ་]	བུ་ཆུང་ ཚ་བོ་ གཡང་ བགྲེས་སོང་ སྒྲོལ་མ་ བཟའ་ཟླ་ སྒྲོན་ ནོར་བུ་ ལྷ་འཛོམས་ སྐྱེས་པ་
འཁྲུགས་རྫོམ་- གྲང་ངར་+ཚ་བ་[ཆུ་]	བཙོད་ཐུབ་ མི་འཛེམས་ ངལ་དུབ་ འཛེམ་ ནད་ གྲང་ཉུང་ གྲང་བ་ ཐན་པ་ མནར་ བཞའ་ཚན་
སྲས་-བུ་+བུ་མོ་[སྲས་མོ་]	ཚ་བོ་ བཟའ་ཟླ་ ཕྲུ་གུ་ ཨ་མ་ པ་ཕ་ ཕ་མ་ ཕོ་མོ བཟའ་ཟླས་ ང སྲས་མོ་

二、语法检测

语法检查中 Mikolov[11]使用了一些有趣的检测方法，但本节主要借鉴藏文自身特有的语法信息，检测词向量在藏文语法层面的表现。本章定义了两种语法检测方法，分别为：① 藏文虚词检测；② 藏文动词形态变化检测。

藏文有丰富的虚词，180 多个虚词按功能进行了细致划分，按照传统文法，选择了作格助词、属格助词、位格助词、饰集词、待述词、离合词、ཅིག་虚词、关联词等内容。按照藏文虚词的功能，每种虚词不仅包含了语法，还包含了语义功能，表 9-4 为不同种虚词的检测结果。

表 9-4 藏文虚词的语法检测

虚词名称	测试	检测结果
属格助词	གྱི་	གྱི གྱིས་ འི་ དང་ ཀྱི་ གི་ དེ་བཞིན་ དེ་ཉིད་ དེ་ གྱིས
作格助词	གྱིས་	གྱིས གྱི་ ཀྱིས་ གྱི གིས་ དབང་གིས་ ཚོས་ དང་ ཡིས་ ས་
位格助词	ཏུ་	ཟབ་ ཏུ ཡག་ འཁྲུག་ བདག་ སྲོག་ཆགས་ ཛེ་ གནམ་ས་ རིམ་བཞིན་ བཟུང་བ
饰集词	ཡང་	ཀྱང་ འང་ ཁར་ མ་ཟད་ ལའང་ ཏུང་ ཡོད་ལ་ སྐྱོང་ དེ་བས་ཀྱང་ ན་ཡང་
待述词	དེ་	དེས་ ནི་ དེ་ལས་ དེ ཡིན་ཞིང་ དེར་ དང་ དེ་དག་ དེ་རེད་ ཕྱོགས་མཚུངས་ དུས་མཚུངས་
离合词	གམ་	ངམ་ སམ་ འམ་ གམ ཡང་ན་ དམ་ ཡིན་ནམ་ འདུག་ མམ་ འཕྲེད་སྟུད
ཅིག·虚词	ཅིག་	མང་དག་ ཞིག་ ཤིག་ ལྟ་བུ་ གཞན་ཞིག་ འབའ་ཞིག་ ཉག་ཅིག་ བླ་སྲོག་ འཕྲུལ་མེད་ སློས་མེད་ ཙམ་ཞིག་
表并列	དེ་བཞིན་	སོགས་ དང་ དེ་མིན་ འབྲེལ་ཡོད་ ཚོད་པ གི་ གཙོ་བོ་ ལྷག་པར་དུ་ ཁག ཚན་པ་
表递进	མ་ཟད་	དང་སྦྲགས་ མ་ཟད་ད་དུང་ དང་ཆབས་ཅིག་ དང་འབྲེལ་ ཙམ་མ་ཟད་ སྤུད་ ཕྱོགས་མཚུངས་ དང་ ཆབས་ཅིག དུས་མཚུངས་སུ་
表因果	དེར་བརྟེན་	དེས་ན་ ཡིན་སྟབས་ མདོར་ན་ གལ་ཏེ་ ད་ལྟ་ ངེས་པར་དུ་ ཡོད་པར་བརྟེན་ མ་གཞི་ ཡིན་པས་ ཡོད་པས་
表条件	གལ་ཏེ་	གལ་སྲིད་ དེ་ལྟར་ ངས་ མ་བྱུང་ ཡིན་ན་ སྙམ་ མེད་ ཡོད་ཚེ་ གང་ཡང་ དེར་བརྟེན་

表 9-4 中检测出来的效果参差不齐，加方框的是检测词的同类词语，加波浪线的是检测相关的词语。检测中大部分虚词可以列出其同类词语和相关词语，由于虚词的兼类特性和藏文分词的准确率有限，产生很好的词向量还有一定的差距。从表 9-4 中也可以看出，“ཏུ་”“དེ་”等虚词既没有列出同类词语，也没有列出更多的相关词语。

藏文动词跟英语有类似之处，也有动词的时态变化。动词的典型时态变化有“三时一式”形式，即现在时、未来时、过去时和命令式，也有少于“三时一式”形态的动词，这种情况下，某个形态身兼两种或三种形态变化。测试中采用了典型的“三时一式”的动词，检测其形态变化的关系，具体如表 9-5 所示。

表 9-5 藏文动词形态变化检测

动词	形态检测结果
སྒྲུབ་PR	བསྒྲུབ་FU བསྒྲུབས་PA སྒྲུབ་པ་PR སྒྲུབ་པ བསྒྲུབས་པ་ སྒྲུབ་རྒྱུ་ སྒྲུབ་རྒྱུ བསྒྲུབ་པ་ གཉེར་ སྒྲུབས་CO
གཏོང་PR	གཏོང་རྒྱུ་FU གཏོང་བ་ གཏོང་རྒྱུ བཏང་བPA འགྲོ་ གཏོང་བ གཏོང་མཁན་ བཏང་ མངགས་ གཏོང
བརྩམ་FU	བརྩམས་PA བརྩམས་པ་ རྩོམ་PR ལེའུ་ རྩོམས་CO འགོ་ གསར་རྩོམ་ ཆོས་ཤིག་ བརྩམ་བྱ་

表 9-5 中 PR 表示现在时，PA 表示过去时，FU 表示将来时，CO 表示命令式。从表 9-5 中可以看出，这些动词检测中有些列出了“三时一式”动词形态，有些只列出了部分形态。由于动词形态变化的复杂性，现在的藏文写作习惯中很多人喜欢借助附加助动词来表达句子中时态的变化，比如表 9-5 中列出的“སྒྲུབ་རྒྱུ་”“གཏོང་རྒྱུ”等。因此，在动词时态的检测上，一些典型的动词列出其相关的时态变化，很多动词只会列出附加助动词的时态表达形式。

第六节 实验及数据分析

一、实验语料和环境

实验语料经断句、分词预处理之后，产生了神经网络需要的词和标签对$[x^{(i)}, y^{(i)}]$的语料形式。语料分为两个部分：一是深度学习模型的测试语料采用了《格萨尔传记》中《果岭之战》的内容，大的语料为 701 KB，小的语料为 144.4 KB，其内容包含了丰富的人名实体；二是模型的训练语料，大的语料采用了 2010 年《西藏日报》的内容，小的语料采用了《果岭之战》的内容。经过预处理之后，训练语料大小分别为 120 MB 和 235.6 KB。因此，实验按语料大小分为两组：第一组为训练语料 120 MB，测试语料 701 KB；第二组为训练语料 235.6 KB，测试语料 144.4KB。

深度学习模型的实验环境采用了 CPU 2.27 GHz × 16，16 G 内存的 Ubuntu 系统。词向量采用了三年《西藏日报》内容上由 skip-gram 和 CBOW 模型训练、维数为 200 的 2 个向量。

二、实验数据分析

针对藏文人名识别任务，在词向量已经训练的情况下，深度学习模型上进行了两组不同的实验。第一组实验在较大的训练语料上，通过调整窗口大小、隐藏层单元数、迭代次数和学习参数，验证神经网络的参数调整对藏文人名识别的影响。第二组实验在较小的语料上，通过调整同样的参数，验证参数对藏文人名识别的影响。

第一组实验中首先测试了隐藏层单元为 100，迭代次数为 1 和学习率为 0.01 的情况下，在窗口大小变化对藏文人名识别的效果，窗口大小分别定义为 1、3、5、7。表 9-6 为不同窗口大小下的准确率和召回率的情况。

表 9-6 窗口大小对人名识别的影响

模型	窗口大小	训练时间/h	准确率/%	召回率/%	F_1 值/%
skip-gram	1	0.317	95.56	99.87	97.67
	3	0.905	96.06	94.91	95.48
	5	1.469	96.08	92.99	94.51
	7	2.581	96.05	93.19	94.60
CBOW	1	0.314	92.88	99.91	96.27
	3	0.900	93.42	97.59	95.46
	5	1.476	93.32	97.01	95.13
	7	2.551	93.19	96.60	94.87

从表 9-6 中可以看出，随着窗口大小的增加，准确率有所提升，相比召回率下降明显。藏文人名识别的效果中，skip-gram 的准确率高于 CBOW，但是召回率不如 CBOW 模型，总的来看，它们的 F_1 值趋于均衡。不管是 skip-gram 还是 CBOW 模型，训练的词向量在神经网

络中 1 窗口的召回率很高，使得藏文人名识别的 F_1 值最高。具体 F_1 值的效果如图 9-4 所示。

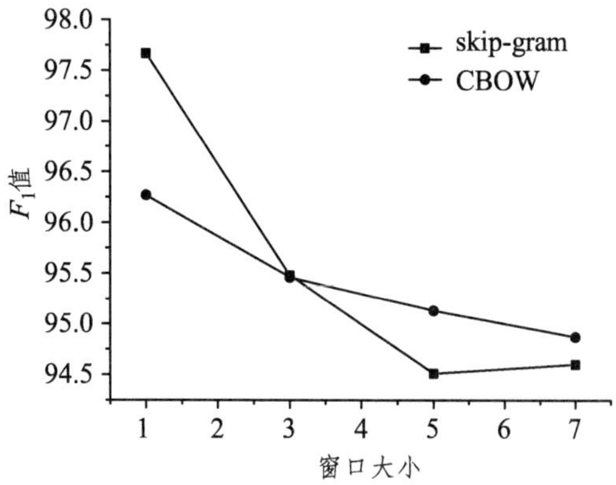

图 9-4　不同窗口中的人名识别性能比较

从图 9-4 中可以看出，skip-gram 和 CBOW 模型在 1 窗口下人名识别效果最好，随着窗口的增加，识别效果反而有所下降，相比之下 CBOW 模型人名识别效果曲线波动小于 skip-gram 模型，窗口大小对识别效果的影响要小一些。从图中看出，1 窗口的时候 skip-gram 性能优于 CBOW 模型，在 3 窗口的时候具有相近的效果，但 3 窗口之后，CBOW 的性能优于 skip-gram 模型。另外，从时间和性能的对比来看，窗口越大花费时间越多，随着窗口的增加，F_1 值的性能反而下降。

其次，测试了窗口大小为 5，迭代次数为 1 和学习率 0.01 的条件下，隐藏层单元变化对藏文人名识别的效果，隐藏层的单元数分别定义为 50、100、150、200。图 9-5 为隐藏层单元个数对 F_1 的影响。可以看出，不管是 skip-gram 还是 CBOW，在隐藏层单元数 50 和 100 之间略有增加，之后的隐藏层单元数对藏文人名识别的效果不是很明显。Turian [14]也指出，隐藏层的单元数到了一定数目之后，对性能提高的影响很小，但也没有明确指出单元数量。

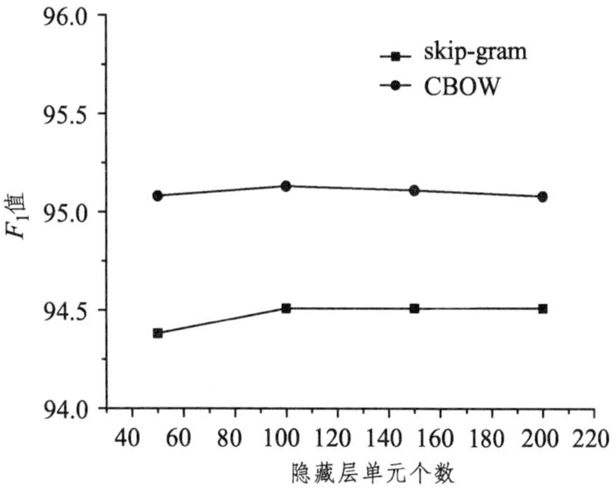

图 9-5　不同隐藏层单元下的人名识别效果

再者，测试了隐藏层单元为 100、窗口大小为 5 和学习率 0.01 的情况下，不同迭代次数对藏文人名识别的效果，迭代次数分别定义为 1、3、5、7、10。图 9-6 为不同迭代次数下 F_1 的比较结果。

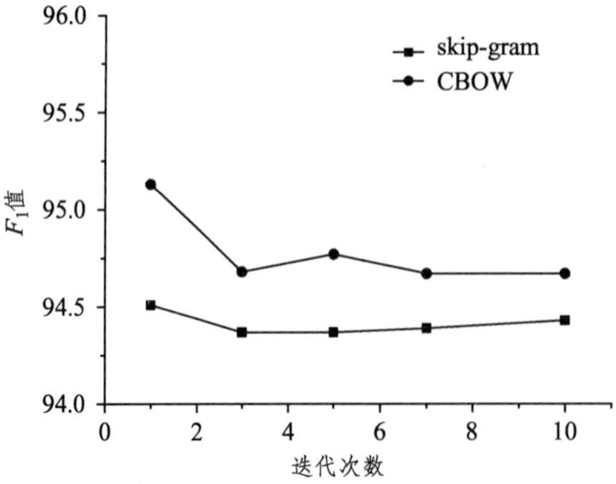

图 9-6 不同迭代次数下的人名识别效果

从图 9-6 中可以看出，不管是 skip-gram 还是 CBOW，随着迭代次数的增加，F_1 性能有所下降，除了迭代次数 1 到 3 之间外，下降幅度变化不大；也说明已经训练的词向量作为输入，神经网络的训练参数很快收敛到局部最优。

最后测试了隐藏层单元为 100、窗口大小为 3 和迭代次数 1 的情况下，不同的学习率对藏文人名识别的效果，学习率分别定义为 0.001、0.005、0.009、0.013、0.017、0.021、0.025、0.029。图 9-7 为不同学习率下 F_1 的比较结果。可以看出，skip-gram 对学习率不太敏感，而 CBOW 模型随着学习率的增加有一个下降的过程。总体上看变化不太明显。

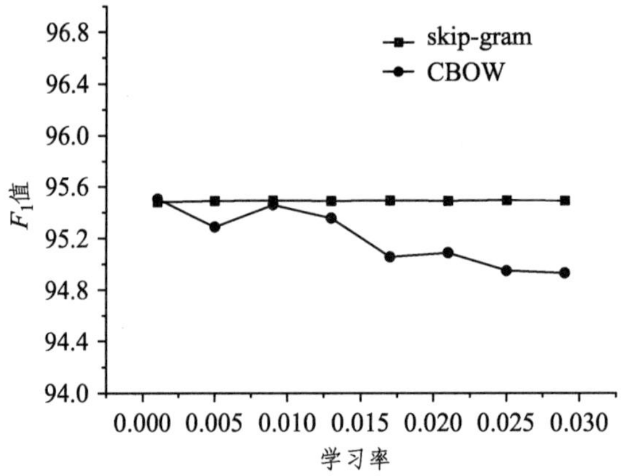

图 9-7 不同学习率下的人名识别效果

经过以上实验可以看出，在词向量已经训练的情况下，1 窗口下的人名识别效果最好，而且 1 窗口下 skip-gram 的性能优于 CBOW 模型，3 窗口下性能相近，大于 3 窗口的 CBOW 模型的性能优于 skip-gram 模型。隐藏层单元数在 100 时效果略佳，迭代次数在 1 时效果较好，总体上参数调整对人名识别的效果影响不大，但时间消耗明显。

在现实中常常存在只有少量的语料，但不足以训练词向量来完成自然语言处理特定任务的现象。在这种情况下，可以利用已经公布的词向量，用少量语料来训练深度学习模型，并完成特定任务。第二组实验就是验证这种方案的可行性。在实验中用少量语料训练深度学习模型，通过调整窗口大小、隐藏层单元、迭代次数和学习率来验证藏文人名识别的效果。

第二组实验中首先测试了隐藏层单元为 100、迭代次数为 1 和学习率 0.01 的情况下，窗口大小变化对藏文人名识别的效果。图 9-8 为不同窗口大小下藏文人名识别效果比较。

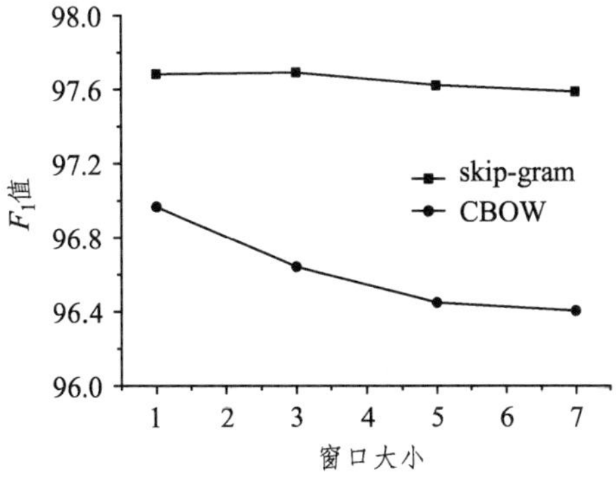

图 9-8 不同大小窗口下的人名识别效果

从图 9-8 中可以看出，skip-gram 和 CBOW 模型随着窗口的增加识别效果有所下降，skip-gram 下降幅度变化不大，CBOW 略有变化。与第一组相关实验相比，随着窗口增加，两组实验都有一个共同的下降趋势，但不同的是，第二组实验曲线既没有交叉，也没有陡然下降，展示出一个平稳下降的趋势，而且总体上性能优于第一组实验结果。另外，与第一组实验恰好相反，skip-gram 的性能优于 CBOW 模型。

其次，测试了窗口大小为 5、迭代次数为 1 和学习率 0.01 的条件下，隐藏层单元变化对藏文人名识别的效果，隐藏层的单元数分别定义为 50、100、150、200。图 9-9 为隐藏层单元个数对 F_1 的影响。可以看出，不管是 skip-gram 还是 CBOW 模型，随着隐藏层单元数的变化，性能曲线略有波动，但变化不明显。与第一组相关实验相比，具有类似的曲线变化趋势。

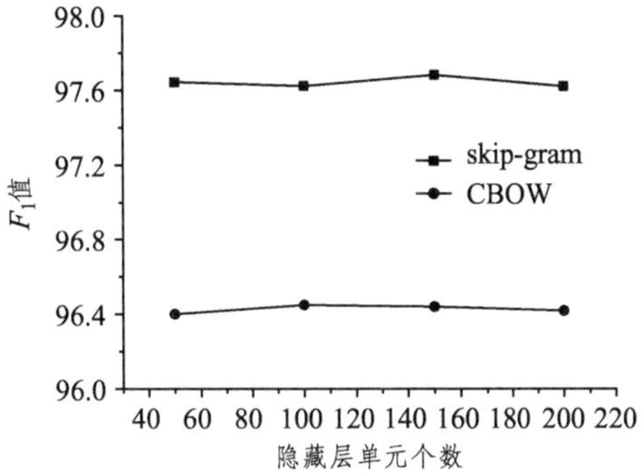

图 9-9 不同隐藏层单元下的人名识别效果

再者，测试了隐藏层单元为 100、窗口大小为 5 和学习率 0.01 的情况下，不同迭代次数对藏文人名识别的效果，迭代次数分别定义为 1、3、5、7、10。图 9-10 为不同迭代次数下的 F_1 的比较结果。

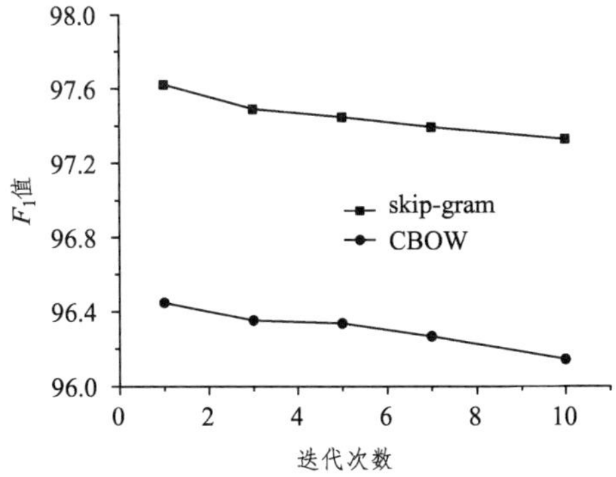

图 9-10 不同迭代次数下的人名识别效果

从图 9-10 中可以看出，不管是 skip-gram 还是 CBOW，随着迭代次数的增加，F_1 值的性能平稳下降，但下降幅度变化不大。与第一组实验结果相比，具有相同的下降趋势，但不同的是，在相同参数下 skip-gram 的性能优于 CBOW 模型，而且在人名识别效果上优于第一组实验。

最后测试了隐藏层单元为 100、窗口大小为 3 和迭代次数 1 的情况下，不同的学习率对藏文人名识别的效果。图 9-11 为不同学习率下 F_1 的比较结果。可以看出，不管是 skip-gram 还是 CBOW 模型，学习率在 0.001 和 0.005 之间有一个明显的提升过程，并且 skip-gram 变化幅度大于 CBOW，随后是一个平稳的过程，学习率在 0.025 之后性能存在下降的趋势。在相同学习率的情况下，与第一组相关实验相比，CBOW 在学习率变化曲线上差别明显，skip-gram 在 0.001 和 0.005 之间有所差别。

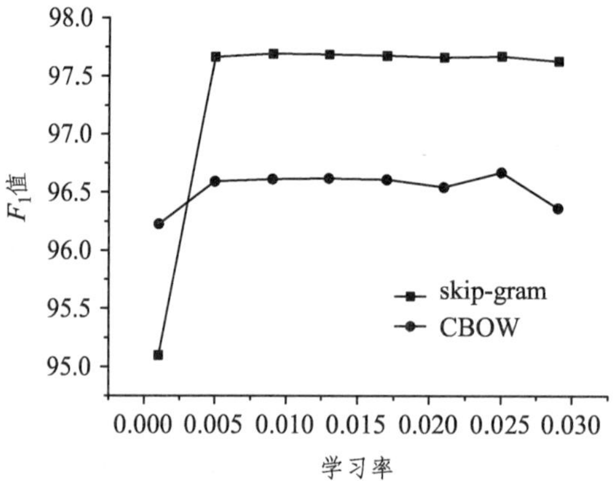

图 9-11 不同学习率下的人名识别效果

经过以上实验可以看出，小语料训练的深度学习模型实验结果与第一组实验相比，虽然在细节上有所不同，但在总体趋势上具有类似的结果。从性能上来看，第二组实验的性能优于第一组实验的结果。综上所述，可以总结如下：

（1）在词向量已经训练的情况下，两组实验虽然有些差别，除了学习率之外，总体趋向是一致的。

（2）两组实验的性能差别中，主要与不同领域语料相关，第一组的训练语料和测试语料是来源于不同领域，而第二组实验使用的是属于相同领域的语料。

（3）两组实验的差别中，在模型参数相同的情况下，第一组实验的 CBOW 性能优于 skip-gram 模型，而第二组实验恰好出现相反结果，这种现象是否跟语料的大小有关还是语料领域有关，有待进一步论证。

（4）深度学习模型的参数和训练语料是密切相关的，根据语料大小和先验知识，训练中需要平衡各个参数之间的权值。

参考文献

[1] JI H, GRISHMAN R. Data Selection in Semi-supervised Learning for Name Tagging[C]. Proceedings of Joint Conference of the International Committee on Computational

Linguistics and the Association for Computational Linguistics, Sydney, Information Extraction beyond the Document, 2006: 49-55.

[2] MILLER S, GUINNESS J, ZAMANIAN A. Name Tagging with Word Clusters and Discriminative Training[J]. Association for Computational Linguistics, 2004: 337-342.

[3] KRIZHEVSKY A, SUTSKEVER I, HINTON G. ImageNet Classification with Deep Convolutional Neural Networks[C]. Proceedings of Neural Information Processing Systems, Lake Tahoe, USA, 2012: 1097-1105.

[4] 蒋杰，金涬. 解密接近人脑的智能学习机器——深度学习及并行化实现[J]. 中国计算机学会通讯，2014，11（10）：64-75.

[5] BENGIO Y, DUCHARME R, VINCENT P, et al. A Neural Probabilistic Language Model[J]. Journal of Machine Learning Research, 2003（03）: 1137-1155.

[6] MNIH A, HINTON G E. Three New Graphical Models for Statistical Language Modelling[C]. Proceedings of the 24th International Conference on Machine Learning, Corvallis, OR, 2007: 641-648.

[7] MNIH A, HINTON G E. A Scalable Hierarchical Distributed Language Model[C]. Proceedings of Neural Information Processing Systems, 2008: 1081-1088.

[8] COLLOBERT R, WESTON J. A Unified Architecture for Natural Language Processing: Deep Neural Networks with Multitask Learning[C]. Proceedings of the 25th International Conference on Machine Learning, Helsinki, Finland, 2008: 160-167.

[9] COLLOBERT R, WESTON J, BOTTOU L, et al. Natural Language Processing （Almost） from Scratch[J]. Journal of Machine Learning Research, 2011, 12: 2493-2537.

[10] MIKOLOV T, KARAFIÁT M, BURGET L, et al. Recurrent Neural Network based Language Model[C]. Proceedings Conference of the International Speech Communication Association, Japan, 2010: 1045-1048.

[11] MIKOLOV T, CHEN K, CORRADO G, et al. Efficient Estimation of Word Representations in Vector Space[J]. arXiv preprint arXiv:1301.3781[cs.CL], 2013.

[12] Word2vec. 2013[EB/OL]. https://code.google.com/p/word2vec.

[13] HUANG E H, SOCHER R, MANNING C D, et al. Improving Word Representations via Global Context and Multiple Word Prototypes[C]. Proceedings Meeting of the Association for Computational Linguistics, 2012: 873-882.

[14] TURIAN J, RATINOV L, BENGIO Y. Word Representations: A Simple and General Method for Semi-supervised Learning[C]. Proceedings of 48th Annual Meeting of the Association for Computational Linguistics, Uppsala, Sweden, 2010: 384-394.

[15] LAI S W, LIU K, XU L H, et al. How to Generate a Good Word Embedding[J]. arXiv1507 [cs.CL], 2015.

[16] MITCHELL T M. 机器学习[M]. 北京:机械工业出版社，2003.

[17] MIKOLOV T, YIH W, ZWEIG G. Linguistic Regularities in Continuous Space Word Representations[C]. North American Chapter of the Association for Computational

Linguisitcs, 2013: 746-751.

[18] COLLOBERT R, WESTON J. A Unified Architecture for Natural Language Processing: Deep Neural Networks with Multitask Learning[C]. Proceedings of the 25th International Conference on Machine Learning, Helsinki, Finland, 2008: 160-167.

[19] TURIAN J, RATINOV L, BENGIO Y. Word Representations: A Simple and General Method for Semi-supervised Learning[C]. Proceedings of 48th Annual Meeting of the Association for Computational Linguistics, Uppsala, Sweden, 2010: 384-394.

[20] 嘎·达哇才仁. 藏族人名文化[J]. 西藏大学学报（汉文版），1996（02）：21-25.

[21] CRF++. 2012[EB/OL]. http://sourceforge.net/projects/crfpp/files/crfpp/, 2012-02.

第三篇

藏文自动校对方法

藏文文本来源多种多样，文本的质量参差不齐。收集的语料中存在各种各样的错误，比如藏文音节拼写错误、梵音转写藏文错误、词语错误、接续关系错误和语法语义错误等。因此，针对藏文文本中各种类型的错误，一般采用基于规则的自动审校方法和基于统计学习的自动审校方法。本篇采用了基于规则的自动校对方法，主要研究了藏文音节规则模型的藏文拼写检查算法，并根据错误类型设计了带有序性的藏文自动校对系统框架，即建立了藏文音节拼写检查、梵音转写藏文检查、藏文接续关系检查、词语检查等的藏文自动校对框架，提出了藏文接续关系检查算法。

本篇内容由两章构成，主要讨论了藏文音节规则模型的拼写检查算法、藏文自动校对方法的系统设计；分别介绍了 TSRM 藏文拼写检查算法和藏文文本自动校对方法及系统设计。

第十章　TSRM 藏文拼写检查算法

拼写检查作为文本处理中的重要内容，在字处理软件、文字识别、语音识别、搜索引擎等领域具有广泛的应用。本章以藏文语音特性建立的字组织法为依据，以藏文音节规则为模型，提出了藏文音节规则模型（TSRM）的藏文音节拼写检查算法，并通过两组实验验证了算法的有效性。在没有考虑梵音转写藏文的情况下，拼写错误检查的准确率可以达到 99.8%。

第一节　概　述

拼写检查作为自然语言的研究内容之一，早在 20 世纪 60 年代，IBM Thomas J. Watson 研究中心就在 UNIX 系统中实现了一个 TYPO 英文拼写检查器[1]；1971 年，斯坦福大学的 Ralph Gorin 在 DEC-10 机上实现了 Spell[2]英文拼写检查程序。目前，英文的检查拼写错误主要采用 N-gram 分析法和查词典法；纠正拼写错误主要采用误拼词典法、词形距离法、相似键法、骨架键法等[3]。

藏文作为拼音文字也存在拼写检查的问题。针对藏文音节，有如下几种拼写错误：

（1）遗漏音节点的错误，例如，ལྷ་ས་གྲོངཁྱེར།。

（2）前加字添加错误，例如，མཀྲ་ཤིས་དོན་གྲུབ།。

（3）上加字添加错误，例如，བོད་སྗོངས་ལྷ་ས།。

（4）下加字添加错误，例如，སྲློབ་དཔོན།。

（5）遗漏后加字错误，例如，གཏ་。

（6）再后加字添加错误，例如，བོད་ལྗོངད་ལྷ་ས།。

（7）元音添加错误，例如，བོད་ལྗིོངས་ལྷ་ས།。

从目前的研究现状来看，藏文拼写检查和自动校对方法的研究文献很少，文献[4]中以线性化的藏文音节为研究对象，提出了利用 3 元模型的藏文音节校对方法，该模型丢失了藏文纵向拼写的特征，校对效果没有实验验证；文献[5]中提出了藏文音节规则来校对藏文音节设想，但没有具体的模型，也没有相应的校对算法；文献[6]和[7]利用藏文音节规则模型，开始探索藏文音节的拼写检查问题。本章认为藏文文本校对需要从藏文音节的拼写检查、梵音转写藏文的校对、藏文词语校对、藏文接续关系检查、时态检查入手，因此首先需要解决拼写检查的问题。如何解决藏文音节的拼写检查，本章依据藏文音节规则模型，探讨藏文音节的拼写检查算法，并通过实验验证该拼写检查算法的有效性。

第二节　藏文音节规则模型

一、藏文音节结构

藏文音节结构是以基字为核心，既有横向拼写又有纵向拼写。前加字、基字、后加字、再后加字是横向拼写；上加字、基字、下加字和元音是纵向拼写，具有十分复杂的音节结构。藏文音节中不包括梵音转写藏文，藏文音节的基本结构中共有 7 个位置，根据藏文的语法，各个位置上出现的字符其性质与数量均有一定限制，相互之间形成一种约束关系。藏文音节的基本结构如图 10-1 所示。

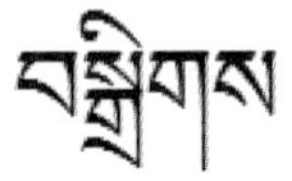

图 10-1　藏文音节的基本结构

二、藏文音节规则模型

藏文音节规则模型（TSRM）是为藏文音节拼写检查算法建立的，分 3 种不同的模型，分别为模型-1、模型-2、模型-3，如图 10-2 ~ 10-4 所示。模型-1 是藏文音节的基本模型，模型-2 是从模型-1 过渡到模型-3 的中间简化过程，模型-3 才是为藏文音节拼写检查算法建立的简化模型。文献[8]介绍了模型建立和简化的详细过程，下面简要描述模型的建立和简化的过程。

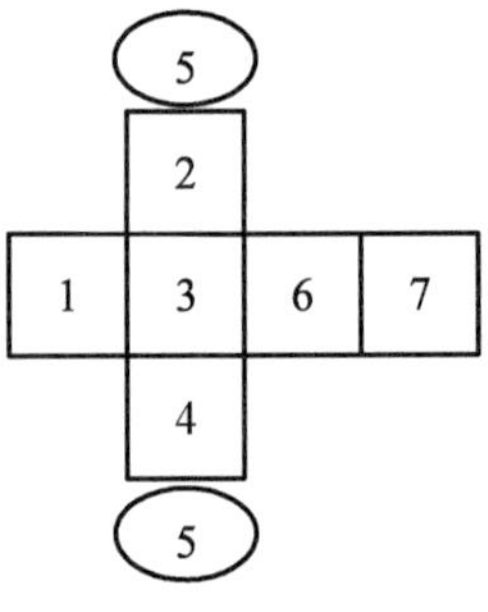

图 10-2　藏文音节模型-1

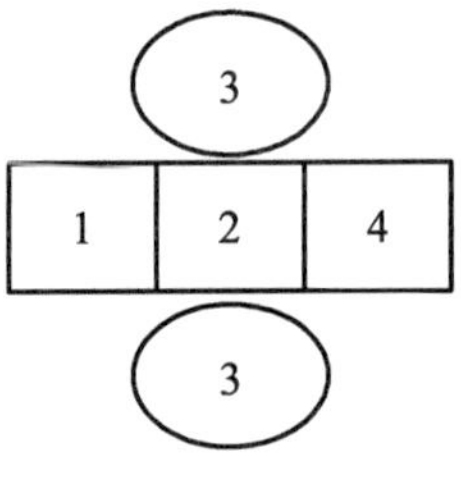

图 10-3　藏文音节模型-2

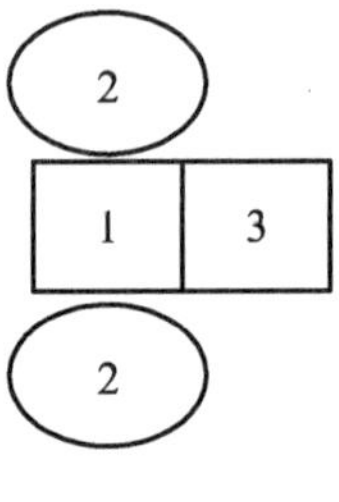

图 10-4　藏文音节模型-3

藏文音节规则模型-1 是根据藏文的音节结构建立的一个模型，该模型中以基字为核心，在元音和后加字的作用下构成一个音节，分别用 1、2、3、4、5、6、7 表示前加字、上加字、基字、下加字、元音、后加字和再后加字在音节中的位置。在实际写法中，除了构造位 3 不能空之外，其余位置均可以为空。当一个字符构成音节时，该音节隐含了元音“ཨ”和后加字“འ”的成分。

定义 1： 构造位是指藏文字符或字符串在模型中的特定位置。

例如，按照图 10-1 中的藏文音节结构，模型-1 中构造位 3 的字符为“ག”，模型-2 中构造位 2 的字符串为“སྒྲི”，模型-3 中构造位 1 的字符串为“བསྒྲི”。

模型-1 中 7 个构造位的元素分别为基字集合 B={ཀ, ཁ, ག, ང, ཅ, ཆ, ཇ, ཉ, ཏ, ཐ, ད, ན, པ, ཕ, བ, མ, ཙ, ཚ, ཛ, ཝ, ཞ, ཟ, འ, ཡ, ར, ལ, ཤ, ས, ཧ, ཨ}；前加字集合 Pr={ག, ད, བ, མ, འ}；上加字集合 U={ར་མགོ, ལ་མགོ, ས་མགོ}；下加字集合 D={◌ྱ, ◌ྲ, ◌ླ, ◌ྭ}；后加字集合 S={ག, ང, ད, ན, བ, མ, འ, ར, ལ, ས}；再后加字集合 SS={ད, ས}；元音字符集合 $Tvowel$={∅, ◌ི, ◌ེ, ◌ོ, ◌ུ}，其中∅表示隐含元音字符。

模型-2 是对模型-1 的简化，是一个过渡的模型。根据藏文音节的上加字+基字、基字+下加字、上加字+基字+下加字的组合关系，模型-1 中的构造位 2、3、4 合并到模型-2 的构造位 2 上，成为基字的一部分，并称之为扩展基字；模型-1 的构造位 7，即再后加字归并到后加字集合中，成为模型-2 的构造位 4，简化后的模型-2 如图 10-3 所示。这样，模型-2 中的构造位 1 是前加位、2 是扩展基字位、3 是元音位、4 是后缀位。模型-2 中构造位 1 和 3 的元素与模型-1 中的构造位 1 和 5 的元素相同，构造位 2 的扩展基字集合为

Con={ཀ, ཅ, ཏ, པ, ཙ, རྐ, ལྐ, སྐ, ཀྱ, ཀྲ, ཀླ, རྐྱ, སྐྱ, སྐྲ, རྟ, ལྟ, སྟ, ལྤ, སྤ, པྱ, པྲ, རྩ, སྩ, ཁ, ཆ, ཐ, ཕ, ཚ, ཁྱ, ཁྲ, ཕྱ, ཕྲ, ག, ཇ, ད, བ, ཛ, ཝ, ཞ, ཟ, འ, ཡ, ཤ, ས, རྒ, ལྒ, སྒ, གྱ, གྲ, གླ, རྒྱ, སྒྱ, སྒྲ, རྗ, ལྗ, རྡ, ལྡ, སྡ, དྲ, བྱ, བྲ, རྫ, ཟླ, སྦ, སྦྱ, ར, ལ, ཧ, ཨ, ལྷ, ང, ཉ, ན, མ, རྔ, ལྔ, སྔ, རྙ, སྙ, རྣ, སྣ, རྨ, སྨ, མྱ, སྨྱ}

构造位 4 的后缀集合为

$Tpostfix$={∅, ག, ང, ད, ན, བ, མ, འ, ར, ལ, ས, གས, ངས, བས, མས, ནད, རད, ལད}

定义 2：后缀是指模型-2、模型-3 中的构造位 4 和 3 的元素。

模型-3 是根据藏文字性组织理论进一步简化模型-2 的结果。藏语语音理论体系中，藏语分为元音和辅音，并对每一个部分进行了细化。对于 30 个辅音字母进行了字性分类，分为阳性、中性和阴性 3 种，其中阴性又包括准阴性、极阴性和纯阴性 3 种，共计 5 种分类。辅音字母中提取出来的前加字、后加字也进行了上述 5 种分类。根据藏文前加字、基字的语音强弱关系来决定前加字与基字之间的组合关系。组合关系为阳性与阳性、阳性与阴性组合；阴性与阴性、阴性与中性组合；中性与阳性、中性与阴性组合；极阴性与中性、极阴性与阴性、极阴性与极阴性组合。在模型-2 的基础上，通过前加字与扩展基字的语音组合关系进行进一步简化，变成模型-3，如图 10-4 所示。模型-3 的构造位 1 为前缀位、2 为元音位、3 为后缀位。

定义 3：前缀是指模型-3 中构造位 1 中的元素。按照该模型，一个符合文法的藏文音节转化成了前缀+元音+后缀的形式，其中一些音节可能没有元音和后缀。

构造位 2 和 3 的元素与模型-2 的构造位 3 和 4 的元素相同，构造位 1 的前缀集合（规则集合）为

$Trule$={ཀ, ཁ, ག, ང, ཅ, ཆ, ཇ, ཉ, ཏ, ཐ, ད, ན, པ, ཕ, བ, མ, ཙ, ཚ, ཛ, ཝ, ཞ, ཟ, འ, ཡ, ར, ལ, ཤ, ས, ཧ, ཨ, རྐ, རྒ, རྔ, རྗ, རྙ, རྟ, རྡ, རྣ, རྦ, རྨ, རྩ, རྫ, ལྐ, ལྒ, ལྔ, ལྕ, ལྗ, ལྟ, ལྡ, ལྤ, ལྦ, ལྷ, སྐ, སྒ, སྔ, སྙ, སྟ, སྡ, སྣ, སྤ, སྦ, སྨ, སྩ, ཀྱ, ཁྱ, གྱ, པྱ, ཕྱ, བྱ, མྱ, ཀྲ, ཁྲ, གྲ, ཏྲ, ཐྲ, དྲ, པྲ, ཕྲ, བྲ, མྲ, ཤྲ, སྲ, ཧྲ, ཀླ, གླ, བླ, ཟླ, རླ, སླ, ཀྭ, ཁྭ, གྭ, ཉྭ, དྭ, ཚྭ, ཞྭ, ཟྭ, རྭ, ལྭ, ཤྭ, ཧྭ, གྲྭ, ཕྱྭ, རྩྭ, གཅ, གཉ, གཏ, གད, གན, གཙ, གཞ, གཟ, གཡ, གཤ, གས, དཀ, དཀྱ, དཀྲ, དག, དགྲ, དགྱ, དང, དཔ, དཔྱ, དཔྲ, དབ, དབྱ, དབྲ, དམ, དམྱ, བཀ, བཀྱ, བཀྲ, བཀླ, བརྐ, བསྐ, བརྐྱ, བསྐྱ, བསྐྲ, བག, བགྱ, བགྲ, བརྒ, བསྒ, བརྒྱ, བསྒྱ, བསྒྲ, བརྔ, བཇ, བཅ, བརྗ, བརྙ, བསྙ, བཏ, བརྟ, བསྟ, བལྟ, བད, བརྡ, བསྡ, བལྡ, བརྣ, བསྣ, བཙ, བརྩ, བསྩ, བརྫ,

བཞ，བཟ，བཟླ，བརླ，བཤ，བས，བསྲ，བསླ，འག，འགྱ，འགྲ，འཁ，འཁྱ，འཁྲ，འཆ，འཇ，འཐ，འད，འདྲ，འཕ，འཕྱ，འཕྲ，འབ，འབྱ，འབྲ，འཚ，འཛ，མཁ，མཁྱ，མཁྲ，མག，མགྱ，མགྲ，མང，མཆ，མཇ，མཉ，མཐ，མད，མན，མཚ，མཛ，རྐྱ，སྐྱ，སྐྲ，རྒྱ，སྒྱ，སྒྲ，སྣྲ，སྤྱ，སྤྲ，སྦྱ，སྦྲ，རྨྱ，སྨྱ，སྨྲ}

从上述描述中可以看出，模型-3 是模型-2 的简化，模型-2 是模型-1 的简化。文本通过模型-3 来设计拼写检查算法。

第三节 拼写检查算法

本节讨论的藏文拼写检查算法中，以现代藏文音节为研究对象，利用藏文音节规则模型中的模型-3 讨论拼写检查的问题，包括藏文音节识别算法和拼写检查算法。

一、音节识别算法

藏文音节作为拼写检查的研究对象，正确识别藏文音节至关重要。一般的藏文文本中，藏文音节的分割不仅依赖于藏文音节点，还有藏文数字、藏文符号、其他语言符号、字符都可能成为藏文音节的分割点，它们在文本中一般起到音节点的“代言人”作用。而这种语言现象无疑导致了藏文音节识别的难度。因此，在藏文音节识别算法的循环中，判断是否为藏文音节点、藏文数字、藏文符号或其他语言的字符，如果是，则该位置是藏文音节的分割处，否则读取下一个字符。另外，算法中还要判断藏文音节的长度是否大于 7，如果大于 7，说明不是一个规则的藏文音节。经过处理的输出结果为一个标准的藏文音节，藏文音节识别算法如图 10-5 所示。

```
算法 1：藏文音节识别算法
---------------------------------------------
输入：文本中的字符串
输出：藏文音节
begin
创建一个文件读取对象 fr;
创建一个文件输出对象 output;
   创建一个字符串对象 st;
   创建一个字符对象 ch;
创建一个字符串对象 syllable;
ch<—fr.read（）;
st<—ch;//ch 转为字符串
while（st 不为音节点或藏文数字或其他语言符号） do
syllable+=st;
   ch<—fr.read（）;//读取下一个字符
end
if syllable>7 then
syllable+=?//添加错误标记
      output.write（syllable）;//输出藏文音节
      ch<—fr.read（）;//读取下一个字符
      syllable=0;
   else
      output.write（syllable）;//输出藏文音节
      ch<—fr.read（）;//读取下一个字符
      syllable=0;
end
end
```

图 10-5 藏文音节识别算法

二、拼写检查算法

识别出来的音节是否为一个正确的藏文音节，需要拼写检查算法来完成拼写检查任务。根据模型-3，本节提出的拼写检查算法的总体想法是：把藏文音节拆成三部分，即前缀部分、元音或音节点部分、后缀部分。一个音节的拼写检查以元音为分界线，先检查模型-3中构造位1的元素，即前缀部分与*Trule*集合中的元素进行匹配；再检查构造位2的元素，即元音；然后检查构造位3的元素，即后缀部分与*Tpostfix*集合中的元素匹配，具体算法如图10-6所示。

```
算法2：拼写检查算法
输入：藏文音节
输出：拼写检查结果
begin
     创建读取藏文音节的对象 fr;
     创建输出结果的对象 output;
     创建字符串 syllable;
     创建 boolean 类型 f1，f2;
     创建 Compare 类型对象 com; //比较字符串匹配是否成功
     创建 int 类型的 PrefixIndex;//返回前缀子字符串的位置
     syllable=fr.read（）;
     while（syllable!=null） do
        com=new  Compare（syllable）;
        f1=com.compare1（）;//前缀与 Trule 集合匹配，匹配成功返回 true，否则返回 false
 PrefixIndex=com.indexof（）;//前缀位的获取上，如果音节中存在元音，以元音为分界线，元音之前为模型-3的前缀部分，元音之后为后缀部分；否则，音节中去掉最后1个字符，剩余部分与 Trule 匹配，如果匹配不成，音节中再去掉最后两个字符，剩余部分与 Trule 匹配，依此类推
         if f1==false then
             syllable+="？";//如果前缀匹配不成功，做错误标记
             output.write（syllable）;//写到输出对象中
             syllable="";//音节变量清空
             syllable=fr.read（）;//读取下一个音节
         else if 后跟音节点或元音 then
             if（!f2=com.compare2（PrefixIndex）） then //匹配后缀集合（Tpostfix），匹配成功返回 true，否则返回 false
                 syllable+="？";//如果后缀匹配不成功，做错误标记
             end
             output.write（syllable）; //写到输出对象中
             syllable="";
             syllable=fr.read（）;//读取下一个音节
         else//无元音和音节点
             if （!f2=com.compare2（PrefixIndex））;//匹配后缀集合（Tpostfix），匹配成功返回 true，否则返回 false
                 syllable+="？";//如果后缀匹配不成功，做错误标记
             end
             output.write（syllable）;//写到输出对象中
             syllable="";//音节变量清空
             syllable=fr.read（）;//读取下一个音节
         end
     end
end
```

图10-6　拼写检查算法

算法实现过程的举例如下：

例 1：结构完整音节的拼写检查。“བསྒྲིགས་”中先找元音，以此为界，前缀部分“བསྒྲ”与*Trule*集合进行匹配，如果匹配成功，后缀部分“གས”再与*Tpostfix*集合进行匹配。

例 2：无后缀音节的拼写检查。“སྟོ་”中先找元音或音节点，以此为界，前缀部分“སྟ”与*Trule*集合进行匹配，如果匹配成功，完成拼写检查。

例 3：无元音音节的拼写检查。“བསྒྲགས་”先在 *Trule* 集合中匹配前缀“བསྒྲ”，如果匹配成功，后缀部分“གས”再与 *Tpostfix* 集合进行匹配。

第四节 实 验

在测试中进行了两组实验，实验 1 为初步测试。初步测试中算法 1 和 2 对 6 种不同的生语料进行了拼写检查测试。由于测试语料中除了藏文符号、数字外，各种语言符号、数字混排情况严重，算法 1 的音节识别上，如果缺少这些符号、数字因素的考虑，就会产生许多错误标记。实验 2 为算法改进测试，音节识别算法中考虑了语料中包含的特殊字符、空格、数字字符等内容，以便能够正确识别出藏文音节，在此基础上进行算法 2 的拼写检查。

一、测试语料

测试语料是从网上选择 6 种不同大小、不同内容的藏文文本，采用的编码为国际标准 ISO/IEC10646。其中，67 KB 的语料 1 是一篇研究西藏本教的文章；55 KB 的语料 2 是一篇介绍五位修行者的文章；43 KB 的语料 3 是一篇介绍本教在安多、康区传播历史的研究文章；41 KB 的语料 4 是一篇介绍西藏旅游产业与西藏经济发展关系的文章；40 KB 的语料 5 是一篇介绍西藏旅游的文章；23 KB 的语料是一篇介绍西藏 2009 年上半年经济发展状况的文章。

二、评测标准

在藏文拼写检查测试中，一般采用召回率、正确率、F_1 值来评测拼写检查算法的性能，具体公式如式（10-1）所示。

$$r = \frac{find}{error + 0.01} \tag{10-1}$$

其中，r 为召回率，*find* 为预校对文本中正确识别的错误音节数，*error* 为预校对文本中实际存在的错误音节数，参数 0.01 为平滑系数。

$$a = \frac{find}{find + accurate + 0.01} \tag{10-2}$$

其中，a 为正确率，*find* 为预校对文本中正确识别的错误音节数，*accurate* 预校对文本中正确的音节判错的个数。

$$F_1 = \frac{2ra}{r + a + 0.01} \tag{10-3}$$

其中，F_1 为调和平均值。

三、初步测试

拼写检查算法对上述 6 个语料进行测试，产生很多错误标记，经分析总结出如下 6 种错误类型：

（1）音节字符串中含有数字的错误，例如“1998ལོར་”中没有正确提取出藏文音节而算法判断拼写有误；

（2）含有空格、回车符等的错误，例如“ལྷ་”中音节前面有空格而没有正确提取出音节，因而算法判断拼写有误；

（3）含有藏文符号的错误，例如“༄༅།།ལྷ་”中音节前面有藏文符号而没有正确提取出音节，因而算法判断拼写有误；

（4）含有梵音转写藏文的错误，例如“ཀཛ”不符合藏文文法而算法判断拼写有误；

（5）含有藏文特殊音节的错误，例如“སྤྲེཨུ”“ནྣ”“གཏོཏ”“ཞྭའང”等；

（6）真实存在的拼写错误。

错误类型统计如表 10-1 所示。

表 10–1 藏文音节错误标记统计表

语料	标记为错误的音节数	含空格而标记错误数	含符号而标记错误数	含数字而标记错误数	含梵音转写而标记错误数	含特殊音节而标记错误数	实际存在的错误音节数
语料 1	292	236	10	23	1	22	0
语料 2	374	257	34	31	19	28	5
语料 3	362	275	9	44	2	42	3
语料 4	232	181	22	20	1	7	1
语料 5	241	192	9	31	1	8	0
语料 6	97	71	5	19	0	2	0

从实验数据可以看到，在含有符号和数字造成的错误中，例如“ཡེབས་གྲོགས(དགེ་”“བཞིས༽ཚོས་”“སྡེ”“དུ་”“འགོ་བརྩུགས་ཞིང༡༩༩༨ལོར་”等形式的字符串在拼写检查中出现判断失误。究其原因，符号或数字在音节字符串中出现时，符号前面的音节没有添加音节点，该符号成了音节点的“代言人”，此时也是没有正确识别音节而造成拼写检查错误的情况。

针对音节字符串中含有空格、藏文符号、藏文数字、其他语言符号的音节点“代言人”而造成的拼写错误问题（错误类型 1、2、3），在算法 1 的实现中需要消除符号、数字等各种因素的干扰。在实验数据中可以看到，这种干扰造成的音节判断失误问题成为主要因素。因此，算法 1 的循环判断条件中添加了藏文符号、藏文数字、数字、转义符、其他符号的考虑因素，其中编码“0020”“3000”是两种空格，具体如表 10-2 所示。

针对含有特殊音节的错误问题（错误类型 5），在前缀集合和后缀集合中添加相应的规则就可以完成拼写检查。例如“སྤྲེཨུ”，这类拼写检查很容易，只要在后缀集合中添加“ཨུ”就可以。在后缀集合中增加的这类特殊的后缀，如表 10-2 中最后一行所示。

表 10-2 数字、符号和特殊后缀表

藏文符号	༄	༅	།	༼	༽					
藏文数字	༡	༢	༣	༤	༥	༦	༧	༨	༩	༠
数字	1	2	3	4	5	6	7	8	9	0
转义符	\b	\n	\r	\t	\f	\'	\"			
其他符号	—	《	》	(	)	.	0020	3000	“	”
特殊音节的后缀	འི	འུ	འོ	འམ	འང	འུའི	ར			

针对含有梵音转写藏文而造成的错误问题（错误类型 4），由于梵音转写藏文的拼写规则与藏文传统文法的规则是截然不同的，因此，无法用算法 2 来判断其拼写的正确性。

四、改进测试

在算法 1 和算法 2 中增加条件之后，再次对语料 1 至 6 进行了测试，具体测试结果数据如表 10-3 所示，错误分类与表 10-1 相同。

表 10-3 藏文音节错误标记统计表

语料	标记为错误的音节数	含空格而标记错误数	含符号而标记错误数	含数字而标记错误数	含梵音转写而标记错误数	含特殊音节而标记错误数	实际存在的错误音节数
语料 1	1	0	0	0	1	0	0
语料 2	24	0	0	0	19	0	5
语料 3	5	0	0	0	2	0	3
语料 4	2	0	0	0	1	0	1
语料 5	1	0	0	0	1	0	0
语料 6	0	0	0	0	0	0	0

根据评测标准，召回率、正确率和 F_1 值结果如表 10-4 所示。

表 10-4 召回率、正确率和 F_1 值

语料	正确识别的错误音节数（*find*）	实际存在的错误音节数（*error*）	正确的音节判错的个数（*accurate*）	召回率（*r*）	正确率（*a*）	F_1 值（F_1）
语料 1	0	0	1	0.000	0.000	0.000
语料 2	5	5	19	0.998	0.208	0.342
语料 3	3	3	2	0.997	0.599	0.743
语料 4	1	2	1	0.498	0.498	0.493
语料 5	0	1	1	0.000	0.000	0.000
语料 6	0	0	0	0.000	0.000	0.000

通过对生语料的认真分析，算法在语料 4 和 5 中的两个音节的错误是没有被检测到的，分别为“གད”和“མཇ”。针对此类情况，算法 2 会出现判断失误的问题，不能检测拼写错误。经统计，31 个这类错误的拼写存在不能检测的问题，具体如表 10-5 所示。

表 10-5　误判的藏文音节表

31 个判断失误的规则	གཅ	གཉ	གཏ	གཙ	གཞ	གཟ	གཡ	གཤ	དཀ	དཔ
	བཅ	བཏ	བཞ	བཀ	བཙ	བཟ	བཤ	འཁ	འཆ	འཇ
	འཐ	འཕ	འཚ	འཛ	མཁ	མཆ	མཇ	མཉ	མཐ	མཚ
	མཛ									

从召回率来看，除了 31 个音节不能判断拼写的正确性外，可以检测其余藏文音节拼写的正确性。从正确率来看，拼写检查算法对梵音转写藏文的拼写检查是无能为力的。因此，在正确识别藏文音节的前提下，不考虑梵音转写藏文时拼写检错能力达到 99.8%（1 – 31/18 780[8]）。

第五节　结论与展望

根据藏文文本校对研究欠缺的现状，文本提出了基于藏文音节规则模型的藏文拼写检查算法，包括音节识别算法（算法 1）和拼写检查算法（算法 2）。算法 1 主要完成音节识别功能，算法 2 主要完成拼写检查功能。通过实验可以看到，音节识别的好坏直接影响拼写检查的效果，在正确识别藏文音节的前提下，在不考虑梵音转写藏文时，藏文音节拼写检错率能达到 99.8%。下一步的工作是在藏文音节拼写检查的基础上，研究藏文接续关系的检查、藏文动词时态的检查、拼写校正、文本校对等内容，为藏文文本校对应用领域提供理论基础和方法支持。

参考文献

[1] KAREN K. Techniques for Automatically Correcting Words in Text[J]. ACM Computing Surveys, 1992, 24 (4): 377-438.

[2] JAMES L P. Computer Programs for Detecting and Correcting Spelling Errors[J]. Communication of the ACM, 1980(12): 676-687.

[3] JOSEPH J P. Automatic Spelling Correction in Scientific and Scholarly Text[J]. Communication of the ACM, 1984(4): 3510-368.

[4] 多杰卓玛. N 元模型在藏文文本局部查错中的应用研究[J]. 计算机工程与科学，2009，31（4）：117-119.

[5] 刘文香. 藏文文本词校对模型研究[J]. 西藏大学学报（自然科学版），2009，24（2）：70-74.

[6] 安见才让. 基于分段的藏字校对算法研究[J]. 中文信息学报，2013，27（2）：510-64.

[7] 珠杰，欧珠，格桑多吉，等. 藏文音节规则库的建立与应用分析[J]. 中文信息学报，2013，27（2）：103-111.

[8] 珠杰，李天瑞，格桑多吉，等. 藏文音节规则模型及应用[J]. 北京大学学报（自然科学版），2013，49（1）：610-74.

第十一章 藏文文本自动校对方法及系统设计

本章以藏文音节拼写检查、梵音转写藏文检查、接续关系检查、词语检查为研究内容，提出了藏文文本自动校对框架和接续关系检查算法。根据该框架及算法，设计并实现了藏文自动校对系统，通过相应的实验证明了算法和系统的可靠性和有效性。

第一节 概 述

文本自动校对是一项复杂的自然语言处理过程，包括拼写检查、真词错误检查、语法检查、自动纠错等内容，是自然语言处理的基础工作。从目前的研究现状来看，藏文自动校对方法的研究文献还不多，如多杰卓玛[1]以线性化的藏文音节为研究对象，提出了利用 3 元模型的藏文音节校对方法，该模型丢失了藏文纵向拼写的特征，也没有对校对效果进行实验验证；刘文香[2]提出了藏文音节规则来校对藏文音节设想，但没有具体的模型，也没有相应的校对算法。才让卓玛等[3]利用藏文音节规则和分词方法，提出音节和词语校对的方案，区分音节、词语和句子校对 3 种不同的类型。这些文献对藏文文本的自动校对进行了初步讨论，但没有深入研究藏文自动校对的特殊性，既没有考虑错误种类的不同和藏文接续关系的特殊性，也没有进行充分的实验验证。

本章首先分析藏文文本中 5 种可能出现的错误，藏文音节拼写错误、梵音转写藏文错误、词语错误、接续关系错误和语法错误；在此基础上，针对前 4 种错误类型，提出不同的错误识别方法，并通过实验验证方法的有效性。然后进一步设计自动校对系统来验证藏文自动校对框架的可行性。由于语法错误的复杂性，本章暂不对其进行探讨。

第二节 藏文文本自动校对系统

藏文文本自动校对系统是一个复杂的系统，包括藏文音节拼写检查、梵音转写藏文检查、藏文接续关系检查、词语校对、语法语义检查等内容，贯穿了自然语言处理领域的字处理、词法分析、句法分析及语义分析等内容。下面从藏文文本错误类型、校对系统框架设计、系统实现方式等方面进行描述。

一、藏文文本错误类型

英文文本校对中，常见的错误类型有非词错误、真词错误和句法语义错误。

针对藏文的情况，本章定义如下 5 种类型的错误。

定义 1：藏文音节拼写错误是指不符合藏文字性组织规则的无效藏文音节。

例 1：“གཅིག་”写成“གཆིག”，“སྟོང་”写成“སྠོང་”等。这些拼写错误可能是由于人为输入错误，或者是由正字法知识的缺陷造成的。

定义 2：梵音转写藏文错误是指由音节点隔开的藏文字符串不符合梵音转写藏文文法规则的无效梵音转写藏文。

例 2：“ཀཪྨ་བཀའ་བརྒྱུད”写成“ཀརྨ་བཀའ་བརྒྱུད་”等。

定义 3：接续关系错误是指不符合藏文格助词、不自由虚词接续关系文法的连接错误。

例 3：“བློ་བཟང་གིས་བཅད་”写成“བློ་བཟང་གྱིས་བཅད་”。

定义 4：词语搭配错误是指几个正确的藏文音节搭配成词语时，该词语不在藏文词典集合中的无效藏文词语。

例 4：“ང་ན་ཚ་མེད། གཡག་ཇ་དཀར་ཞི་སོང་།”写成“ང་ན་ཚྭ་མེད། གཡག་ལྗ་ཀ་ཞི་སོང་།”等。一般出现在同音字代替正确字的场合，会导致意思的错误。

定义 5：语法语义错误是指不符合藏文语法结构规律或客观事理的句子错误，包含了语法错误和逻辑错误。

例 5：“ཆུ་སྐོལ་ཞིག”写成“ཆུ་བསྐོལ་ཞིག”时态错误等。

根据上述错误类型，本章主要从藏文音节拼写检查、梵音转写藏文错误检查、接续关系检查和藏文词语错误检查四部分进行探讨，设计相应的藏文文本自动校对系统。

二、系统框架

藏文文本自动校对系统框架包含音节的拼写检查、梵音转写藏文检查、接续关系检查、藏文词语校对和语法语义检查等内容。由于词语的错误、梵音转写藏文的错误和接续关系的错误会导致语法语义错误，所以语法语义错误处于系统框架的底部，并与词语错误、梵音转写藏文错误、接续关系错误进行关联。藏文音节作为组成词语单元，其错误会导致词语的错误，因此音节拼写错误放在词语错误之上，表示了音节错误与词语错误的关联，具体系统框架如图 11-1 所示，其中虚线框内是本章讨论的内容。

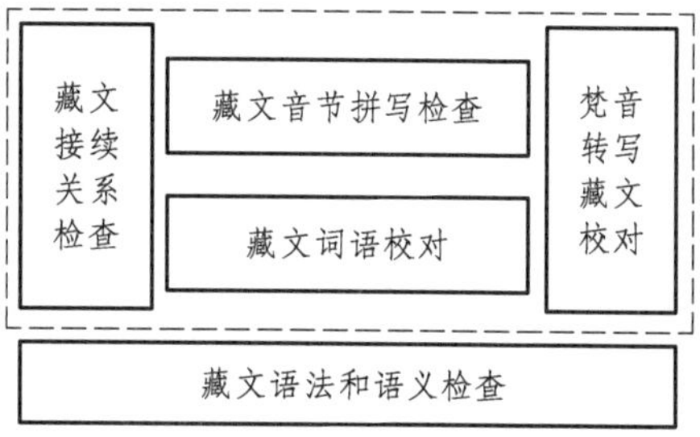

图 11-1　藏文自动校对系统框架

三、系统框架设计

在藏文文本校对系统设计过程中，每个模块有明确的实现功能，但每个模块之间也存在相互依存关系和执行的前后顺序问题。如何确定每个模块之间的顺序是系统设计的关键之一。

藏文文本中一般会出现传统文法规则形成的藏文音节和梵音转写藏文。从表现形式上看，两种字符串都是由音节点来隔开的，在拼写检查时，不能用同一种规则方法来检查拼写的正确性。针对这个问题，首先需要明确藏文音节字符集合和梵音转写藏文字符集合的关系。由于传统藏文文法和梵音转写藏文具有不同的文法体系，因此是两个不同的字符组合关系。但毕竟这两个集合是共同字符的两种不同组合形式，所以两个字符集合是一个大的集合中的不同子集，它们之间存在交集的部分，两个集合关系如图 11-2 所示。其中，A 是正确的藏文音节集合，B 是正确的梵音转写藏文集合。A 和 B 的交集是共同拥有的正确的部分（交叉斜线部分）；$A \cup B$ 的补集是藏文文本字符组合错误的部分。

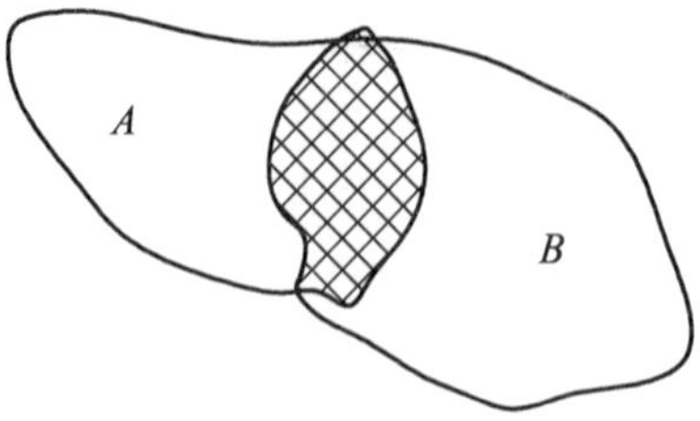

图 11-2 藏文音节集合与梵音转写藏文集合

藏文音节拼写检查和梵音转写藏文错误检查中，需要判断音节点隔开的藏文字符串是否属于 A 或 B 集合。由于一般藏文文本中，藏文音节出现的频率很高，而梵音转写藏文出现的频率很低。如果先检查梵音转写藏文，部分藏文音节作为梵音转写藏文会在接续关系检查中无法检查接续关系。因此，本章认为先检查藏文音节，后检查梵音转写藏文。

在总体框架上，藏文文本校对系统通过采用模块化的思想来逐一解决 4 种不同的错误类型，具体算法如图 11-3 所示，对应的藏文自动校对流程如图 11-4 所示。自动校对算法和流程图表示每个模块之间的先后顺序和相互依存关系。

算法 1：藏文自动校对算法
输入：藏文文本内容 输出：校对结果文本 1.藏文音节拼写检查，若拼写正确，转到 3；否则转到 2； 2.梵音转写藏文错误检查，若正确，转到 5；否则做标记错误，并转到 5； 3.藏文的接续关系检查，若接续关系正确，转到 4；否则做标记错误，并转到 5； 4.藏文分词，匹配词典，若匹配成功，转到 5；否则标记错误标记，并转到 5； 5.输出校对结果

图 11-3 藏文自动校对算法

算法 1 的藏文自动校对流程如图 11-4 所示。

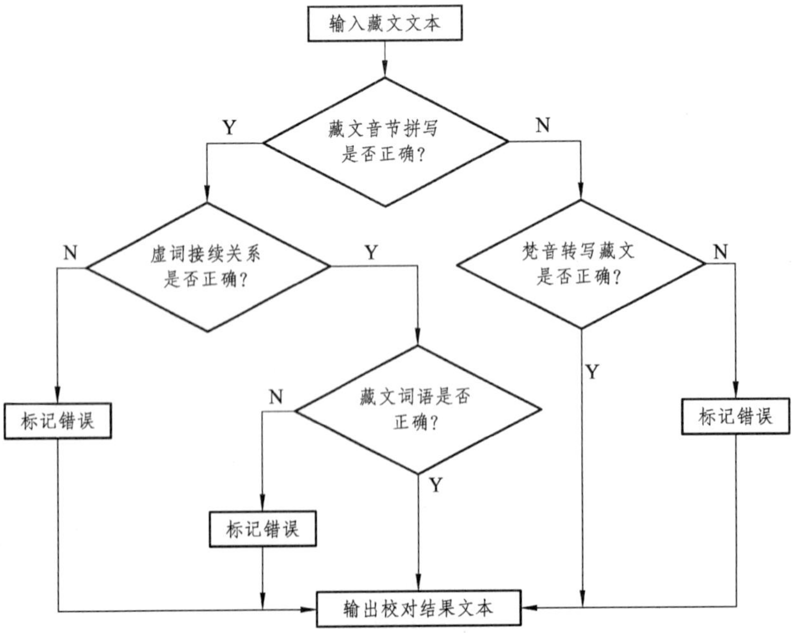

图 11-4 藏文文本自动校对算法流程

四、系统实现方式

在系统的具体实现过程中，设计 8 个类来实现不同的功能。Cheker 类为系统的主类，衔接藏文音节拼写检查、梵音转写藏文检查、接续关系检查和词语检查。其主要功能由 3 个类来完成，SpellCheker 类负责拼写检查，Devanagant 类负责梵音转写藏文检查，SegmentAndWordCheker 类负责接续关系和词语检查。三个类之间的关系如下：首先，读取一个藏文文本文件，并从该文件中按照顺序获取一个藏文音节。其次，以一个藏文音节作为输入条件，SpellCheker 类对该音节进行拼写检查，如果拼写检查错误，该音节交给 Devanagant 类来检查梵音转写藏文的正确性；如果拼写检查正确，该音节交给 SegmentAndWordCheker 类。然后，Cheker 类中需要累积不低于 4 个的连续音节，这些音节作为 SegmentAndWordCheker 类处理的对象，检查接续关系和词语的正确性。在累积 4 个音节过程中，出现拼写错误或梵音转写藏文，处理的对象就按低于 4 个音节来处理。

在藏文音节拼写检查中，主要由 SpellCheker 类和 Compare 类来完成。SpellCheker 类完成拼写检查的内容，Compare 类实现藏文音节规则模型算法的功能。Devanagant 类完成梵音转写藏文的词典匹配功能，如果匹配成功，输出梵音转写藏文；否则，输出标记错误的藏文字符串。在接续关系检查和词语检查中，藏文字符串和位置索引标记 index 作为输入，SegmentAndWordCheker 类完成虚词兼类过滤、匹配格助词和不自由虚词、匹配词语的功能，负责完成藏文接续关系和词语正确性检查。虚词兼类由 SyllepsesCheker 类来完成，排除存在歧义的可能性；接续关系的检查由 JointCheker 类来完成，按照接续关系检查算法，检查格助词和不自由虚词接续关系的正确性；词语检查由 WordCheker 类来完成，采用正向最大匹配分词算法，检查词语的正确性，与分词不同的是，不再进行细切分，而且词条的检查只针对双音节以上的词汇。系统实现过程的 UML 图如图 11-5 所示。

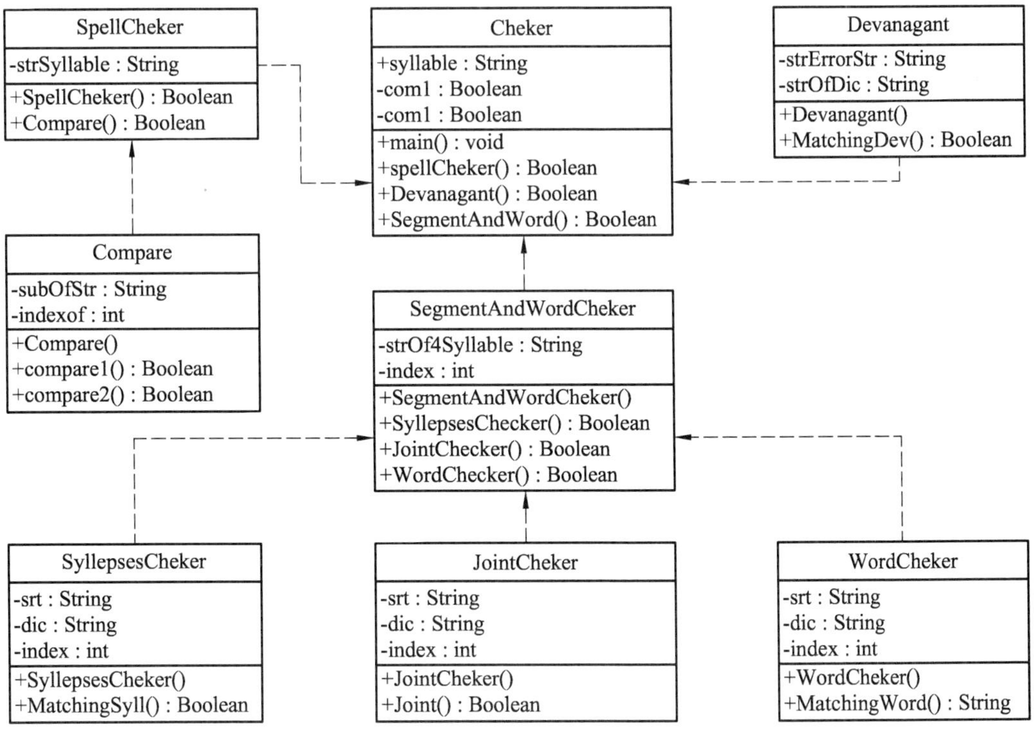

图 11-5　藏文自动校对系统 UML 图

第三节　藏文文本校对方法

本节根据各个模块自身的特性，探讨每个过程的细节，讨论所采用的具体方法，并着重讨论接续关系的检查算法。

一、藏文音节拼写检查算法

藏文音节拼写检查一般采取两种方法：第一种是收集所有可能的藏文音节，然后采取词典匹配方式进行检查；第二种是采用规则方法来进行拼写检查，本章利用藏文音节规则模型进行拼写检查。

二、梵音转写藏文拼写检查方法

梵音转写藏文拼写检查方法中，根据专家整理的 13 765 个梵音转写藏文字典为依据，通过采用字典匹配方法进行检查。

三、藏文接续关系检查算法

藏文具有丰富的格助词和虚词，其中虚词又分自由虚词和不自由虚词。藏文接续关系中大部分格助词、不自由虚词具有严格的接续规则，不能随意使用接续关系进行词与词之间的连接。因此，接续关系检查是藏文自动校对中必不可少的环节，也是有别于其他语种的特有现象。

传统藏文文法中有格助词和不自由虚词两种接续关系，其中 5 个属格助词、5 个作格助词、7 个位格助词具有严格的接续关系；在不自由虚词中 3 个饰集词、3 个待述词、11 个离合词、11 个终结词、“ཞིང”等 14 个虚词、4 个时态助词也具有严格的接续关系。接续关系的定义如下：

定义 6：后缀是指藏文音节的后加字、再后加字、无后加字 3 种类型的字符。

定义 7：接续关系是指针对藏文音节不同的后缀，格助词和不自由虚词严格遵守藏文后接添加规则。

接续关系是传统藏文文法的组成部分，也是 1 300 多年来一致沿用、藏文书写必须遵守的规则。如果不按接续关系来书写藏文，均视为接续错误。表 11-1 是根据藏文文法收集和整理的藏文接续关系表。

藏文接续关系用 $<P, X, f>$ 三元关系模型来进行形式化表示，其中 P 为后缀集合，$P=\{p_i | p_i \in$ {“ག”“ང”“ད”“ན”“བ”“མ”“འ”“ར”“ལ”“ས”“Φ”“ནད”“རད”“ལད”}, $i=n\}$；X 为包含格助词和不自由虚词的集合，$X=\{x_{ij} | x_{ij} \in$ 格助词和不自由虚词集合，$i=n$，$j=m\}$；n 是后缀字符个数，m 为格助词和不自由虚词个数；f 为接续关系函数，$x_{ij}=f(p_i)$，即某个 p_i 对应着多个可选的接续关系，只要满足其中一个可选值，就满足了藏文接续关系规则。

表 11-1　藏文接续关系表

后缀 *P*	属格助词	作格助词	位格助词	饰集词	待述词	离合词	终结词	时态助词	[ཞིང་]等虚词			*X*	
ག	གི་	གིས་	ཏུ་	ཀྱང་	སྟེ་	གམ་	གོ་	གིན་	ཅིང་	ཅེས་	ཅེའོ་	ཅེ་ན་	ཅིག་
ང	གི་	གིས་	དུ་	ཡང་	སྟེ་	ངམ་	ངོ་	གིན་	ཞིང་	ཞེས་	ཞེའོ་	ཞེ་ན་	ཞིག་
ད	ཀྱི་	ཀྱིས་	དུ་	ཀྱང་	དེ་	དམ་	དོ་	ཀྱིན	ཅིང་	ཅེས་	ཅེའོ་	ཅེ་ན་	ཅིག་
ན	གྱི་	གྱིས་	དུ་	ཡང་	ཏེ་	ནམ་	ནོ་	གྱིན་	ཞིང་	ཞེས་	ཞེའོ་	ཞེ་ན་	ཞིག་
བ	ཀྱི	ཀྱིས་	ཏུ་	ཀྱང་	སྟེ་	བམ་	བོ་	ཀྱིན	ཅིང་	ཅེས་	ཅེའོ་	ཅེ་ན་	ཅིག་
མ	གྱི་	གྱིས་	དུ་	ཡང་	སྟེ་	མམ་	མོ་	གྱིན་	ཞིང་	ཞེས་	ཞེའོ་	ཞེ་ན་	ཞིག་
འ	འི་	འིས་	ར་	འང་	སྟེ་	འམ་	འོ་	ཡིན་	ཞིང་	ཞེས་	ཞེའོ་	ཞེ་ན་	ཞིག་
འ	ཡི་	ཡིས་	རུ་	ཡང་			རོ་	གིན་	ཞིང་	ཞེས་	ཞེའོ་	ཞེ་ན་	ཞིག་
ར	གྱི་	གྱིས་	དུ་	ཡང་	ཏེ་	རམ་	རོ་	གྱིན་	ཞིང་	ཞེས་	ཞེའོ་	ཞེ་ན་	ཞིག་
ལ	གྱི	གྱིས་	དུ་	ཡང་	ཏེ་	ལམ་	ལོ་	གྱིན་	ཞིང་	ཞེས་	ཞེའོ་	ཞེ་ན་	ཞིག་
ས	ཀྱི་	ཀྱིས་	སུ་	ཀྱང་	ཏེ་	སམ་	སོ་	ཀྱིན	ཤིང་	ཤེས་/ཞེས་	ཤེའོ་	ཤེ་ན་	ཤིག་
无	འི་	འིས་	ར་	འང་	སྟེ་	འམ་	འོ་	ཡིན་	ཞིང་	ཞེས་	ཞེའོ་	ཞེ་ན་	ཞིག་
	ཡི་	ཡིས་	རུ་	ཡང་				གིན་					
ནད			ཏུ་		ཏེ་	ཏམ་	ཏོ་		ཅིང་	ཅེས་	ཅེའོ་	ཅེ་ན་	ཅིག་
རད			ཏུ་		ཏེ་	ཏམ་	ཏོ་		ཅིང་	ཅེས་	ཅེའོ་	ཅེ་ན་	ཅིག་
ལད			ཏུ་		ཏེ་	ཏམ་	ཏོ་		ཅིང་	ཅེས་	ཅེའོ་	ཅེ་ན་	ཅིག་

藏文音节拼写检查完成之后，对正确的藏文音节检查接续关系。从藏文音节结构分析，藏文音节的后缀存在 3 种不同的情况，即 1 个字符后缀、两个字符后缀和无字符后缀。因此，接续关系检查中首先需要识别集合 *P* 中后缀的不同类型和具体后缀字符；其次需要识别集合 *X* 中格助词和不自由虚词；最后判断是否满足接续关系函数 $x_{ij}=f(p_i)$。根据上面的考虑，藏文接续关系检查算法如图 11-6 所示。

算法 2：藏文接续关系检查算法

输入：输入 srt 和 index
输出：Ture or False
创建字符串对象 *str*；//记录读取字符串，字符串的音节长度小于 4
创建整数对象 *index*；//记录文件读取的索引位置
创建字符串对象 *substr*；//记录 str 字符串的一个子串
创建字符串对象 x_{ij}；//存储虚词
创建字符串对象 p_i；//存储后缀字符
加载虚词兼类词典和接续关系表
if (*substr* 是否为虚词兼类) //过滤虚词兼类情况，虚词兼类匹配成功，返回 ture；否则，执行下一步
　{ *index*←*substr* 之后的索引位置；
　return ture;
　}
else if (*substr* 是否属于 *X*) //是否与虚词匹配，如果匹配成功，判断接续关系；否则，执行下一步

```
{pi ←从 srt 中取出 substr 之前的最后第 2 个字符;
 xij←substr;
 swich（pi）{//匹配 1 个后缀字符的情况
    case ག：{
        if（xij==f(ག)）{reurn ture; index←subsrt 之后的索引位置}
        else{return false; index←subsrt 之后的索引位置}
    }
    …….//按照ག་ང་ད་ན་བ་མ་འ་ར་ལ་ས་ད་逐一顺序进行比对
    case ད:{//后缀字符为ད
        pi ←从 srt 中取出 substr 之前的最后第 3、2 个字符;
        swich（pi）{//匹配 2 个后缀字符的情况
        case ནད:{
           if（xij==f(ནད)）{reurn ture; index←subsrt 之后的索引位置}
           else{return false; index←subsrt 之后的索引位置}
        }
        ……
        default:
        return false;
     }
   }
   default: //无后缀字符的情况
     { if（xij==f（pi））{reurn ture; index←subsrt 之后的索引位置}
       else{return false; index←subsrt 之后的索引位置}
   }
  }
}
else
return false;
```

图 11-6 藏文接续关系检查算法

藏文接续关系检查算法中，为了算法描述得简便，只检查输入一个音节字符串的情况，没有加入循环嵌套的过程，但在实现算法时需要考虑循环过程。算法的流程如图 11-7 所示。

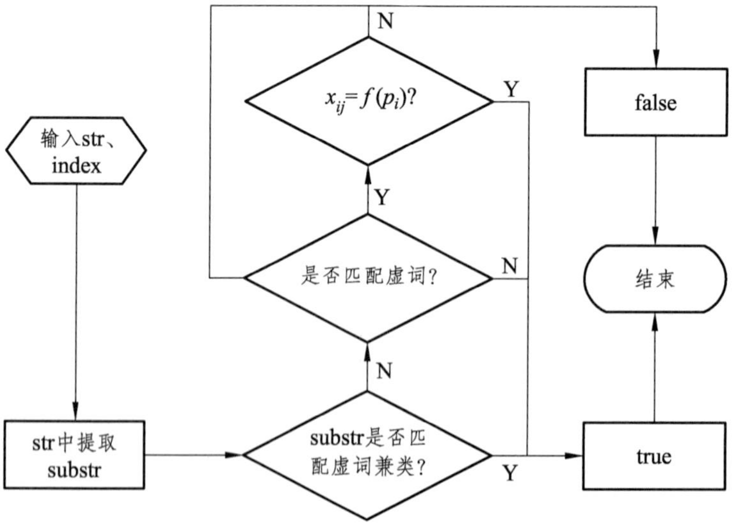

图 11-7 接续关系检查算法流程

四、藏文词语错误检查方法

藏文词语正确性的检查中，通过采用正向最大匹配算法进行词典匹配，检查双音节以上词语的正确性。与分词不同，当词典中的词语不匹配时，不匹配的字符串项不再进行细分，只做错误标记。另外，在词典内容中去除单音节，只保留双音节以上的词条。

五、测　试

测试内容包含了接续关系检查算法和系统部分的测试，主要检查正确率、召回率和误判率，并分析每个过程的测试结果。下面对几个测试标准在文本中使用的方法做简要介绍，然后分析实验的测试结果。

（一）评测标准

在文本自动校对中，一般采用召回率（r）、正确率（a）、误判率（ac）来评测文本校对算法的性能，公式[5]如下：

$$r = \frac{find}{error + 0.01} \tag{11-1}$$

其中，$find$ 为预校对文本中正确识别的错误个数，$error$ 为预校对文本中实际存在的错误个数，0.01 为平滑系数。

$$a = \frac{find}{find + accurate + 0.01} \tag{11-2}$$

其中，$accurate$ 为预校正文本中查出的正确词判错的个数。

$$ac = \frac{accurate}{find + accurate + 0.01} \tag{11-3}$$

（二）接续关系算法测试

为了测试接续关系算法，本章从“青海藏语广播网”的留言板中收集语料，检查接续关系算法的正确性、稳定性和鲁棒性。由于网上论坛、贴吧、博客等的内容没有经过认真审核和校对，撰写人员的水平参差不齐，导致文本中经常出现藏文音节拼写错误、接续关系错误、词语错误和语法错误，尤其容易产生接续关系的错误。因此，这类语料的测试具有一定的代表性。语料按照不同留言数量，分了步长为 10 的 6 个文件，即第 1 个文件 10 个留言，第 2 个文件 20 个留言等。虽然采用步长 10 来平衡语料，但留言的内容有多有少，很难得到均衡增长的目的。召回率、查准率、误判率测试结果如表 11-2 和图 11-8 所示。

表 11-2 接续关系算法测试数据

文件号	*find*	*error*	*accurate*	召回率	查准率	误判率
1	4	5	6	0.798 403	0.399 6	0.599 401
2	8	10	4	0.799 201	0.666 112	0.333 056
3	19	20	11	0.949 525	0.633 122	0.366 544
4	33	36	23	0.916 412	0.589 181	0.410 641
5	26	30	21	0.866 378	0.553 074	0.446 713
6	23	26	19	0.884 275	0.547 489	0.452 273

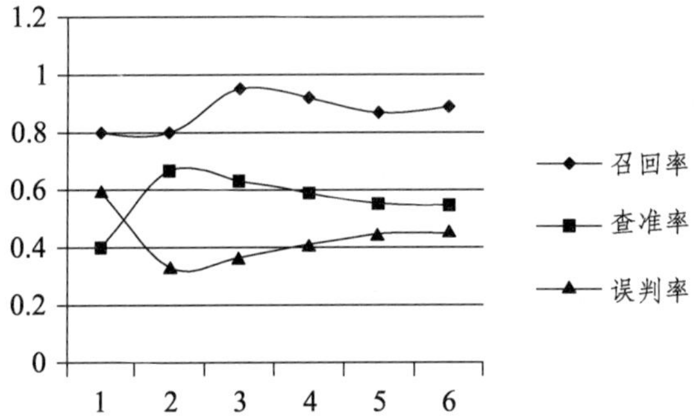

图 11-8 召回率、查准率、误判率测试结果

从实验中可以发现，接续关系算法的问题主要有以下几种情况，下面通过具体例子进行说明。

例 1：紧缩词的识别问题。

格助词和不自由虚词中“འི་འང་འམ་འོ་ས་ར་”紧缩词识别和还原，不仅存在识别的难度，还存在还原的难度，更存在接续关系判断的难度，也是算法召回率和查准率降低的主要原因。为了解决此问题，本章将紧缩词的接续关系检查纳入拼写检查模块中，然后进行接续关系检查，但仍然存在“ས་ར་”的识别问题，表 11-2 的数据是改进后的测试结果。

例 2：无后加字的识别问题。

音节中由于没有后加字，因此算法直接去寻找基字或元音，如果音节中存在元音或者是纵向叠加情况，在后加字的判断上不会存在问题，如果既无元音，又无叠加情况，基字又兼后加字时，算法会在无后加字的判断上存在歧义。例如，“ང་ཡིས་སྒྲ་གདང་།”中“ང་”后加字还是基字会出现判断失误。

例 3：两个后缀字符的识别问题。

在两个后加字的识别上，例如“བསྣནད་ཀྱང་”“ནད་ཀྱང་”中，“ནད་ཀྱང་”对待两个后加字来处理，算法对此类语言现象的处理也存在歧义。

（三）系统的性能测试

系统性能的测试中，涉及藏文音节拼写检查、梵音转写藏文校对、接续关系检查、藏文分词等多种校对技术，测试中存在拼写检查错误、分词错误和各模块交叉错误。每个模块有自身的不足和缺陷，会产生模块内部错误；另外，前一模块的校对结果直接影响下一模块的检查结果，会产生交叉错误。因此，系统的性能受各个模块校对结果的影响，也受各个模块之间相互关联的影响。对 6 个文件召回率、查准率、误判率语料测试的结果如表 11-3 和图 11-9 所示。

表 11-3　藏文自动校对系统测试数据

文件号	*find*	*error*	*accurate*	召回率	查准率	误判率
1	14	19	12	0.736 454	0.538 255	0.461 361
2	16	21	11	0.761 542	0.592 373	0.407 257
3	35	41	19	0.853 45	0.648 028	0.351 787
4	60	65	29	0.922 935	0.674 082	0.325 806
5	56	63	34	0.888 748	0.622 153	0.3777 36
6	63	70	46	0.899 871	0.577 929	0.421 98

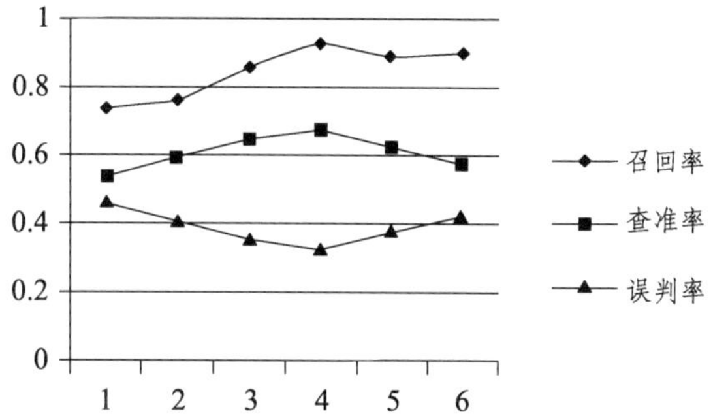

图 11-9　召回率、查准率、误判率测试结果

第四节　结论与展望

藏文文本校对作为藏语自然语言处理的重要研究内容，涉及字组织法、词法分析、句法分析等语言学中的主要理论，不仅有助于藏文自然语言处理理论的提升，而且在藏文文本检查上有广泛的应用领域。藏文音节拼写检查和梵音转写藏文主要应用藏文字性组织法理论；藏文词语检查应用藏文词法分析理论；接续关系检查和语法检查应用句法分析理论和语义学的内容。因此，藏文文本校对技术的研究能够比较完美地结合 3 个不同层面的理论。另外，藏文自动校对可以应用在搜索引擎、文字处理、网上资源质量检查等多个领域，可以提高用户的文字处理效率和文字质量，提高网上资源的文本质量。因此，本章以藏文音节拼写检查、梵音转写藏文检查、藏文接续关系检查和词语正确性检查为研究对象，重点研究藏文接续关系检查算法、藏文文本自动校对的系统设计，提出了接续关系检查算法、自动校对的实现框架和算法，通过实验验证了算法和实现框架的可行性和有效性。本章的研究，从不同的视角为藏文自动校对提供了实现方法，从宏观上来说仍属于规则方法的文本校对方法。下一步的工作将继续研究基于统计方法的藏文文本校对方法、基于规则和统计方法相结合的文本校对方法和藏文纠错方法，为藏文文本的查错纠错提供自动化的处理技术。

参考文献

[1] 多杰卓玛. N 元模型在藏文文本局部查错中的应用研究[J]. 计算机工程与科学，2009，31（4）：117-119.

[2] 刘文香. 藏文文本词校对模型研究[J]. 西藏大学学报（自然科学版），2009，24（2）：70-74.

[3] 才让卓玛，才智杰. 藏文文本自动校对系统开发研究[J]. 西北民族大学学报（自然科学版），2009，30（1）：25-28.

[4] 珠杰，李天瑞，刘胜久. TSRM 的藏文拼写检查算法[J]. 中文信息学报，2014（3）：92-98.

[5] 张磊，周明，黄昌宁，等. 中文文本自动校对[J]. 语言文字应用，2001，1（2）：110-26.

第四篇

藏文句子和语义处理方法

汉语和英语的句子结构是 S+V+O 型，而藏语的句子结构是 S+O+V 型，始终动词出现在主语和宾语之后，因此在语序表示上藏文有自身的特点。在藏文句法分析中，动词分为及物动词和不及物动词，并通过能所关系来分析动词的各种形态变化，比如过去时、现在时、将来时等的动词形态，这类似于英语的动词形态变化。但在分析方法上不同于英语的语法形式，动词的能所关系是藏文动词形态分析的主要手段。

本篇内容由三章构成，主要讨论了藏文语义角色标注问题、自然语言处理的认识和藏文信息处理的认识。

第十二章　论元角色的藏语语义角色标注研究

针对面向信息处理用藏语语义角色标注尚不成熟的问题，本章借鉴 PropBank 标注规范和语义角色分析理论，探讨了藏语语义角色标注问题。一是按照 PropBank 标注规范对藏语简单句进行了语义角色标注；二是依据藏语动词的语义类别，研究了藏文语义角色框架文件建设的可行性；三是结合藏语动词分析理论和格语法理论，在 PropBank 标记的基础上研究了藏语特殊语义角色标记规范和标记方式。

第一节　引　言

随着藏文信息处理技术研究的深入，不少高校和科研院所开始从事机器翻译、文本挖掘、信息抽取、舆情分析等研究工作，而这些研究内容已经超越了字处理、词处理的范围，已经涉及句法分析和语义分析的内容。语义分析指的是在分析句子的句法结构和辨析句中每个词词义的基础上，推导句义的形式化表示，是自然语言理解的根本性问题，也是自然语言处理的最终任务和最难解决的课题。由于自然语言语法和语义的复杂性，在各种应用场景全面、深层理解语义难以收到很好的效果。而从宏观层、中观层和微观层[1]的视角，浅层语义分析摒弃了深层成分和关系的研究，从片面、浅层的理念标注语义，不仅在语义分析方法学上取得重大进展，而且在机器翻译、信息抽取等应用领域取得了良好的效果。

语义角色标注（Semantic Role Labeling, SRL）是浅层语义分析（Shallow Semantic Parsing）的一种实现方式。它采用“谓语动词-角色”的结构形式，标注句子中某些短语为给定谓词的语义角色（论元），句法成分的每个语义角色被赋予一定的语义含义，如施事、受事、时间、方式和地点等。目前，藏语自然语言处理研究与英语、汉语相比差距还比较大，虽然在字处理上取得了突破性进展，但在词处理、句法处理、语义分析和语料库建设等方面还存在很大差距。因此，本章从藏语语义角色标注任务出发，主要研究藏语浅层语义体系，涉及谓词框架的设计和构建、语义角色的界定和分类等内容。

第二节　相关研究工作

2002 年，Dan Gildea 和 Dan Jurafsky[2]开始了英文的语义角色标注研究，他们是最早从事语义角色标注研究的学者。随着 U.C.Berkeley 和滨州大学 FrameNet[3]、PropBank[4]语义标注语料库的建设及其在机器翻译、信息抽取和问答系统等领域的成功应用，语义角色标注的研究一时得到了研究者的广泛关注，并作为开启自然语言理解的一把钥匙，研究者进行了大量卓有成效的研究工作。

另外，国际评测 CoNLL2004[5]、CoNLL2005[6]、CoNLL2008 和 CoNLL2009 都加入了语义角色标注的任务，极大促进了语义角色标注研究的日益发展。语义角色标注研究主要包括两项内容：一是浅层语义体系的开发，二是语义角色标注方法的研究。英文 FrameNet[3]以 Fillmore 的框架语义学为理论基础，描述每个谓词的语义框架和框架之间的语义关系，并建立了 FrameNet 标注语料。英文 PropBank 语义体系开发采用 Dowty[7]的原型理论，只对动词进行标注，在 Penn TreeBank 句法分析的基础上建立了语义角色标注语料库。

语义角色标注方法的研究主要采用了两种方法：一种是特征工程和机器学习方法相结合的分类方法，另一种是核函数和机器学习方法相结合的分类方法。特征工程方法上通过谓词、句法类型、路径长度、子类框架、位置信息、语态结构和中心词等多种特征，利用最大熵模型[8]、决策树[9]、支持向量机[10]、线性插值模型[11]和 Ada Boost[12]等机器学习方法，实现语义角色标注的自动分类，并取得了较好的效果。在核函数方法上将低维线性不可分问题映射到高维空间，使之成为线性可分问题。通过句法树的结构信息，核函数融入支持向量机等学习算法，利用卷积树核函数[13]、核函数划分[14]、句法驱动的卷积核函数[15]等方法实现语义角色标注的目的。

2004 年，Sun 等[16]最早进行了汉语语义角色标注的研究，开启了中文语义角色标注研究的大门。在语义体系的开发上，袁毓林[1，17]借鉴论元角色的划分方法，对核心论元做了更细致的划分，将其分为微观、中观和宏观三个层次，对汉语语义角色界定和分类做了充分探讨，并在北大汉语句法分析树库的基础上进行更为细致的语义角色划分，建立了中文网库。随着 Chinese Propbank 语料的构建，Xue 等[18-19]比较系统地研究了论元结构的汉语语义角色标注问题，利用最大熵模型研究了汉语语义角色自动标注方法，并取得了良好的效果。刘怀军等[20]通过构建新特征、特征组合形式提高语义角色标注性能；丁伟伟[21-22]等摒弃了句法分析过程，将语义角色标注转换成序列标注问题，采用最大熵和条件随机场等方法实现语义角色标注目标；李军辉[23]等利用支持向量机模型探讨了名词性谓词语义角色标注问题；李济洪[24]等利用汉语框架语义知识库，标注语料转化成词语为单位的线性序列标注问题，采用条件随机场进行语义角色标注。这些方法总体来看利用特征工程方法，采用机器学习取得了良好的标注效果。另外，研究者也探讨了基于核函数的语义角色标注方法，车万翔[25]通过多项核函数、混合卷积核函数和句法驱动卷积核函数等方法系统研究了语义角色标注问题。

在面向信息处理的藏语语义分析上，多杰卓玛等[26]以框架语义学为依据，提出了藏文词框架知识表示和语义关系；祁坤钰[27]以论元结构为理论，探讨了受动格、施动格、目的格、来源格和处所格包含的语义信息；龙从军等[28]从格标记和助词标记的特点出发，定义了 22 个语义角色标记，并用 CRF 模型进行了自动标注实验。这些研究对藏文浅层语义分析奠定了一定的基础。本章与三个文献的不同之处在于多杰卓玛采用了框架语义学理论，而本章采用论元结构理论；祁坤钰和龙从军虽然采用了论元结构理论，但标注体系借鉴了北大中文网库的标注策略，而本章在 PropBank 标注规范上结合藏文本身的特点修改标注规范；标记单元上祁坤钰以词为单元，龙从军以组块为单元，而本章采用词单元结合 BIO 标记方式转化成线性化的序列标注问题。

第三节　藏语论元语义角色分析

传统藏文语法分析中，对藏语语义角色进行了详细探讨。以动词为核心讨论了语义角色问题，按照动词的及物与不及物特性，两个基本的语义角色分析如下所示：

例 1：ཤིང་མཁན་གྱིས་[施动者བྱེད་པ་པོ]སྟ་རེས་[施动工具和方式བྱེད་པ་]ནགས་ཚལ་དུ་[所向对象和方位བྱ་བའི་ཡུལ་]ཐང་ཤིང་ [涉事宾语བྱ་བའི་ལས་]བཅད།[动词][木工用斧头在森林中砍伐杉树]

例 2：རྩྭ་ཐང་སྟེང་དུ་[所向对象和方位བྱ་བའི་ཡུལ་]ལུག་[受动者]ཤི།[动词][在草原上死了羊]

藏语除了上述基本语义角色分析之外，还存在八个格和动词能所关系的语义角色问题，这是一种深层次的语义分析方法。文本按照 PropBank 命题论元语义角色标注原则，结合传统语义分析方法，探讨语义角色标注规范问题。PropBank 只对动词（非系动词）进行标注，被称为目标动词，而且只包含 50 多个语义角色。相同的语义角色由于目标动词不同会有不同的语义，其中核心语义角色为 Arg0~Arg5 共 6 种：Arg0 通常表示动作的施事，Arg1 通常表示动作的受事或影响等。除了核心论元角色之外，其余的语义角色为附加语义角色，使用 ArgM 表示。如 ArgM-LOC 表示地点，ArgM-TMP 表示时间等。表 12-1 是中文 PropBank 中语义角色标记集及其含义。

表 12-1　语义角色标注集及其含义

标　签	含　义	标　签	含　义
Arg0	施事	ArgM-DIS	标记语
Arg1	受事	ArgM-DGR	程度
Arg2	受益者、工具、属性、范围	ArgM-EXT	范围
Arg3	受益者、工具、属性、动作开始	ArgM-FRQ	频率
Arg4	动作结束	ArgM-LOC	地点
Arg5	其他动词相关	ArgM-MNR	方式
ArgM-ADV	状语	ArgM-PRP	目的
ArgM-BNF	受益人	ArgM-TMP	时间
ArgM-CND	条件	ArgM-TPC	主题
ArgM-DIR	方向		

除了上述标记集之外，英文 PropBank 中列出了不同于中文 PropBank 的语义角色标记，比如有 COM（伴随格，如 with）、GOL（动作的目标）、REC（自反性和相互性，如 himself, itself）、PRD（谓词的附属物能够携带谓词结构）、CAU（原因，如 because, due to）、ADJ（形容词）、MOD（情态，如 will, may）、NEG（否定，如 not, n't）、DSP（述说）和 LVB。

一、论元语义角色标记

（1）Arg0（施事）

例 3：[Arg0 ཤིང་མཁན་] གྱིས་སྟ་རེས་ཤིང་[RELབཅད།]([Arg0 木工]用斧头[REL 砍]树)

（2）Arg1（受事）

例 4：ཤིང་མཁན་གྱིས་སྟ་རེས་[Arg1ཤིང་][RELབཅད།](木工用斧头[REL 砍][Arg1 树])//[Arg1ལུག་][RELཤི།]([Arg1 羊][REL 死了])

（3）Arg2（工具、属性、受益等）

例 5：ཤིང་མཁན་གྱིས་[Arg2སྟ་རེས་]ཤིང་[RELབཅད།](木工用[Arg2 斧头][REL 砍树])// སྨན་པས་ནད་པར་[Arg2གསོལ་སྨན་][RELབྱིན།] (医生给病人[REL 开] [Arg2 药])

（4）Arg3（动作开始、属性、受益等）

例 6：ཁོང་གིས་དེབ་འདི་དབྱིན་ཡིག་ནས་[Arg3བོད་ཡིག་]ཏུ་[RELབསྒྱུར་།]// [Arg3གནམ་]ལས་ཆར་པ་[RELའབབ།]

（5）Arg4（动作结束）

例 7：ངལ་རྩོལ་དུས་ཚོད་སྔོན་གྱི་ཉི་མ་དྲུག་ནས་[Arg4ད་ལྟའི་ལྔ་]ལ་ [RELཉུང་དུ་ཕྱིན།]

（6）ArgM-ADV（附加的，默认标记）

例 8：ཞིང་པ་རྣམས་ཀྱིས་[ArgM-ADV ཧུར་ཐག་བྱས་]ནས་ལོ་ཏོག་[REL འདེབས།]

（7）ArgM-DIR（方向）

例 9：ང་[ArgM-DIR ཤར་ཕྱོགས་]སུ་[RELའགྲོ]

（8）ArgM-DIS（标记语，话语标记）

例 10：ཤིང་མཁན་གྱིས་སྟ་རེས་ཤིང་[ArgM-DIS ཡང་][RELབཅད།](木工用斧头[ArgM-DIS 也][REL 砍]了树)// ལུག་[ArgM-DIS ཀྱང་] [RELཤི།](羊[ArgM-DIS 也][REL 死了])

（9）ArgM-DGR（程度）

例 11：ཤིང་མཁན་གྱིས་སྟ་རེས་ཤིང་[ArgM-DGRསྦོམ་པོ་]ཞིག་[RELབཅད།] (木工用斧头 [REL 砍]了一棵[ArgM-DGR 粗]树)//ལུག་[ArgM-DGRརྒྱགས་པ་]ཞིག་[RELཤི།]([REL 死了]一只[ArgM-DGR 胖]羊)

（10）ArgM-EXT（范围）

例 12：ཤིང་མཁན་གྱིས་སྟ་རེས་[ArgM-EXTསྟོར་ཁྲི་ཁྲག་]གནས་པའི་ཤིང་[RELབཅད།](木工用斧头[REL 砍]了价值 [ArgM-EXT 上万]的树)//[ArgM-EXTསྟོང་ཁྲག་ལྔའི་]ལུག་[RELཤི།]([REL 死了]价值[ArgM-EXT 伍仟]的羊)//ལྷ་ས་ནས་ཀོང་པོའི་བར་[ArgM-EXTལི་དབར་ལྔ་བརྒྱ་][RELཡོད།](拉萨到林芝 [REL 有][ArgM-EXT 五百多千米])

（11）ArgM-FRQ（频率）

例 13：ཤིང་མཁན་གྱིས་སྟ་རེས་ཤིང་[ArgM-FRQམགྱོགས་མྱུར་]སུ་[REL བཅད།](木工用斧头[ArgM-FRQ 快速][REL 砍]了树)// ལུག་དེ་[ArgM-FRQཧ་ཅང་ཁག་པོས་] [RELཤི།](羊[ArgM-EXT 很痛苦]地[REL 死了])

（12）ArgM-LOC（地点）

例 14：ཤིང་མཁན་གྱིས་[ArgM-LOCནགས་གསེབ་]ཏུ་སྟ་རེས་ཤིང་ [REL བཅད།](木工在[ArgM-LOC 森林]用斧头[REL 砍]树)// ལུག་དེ་[ArgM-LOCརྩ་ཐང་སྟེང་]དུ་[RELཤི།](羊[REL 死]在 [ArgM-LOC

草原]上)

（13）ArgM-MNR（方式）

例 15：ཤིང་མཁན་གྱིས་ནགས་གསེབ་ཏུ་[ArgM-MNRསྟ་རེས་]ཤིང་[REL བཅད།](木工在森林用[ArgM-MNR 斧头][REL 砍]树)// ལུག་དེ་རྩྭ་ཐང་སྟེང་དུ་[ArgM-MNRབརླག་]ནས་[RELཤི།](羊[ArgM-MNR 丢失]后[REL 死]在上草原上)

（14）ArgM-PRP（目的，原因）

例 16：[ArgM-PRPསློབ་ལ་བརྩོན་པས་]རྒྱན་གྱིས་རྒྱུགས་ཚད་[RELཐོན།] //[ArgM-PRPནད་སེལ་ཐབས་སུ་]སྨན་པ་[RELབསྟེན།]

（15）ArgM-TMP（时间）

例 17：[ArgM-TMP ཉི་མ་ཤར་མ་ཐག་]ཤིང་མཁན་གྱིས་ནགས་གསེབ་ཏུ་སྟ་རེས་ཤིང་[REL གཅོད།]([ArgM- TMP 太阳刚升起]，木工在森林用斧头[REL 砍]树)// [ArgM-TMP ཉི་མ་ནུབ་པ་དང་]ལུག་[RELཤི།]([ArgM-TMP 太阳一落山]羊[REL 死]了)

（16）ArgM-TPC（主题）

例 18：ཁོ་ཡིས་[ArgM-TPCཞེལ་སྒོ་འདི་][RELབཅག་སོང་།]

二、动词类别语义角色框架

传统文法中主要以动词为中心讨论藏文句式变化情况，讨论了动词的分类、动词的形态变化，以及形态变化的规律。其中，动词分类方法分为及物与不及物动词、自主与不自主动词、自动与使动动词，不同分类方法相互交错，句式变化十分复杂。动词形态变化分为过去时、现在时、将来时三个时态变化和一个命令式；形态变化的规律是通过动词的能所变化来表现的，比如施事者、现在时为“能”，受事者、将来时为“所”等，根据能所情况来确定动词的时态变化。

本章借鉴文献[29]的动词分类，尽可能为同一类动词指派一致的语义角色。文献[29]从语义词典构建的角度把藏文动词分成 12 个大类，考虑了计算机处理需求。这 12 种动词分别为性状动词、关系动词、领用动词、存在动词、变化动词、感知动词、趋向动词、动作动词、心理动词、述说动词、互动动词和致使动词。按照动词的语义角色形式，分析语义角色和框架文件的形式，具体分析如下：

（1）性状动词。性状动词是表示状态的动词，不仅有及物动词，也有不及物动词，包括རྒྱང་བ ཤི་ སྐྱེས་ ནུབ་ ཡལ་等。通过及物动词和不及物动词指派两种不同的语义角色，不及物动词的角色框架实例如下：

例 19：ཤར་ནས་ཉི་མ་དམར་པོ་ཤར་（东方升起红太阳）

REL: ཤར་（升起）

Arg1: ཤར་བྱ་（ཉི་མ་དམར་པོ）（红太阳）

ArgM-DIR:ཁ་ཕྱོགས་（ཤར་ནས་）（东方）

（2）关系动词。关系动词是表示类别的判断词，如ཡིན་ རེད。在 PropBank 中系动词是不分语义角色的。藏语中这种动词的施事、受事等也难以界定。比如རྒན་ལགས་འདི་ལོ་ག་ཚོད་རེད་例子中施事者（བྱེད་པ་པོ）、受事对象（བྱ་བའི་ལས་）难以准确说明。

（3）领用动词。领用动词不仅表示存有，还表示获得的意思，如ཡོད་ འདུག་ ཐོབ་ རག ཚང་

ཟེར་ གནས་ རྫིས་等，但是施事和受事关系不明显。

例 20：ང་ལ་བོད་ཡིག་ཚིག་མཛོད་ཅིག་ཡོད་（我有一本藏文词典）

REL: ཡོད་（有）

Arg0:སུ་ལ་ཡོད་（ང་）(我)

Arg3: ག་རེ་ཡོད་（བོད་ཡིག་ཚིག་མཛོད་）(藏文词典)

（4）存在动词。存在动词表示某人或某物在某地，比如ཡོད་ འདུག་。

例 21：ང་ཡི་ཨ་མ་ཁྱིམ་དུ་ཡོད་（我妈在家里）

REL: ཡོད་（在）

Arg0:སུ་ཡོད་（ང་ཡི་ཨ་མ་）(我妈)

ArgM-LOC: གང་དུ་ཡོད་（ཁྱིམ་དུ་）(家里)

（5）变化动词。变化动词是指造成结果补语的动词，如འགྱུར་ འགྲོ་ འཕེལ་等。

例 22：ང་ཚོའི་ཞིང་ལས་ཐོན་སྐྱེད་ཡག་ནས་ཡག་ཏུ་འགྲོ（我们的农业生产发展得越来越好）

REL: འགྲོ（发展）

Arg1:འགྲོ་བྱ་（ང་ཚོའི་ཞིང་ལས་ཐོན་སྐྱེད་）(我们的农业发展)

ArgM-ADV: 状语（ཡག་ནས་ཡག་ཏུ་）(越来越)

（6）感知动词。感知动词表示人的视觉、听觉、肤觉、知觉等对事件结果的感觉或反应。按照传统藏语动词的划分，可以将其划归到不自主动词类中，如མཐོང་ གོ་ ཧ་གོ་ ཤེས་ དྲན་ བརྗེད་ ངོ་ཤེས ཐེབས་等。

例 23：སློབ་གྲོགས་རྣམས་ལ་སློབ་གསོ་ཐེབས།（学生们受到了教育）

REL: ཐེབས་（受到）

Arg0:ཐེབས་མཁན་（སློབ་གྲོགས་རྣམས་ལ་）(学生们)

Arg1:ཐེབས་བྱ་（སློབ་གསོ་）(教育)

（7）趋向动词。趋向动词指表示动作移位或者停止状态的动词，如འགྲོ་ ཕྱིན་ ཡོང་ ཐད་ རྒྱུགས་ སོང་ སྡོད་等。

例 24：ཁྱོད་རང་གཉིས་མགྱོགས་པོ་རྒྱུགས།（你们两个赶紧走）

REL: རྒྱུགས་（走）

Arg0:རྒྱུགས་མཁན་（ཁྱོད་རང་གཉིས་）(你们两个)

ArgM-FRQ:སྒྱུར་ཚད་（མགྱོགས་པོ་）(赶紧)

（8）动作动词。动作动词是藏语最主要的动词类别，可细分为多种类型。不管及物与不及物，往往都可以带作格助词标记，一般及物类动作动词可以带受事宾语、与格宾语、结果宾语，构成标准化的语义角色分析的句型，如སྐྱོང་ འཁྲབ་ ཏོས་ སྲུང་等。

例 25：ཤིང་མཁན་གྱིས་ནགས་ཚལ་དུ་སྟ་རེས་ཐང་ཤིང་བཅད།（木工在森林中用斧头砍伐杉树）

REL: བཅད་（砍伐）

Arg0:གཅོད་པ་པོ་（ཤིང་མཁན་）(木工)

Arg1: བཅད་བྱ་（ཐང་ཤིང་）(杉树)

Arg2:གཅོད་བྱེད་（སྟ་རེ་）(斧头)

ArgM-LOC: གཅད་ཡུལ་（ནགས་ཚལ་）(森林)

（9）心理动词。心理动词主要指能带对象宾语的动词，大多属于表示心理情感活动的动词或心理活动的非动作性动词，如ངོ་ཚ་ དགའ་པོ་ སྐྱོ་པོ་ སུན་ མོས་མཐུན་ མཐོང་ཆུང་ ཁས་ལེན་ ཁྲ་དོགས等。

例 26：ཚང་མས་བསམ་འཆར་འདི་ལ་མོས་མཐུན་བྱུང་སོང་།（所有人对这个意见表示赞同）

REL: མོས་མཐུན་（赞同）

Arg0: མོས་མཐུན་བྱུང་མཁན་（ཚང་མས་）（所有人）

Arg1: མོས་མཐུན་བྱུང་བྱ་（བསམ་འཆར་）（这个意见）

（10）述说动词。述说动词包括引述类和思想类动词，这类动词的句法特点是带小句宾语或名物化动词短语宾语，如བཤད་ ལབ་ གསུང་ ཟེར་ དྲིས་ ལན་སློག་ ཞུས་等。

例 27：ཁོང་ཚོར་ཐུགས་རྗེ་ཆེ་གསུང་རོགས།（请对他们表达我的感谢）

REL: གསུང་（表达）

Arg1: གསུང་ཡུལ་（ཁོང་ཚོ་）（他们）

Arg3: （ཐུགས་རྗེ་ཆེ་）（我的感谢）

（11）互动动词。互动动词是藏语动词中一类相当特别的动词类，它在语义上关联着两个逻辑、社会规约或日常情理上相互对应或从属的事物或事件。句法形式上，互动动词一般要求在被关联的名词后添加互动格标记。互动动词一般有མཐུན་ འདྲིས་ ཁ་མཐལ་ འགལ་ འདྲ་ ཁ་ཐུག等。

例 28：མོ་རང་ཨ་མ་དང་འདྲ་པོ་མི་འདུག（她不像她妈）

REL: འདྲ་（像）

Arg0:བསྡུར་མཁན་（མོ་རང་）（她）

Arg1: བསྡུར་ས་（ཨ་མ་）（她妈）

（12）致使动词。使役动词的主语要带施格标记，动词前通常要加使役助词。使役动词的宾语往往由一个小句或动词短语构成，小句的主语可为有格标记或施格标记。

例 29：ནད་པར་ངལ་གསོ་ཡག་པོ་རྒྱག་ཏུ་བཅུག（让病人好好休息）

REL: བཅུག （让）

Arg1:བཅུག་བྱ་（ནད་པ་）（病人）

Arg2: བཅུག་བྱེད་（ངལ་གསོ་）（休息）

从上述例子中可以看到，藏语的谓语动词是句子的核心，其句法是置于句子的末端。从谓语结构来看，单独以动词结尾的句子不多，一般总是带有一些其他成分构成谓语结构，其扩展格式是：{（状语）+动词（+状态补语）（+助动词[情态和趋向]）（+体貌—示证标记）（+语气词）}。常见的谓语动词格式有以下几种：

（1）主要动词结尾，如ད་ལོ་བཀྲིས་ཡོང་པའི་རྟེན་འབྲེལ་[ཤོག v]（今年预祝吉祥如意）。

（2）主要动词+语气助词结尾，如དེ་རིང་དོན་གྲུབ་ནང་ལ་[སླེབས་v+བྱུང་།]（今天顿珠来到家里）。

（3）主要动词+助动词（情态动词）+语气助词结尾，如ཐབ་མེ་དེ་གཞི་ནས་[སྦར་v+ཐུབ་+སོང་།]（终于点成了该灶的火）。

（4）主要动词+体貌标记+语气助词结尾，如ང་ཚོ་མཉམ་དུ་གློག་བརྙན་[བལྟས་v+པ་+ཡིན།]（我们一起看了场电影）。

（5）主要动词+助动词（情态动词）+体貌标记+语气助词结尾，如 ཁོང་གིས་རྒྱ་ཡིག་ཁ་ཤས་[འབྲི་v+ཤེས་ +ཀྱི་+རེད།]（他只会写一些汉字）。

上述例子中谓语结构加了[.]，其余用加号来区别。除了动作动词之外，完全依赖单独的主要动词进行语义角色分析是存在困难的，还需要借助其余成分来划分语义角色。因此，在语义框架文件建立时，首先考虑动作动词的语义角色框架文件的建立问题，在此基础上考虑其他动词的语义角色划分，并且还要考虑谓词结构中其他成分的引入问题。

第四节 藏语语义角色的界定

传统藏文语法中对动词语义角色进行了详细探讨，一是从动词自身的特性来进行研究，二是从格语法角度做了语义探讨。动词研究主要围绕动词的及物与不及物性、自主与不自主性、能动与所动关系来分析藏文动词的语义角色，一般划分为施动者（བྱེད་པ་པོ།）、施动工具和方式（བྱེད་པ།）、能动者（དངོས་པོ་བདག）；受动者或所动者（བྱ་བའི་ལས།）、所向对象或方位（བྱ་བའི་ཡུལ།）和所动者（དངོས་པོ་གཞན།）。其划分方式类似于 PropBank 的核心论元，语法理论跟 Dowty 的原型理论相似。一个典型例子和其语义角色标记如下：

例 30：[Arg0 ཤིང་མཁན་]གྱིས་[ArgM-LOCནགས་ཚལ་]དུ་[Arg2 སྟ་རེ ས་][Arg1 ཐང་ཤིང་][REL བཅད།]（[Arg0 木工] [ArgM-LOC 在森林] [Arg2 用斧头] [REL 砍伐] [Arg1 杉树]）

格语法角度研究主要分析了八个格的语义角色问题，从形式上看主要有 4 种形态的格语法内容，但是语义上每个形态的格又划分成更为详细的意义和角色，涉及深层次的语义分析。

一、格标记方法

从语义角色标记来看，藏文跟其他语言存在共性部分，也存在不同的内容。不同部分有两种形式：一种是上述例子中加下划线的部分，这是藏文格标记和虚词标记的显性语言特征，是藏文特有的语言现象，对语义角色识别具有指示作用，比如作格助词能够表达出施事者的语义角色；另外一种是谓语结构问题，藏语动词本身很难完整地表达出语义角色内容，需要通过两个或两个以上结构成分共同表达出语义内容，比如通过谓语成分“主要动词+助动词”“主要动词+格助词+助动词”方式来表达完整的语义内容。

针对第一种形式，在藏文语义角色标注集界定上需要考虑藏文格语法特征。因此，一是在中文 PropBank 和英语 PropBank 标记集基础上，保留适合藏文语义的标记集合；二是增加藏文格助词和虚词显性语言特征标记。

首先在选择适合藏文语义标记集的问题上，按照藏文句法功能和显性语言特征，确定表 12-2 所示的标记集合，第一列为标记集合，含义与表 12-1 相同。第二列为藏语格和虚词的指示标记，起到帮助识别第一列的作用，具体如表 12-2 所示。

表 12-2 藏语语义角色标注集及指示标记

标签	藏文指示标记	标签	藏文指示标记
Arg0	གྱིས་ཀྱིས་གིས་ཡིས་འིས་//ནས་	ArgM-DIS	ནས་ལས་//ཀྱང་ཡང་འང་
Arg1	ལ་ར་	ArgM-DGR	程度
Arg2	གྱིས་ཀྱིས་གིས་ཡིས་འིས་//ནས་ལས་	ArgM-EXT	ནས་ལས་
Arg3	གྱིས་ཀྱིས་གིས་ཡིས་འིས་//ནས་ལས་	ArgM-FRQ	频率

续表

标　签	藏文指示标记	标　签	藏文指示标记
Arg4	ནས་ལས་	ArgM-LOC	སུ་ར་རུ་དུ་ན་ལ་ཏུ་
ArgM-ADV	状语	ArgM-MNR	གྱིས་ཀྱིས་གིས་ཡིས་འིས་
ArgM-BNF	受益人	ArgM-PRP	སུ་ར་རུ་དུ་ན་ལ་ཏུ་
ArgM-DIR	སུ་ར་རུ་དུ་ན་ལ་ཏུ	ArgM-TMP	སུ་ར་རུ་དུ་ན་ལ་ཏུ་//དང་
ArgM-GOL	ནས་ལས་	ArgM-TPC	ནི་//དེ་
ArgM-DSP	ཞེས་ཅེས་ཤེས་	ArgM-CAU	གྱིས་ཀྱིས་གིས་ཡིས་འིས་
ArgM-PRD	谓词的附属物携带谓词结构	ArgM-NEG	མ་མི་མིན་མེད་

在藏语语义角色指派过程中，跟中文 PropBank 标记集相比，ArgM-CND 在藏语句子中指派存在不确定情况；跟英文 PropBank 标记集相比，ArgM-COM、ArgM-REC、ArgM-MOD 和 ArgM-LVB 在藏语句子指派过程中找不到相对应的语言现象，而 ArgM-ADJ 可以归并到 ArgM-FRQ 或其他成分之上。

其次在新增标记内容上，从两种角度来考虑。传统藏文语法中一种是从意义到形式，是格语法的分析方法；另外一种是从形式到意义，是藏文显性语言标记——虚词分析方法[30]。藏语格分为八格，但语法形式标记上只有 4 种形式，即属格འབྲེལ་སྒྲ་、作格བྱེད་སྒྲ་、位格ལ་དོན་和从格འབྱུང་ཁུངས་。从格语法的功能定义以及第三节例子、第四节例子的表现形式来看（加下划线的语法功能），一是新增作格助词标记。作格助词的作用是其之前的名词、代词和名词性短语能够表示为施事（Arg0），在句子中做主语，是作格助词的一个重要功能；另外，作格助词之前的名词或名词性短语能够表示动作行为所使用的工具、原料和方式（Arg2、Arg3、ArgM-MNR）。该标记对于识别 Arg0、Arg2、Arg3 和 ArgM-MNR 语义角色标记起到积极作用。二是新增位格助词标记，放在名词和名词性短语之后能够起到四个方面的作用：① 起到受事（Arg1）、对象宾语（Arg2\ArgM-BNF）、地点状语（ArgM-LOC）的指示作用；② 起到实现某个目的（ArgM-PRP）的指示作用；③ 起到领属、存在（ArgM-LOC）等的指示作用；④ 起到指示时间（ArgM-TMP）的作用。三是新增从格助词标记，用在名词和名词性短语之后组成从格结构，这样不仅能够表示事物产生的缘由、出处和来自方向等意义的状语，类似于 Arg3 动作的开始，而且能表示比较关系、范围（ArgM-EXT）的语义角色。四是新增呼格标记，表示对别人打招呼的一种独立单元，一般放在指人名词前面。新增的这些标记只能起到帮助识别语义角色标记的作用或者说是一种特征标记，具体如表 12-3 所示。

表 12-3　藏语格标记方案

标　记	形式标记	语义角色含义
GI	གྱིས་ཀྱིས་གིས་ཡིས་འིས་	触发施事者、工具、原料和方式等标记，指示 Arg0、Arg2、Arg3、ArgM-PRP、ArgM-MNR 角色
SU	སུ་ར་རུ་དུ་ན་ལ་ཏུ་	触发受事、对象宾语、地点、时间、目的、领属和存在等标记，指示 Arg1、Arg2、ArgM-LOC、ArgM-TMP、ArgM-PRP
NI	ནས་ལས	触发动作的开始、范围等标记，指示 Arg3、ArgM-EXT
GG	ཀྱེ་ཀྱེ་ ཀྭ་ཡེ་	表示招呼的一种标记

从形式到意义上，主要分析藏文的两种虚词：不自由虚词和自由虚词。在不自由虚词中，一是新增饰集词（ཀྱང་ཡང་འང་）标记，用在主语、宾语、补语和状语后面修饰谓语，起到汉语中“也”的作用，有指示 ArgM-DIS 的作用；二是新增“ཞེས་ཅེས་ཤེས་”三个虚词标记，起到指示 ArgM-DSP 的作用。在自由虚词中，一是新增“དེ་སྒྲ་”和“ནི་སྒྲ་”标记，具有指示主题标记 ArgM-TPC 的作用；二是新增否定词（དགག་སྒྲ་）标记，放在动词前或动词后起到否定作用，以指示 ArgM-NEG 标记。新增虚词标记具体如表 12-4 所示。

表 12-4 藏语虚词标记方案

标记	形式标记	语义角色含义
JI	ཀྱང་ཡང་འང་	指示 ArgM-DIS
XI	ཞེས་ཅེས་ཤེས་	触发述说标记，指示 ArgM-DSP
DN	དེ་ ནི་	触发时间标记，指示 ArgM-TPC
MI	མ་མི་མིན་མེད་	触发否定标记，指示 ArgM-NEG

表 12-3 和表 12-4 主要用来帮助识别藏语语义角色，起到指示作用，特别是表 12-3 中格标记集对识别语义角色类型有积极作用。

二、语料标记方式

从目前藏文语料库建设情况来看，较为成熟或在实验中能够利用并具有一定规模的藏文语料是藏文分词和词性标注语料。藏文短语标注库、语义角色标注库，以及句法树库的语料既不成熟，又不具备一定量级。目前，英语、汉语等语义角色标注基本上是基于句法树库或依存树库基础标注的，采用的标注单元是在短语结构标记的。比如命题库在宾州大学树库的句法树上标注了语义角色，标注者在分析一个句子时，不仅能看到句法树，还能看到树上节点相对应部分的语义标签。针对藏语自然语言处理现状和语料库建设的基础条件，文本在分词结果上，采用短语（组块）标记单元，并在上述语义角色标记集定义的基础上，加上 BIO 的标记形式，建立序列标注模式的标记集合。具体实例如下：

例 31：[ཨ་ཁུ་\Arg0-Bཤིང་མཁན་\Arg0-I]གྱིས་\GI[སྤྲ་རེ\Arg2-O] ཡིས་\GI[གོང་པོ\ArgM-LOC-Bཡི་\ArgM-LOC-I ནགས་ཚལ་ ArgM-LOC-I]དུ་\SU [ཐང་ཤིང་Arg1-O][གཅོད་པ\REL-Bདུ་v- Iབྱེད\REL-I།]

这种标记形式符合藏文信息现有发展现状和藏文语料的发展形式，并且可以利用机器学习中各种序列标注方法来标注语料，训练测试具有很好的适用性。

第五节 结论与展望

语义角色标注是语义分析的一种手段，是浅层语义分析的一种形式，并在英语、汉语等大语种语义分析上取得了良好的效果。藏语虽然是小语种，但语法分析较为成熟，通过动词、格语法和虚词功能的分析，对深层语义分析做了大量的研究，并且语言字符组合形式上具有显性标记方式，对语义角色标记识别能够起到触发作用。本章借助 PropBank 语义标注规范，深入分析了藏语语义角色分析方法，并在 PropBank 标注规范基础上，定义了适合藏语语义角色的标注集和标注方式。在以后的工作中，可以通过机器学习方法和深度学习方法研究藏语语义角色标注方法，并在少量标注语料的基础上，研究半监督学习等方法，建立一定规模的语义角色标注语料库。

参考文献

[1]袁毓林.语义角色的精细等级及其在信息处理中的应用[J].中文信息学报，2007，21(4)：10-20.

[2]GILDEA D，JURAFSKY D. Automatic labeling of semantic roles[J]. Computational Linguistics，2002，28(3)：245-288.

[3]BAKER F C，FILLMORE C J，LOWE J B. The Berkeley FrameNet project[C]. Proceedings of the 17th international conference on Computational linguistics. Montreal，Canada，1998：86-90.

[4]KINGSBURY P，PALMER M. From TreeBank to PropBank[C]. Proceedings of the 3rd International Conference on Language Resources and Evaluation. Las Palmas，Spain，2002：1989-1993.

[5]CARRERAS X，MÀRQUES L. Introduction to the conll-2004 shared task：Semantic role labeling[C]. Proceedings of CoNLL-2004，Boston，USA，2004：89-97 .

[6]CARRERAS X，MÀRQUES L. Introduction to the conll-2005 shared task：Semantic role labeling[C]. Proceedings of CoNLL-2005，stroudsburg，USA，2005：152-164.

[7]DOWTY D. Thematic Proto-Role and Argument Selection[J]. Language，1991， 67(3)：547-561.

[8]XUE N，PALMER M. Calibrating features for semantic role labeling[C]. Proceedings of EMNLP-2004，2004：88-94.

[9]CHEN J，RAMBOW O. Use of Deep Linguistic Features for the Recognition and Labeling of Semantic Arguments[C]. Proceedings of EMNLP-2003，Sapporo，Japan，2003：41-48.

[10]PRADHAN S，WARD W，HACIOGLU K，et al. Semantic role labeling using different syntactic views[C]. Proceedings of ACL-2005. 2005：581-588.

[11]GILDEA D ，PALMER M. The Necessity of Parsing for Predicate Argument Recognition[C]. Proceedings of the 40th Meeting of the Association for Computational Linguistics，Philadelphia，PA，2002：239-246.

[12]SURDEANU M ，TURMO J. Semantic Role Labeling Using Complete Syntactic Analysis[C]. Proceedings of CoNLL-2005，Michigan，2005：221-224.

[13]MOSCHITTI A. A Study on Convolution Kernels for Shallow Statistic Parsing[C]. Proceedings of ACL-2004. 2004：335-342.

[14] CHE W，ZHANG M，LIU T，et al. A hybrid convolution tree kernel for semantic role labeling[C]. Proceedings of the COLING/ACL，2006：73-80.
[15] ZHANG M，CHE W，AW A T. A Grammardriven Convolution Tree Kernel for Semantic Role Classification[C]. Proceedings of ACL-2007，2007：200-207.
[16] SUN H，JURAFSKY D. Shallow Semantic Parsing of Chinese [C]. Proceeding s of the HLT/NAACL，2004.
[17] 袁毓林.一套汉语动词论元角色的语法指标[J]. 世界汉语教学，2003，65(3)：24-36.
[18] XUE N，PALMER M. Automatic semantic role labeling for Chinese verbs[C]. Proceedings of 19th International Joint Conference on Artificial Intelligence，Edinburgh，Scotland，2005：1160-1165.
[19] XUE N. Labeling Chinese Predicates with Semantic Roles[J]. Computational Linguistics，2008，34(2)：225-255.
[20] 刘怀军，车万翔，刘挺. 中文语义角色标注的特征工程[J]. 中文信息学报，2007：79-84.
[21] 丁伟伟，常宝宝. 基于最大熵原则的汉语语义角色分类[J].中文信息学报，2008，22(6)：20-26 .
[22] 丁伟伟，常宝宝. 基于语义组块分析的汉语语义角色标注[J]. 中文信息学报，2009，23(5)：53-61，74.
[23] 李军辉，周国栋，朱巧明，钱培德. 中文名词性谓词语义角色标注[J]. 软件学报，2011，22(8)：1725-1737.
[24] 李济洪，王瑞波，王蔚林，李国臣. 汉语框架语义角色的自动标注[J]. 软件学报，2010.21(4)：597-611.
[25] 车万翔. 基于核方法的语义角色标注研究[D]. 哈尔滨：哈尔滨工业大学，2008.
[26] 多杰卓玛. 藏文消息域框架语义系统的设计与研究[J]. 西北民族大学学报，2012 (3)：40-42.
[27] 祁坤钰. 面向信息处理的藏语语义角色研究[J]. 西北民族大学学报，2014，35(4)：19-26.
[28] 龙从军，康才畯，李琳，等. 基于多策略的藏语语义角色标注研究[J]. 中文信息学报，2014，28(5)：176-181.
[29] 江荻. 现代藏语动词的句法语义分类及相关语法句式[J]. 中文信息学报，2006，20(1)：37-43.
[30] 格桑居冕，格桑央京. 实用藏文文法教程[M]. 成都：四川民族出版社，2004.

第十三章　认识自然语言处理

自然语言处理是人工智能研究的重要组成部分，是计算机科学技术的一个重要研究内容，是计算机认识、理解人类语言的处理过程。试图让计算机或机器像人类一样认识、理解和应用人类语言，视为“人工智能皇冠上的一颗明珠”，可以认为机器像人一样处理人类语言，机器具备了人类一样的智能，甚至超过人类。

自然语言处理的初期主要采用知识工程方法，对语言学进行深入研究，语言学专家对语言的深入分析，归纳出语言的各种现象，总结出各种语言的规则，通过规则建立专家系统实现语言的分析，这对后续统计自然语言处理奠定了良好的基础。自然语言处理经过众多研究人员的努力总结出字处理、词处理、短语处理、句处理、篇章处理和语义处理等几个研究内容。

知识工程方法一般采用机械方法，比如分词就采用词典匹配方法或建立规则库，通过规则匹配方法实现自然语言处理。经过一段时间的研究和实验，知识工程方法显现出许多弊端：一是难以达到预期效果；二是规则库的建立依靠专家总结大量的规则；三是规则难以在不同领域相互迁移，这使得人工智能、自然语言处理进入了低潮时期。

统计机器学习在自然语言处理中的应用，开启了一种新的研究模式，这种模式常称为分类或监督学习模式，即首先对自然语言的各种处理对象进行标注，分词时用 BMES 标注集对字进行标注，比如西\B 藏\M 大\M 学\E；词性标注时对词类进行划分，对动词、名词、形容词等词类规定标记，并对语料进行词类标注，比如[我/rr, 的/ude1, 爱/vn, 就是/v, 爱/v, 自然语言/gm, 处理/vn]；短语标注跟词类标注类似，对短语类型进行划分，并用规定的标记对语料进行短语标注，如足球比赛\np 太精彩了\ap；句子标注是对句子用树结构来进行标注。总之，这些需要依靠语言学知识和语言学家对语言的深入分析，规定合乎语言现象的标记种类，因此语料的标记工作是一项复杂而烦琐的工程，不仅需要合理的标记规范，也需要大量的人力、物力来支撑语料的标记，实现对语言的各种现象进行标记。针对藏文信息处理技术，在此阶段需要具备深厚的语言学知识，研究藏文的各种语言现象，比如明确藏文分词规范、词性划分及标注规范、组块划分及标注规范、句子结构类型及标注规范等。值得庆幸的是，藏文分词规范、词性标注规范、组块标注规范都形成了国家标准，为统一语料标注奠定了良好的基础。

其次机器学习方法对大规模标记语料通过特征选择、统计等过程，训练出跟训练语料拟合的参数，而测试语料利用这些训练好的参数，预测出符合语言学特征的预测结果，一般预测结果越符合语言学规则和规律，其效果就越好。这种研究模式是自然语言处理的主要研究方法，并在自然语言处理的各项任务中取得了很好的效果，成为自然语言处理一种比较成熟的研究模式。针对藏文信息处理技术，在此阶段需要熟练应用各种机器学习方法，通过特征选择等特征工程方法实现训练和测试藏语自然语言处理的各项任务。

除了这种监督学习模式外，现在利用半监督学习和无监督学习模式，着手研究自然语言处理的各项任务，但没有像监督学习研究模式这样成熟。半监督学习是只需少量的标注语料，再利用半监督学习方法，实现自然语言处理的各项任务。无监督学习不需要标注语料，借助聚类的各种方法从生语料中学得语言规律和理解语言符号表示的含义。两种学习模式还未形成一种成熟的研究模式，各种自然语言处理任务未能取得监督学习模式一样好的效果，但这是一种积极探索的热门方向。

最近十年，深度学习技术在自然语言处理中的应用，使得自然语言处理研究上了一个台阶，各项任务取得的效果今非昔比，该方法是学术界和工业界都争相追求的研究方法，并且出现了一些新的概念或热搜概念，如词向量、预训练、自然语言理解、自然语言生成、语言模型、知识图谱等，这些概念代表了深度学习技术应用在自然语言处理领域的特色和发展趋势。

众所周知，自然语言会遇到处理歧义性、多样性、离散性、组合性和稀疏性的挑战。深度学习技术在处理这些挑战上取得了新的突破。下面先介绍自然语言的这些特性，然后再介绍热搜概念，并说明深度学习如何突破自然语言处理的这些挑战。

（1）歧义性。人类语言具有很强的歧义性，比如一词多义现象非常普遍，机器学习算法计算处理一词多义现象是非常具有挑战性的，处理难度可想而知。

（2）多样性。人类善于产生和理解语言，并具有表达、感知、理解复杂且微妙信息的能力。针对一种语言，某一个含义具有多种表达方式，比如“美丽的鲜花开在拉萨”，也可以写成“拉萨开满了美丽的鲜花”。多样性的表达方式使计算机理解语义成为一件非常困难的事情。

（3）离散性。人类语言是一种符号系统，使用声音来代替所有事物及其事物关系的符号系统，就有离散性。藏文符号语义的基本单位是字符，字符构成了音节，音节构成了单词，通过单词可以表示对象、概念、事件、动作和思想。字符、音节和单词都是离散符号。从符号自身看，“རྒྱ་མཚོ།”和“ཆུ་རྫིང་།”之间没有内在的关系，从构成它们的字母、音节来看也是一样的，虽然是不同符号，但其含义是相关的，待我们用思维去理解。哪怕对于单词而言，如果没有大的词典查找，单词之间的含义相关性也是很难确定的，因此，计算机处理离散符号的相关性也是困难的，何况单词是庞大的集合。

（4）组合性。人类语言具有组合性，比如藏文中字母构成音节，音节构成单词，单词构成短语，单词和短语形成句子，句子形成篇章。人在阅读理解过程中，需要超越字母和单词，看到更长的单词序列，如句子甚至整篇文章。

（5）稀疏性。上述人类语言性质的组合导致了数据的稀疏性。单词（离散符号）组合并形成意义的方式实际上是无限的。多样性和歧义性表明合法合规的句子数量是庞大的，现实生活中不可能将全部句子表达枚举出来。随便阅读一篇文章，其中很多句子是之前从没看过或者听过的，甚至许多四个单词构成的序列都是新鲜的。因此，不管是单词层面，还是句子层面，涉及的空间是巨大的，这样一个巨大的集合中，表示一个单词数据是非常稀疏的。

下面讨论自然语言处理领域中与深度学习相关的部分关键词，这些概念在统计机器学习阶段可能较少出现，仅是目前一些热搜词语，具体如下。

（1）词向量。词向量分为两种：一种为离散表示，另外一种为分布式表示。基于规则或基于统计的自然语义处理方法将单词看作一个原子符号，每个词表示一个长向量。该向量的维度是词表大小，向量中只有一个维度的值为 1，其余维度为 0，该维度就代表了当前的词，被称作 one-hot representation。深度学习中使用的是分布式表示，分布式表示将词表示成一个定长的连续的稠密向量，称为 word embedding 或词向量。词向量是训练神经网络语言模型 NNLM 过程中的附带产品，是对出现在上下文环境中词的预测，本质上也是一种对统计特征的学习。比较著名的采用神经网络生成词向量的方法有 Skip-gram、CBOW、LBL 和 GloVe 等。这种连续的稠密向量极大地缓解了自然语言的数据稀疏性问题，不仅能够计算单词之间的相似度，而且可以计算单词之间部分语义关系。通过训练的词向量输入下游任务，能够有效提高自然语言处理中的各项任务。

（2）语言模型。语言模型（Language Model，LM）就是一串词序列的概率分布，其作用是为一个长度为 n 的单词序列确定一个概率分布 P，表示这段序列存在的合理性。如果单词序列较长，联合概率 $P(w_i \mid w_1, w_2,\cdots, w_{i-1})$的计算会非常困难。因此，提出了简化模型，比如假设单词之间条件独立的词袋模型、n 元语言模型等。在 n 元语言模型中计算条件概率时，考虑当前词的前 n 个词进行计算。在 n 元语言模型中，当 n 为 1 时，称为 1 元语言模型，n 为 2 时称为 2 元模型，n 为 3 时称为 3 元模型等。实际计算过程中一般采用频率计数的比例来估算 n 元条件概率。当 n 较大时，就会存在数据稀疏问题。

神经网络语言模型能够计算任意 n 的概率，即前 $n-1$ 个词出现的条件下，预测第 n 个词出现的概率，这里 n 不作限定，并且能够解决传统方法中 n 较大时的数据稀疏问题，如 FFLM、RNNLM 等。计算 n 元语言模型时产生的词向量不仅低维紧密，而且能够蕴涵语义，为下游任务性能提升起到积极作用。

（3）预训练。利用大量无标注的自然语言文本，通过设计好的网络结构来做语言模型训练，然后预训练模型，把大量语言学知识抽取出来编码并保存到网络结构。当遇到带有标注数据的自然语言任务时，预训练网络中的语言学先验知识极大地补充该“下游任务”的各类特征，加强模型的泛化能力。几个典型代表性模型是 Word2Vec、ELMo、OpenAI GPT 和 BERT，这些模型训练得到的一套参数对“下游任务”模型进行初始化，再进行训练，使得 NLP 的各项任务效果得到了很大提升，成为 NLP 的一个重要研究方向和一种研究范式。

词向量嵌入模型（Word2Vec）的目标是专门训练词向量，出现了 CBOW、Skip-gram、Glove、Doc2Vec、FastText 等经典的传统词向量预训练方法，在训练速度、词向量效果上获得了一定程度的提升，但是以 Word2Vec 为代表的传统词向量技术并没有解决一词多义的问题。

2018 年，在 NAACL 会议上，Peters 等提出了 ELMo 预训练语言模型，使用双向 LSTM 构建语言模型能够捕捉上下文信息，具体任务中以 ELMo 预训练结果作为特征，拼接到模型的词向量输入或者是模型的最高层上。该方法解决了传统词向量中存在的一词多义问题，对不同上下文的同一个词可以实现不同的表示，因此各项 NLP 任务性能得到了明显提升。

BERT 模型是预训练中的集大成者，是预训练中的一个里程碑。它使用双向 Transformer 特征提取器，设计了更为通用的输入输出层，使做下游任务时可以更好地学习特征，使 NLP 领域迁移学习成为可能。BERT 模型提出了遮挡语言模型 MLM 和预测下一个句子任务，并加大了模型的参数量、训练数据量，在 11 个 NLP 任务上取得了最优效果，能够有效解决 NLP 的歧义性、多样性、离散性和稀疏性。

（4）表示学习。自然语言的表示学习是将不同粒度文本的潜在语法或语义特征的分布式表示，深度学习中用稠密、连续、低维的向量进行表示，不同粒度包括词语、短语、句子等。预训练技术就是一种表示学习方式。

（5）自然语言理解。自然语言理解[1]（Natural Language Understanding，NLU）是使用自然语言同计算机进行通信的技术，使计算机能理解和运用人类社会的自然语言，实现人机之间的自然语言通信。

（6）自然语言生成。自然语言生成[2]是从抽象的概念层次开始来生成文本，研究使计算机具有人一样的表达和写作的功能[3]。即能够根据一些关键信息及其在机器内部的表达形式，经过一个规划过程，来自动生成一段高质量的自然语言文本。自然语言处理包括自然语言理解和自然语言生成，热门的自动问答、机器人写作（写诗）等是自然语言生成的落地场景。

（7）知识图谱。知识图谱[4]（Knowledge Graph）是一种语义网络，用于揭示万物之间的关系，显示知识发展进程与结构关系的一系列各种不同的图形，用可视化技术描述知识资源及其载体，挖掘、分析、构建、绘制和显示知识及它们之间的相互联系。知识图谱一般包括知识获取、知识表示、知识融合和知识推理过程。

在利用深度学习研究自然语言处理的过程中，上述出现的概念不仅说明了一种发展趋势，而且代表了一种研究方向，比如预训练+下游任务成为自然语言处理的一种新的研究模式，是数据驱动的自然语言处理模式，在这种模式下自然语言处理中半监督学习、无监督学习、迁移学习等成为可能。深度学习在自然语言处理中的成功应用，使自然语言处理成为人工智能应用场景落地的重要组成部分，是认知智能的核心领域。

参考文献

[1] 黄培红. 自然语言理解的机器认知形式系统[J]. 计算机工程与科学，2007（6）：113-116.

[2] 李雪晴，王石，王朱君，等. 自然语言生成综述[J]. 计算机应用，2021，41（5）：1227-1235.

[3] 郭忠伟. 作战文书自动生成理论及方法研究[D]. 南京：南京理工大学，2003.

[4] 张吉祥，张祥森，武长旭，等. 知识图谱构建技术综述[J]. 计算机工程，2022，48（3）：23-37.

第十四章　文本自动处理技术比较

本书研究涉及藏文字处理、词处理、序列标注和句子层面的处理内容，在研究过程中作者经常参考英文信息处理和汉语信息处理的内容，在信息处理中对不同语言之间的异同有些感触。从统计机器学习的角度来看，字层面的处理区别最大，其次是词层面中词性标注和命名实体识别差别，再者是句子层面的差别。越往句子层面的处理，语言之间的共性越明显；越往字层面的处理，语言之间的个性更明显，总结起来具体如下。

第一节　字层面的处理

图 14-1 为藏文、汉文和英文字的结构特点。

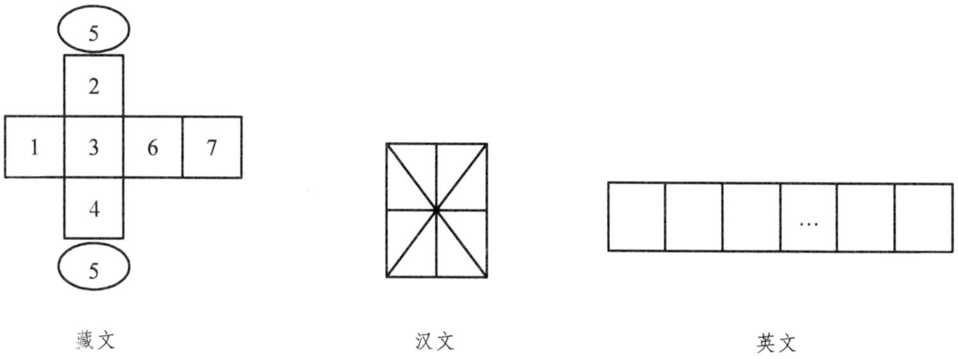

图 14-1　藏文、汉文和英文字结构特点

从图 14-1 的字结构上来看，藏文是一个二维线性结构，汉文是方块文字，英文是一维线性结构。该结构特征决定了字处理个性最明显，因而在 Windows 操作系统等中藏文列为复杂文字，在字库设计上有别于汉文和英文的设计。在字符序列的组成上，藏文音节有严格的限制规则，这些拼写规则在本书的第四章做了说明，并以这些规则为假设，设计了藏文自动拼写算法和拼写检查算法。汉字为方块文字，汉字的形体结构可以分为汉字、部件、笔画、笔形四个层次[1]。汉字是最高层次，部件是中间层次，笔画是次低层次，笔形是最低层次。汉字内部结构上分为左右、上下、左中右、上中下等 12 种结构。英文字符构成上前缀、词根和后缀的形式组成，字符组成上没有明确的限制条件。不同的字形结构决定了每个文字的独特性质。藏文也跟其他语言一样经历了字符编码、字形设计、显示和输出等字处理过程。在字处理层面与汉字不同的是，藏文音节需要拼写检查，但与英文不同，藏文拼写有许多拼写规则，这些规则决定了藏文拼写检查的特殊性。

第二节 词层面的处理

在词层面的处理上，英文与藏文不同，藏文没有天然词分界标记，而与汉文类似，涉及分词的问题。从方法上来看，藏文分词方法主要借鉴了汉语的分词方法，但从分词技术的成熟程度上讲，藏文的分词还是处于机械分词，分词准确程度也达不到较好的效果，最好的分词工具能否达到90%的准确率还是不敢定论。随着藏文信息处理技术的发展，互联网上出现了越来越丰富的藏文电子资源，为开展统计方法的藏文自然语言处理提供了数据基础。因此，目前也有基于统计方法的藏文分词研究，但还没有见到公开的分词工具。与汉语分词不同，藏语分词有以下几个难点：

（1）藏语分词规范还未明确，分词的粒度大小、切分原则还是各执其词，没有形成统一的意见，分词的准确性带来不确定的因素。

（2）藏文分词中涉及6个紧缩格的识别与还原的问题，而且有些紧缩格的切分涉及语义层面的理解，这会带来识别的困难和还原的难度，这也是识别的准确率难以提高的一个原因。在统计方法的藏文分词中，如果没有规则进行紧缩格的识别，分词准确率也会受到影响。

（3）藏文分词也跟汉语分词一样，存在交集型歧义和组合型歧义，判断歧义也可以采取汉语分词消歧的方法。藏文中交集型歧义远多于组合型歧义，但相比未登录词的识别问题，各种歧义问题就显得微不足道了。

当然藏文分词上也有它自身的一些优势，众多的格助词和虚词在语法功能上表现出显性语言特征，因此利用格助词和虚词的功能，分词切分上存在天然的界限。因此，在藏文分词算法上，人们也提出了“基于格助词和接续关系的藏文分词算法”和“格助词分块，块内分词”等策略[2]。

第三节 序列标注层面的处理

自然语言序列标注问题涉及词性标注、命名实体识别、短语标注、语义角色标注等内容。首先在词性标注上，藏文词性标注参考了汉语和英语的词类划分方法，大体上与汉语词性标注体系具有类似之处，但也有藏文特殊词类划分部分。在藏文语法中，对格助词和虚词进行了细致划分，比如可以划分为作格助词、属格助词、位格助词、饰集词、连续连词等。虽然不少研究人员提出了词类标记体系，但到目前为止，藏文词类标注体系规范还未敲定，这也成为继续研究自然语言处理的拦路虎和绊脚石。其次，在命名实体识别上，藏文与汉文、英文也有各自的区别，比如汉族人名中有姓氏等内部组成规律，英文有大写字符的边界特征；而藏文人名字符表示上没有显性特征、命名方式的随意性，产生歧义的可能性更大，识别难度更具挑战，但人作为行为的实施者导致藏文人名经常与作格助词出现在一起，为人名识别起到了辅助作用。再次，在短语标注和语义角色标注上，英文和汉文研究历史相对较长，而藏文短语标注和语义角色标注刚刚涉足，比如按照藏语的语法功能短语块定义了10种类别等。

第四节　句子层面的处理

汉语和英文的句子基本结构是S+V+O型，而藏语的句子结构是S+O+V型，始终动词出现在主语和宾语之后，因此在语序表示上藏文有自身的特点。在藏文句法分析中，动词讨论较多，分为及物动词和不及物动词，并通过能所关系来分析动词的各种形态变化，比如过去时、现在时、将来时等的动词形态，这类似于英语的动词形态变化。但在分析方法上不同于英文的语法形式，动词的能所关系是藏文动词形态分析的主要手段。

从选择处理方法的角度来看，如果在方法上追求语言的个性特征，可能在基于规则的方法上考虑更多一些，如果追求语言共性特征，可能在统计方法上考虑多一些。语言处理上个性和共性关系如图14-2所示。

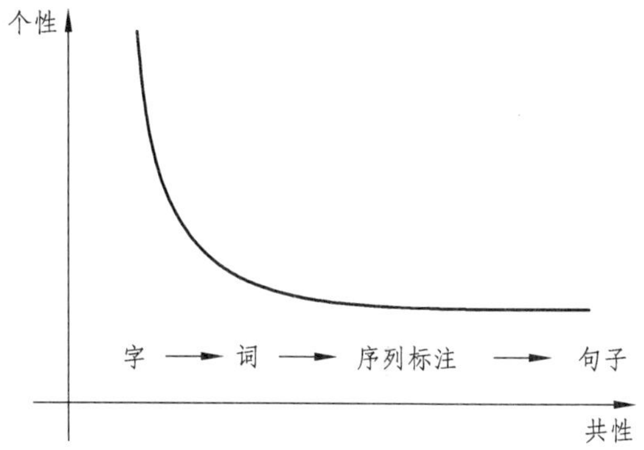

图14-2　自然语言处理上个性和共性关系

从研究力量、研究基础上比较，藏文自然语言处理有以下几个不同：

（1）从研究力量上来看，长期从事藏文自然语言处理的研究机构大都分布在祖国边疆，分布在欠发达地区，因此研究人员少、力量单薄、水平有限，跟不上汉语自然语言处理的水平，新技术的应用能力跟进程度也受到限制。

（2）从研究基础上来看，当藏文在计算机上显示、输入和输出上"苦苦挣扎"的时候，汉语已经在分词、序列标注、语料库建设、信息抽取、信息检索等很多研究领域遍地开花。目前，藏文自然语言处理在各个研究方向上都有涉猎，但是研究的深入程度、技术跟进水平还满足不了应用需求。另外，分词准确率还有待进一步提高，词性标注的研究还需要进一步深入。分词和词性标注工具的成熟，有利于其他研究方向的顺利开展，能够解决研究藏文自然语言处理的瓶颈。另外，目前还缺少公开的、标准的藏文语料，使得很多有志研究藏文信息处理的人员感到举步维艰，这是研究藏文信息处理的又一瓶颈，也是不同于其他语言信息处理的现状和难点。

本书主要研究了藏文文本处理的内容，包括藏文音节拼写检查、自动校对、停用词处理、人名识别等一些文本处理的关键技术。结合本书的研究，在未来研究过程中主要从以下几个方面开展研究：一是藏文自动校对方法上，本书主要采用了规则方法的文本校对技术，后续可以考虑借助机器学习方法来开展藏文查错和自动校对的研究；二是在人名识别的基础上拓宽实体类型，研究其他命名实体的识别，在方法上除了 CRF 和深度学习之外，探讨其他机器学习方法的有效性；三是继续研究机器学习方法，特别是深度学习方法处理藏文自然语言的各项任务，比如藏文词性标注、短语标注、语义角色标注等内容；四是继续研究深度学习的其他模型处理藏文自然语言的各项任务，研究 RNN、LSTM 等模型处理藏文词性标注等内容。

总之，在藏文信息处理研究领域，需要研究的内容不少，需要深化的内容也不少，在此领域从事研究的人员任重而道远。

“路曼曼其修远兮，吾将上下而求索”。

参考文献

[1] 汤可敬. 说文解字今释[M]. 长沙：岳麓书社，1997.

[2] 陈玉忠，李保利，俞士汶，等. 基于格助词和接续特征的藏文自动分词方案[C]. 北京：第一届学生计算语言学研讨会，2002.

附　录

藏文字符编码统计、藏文音节构件统计和藏文音节统计包含了政治、宗教、历史、文学、艺术、新闻等 6.48 GB 语料，语料采用藏文字符编码 Unicode 标准，用文本文件形式存储。编码统计中编码范围为 0F00 ~ 0FFF，字符编码位总计 256 个，目前已经占位字符有 211 个，在 Windows10 符号系统中 0FD5 ~ 0FD8 还未能正常显示。通过统计可以看出，目前藏文字符编码使用的现状以及使用的频次，也可以为藏文字符编码的优化提供参考和借鉴，参见表 1。在藏文音节构件统计中，需要识别藏文音节构件，因此构件识别算法中首先剔除梵音转写藏文字符，在此基础上识别藏文音节的前加字、上加字、基字、元音、下加字、后加字和再后加字构件。完成构件识别之后再进行每个构件字符的统计，参见附录二。藏文音节统计过程分两部分进行，首先统计由藏文语法规则自动生成的藏文音节，其次统计非自动生成的藏文音节，包括梵音转写藏文等。将输入的藏文文本，通过音节分隔符分成若干音节序列，其中，音节分割符包括藏文音节点“་”、藏文句子分隔符“།”，其他藏文分隔符如ༀ、༂、༆等，另外还有中文、英文等非藏文编码区的字符。统计过程中对音节进行是否属于自动生成藏文音节集合的判断，如果是进行频数统计，参见附录三；否则再与梵音转写藏文词典进行匹配，统计梵音转写藏文频数，参见附录四。附录三中有些音节存在两种频数，但是编码是不同的，例如 0F62 和 0F6A 形态相似而编码不同；另外有些合乎规则的音节反而没有频数，这些现象有待语言学家深入挖掘和分析。剩余的大量音节中存在许多错误音节，而且频数很低，因此去掉了低于 100 个频数的非自动生成的藏文音节，保留高频音节。这些藏文中，许多音节是带有黏着词的音节，参见附录五。

附录一　藏文字符编码统计表

表 1　藏文字符编码

字符	编码	数量	字符	编码	数量	字符	编码	数量
ༀ	\uf00	3950	༊	\uf0a	190	༔	\uf14	156848
༁	\uf01	325	་	\uf0b	758085316	༕	\uf15	458
༂	\uf02	356	༌	\uf0c	1479585	༖	\uf16	399
༃	\uf03	196	།	\uf0d	73402790	༗	\uf17	2900
༄	\uf04	489201	༎	\uf0e	61874	◌༘	\uf18	1
༅	\uf05	486776	༏	\uf0f	225	◌༙	\uf19	246
༆	\uf06	693	༐	\uf10	68	༚	\uf1a	148
༇	\uf07	495	༑	\uf11	72379	༛	\uf1b	24
༈	\uf08	50548	༒	\uf12	178	༜	\uf1c	1076
༉	\uf09	2	༓	\uf13	124	༝	\uf1d	1419

续表

字符	编码	数量	字符	编码	数量	字符	编码	数量
༞	\uf1e	586	ག	\uf42	175755312	ཧ	\uf67	2817227
༟	\uf1f	121	གྷ	\uf43	1854	ཨ	\uf68	3195119
༠	\uf20	656385	ང	\uf44	115479959	ཀྵ	\uf69	4948
༡	\uf21	696950	ཅ	\uf45	15072842	ཪ	\uf6a	86003
༢	\uf22	471964	ཆ	\uf46	21271461	ཫ	\uf6b	0
༣	\uf23	290945	ཇ	\uf47	5370585	ཬ	\uf6c	0
༤	\uf24	159563	ཉ	\uf49	11681961	ཱ	\uf71	1121620
༥	\uf25	170427	ཊ	\uf4a	111655	ི	\uf72	173245721
༦	\uf26	184068	ཋ	\uf4b	3747	ཱི	\uf73	245
༧	\uf27	190474	ཌ	\uf4c	91217	ུ	\uf74	102551259
༨	\uf28	232937	ཌྷ	\uf4d	101	ཱུ	\uf75	10206
༩	\uf29	274348	ཎ	\uf4e	220196	ྲྀ	\uf76	2342
༪	\uf2a	128	ཏ	\uf4f	13571544	ཷ	\uf77	2
༫	\uf2b	33	ཐ	\uf50	18447578	ླྀ	\uf78	55
༬	\uf2c	42	ད	\uf51	156159349	ཹ	\uf79	2
༭	\uf2d	1	དྷ	\uf52	3865	ེ	\uf7a	89608614
༮	\uf2e	42	ན	\uf53	108313222	ཻ	\uf7b	25494
༯	\uf2f	4	པ	\uf54	61650364	ོ	\uf7c	161839184
༰	\uf30	34	ཕ	\uf55	15649459	ཽ	\uf7d	30172
༱	\uf31	12	བ	\uf56	134096535	ཾ	\uf7e	145719
༲	\uf32	451	བྷ	\uf57	10264	ཿ	\uf7f	71830
༳	\uf33	280	མ	\uf58	88545323	ྀ	\uf80	56641
༴	\uf34	19747	ཙ	\uf59	4461791	ཱྀ	\uf81	30
༵	\uf35	41601	ཚ	\uf5a	25299299	ྂ	\uf82	1791
༶	\uf36	10	ཛ	\uf5b	5719767	ྃ	\uf83	56987
༷	\uf37	309276	ཛྷ	\uf5c	107	྄	\uf84	51789
༸	\uf38	6209	ཝ	\uf5d	526589	྅	\uf85	2588
༹	\uf39	456	ཞ	\uf5e	25288967	྆	\uf86	295
༺	\uf3a	34	ཟ	\uf5f	12312700	྇	\uf87	65671
༻	\uf3b	218	འ	\uf60	93606377	ྈ	\uf88	628
༼	\uf3c	405707	ཡ	\uf61	27943807	ྉ	\uf89	429
༽	\uf3d	392958	ར	\uf62	124425326	ྊ	\uf8a	2
༾	\uf3e	1040	ལ	\uf63	81276713	ྋ	\uf8b	1035
༿	\uf3f	979	ཤ	\uf64	11811299	ྌ	\uf8c	0
ཀ	\uf40	25928022	ཥ	\uf65	32945	ྍ	\uf8d	0
ཁ	\uf41	28813653	ས	\uf66	234418373	ྎ	\uf8e	4

续表

字符	编码	数量	字符	编码	数量	字符	编码	数量
[illegible]	\uf8f	0	[illegible]	\ufa9	8325117	[illegible]	\ufc2	136
[illegible]	\uf90	15854769	[illegible]	\ufaa	7650	[illegible]	\ufc3	2
[illegible]	\uf91	666	[illegible]	\ufab	2035402	[illegible]	\ufc4	429
[illegible]	\uf92	24810397	[illegible]	\ufac	21	[illegible]	\ufc5	10
[illegible]	\uf93	55	[illegible]	\ufad	1700676	[illegible]	\ufc6	462
[illegible]	\uf94	5152840	[illegible]	\ufae	308	[illegible]	\ufc7	14
[illegible]	\uf95	506431	[illegible]	\ufaf	23	[illegible]	\ufc8	2
[illegible]	\uf96	64	[illegible]	\ufb0	45671	[illegible]	\ufc9	312
[illegible]	\uf97	5468586	[illegible]	\ufb1	93019691	[illegible]	\ufca	7
[illegible]	\uf99	4851452	[illegible]	\ufb2	49981918	[illegible]	\ufcb	1
[illegible]	\uf9a	10223	[illegible]	\ufb3	15144326	[illegible]	\ufcc	0
[illegible]	\uf9b	3283	[illegible]	\ufb4	3399	×○	\ufce	18
[illegible]	\uf9c	56410	[illegible]	\ufb5	15355	[illegible]	\ufcf	432
[illegible]	\uf9d	11	[illegible]	\ufb6	2477	[illegible]	\ufd0	2534
[illegible]	\uf9e	7474	[illegible]	\ufb7	4063459	[illegible]	\ufd1	340
[illegible]	\uf9f	16020738	[illegible]	\ufb8	104	[illegible]	\ufd2	54
[illegible]	\ufa0	4797	[illegible]	\ufb9	81	[illegible]	\ufd3	0
[illegible]	\ufa1	8397345	[illegible]	\ufba	1340	[illegible]	\ufd4	0
[illegible]	\ufa2	393	[illegible]	\ufbb	3854	卐	\ufd5	0
[illegible]	\ufa3	6227011	[illegible]	\ufbc	2189	卍	\ufd6	0
[illegible]	\ufa4	7724155	×	\ufbe	1930	[illegible]	\ufd7	0
[illegible]	\ufa5	336689	※	\ufbf	4	[illegible]	\ufd8	0
[illegible]	\ufa6	2451535	○	\ufc0	0	[illegible]	\ufd9	0
[illegible]	\ufa7	149	○	\ufc1	0	[illegible]	\ufda	0
[illegible]	\ufa8	3152137						

附录二　藏文音节构件统计表

（1）5 个前加字（表 2）

表 2　前加字

前加字	ད	བ	མ	འ	ག	None
频次	21818521	41977828	20041684	45785727	38578547	620231052

（2）3 个上加字（表 3）

表 3　上加字

上加字	ར	ལ	ས	None
频次	42751223	13214797	55663006	676804333

（3）30 个基字（表 4）

表 4　基字

基字	ཀ	ཁ	ག	འ	ང	བ	ཅ
频次	40750893	28115928	80153577	2390063	15695517	62589334	15199649
基字	ཆ	ཇ	ཉ	ཏ	ཐ	ད	ན
频次	20574629	10670446	16373276	28967342	18098188	77597088	37872349
基字	པ	ཕ	མ	ཙ	ཚ	ཛ	ཝ
频次	53878989	15383721	36105833	12072796	24456864	7650709	401536
基字	ཞ	ཟ	ཡ	ར	ལ	ཤ	ས
频次	24498873	12089568	27601179	26593559	35529917	11597473	37278716
基字	ཧ	ཨ					
频次	5323783	2921564					

（4）4 个下加字（表 5）

表 5　下加字

下加字	◌ྱ	◌ྲ	◌ླ	None
频次	91213058	47752260	14884117	634583924

（5）5 个元音（表 6）

表 6　元音

元音	◌ི	◌ུ	◌ེ	◌ོ	None
频次	135776379	96497161	86268584	154719950	315171285

（6）10 个后加字（表 7）

表 7 后加字

后加字	ག	ང	ད	ན	བ	མ
频次	78207158	103290063	61897619	75781527	23565570	32070788
后加字	འ	ར	ལ	ས	None	
频次	5116174	52618669	30419372	81299728	244098799	

（7）2 个再后加字（表 8）

表 8 再后加字

再后加字	ས	ད	None
频次	57324638	9561	731099160

附录三 自动生成的藏文音节统计表

音节，频次
ཀ,695827
ཀག,1022
ཀགས,5
ཀང,42127
ཀངས,2
ཀད,533
ཀན,121408
ཀནད,2
ཀབ,508
ཀབས,6
ཀམ,1791
ཀམས,41
ཀའ,276
ཀར,116727
ཀརད,0
ཀལ,3055
ཀལད,0
ཀས,16151
ཀི,107181
ཀིག,66
ཀིགས,0
ཀིང,293
ཀིངས,4
ཀིད,34
ཀིན,10321
ཀིནད,0
ཀིབ,1
ཀིབས,0
ཀིམ,421
ཀིམས,0
ཀིའ,12
ཀིར,3329
ཀིརད,0
ཀིལ,63
ཀིལད,0
ཀིས,2546
ཀུ,62079
ཀུག,643
ཀུགས,37
ཀུང,117697
ཀུངས,48
ཀུད,243
ཀུན,820021
ཀུནད,209
ཀུབ,737
ཀུབས,0
ཀུམ,4137
ཀུམས,6
ཀུའ,3
ཀུར,1035
ཀུརད,0
ཀུལ,130
ཀུལད,0
ཀུས,384
ཀེ,27582
ཀེག,708
ཀེགས,64
ཀེང,6633
ཀེངས,2
ཀེད,29
ཀེན,3793
ཀེནད,0
ཀེབ,15
ཀེབས,5
ཀེམ,2602
ཀེམས,4
ཀེའ,1
ཀེར,6149
ཀེརད,0
ཀེལ,513
ཀེལད,0
ཀེས,225
ཀོ,55627
ཀོག,10988
ཀོགས,5
ཀོང,75380
ཀོངས,10
ཀོད,136
ཀོན,38804
ཀོནད,0
ཀོབ,270
ཀོབས,1
ཀོམ,120
ཀོམས,2
ཀོའ,3
ཀོར,10877
ཀོརད,0
ཀོལ,301
ཀོལད,0
ཀོས,17684
ཀྱ,18398
ཀྱག,8246
ཀྱགས,4
ཀྱང,1701496
ཀྱངས,38
ཀྱད,98
ཀྱན,139
ཀྱནད,2
ཀྱབ,58
ཀྱབས,2
ཀྱམ,62
ཀྱམས,7
ཀྱའ,3
ཀྱར,442
ཀྱརད,0
ཀྱལ,2345
ཀྱལད,0
ཀྱས,287
ཀྱི,11016943
ཀྱིག,258
ཀྱིགས,5
ཀྱིང,175
ཀྱིངས,0
ཀྱིད,222
ཀྱིན,138671
ཀྱིནད,5
ཀྱིབ,19
ཀྱིབས,0
ཀྱིམ,86
ཀྱིམས,4
ཀྱིའ,19
ཀྱིར,613
ཀྱིརད,0
ཀྱིལ,71
ཀྱིལད,0
ཀྱིས,2718914
ཀྱུ,10031
ཀྱུག,481
ཀྱུགས,14
ཀྱུང,125
ཀྱུངས,1
ཀྱུད,2
ཀྱུན,271
ཀྱུནད,0
ཀྱུབ,0
ཀྱུབས,0
ཀྱུམ,2
ཀྱུམས,0
ཀྱུའ,1
ཀྱུར,1470
ཀྱུརད,0
ཀྱུལ,10
ཀྱུལད,0
ཀྱུས,1889
ཀྱེ,41936
ཀྱེག,0
ཀྱེགས,2
ཀྱེང,6
ཀྱེངས,0
ཀྱེད,225
ཀྱེན,64
ཀྱེནད,0
ཀྱེབ,0
ཀྱེབས,0
ཀྱེམ,18
ཀྱེམས,0
ཀྱེའ,2
ཀྱེར,95
ཀྱེརད,0
ཀྱེལ,9
ཀྱེལད,0
ཀྱེས,106
ཀྱོ,1815
ཀྱོག,13574
ཀྱོགས,27
ཀྱོང,340
ཀྱོངས,0
ཀྱོད,64
ཀྱོན,120
ཀྱོནད,0
ཀྱོབ,1
ཀྱོབས,0
ཀྱོམ,188
ཀྱོམས,0
ཀྱོའ,0
ཀྱོར,105
ཀྱོརད,0
ཀྱོལ,37
ཀྱོལད,0
ཀྱོས,46
ཀྲ,10894
ཀྲག,101
ཀྲགས,4
ཀྲང,266683
ཀྲངས,5
ཀྲད,644
ཀྲན,14751
ཀྲནད,0
ཀྲབ,726
ཀྲབས,0
ཀྲམ,153
ཀྲམས,4
ཀྲའ,11
ཀྲར,204
ཀྲརད,0
ཀྲལ,21
ཀྲལད,0
ཀྲས,231
ཀྲི,55860
ཀྲིག,18218
ཀྲིགས,7
ཀྲིང,626
ཀྲིངས,0
ཀྲིད,29
ཀྲིན,61601
ཀྲིནད,0
ཀྲིབ,2
ཀྲིབས,0
ཀྲིམ,7
ཀྲིམས,3
ཀྲིའ,0
ཀྲིར,1184
ཀྲིརད,0
ཀྲིལ,24
ཀྲིལད,0
ཀྲིས,2321
ཀྲུ,4197
ཀྲུག,860
ཀྲུགས,27
ཀྲུང,1523299
ཀྲུངས,2
ཀྲུད,1
ཀྲུན,610
ཀྲུནད,0
ཀྲུབ,12
ཀྲུབས,0
ཀྲུམ,473
ཀྲུམས,15
ཀྲུའ,191
ཀྲུར,48
ཀྲུརད,0
ཀྲུལ,4
ཀྲུལད,0
ཀྲུས,147
ཀྲེ,15270
ཀྲེག,11
ཀྲེགས,0
ཀྲེང,12522
ཀྲེངས,1
ཀྲེད,88
ཀྲེན,11192
ཀྲེནད,0
ཀྲེབ,0
ཀྲེབས,0
ཀྲེམ,467

ཀྲེམས,0	ཀླིགས,5	ཀླེམས,0	དཀིང,0	དཀེའ,0	དཀྲིང,2
ཀྲེའ,6	ཀླིང,102	ཀླེའ,0	དཀིངས,0	དཀེར,4	དཀྲིངས,0
ཀྲེར,626	ཀླིངས,0	ཀླེར,0	དཀིད,0	དཀེརད,0	དཀྲིད,43
ཀྲེརད,0	ཀླིད,0	ཀླེརད,0	དཀིན,0	དཀེལ,0	དཀྲིན,2
ཀྲེལ,4	ཀླིན,2	ཀླེལ,0	དཀིནད,0	དཀེལད,0	དཀྲིནད,0
ཀྲེལད,0	ཀླིནད,0	ཀླེལད,0	དཀིབ,0	དཀེས,0	དཀྲིབ,0
ཀྲེས,327	ཀླིབ,0	ཀླེས,17	དཀིབས,0	དཀོ,118	དཀྲིབས,0
ཀྲོ,4085	ཀླིབས,0	ཀློ,4962	དཀིམ,0	དཀོག,14	དཀྲིམ,0
ཀྲོག,2897	ཀླིམ,1	ཀློག,814336	དཀིམས,0	དཀོགས,0	དཀྲིམས,0
ཀྲོགས,19	ཀླིམས,0	ཀློགས,4707	དཀིའ,0	དཀོང,11	དཀྲིའ,0
ཀྲོང,16835	ཀླིའ,0	ཀློང,67060	དཀིར,0	དཀོངས,9	དཀྲིར,66
ཀྲོངས,47	ཀླིར,0	ཀློངས,279	དཀིརད,0	དཀོད,260	དཀྲིརད,0
ཀྲོད,99	ཀླིརད,0	ཀློད,967	དཀིལ,1	དཀོན,113041	དཀྲིལ,165744
ཀྲོན,5844	ཀླིལ,0	ཀློན,48	དཀིལད,0	དཀོནད,101	དཀྲིལད,0
ཀྲོནད,0	ཀླིལད,0	ཀློནད,0	དཀིས,1	དཀོབ,1	དཀྲིས,560
ཀྲོབ,9	ཀླིས,3	ཀློབ,3	དཀུ,1561	དཀོབས,0	དཀྲུ,760
ཀྲོབས,0	ཀླུ,145837	ཀློབས,0	དཀུག,28	དཀོམ,472	དཀྲུག,12
ཀྲོམ,73	ཀླུག,10	ཀློམ,7	དཀུགས,14	དཀོམས,0	དཀྲུགས,10
ཀྲོམས,0	ཀླུགས,39	ཀློམས,0	དཀུང,0	དཀོའ,1	དཀྲུང,11
ཀྲོའ,9	ཀླུང,53060	ཀློའ,15	དཀུངས,0	དཀོར,5379	དཀྲུངས,9
ཀྲོར,13	ཀླུངས,2226	ཀློར,140	དཀུད,4	དཀོརད,1	དཀྲུད,2
ཀྲོརད,0	ཀླུད,139	ཀློརད,0	དཀུན,19	དཀོལ,141	དཀྲུན,1
ཀྲོལ,1268	ཀླུན,10	ཀློལ,3	དཀུནད,0	དཀོལད,0	དཀྲུནད,0
ཀྲོལད,0	ཀླུནད,0	ཀློལད,0	དཀུབ,0	དཀོས,156	དཀྲུབ,0
ཀྲོས,70	ཀླུབ,307	ཀློས,200	དཀུབས,0	དཀྲ,129	དཀྲུབས,0
ཀླ,7110	ཀླུབས,824	དཀག,592	དཀུམ,12	དཀྲག,5	དཀྲུམ,1
ཀླག,1433	ཀླུམ,530	དཀགས,11	དཀུམས,0	དཀྲགས,37	དཀྲུམས,0
ཀླགས,513	ཀླུམས,7	དཀང,41	དཀུའ,133	དཀྲང,2	དཀྲུའ,0
ཀླང,72	ཀླུའ,7	དཀངས,0	དཀུར,317	དཀྲངས,0	དཀྲུར,33
ཀླངས,10	ཀླུར,166	དཀད,30	དཀུརད,0	དཀྲད,1	དཀྲུརད,0
ཀླད,61677	ཀླུརད,0	དཀན,598	དཀུལ,0	དཀྲན,1	དཀྲུལ,233
ཀླན,4249	ཀླུལ,3	དཀནད,0	དཀུལད,0	དཀྲནད,0	དཀྲུལད,0
ཀླནད,3	ཀླུལད,0	དཀབ,5	དཀུས,13	དཀྲབ,1	དཀྲུས,28506
ཀླབ,8	ཀླུས,888	དཀབས,3	དཀེ,1	དཀྲབས,2	དཀྲེ,31
ཀླབས,1	ཀླེ,213	དཀམ,1	དཀེག,0	དཀྲམ,0	དཀྲེག,0
ཀླམ,34	ཀླེག,16	དཀམས,0	དཀེགས,0	དཀྲམས,0	དཀྲེགས,0
ཀླམས,0	ཀླེགས,27	དཀའ,372879	དཀེང,0	དཀྲའ,0	དཀྲེང,0
ཀླའ,0	ཀླེང,7	དཀར,758474	དཀེངས,0	དཀྲར,4	དཀྲེངས,0
ཀླར,3	ཀླེངས,2	དཀརད,2	དཀེད,0	དཀྲརད,0	དཀྲེད,50
ཀླརད,0	ཀླེད,1	དཀལ,176	དཀེན,0	དཀྲལ,76	དཀྲེན,0
ཀླལ,24	ཀླེན,119	དཀལད,0	དཀེནད,0	དཀྲལད,0	དཀྲེནད,0
ཀླལད,0	ཀླེནད,0	དཀས,227	དཀེབ,0	དཀྲས,5	དཀྲེབ,0
ཀླས,4531	ཀླེབ,9	དཀི,1	དཀེབས,0	དཀྲི,273	དཀྲེབས,4
ཀླི,68	ཀླེབས,0	དཀིག,0	དཀེམ,0	དཀྲིག,14	དཀྲེམ,0
ཀླིག,8	ཀླེམ,0	དཀིགས,0	དཀེམས,0	དཀྲིགས,53	དཀྲེམས,0

དཀྱེའ,0
དཀྱེར,0
དཀྱེརད,0
དཀྱེལ,11043
དཀྱེལད,0
དཀྱེས,75
དཀྱོ,4
དཀྱོག,2069
དཀྱོགས,3998
དཀྱོང,0
དཀྱོངས,2
དཀྱོད,0
དཀྱོན,9
དཀྱོནད,0
དཀྱོབ,0
དཀྱོབས,1
དཀྱོམ,2
དཀྱོམས,5
དཀྱོའ,0
དཀྱོར,13
དཀྱོརད,0
དཀྱོལ,13
དཀྱོལད,0
དཀྱོས,0
དཀྲ,82
དཀྲག,22
དཀྲགས,3
དཀྲང,0
དཀྲངས,0
དཀྲད,3
དཀྲན,1
དཀྲནད,0
དཀྲབ,15
དཀྲབས,1
དཀྲམ,15
དཀྲམས,31
དཀྲའ,4
དཀྲར,3
དཀྲརད,0
དཀྲལ,83
དཀྲལད,0
དཀྲས,8
དཀྲི,5771
དཀྲིག,509
དཀྲིགས,2490
དཀྲིང,2
དཀྲིངས,0
དཀྲིད,10
དཀྲིན,5
དཀྲིནད,0
དཀྲིབ,0
དཀྲིབས,3
དཀྲིམ,0
དཀྲིམས,2
དཀྲིའ,0
དཀྲིར,19
དཀྲིརད,0
དཀྲིལ,25
དཀྲིལད,0
དཀྲིས,19179
དཀྲུ,176
དཀྲུག,8551
དཀྲུགས,11609
དཀྲུང,603
དཀྲུངས,20
དཀྲུད,0
དཀྲུན,4
དཀྲུནད,0
དཀྲུབ,4
དཀྲུབས,0
དཀྲུམ,210
དཀྲུམས,44
དཀྲུའ,0
དཀྲུར,0
དཀྲུརད,0
དཀྲུལ,12
དཀྲུལད,0
དཀྲུས,286
དཀྲེ,22
དཀྲེག,0
དཀྲེགས,0
དཀྲེང,0
དཀྲེངས,0
དཀྲེད,0
དཀྲེན,0
དཀྲེནད,0
དཀྲེབ,0
དཀྲེབས,0
དཀྲེམ,0
དཀྲེམས,0
དཀྲེའ,0
དཀྲེར,0
དཀྲེརད,0
དཀྲེལ,1
དཀྲེལད,0
དཀྲེས,116
དཀྲོ,29
དཀྲོག,6816
དཀྲོགས,8270
དཀྲོང,218
དཀྲོངས,812
དཀྲོད,60
དཀྲོན,5
དཀྲོནད,0
དཀྲོབ,0
དཀྲོབས,0
དཀྲོམ,4
དཀྲོམས,0
དཀྲོའ,0
དཀྲོར,2
དཀྲོརད,0
དཀྲོལ,19382
དཀྲོལད,5
དཀྲོས,2
བཀག,129134
བཀགས,219
བཀང,15588
བཀངས,471
བཀད,1553
བཀན,1743
བཀནད,19
བཀབ,8911
བཀབས,183
བཀམ,9
བཀམས,0
བཀའ,377092
བཀར,15677
བཀརད,39
བཀལ,17439
བཀལད,18
བཀས,14793
བཀི,6
བཀིག,1
བཀིགས,0
བཀིང,0
བཀིངས,0
བཀིད,0
བཀིན,0
བཀིནད,0
བཀིབ,0
བཀིབས,0
བཀིམ,0
བཀིམས,0
བཀིའ,0
བཀིར,0
བཀིརད,0
བཀིལ,11
བཀིལད,0
བཀིས,0
བཀུ,327
བཀུག,16398
བཀུགས,2189
བཀུང,9
བཀུངས,0
བཀུད,6
བཀུན,57
བཀུནད,0
བཀུབ,0
བཀུབས,1
བཀུམ,2155
བཀུམས,412
བཀུའ,1
བཀུར,99337
བཀུརད,9
བཀུལ,72
བཀུལད,0
བཀུས,317
བཀེ,0
བཀེག,2
བཀེགས,0
བཀེང,3
བཀེངས,0
བཀེད,6
བཀེན,22
བཀེནད,0
བཀེབ,4
བཀེབས,2
བཀེམ,0
བཀེམས,0
བཀེའ,0
བཀེར,54
བཀེརད,0
བཀེལ,60
བཀེལད,0
བཀེས,3
བཀོ,1003
བཀོག,2829
བཀོགས,73
བཀོང,727
བཀོངས,23
བཀོད,655096
བཀོན,730
བཀོནད,1
བཀོབ,2
བཀོབས,0
བཀོམ,0
བཀོམས,0
བཀོའ,8
བཀོར,143
བཀོརད,0
བཀོལ,327302
བཀོལད,28
བཀོས,299
བཀྱ,17
བཀྱག,3852
བཀྱགས,6307
བཀྱང,12
བཀྱངས,18
བཀྱད,0
བཀྱན,3
བཀྱནད,0
བཀྱབ,1
བཀྱབས,0
བཀྱམ,3
བཀྱམས,2
བཀྱའ,2
བཀྱར,4
བཀྱརད,0
བཀྱལ,184
བཀྱལད,1
བཀྱས,0
བཀྱི,26
བཀྱིག,543
བཀྱིགས,1276
བཀྱིང,0
བཀྱིངས,0
བཀྱིད,3
བཀྱིན,2
བཀྱིནད,0
བཀྱིབ,0
བཀྱིབས,0
བཀྱིམ,0
བཀྱིམས,0
བཀྱིའ,0
བཀྱིར,0
བཀྱིརད,0
བཀྱིལ,9
བཀྱིལད,0
བཀྱིས,44
བཀྱུ,10
བཀྱུག,4
བཀྱུགས,2
བཀྱུང,0
བཀྱུངས,0
བཀྱུད,0
བཀྱུན,0
བཀྱུནད,0
བཀྱུབ,0
བཀྱུབས,0
བཀྱུམ,0
བཀྱུམས,0
བཀྱུའ,0
བཀྱུར,3
བཀྱུརད,0
བཀྱུལ,1
བཀྱུལད,0
བཀྱུས,94
བཀྱེ,2611
བཀྱེག,0
བཀྱེགས,27
བཀྱེང,0
བཀྱེངས,4
བཀྱེད,5317
བཀྱེན,1
བཀྱེནད,0
བཀྱེབ,0
བཀྱེབས,1
བཀྱེམ,1
བཀྱེམས,0
བཀྱེའ,4

བཀྱེར,37
བཀྱེརད,0
བཀྱེལ,15
བཀྱེལད,0
བཀྱེས,976
བཀྱོ,11
བཀྱོག,42
བཀྱོགས,22
བཀྱོང,0
བཀྱོངས,0
བཀྱོད,1
བཀྱོན,3222
བཀྱོནད,5
བཀྱོབ,0
བཀྱོབས,0
བཀྱོམ,3
བཀྱོམས,0
བཀྱོའ,0
བཀྱོར,0
བཀྱོརད,0
བཀྱོལ,0
བཀྱོལད,0
བཀྱོས,0
བཀྲ,279468
བཀྲག,11336
བཀྲགས,562
བཀྲང,27
བཀྲངས,9
བཀྲད,106
བཀྲན,33
བཀྲནད,0
བཀྲབ,189
བཀྲབས,374
བཀྲམ,23009
བཀྲམས,8813
བཀྲའ,137
བཀྲར,204
བཀྲརད,0
བཀྲལ,5710
བཀྲལད,3
བཀྲས,3750
བཀྲི,3165
བཀྲིག,4
བཀྲིགས,18
བཀྲིང,0
བཀྲིངས,2
བཀྲིད,167
བཀྲིན,186
བཀྲིནད,0
བཀྲིབ,1
བཀྲིབས,6
བཀྲིམ,0
བཀྲིམས,0
བཀྲིའ,0
བཀྲིར,80
བཀྲིརད,0
བཀྲིལ,0
བཀྲིལད,0
བཀྲིས,2832
བཀྲུ,11202
བཀྲུག,64
བཀྲུགས,68
བཀྲུང,20
བཀྲུངས,6
བཀྲུད,2
བཀྲུན,22
བཀྲུནད,1
བཀྲུབ,11
བཀྲུབས,0
བཀྲུམ,16
བཀྲུམས,13
བཀྲུའ,1
བཀྲུར,36
བཀྲུརད,0
བཀྲུལ,8
བཀྲུལད,0
བཀྲུས,11461
བཀྲེ,19
བཀྲེག,1
བཀྲེགས,3
བཀྲེང,2
བཀྲེངས,0
བཀྲེད,1
བཀྲེན,1484
བཀྲེནད,1
བཀྲེབ,0
བཀྲེབས,0
བཀྲེམ,13
བཀྲེམས,0
བཀྲེའ,0
བཀྲེར,0
བཀྲེརད,0
བཀྲེལ,8
བཀྲེལད,0
བཀྲེས,8287
བཀྲོ,16
བཀྲོག,31
བཀྲོགས,95
བཀྲོང,412
བཀྲོངས,7191
བཀྲོད,32
བཀྲོན,2
བཀྲོནད,0
བཀྲོབ,0
བཀྲོབས,4
བཀྲོམ,2
བཀྲོམས,3
བཀྲོའ,0
བཀྲོར,0
བཀྲོརད,0
བཀྲོལ,9300
བཀྲོལད,12
བཀྲོས,258
བཀླ,862
བཀླག,12088
བཀླགས,60893
བཀླང,1
བཀླངས,2
བཀླད,6
བཀླན,15
བཀླནད,0
བཀླབ,2
བཀླབས,17
བཀླམ,1
བཀླམས,8
བཀླའ,0
བཀླར,1
བཀླརད,0
བཀླལ,1
བཀླལད,0
བཀླས,32
བཀླི,0
བཀླིག,0
བཀླིགས,0
བཀླིང,0
བཀླིངས,0
བཀླིད,0
བཀླིན,0
བཀླིནད,0
བཀླིབ,0
བཀླིབས,0
བཀླིམ,0
བཀླིམས,0
བཀླིའ,0
བཀླིར,0
བཀླིརད,0
བཀླིལ,0
བཀླིལད,0
བཀླིས,0
བཀླུ,6
བཀླུག,0
བཀླུགས,13
བཀླུང,0
བཀླུངས,2
བཀླུད,0
བཀླུན,0
བཀླུནད,0
བཀླུབ,107
བཀླུབས,4622
བཀླུམ,0
བཀླུམས,18
བཀླུའ,0
བཀླུར,0
བཀླུརད,0
བཀླུལ,0
བཀླུལད,0
བཀླུས,7
བཀླེ,0
བཀླེག,0
བཀླེགས,82
བཀླེང,0
བཀླེངས,0
བཀླེད,0
བཀླེན,0
བཀླེནད,0
བཀླེབ,0
བཀླེབས,0
བཀླེམ,0
བཀླེམས,0
བཀླེའ,0
བཀླེར,0
བཀླེརད,0
བཀླེལ,0
བཀླེལད,0
བཀླེས,0
བཀློ,0
བཀློག,340
བཀློགས,294
བཀློང,0
བཀློངས,1
བཀློད,3
བཀློན,0
བཀློནད,0
བཀློབ,0
བཀློབས,0
བཀློམ,0
བཀློམས,0
བཀློའ,0
བཀློར,0
བཀློརད,0
བཀློལ,0
བཀློལད,0
བཀློས,0
རྐ,6332
རྐག,14
རྐགས,0
རྐང,326678
རྐངས,13
རྐད,66
རྐན,4144
རྐནད,0
རྐབ,43
རྐབས,4
རྐམ,365
རྐམས,6
རྐའ,0
རྐར,25
རྐརད,0
རྐལ,14
རྐལད,0
རྐས,291
རྐི,4
རྐིག,0
རྐིགས,0
རྐིང,10
རྐིངས,0
རྐིད,0
རྐིན,0
རྐིནད,0
རྐིབ,0
རྐིབས,0
རྐིམ,0
རྐིམས,0
རྐིའ,0
རྐིར,1
རྐིརད,0
རྐིལ,0
རྐིལད,0
རྐིས,1
རྐུ,21066
རྐུག,18
རྐུགས,7
རྐུང,54
རྐུངས,1
རྐུད,154
རྐུན,26401
རྐུནད,0
རྐུབ,11495
རྐུབས,55
རྐུམ,52
རྐུམས,1
རྐུའ,0
རྐུར,173
རྐུརད,0
རྐུལ,9
རྐུལད,0
རྐུས,1929
རྐེ,945
རྐེག,1
རྐེགས,0
རྐེང,21
རྐེངས,0
རྐེད,6823
རྐེན,15
རྐེནད,1
རྐེབ,2
རྐེབས,0
རྐེམ,7
རྐེམས,0
རྐེའ,0

རྐེར,24
རྐེརད,0
རྐེལ,1
རྐེལད,0
རྐེས,3
རྐོ,9379
རྐོག,38
རྐོགས,2
རྐོང,3693
རྐོངས,4
རྐོད,8
རྐོན,336
རྐོནད,0
རྐོབ,11
རྐོབས,0
རྐོམ,80
རྐོམས,4
རྐོའ,0
རྐོར,148
རྐོརད,0
རྐོལ,17
རྐོལད,0
རྐོས,2544
རྐྱ,8520
རྐྱག,91
རྐྱགས,7
རྐྱང,158090
རྐྱངས,87
རྐྱད,11
རྐྱན,414
རྐྱནད,0
རྐྱབ,33
རྐྱབས,7
རྐྱམ,1
རྐྱམས,0
རྐྱའ,1
རྐྱར,40
རྐྱརད,0
རྐྱལ,14425
རྐྱལད,0
རྐྱས,30
རྐྱི,7
རྐྱིག,0
རྐྱིགས,0
རྐྱིང,1
རྐྱིངས,0
རྐྱིད,0
རྐྱིན,20
རྐྱིནད,0
རྐྱིབ,0
རྐྱིབས,0
རྐྱིམ,0
རྐྱིམས,0
རྐྱིའ,0
རྐྱིར,1
རྐྱིརད,0
རྐྱིལ,5
རྐྱིལད,0
རྐྱིས,0
རྐྱུ,27
རྐྱུག,2
རྐྱུགས,0
རྐྱུང,0
རྐྱུངས,0
རྐྱུད,9
རྐྱུན,10
རྐྱུནད,0
རྐྱུབ,2
རྐྱུབས,0
རྐྱུམ,0
རྐྱུམས,0
རྐྱུའ,0
རྐྱུར,3
རྐྱུརད,0
རྐྱུལ,0
རྐྱུལད,0
རྐྱུས,12
རྐྱེ,5822
རྐྱེག,0
རྐྱེགས,0
རྐྱེང,64
རྐྱེངས,3
རྐྱེད,77
རྐྱེན,551449
རྐྱེནད,51
རྐྱེབ,7
རྐྱེབས,1
རྐྱེམ,2
རྐྱེམས,0
རྐྱེའ,0
རྐྱེར,0
རྐྱེརད,0
རྐྱེལ,58
རྐྱེལད,0
རྐྱེས,16
རྐྱོ,17
རྐྱོག,2
རྐྱོགས,0
རྐྱོང,2925
རྐྱོངས,315
རྐྱོད,4
རྐྱོན,85
རྐྱོནད,0
རྐྱོབ,3
རྐྱོབས,0
རྐྱོམ,0
རྐྱོམས,0
རྐྱོའ,0
རྐྱོར,7
རྐྱོརད,0
རྐྱོལ,20
རྐྱོལད,2
རྐྱོས,0
ལྐ,161
ལྐག,24
ལྐགས,3
ལྐང,6
ལྐངས,0
ལྐད,11
ལྐན,1
ལྐནད,0
ལྐབ,1
ལྐབས,1
ལྐམ,9
ལྐམས,0
ལྐའ,1
ལྐར,1
ལྐརད,0
ལྐལ,33
ལྐལད,0
ལྐས,1
ལྐི,1
ལྐིག,0
ལྐིགས,0
ལྐིང,1
ལྐིངས,0
ལྐིད,0
ལྐིན,0
ལྐིནད,0
ལྐིབ,0
ལྐིབས,0
ལྐིམ,0
ལྐིམས,0
ལྐིའ,0
ལྐིར,0
ལྐིརད,0
ལྐིལ,0
ལྐིལད,0
ལྐིས,0
ལྐུ,17
ལྐུག,2767
ལྐུགས,7814
ལྐུང,2
ལྐུངས,0
ལྐུད,3
ལྐུན,3
ལྐུནད,0
ལྐུབ,75
ལྐུབས,9
ལྐུམ,1
ལྐུམས,0
ལྐུའ,0
ལྐུར,3
ལྐུརད,0
ལྐུལ,512
ལྐུལད,0
ལྐུས,1
ལྐེ,8
ལྐེག,3
ལྐེགས,0
ལྐེང,1
ལྐེངས,0
ལྐེད,0
ལྐེན,0
ལྐེནད,0
ལྐེབ,0
ལྐེབས,0
ལྐེམ,0
ལྐེམས,0
ལྐེའ,0
ལྐེར,0
ལྐེརད,0
ལྐེལ,0
ལྐེལད,0
ལྐེས,0
ལྐོ,152
ལྐོག,131427
ལྐོགས,632
ལྐོང,15
ལྐོངས,0
ལྐོད,1
ལྐོན,11
ལྐོནད,0
ལྐོབ,7
ལྐོབས,0
ལྐོམ,10
ལྐོམས,0
ལྐོའ,0
ལྐོར,27
ལྐོརད,0
ལྐོལ,9
ལྐོལད,0
ལྐོས,2
སྐ,19381
སྐག,2170
སྐགས,184
སྐང,492
སྐངས,99
སྐད,1694538
སྐན,1377
སྐནད,0
སྐབ,1469
སྐབས,1437070
སྐམ,63340
སྐམས,2216
སྐའ,6
སྐར,269367
སྐརད,0
སྐལ,136230
སྐལད,0
སྐས,21440
སྐི,11
སྐིག,7
སྐིགས,0
སྐིང,0
སྐིངས,0
སྐིད,10
སྐིན,5
སྐིནད,0
སྐིབ,0
སྐིབས,2
སྐིམ,0
སྐིམས,0
སྐིའ,0
སྐིར,3
སྐིརད,0
སྐིལ,0
སྐིལད,0
སྐིས,0
སྐུ,574553
སྐུག,561
སྐུགས,2923
སྐུང,3743
སྐུངས,259
སྐུད,90133
སྐུན,777
སྐུནད,0
སྐུབ,286
སྐུབས,86
སྐུམ,1668
སྐུམས,132
སྐུའ,16
སྐུར,169516
སྐུརད,24
སྐུལ,715765
སྐུལད,17
སྐུས,3369
སྐེ,25661
སྐེག,682
སྐེགས,398
སྐེང,3
སྐེངས,2
སྐེད,14186
སྐེན,9
སྐེནད,0
སྐེབ,0
སྐེབས,4
སྐེམ,3551
སྐེམས,793
སྐེའ,0

སྐེར,397
སྐེརད,0
སྐེལ,15
སྐེལད,0
སྐེས,311
སྐོ,2213
སྐོག,381
སྐོགས,2141
སྐོང,51013
སྐོངས,480
སྐོད,45
སྐོན,2384
སྐོནད,5
སྐོབ,29
སྐོབས,68
སྐོམ,24954
སྐོམས,228
སྐོའ,2
སྐོར,1414317
སྐོརད,17
སྐོལ,9746
སྐོལད,5
སྐོས,2449
སྐྱ,153590
སྐྱག,19238
སྐྱགས,70
སྐྱང,3921
སྐྱངས,368
སྐྱད,95
སྐྱན,59
སྐྱནད,0
སྐྱབ,407
སྐྱབས,137204
སྐྱམ,138
སྐྱམས,4
སྐྱའ,10
སྐྱར,6168
སྐྱརད,4
སྐྱལ,1488
སྐྱལད,0
སྐྱས,3077
སྐྱི,15709
སྐྱིག,55
སྐྱིགས,287
སྐྱིང,72
སྐྱིངས,1
སྐྱིད,373239
སྐྱིན,17792
སྐྱིནད,1
སྐྱིབ,58
སྐྱིབས,1610
སྐྱིམ,15
སྐྱིམས,16
སྐྱིའ,1
སྐྱིར,275
སྐྱིརད,0
སྐྱིལ,6795
སྐྱིལད,6
སྐྱིས,436
སྐྱུ,3646
སྐྱུག,15875
སྐྱུགས,6692
སྐྱུང,3382
སྐྱུངས,529
སྐྱུད,113
སྐྱུན,15
སྐྱུནད,0
སྐྱུབ,0
སྐྱུབས,8
སྐྱུམ,0
སྐྱུམས,2
སྐྱུའ,0
སྐྱུར,27080
སྐྱུརད,15
སྐྱུལ,8
སྐྱུལད,0
སྐྱུས,62
སྐྱེ,617164
སྐྱེག,45
སྐྱེགས,1157
སྐྱེང,77
སྐྱེངས,3864
སྐྱེད,274364
སྐྱེན,10153
སྐྱེནད,0
སྐྱེབ,260
སྐྱེབས,28
སྐྱེམ,364
སྐྱེམས,5550
སྐྱེའ,6
སྐྱེར,9768
སྐྱེརད,0
སྐྱེལ,159405
སྐྱེལད,0
སྐྱེས,687827
སྐྱོ,154247
སྐྱོག,958
སྐྱོགས,2409
སྐྱོང,1252060
སྐྱོངས,5297
སྐྱོད,214073
སྐྱོན,277300
སྐྱོནད,1
སྐྱོབ,241160
སྐྱོབས,6259
སྐྱོམ,5121
སྐྱོམས,2465
སྐྱོའ,4
སྐྱོར,505325
སྐྱོརད,4
སྐྱོལ,1052
སྐྱོལད,13
སྐྱོས,330
སྐྲ,65540
སྐྲག,54198
སྐྲགས,362
སྐྲང,877
སྐྲངས,4977
སྐྲད,366
སྐྲན,14334
སྐྲནད,0
སྐྲབ,38
སྐྲབས,13
སྐྲམ,5
སྐྲམས,1
སྐྲའ,4
སྐྲར,190
སྐྲརད,0
སྐྲལ,14
སྐྲལད,0
སྐྲས,264
སྐྲི,319
སྐྲིག,22
སྐྲིགས,0
སྐྲིང,0
སྐྲིངས,2
སྐྲིད,4
སྐྲིན,72
སྐྲིནད,0
སྐྲིབ,7
སྐྲིབས,0
སྐྲིམ,0
སྐྲིམས,0
སྐྲིའ,2
སྐྲིར,0
སྐྲིརད,0
སྐྲིལ,0
སྐྲིལད,0
སྐྲིས,31
སྐྲུ,427
སྐྲུག,56
སྐྲུགས,27
སྐྲུང,31
སྐྲུངས,0
སྐྲུད,1
སྐྲུན,704536
སྐྲུནད,15
སྐྲུབ,61
སྐྲུབས,0
སྐྲུམ,1
སྐྲུམས,2
སྐྲུའ,0
སྐྲུར,17
སྐྲུརད,0
སྐྲུལ,58
སྐྲུལད,0
སྐྲུས,37
སྐྲེ,13
སྐྲེག,0
སྐྲེགས,4
སྐྲེང,4
སྐྲེངས,0
སྐྲེད,2
སྐྲེན,5
སྐྲེནད,0
སྐྲེབ,0
སྐྲེབས,0
སྐྲེམ,1
སྐྲེམས,0
སྐྲེའ,0
སྐྲེར,0
སྐྲེརད,0
སྐྲེལ,4
སྐྲེལད,0
སྐྲེས,15
སྐྲོ,39
སྐྲོག,325
སྐྲོགས,177
སྐྲོང,18
སྐྲོངས,15
སྐྲོད,4043
སྐྲོན,24
སྐྲོནད,0
སྐྲོབ,5
སྐྲོབས,2
སྐྲོམ,5
སྐྲོམས,0
སྐྲོའ,0
སྐྲོར,2
སྐྲོརད,0
སྐྲོལ,19
སྐྲོལད,0
སྐྲོས,1
བཀ,31
བཀག,5
བཀགས,0
བཀང,19
བཀངས,2
བཀད,1
བཀན,8
བཀནད,0
བཀབ,0
བཀབས,0
བཀམ,1620
བཀམས,46
བཀའ,0
བཀར,1
བཀརད,0
བཀལ,12
བཀལད,0
བཀས,41
བཀི,0
བཀིག,0
བཀིགས,0
བཀིང,0
བཀིངས,0
བཀིད,0
བཀིན,0
བཀིནད,0
བཀིབ,0
བཀིབས,0
བཀིམ,0
བཀིམས,0
བཀིའ,0
བཀིར,0
བཀིརད,0
བཀིལ,0
བཀིལད,0
བཀིས,0
བཀུ,4218
བཀུག,0
བཀུགས,0
བཀུང,9
བཀུངས,6
བཀུད,0
བཀུན,8
བཀུནད,0
བཀུབ,3
བཀུབས,0
བཀུམ,38
བཀུམས,19
བཀུའ,0
བཀུར,50
བཀུརད,0
བཀུལ,0
བཀུལད,0
བཀུས,12178
བཀེ,0
བཀེག,0
བཀེགས,0
བཀེང,0
བཀེངས,0
བཀེད,2
བཀེན,0
བཀེནད,0
བཀེབ,0
བཀེབས,0
བཀེམ,0
བཀེམས,0
བཀེའ,0

བཀེར,1
བཀེརད,0
བཀེལ,2
བཀེལད,0
བཀེས,0
བཀོ,10361
བཀོག,10
བཀོགས,0
བཀོང,9
བཀོངས,1
བཀོད,37
བཀོན,32
བཀོནད,0
བཀོབ,0
བཀོབས,0
བཀོམ,3
བཀོམས,0
བཀོའ,0
བཀོར,75
བཀོརད,0
བཀོལ,8
བཀོལད,0
བཀོས,42843
བཀྱ,22
བཀྱག,7
བཀྱགས,0
བཀྱང,9938
བཀྱངས,10289
བཀྱད,26
བཀྱན,2
བཀྱནད,0
བཀྱབ,39
བཀྱབས,4
བཀྱམ,1
བཀྱམས,0
བཀྱའ,4
བཀྱར,1
བཀྱརད,0
བཀྱལ,183
བཀྱལད,2
བཀྱས,2
བཀྱི,0
བཀྱིག,0
བཀྱིགས,0
བཀྱིང,0
བཀྱིངས,0
བཀྱིད,0
བཀྱིན,0
བཀྱིནད,0
བཀྱིབ,0
བཀྱིབས,0
བཀྱིམ,0
བཀྱིམས,0
བཀྱིའ,0
བཀྱིར,0
བཀྱིརད,0
བཀྱིལ,0
བཀྱིལད,0
བཀྱིས,0
བཀྱུ,0
བཀྱུག,0
བཀྱུགས,0
བཀྱུང,2
བཀྱུངས,2
བཀྱུད,3
བཀྱུན,0
བཀྱུནད,0
བཀྱུབ,0
བཀྱུབས,0
བཀྱུམ,0
བཀྱུམས,0
བཀྱུའ,0
བཀྱུར,6
བཀྱུརད,0
བཀྱུལ,0
བཀྱུལད,0
བཀྱུས,5
བཀྱེ,1
བཀྱེག,0
བཀྱེགས,0
བཀྱེང,0
བཀྱེངས,1
བཀྱེད,14
བཀྱེན,16
བཀྱེནད,0
བཀྱེབ,0
བཀྱེབས,0
བཀྱེམ,0
བཀྱེམས,0
བཀྱེའ,0
བཀྱེར,0
བཀྱེརད,0
བཀྱེལ,0
བཀྱེལད,0
བཀྱེས,0
བཀྱོ,0
བཀྱོག,0
བཀྱོགས,2
བཀྱོང,37
བཀྱོངས,71
བཀྱོད,0
བཀྱོན,3
བཀྱོནད,0
བཀྱོབ,0
བཀྱོབས,0
བཀྱོམ,0
བཀྱོམས,0
བཀྱོའ,0
བཀྱོར,0
བཀྱོརད,0
བཀྱོལ,0
བཀྱོལད,0
བཀྱོས,0
བསྐ,4946
བསྐག,6
བསྐགས,15
བསྐང,9666
བསྐངས,5851
བསྐད,59
བསྐན,18
བསྐནད,0
བསྐབ,17
བསྐབས,30
བསྐམ,1196
བསྐམས,3220
བསྐའ,10
བསྐར,79
བསྐརད,2
བསྐལ,60299
བསྐལད,16
བསྐས,33
བསྐི,3
བསྐིག,0
བསྐིགས,0
བསྐིང,0
བསྐིངས,0
བསྐིད,0
བསྐིན,0
བསྐིནད,0
བསྐིབ,0
བསྐིབས,0
བསྐིམ,0
བསྐིམས,0
བསྐིའ,0
བསྐིར,0
བསྐིརད,0
བསྐིལ,0
བསྐིལད,0
བསྐིས,0
བསྐུ,1785
བསྐུག,169
བསྐུགས,57
བསྐུང,721
བསྐུངས,2146
བསྐུད,82
བསྐུན,324
བསྐུནད,0
བསྐུབ,10
བསྐུབས,2
བསྐུམ,2398
བསྐུམས,1199
བསྐུའ,2
བསྐུར,108538
བསྐུརད,42
བསྐུལ,38837
བསྐུལད,18
བསྐུས,2319
བསྐེ,2
བསྐེག,0
བསྐེགས,0
བསྐེང,0
བསྐེངས,0
བསྐེད,23
བསྐེན,0
བསྐེནད,0
བསྐེབ,0
བསྐེབས,0
བསྐེམ,39
བསྐེམས,11
བསྐེའ,0
བསྐེར,0
བསྐེརད,0
བསྐེལ,0
བསྐེལད,0
བསྐེས,2
བསྐོ,46405
བསྐོག,10
བསྐོགས,10
བསྐོང,2357
བསྐོངས,1329
བསྐོད,124
བསྐོན,7114
བསྐོནད,8
བསྐོབ,12
བསྐོབས,0
བསྐོམ,108
བསྐོམས,23
བསྐོའ,1
བསྐོར,106255
བསྐོརད,53
བསྐོལ,7436
བསྐོལད,17
བསྐོས,34504
བསྐྱ,725
བསྐྱག,43
བསྐྱགས,16
བསྐྱང,4960
བསྐྱངས,34838
བསྐྱད,148
བསྐྱན,0
བསྐྱནད,0
བསྐྱབ,3019
བསྐྱབས,6059
བསྐྱམ,80
བསྐྱམས,65
བསྐྱའ,4
བསྐྱར,194277
བསྐྱརད,7
བསྐྱལ,44275
བསྐྱལད,12
བསྐྱས,317
བསྐྱི,1865
བསྐྱིག,2
བསྐྱིགས,2
བསྐྱིང,0
བསྐྱིངས,20
བསྐྱིད,38
བསྐྱིན,35
བསྐྱིནད,0
བསྐྱིབ,3
བསྐྱིབས,0
བསྐྱིམ,1
བསྐྱིམས,8
བསྐྱིའ,0
བསྐྱིར,5
བསྐྱིརད,0
བསྐྱིལ,5672
བསྐྱིལད,8
བསྐྱིས,2342
བསྐྱུ,72
བསྐྱུག,249
བསྐྱུགས,577
བསྐྱུང,629
བསྐྱུངས,709
བསྐྱུད,1835
བསྐྱུན,16
བསྐྱུནད,0
བསྐྱུབ,0
བསྐྱུབས,2
བསྐྱུམ,0
བསྐྱུམས,0
བསྐྱུའ,0
བསྐྱུར,37414
བསྐྱུརད,10
བསྐྱུལ,8
བསྐྱུལད,0
བསྐྱུས,39
བསྐྱེ,245
བསྐྱེག,0
བསྐྱེགས,0
བསྐྱེང,19
བསྐྱེངས,23
བསྐྱེད,197970
བསྐྱེན,16
བསྐྱེནད,0
བསྐྱེབ,1
བསྐྱེབས,1
བསྐྱེམ,2
བསྐྱེམས,1
བསྐྱེའ,0

བསྐྲྱེར,9	བསྐྲིངས,0	བསྐྲེར,0	ཁིངས,3	ཁེར,83440	ཁྱིངས,0
བསྐྲྱེརད,0	བསྐྲིད,1	བསྐྲེརད,0	ཁིད,116	ཁེརད,0	ཁྱིད,175
བསྐྲྱེལ,2250	བསྐྲིན,46	བསྐྲེལ,0	ཁིན,1384	ཁེལ,31331	ཁྱིན,113
བསྐྲྱེལད,5	བསྐྲིནད,0	བསྐྲེལད,0	ཁིནད,0	ཁེལད,4	ཁྱིནད,0
བསྐྲྱེས,116	བསྐྲིབ,0	བསྐྲེས,15	ཁིབ,35	ཁེས,2749	ཁྱིབ,13
བསྐྲྱོ,292	བསྐྲིབས,3	བསྐྲོ,8	ཁིབས,0	ཁོ,827685	ཁྱིབས,2
བསྐྲྱོག,27	བསྐྲིམ,0	བསྐྲོག,31	ཁིམ,20	ཁོག,121778	ཁྱིམ,471186
བསྐྲྱོགས,89	བསྐྲིམས,1	བསྐྲོགས,99	ཁིམས,18	ཁོགས,1132	ཁྱིམས,124
བསྐྲྱོང,375	བསྐྲིའ,0	བསྐྲོང,0	ཁིའ,1	ཁོང,507370	ཁྱིའ,4
བསྐྲྱོངས,501	བསྐྲིར,0	བསྐྲོངས,11	ཁིར,684	ཁོངས,391263	ཁྱིར,848
བསྐྲྱོད,191527	བསྐྲིརད,0	བསྐྲོད,422	ཁིརད,0	ཁོད,10491	ཁྱིརད,0
བསྐྲྱོན,15759	བསྐྲིལ,1	བསྐྲོན,6	ཁིལ,366	ཁོན,4949	ཁྱིལ,242
བསྐྲྱོནད,9	བསྐྲིལད,0	བསྐྲོནད,0	ཁིལད,0	ཁོནད,3	ཁྱིལད,0
བསྐྲྱོབ,107	བསྐྲིས,56	བསྐྲོབ,0	ཁིས,1261	ཁོབ,1019	ཁྱིས,1862
བསྐྲྱོབས,25	བསྐྲུ,173	བསྐྲོབས,0	ཁུ,190770	ཁོབས,179	ཁྱུ,168799
བསྐྲྱོམ,286	བསྐྲུག,7	བསྐྲོམ,0	ཁུག,91573	ཁོམ,28361	ཁྱུག,1209
བསྐྲྱོམས,708	བསྐྲུགས,6	བསྐྲོམས,0	ཁུགས,32938	ཁོམས,502	ཁྱུགས,152
བསྐྲྱོའ,0	བསྐྲུང,2	བསྐྲོའ,0	ཁུང,77519	ཁོའ,25	ཁྱུང,99957
བསྐྲྱོར,4276	བསྐྲུངས,3	བསྐྲོར,6	ཁུངས,664021	ཁོར,302712	ཁྱུངས,9
བསྐྲྱོརད,5	བསྐྲུད,3	བསྐྲོརད,0	ཁུད,4369	ཁོརད,16	ཁྱུད,16517
བསྐྲྱོལ,49	བསྐྲུན,247205	བསྐྲོལ,13	ཁུན,16095	ཁོལ,34151	ཁྱུན,119
བསྐྲྱོལད,0	བསྐྲུནད,65	བསྐྲོལད,0	ཁུནད,0	ཁོལད,21	ཁྱུནད,0
བསྐྲྱོས,54	བསྐྲུབ,18	བསྐྲོས,0	ཁུབ,43	ཁོས,102497	ཁྱུབ,11
བསྐྲ,152	བསྐྲུབས,7	ཁ,2589491	ཁུབས,6	ཁྱ,4397	ཁྱུབས,0
བསྐྲག,36	བསྐྲུམ,6	ཁག,1039206	ཁུམ,696	ཁྱག,496	ཁྱུམ,22
བསྐྲགས,38	བསྐྲུམས,0	ཁགས,96	ཁུམས,886	ཁྱགས,197	ཁྱུམས,0
བསྐྲང,20	བསྐྲུའ,0	ཁང,2186796	ཁུའ,7	ཁྱང,295	ཁྱུའ,0
བསྐྲངས,123	བསྐྲུར,93	ཁངས,4785	ཁུར,463091	ཁྱངས,1	ཁྱུར,3371
བསྐྲད,10520	བསྐྲུརད,0	ཁད,14651	ཁུརད,11	ཁྱད,535196	ཁྱུརད,0
བསྐྲན,36	བསྐྲུལ,14	ཁན,5074	ཁུལ,1484123	ཁྱན,56	ཁྱུལ,28
བསྐྲནད,0	བསྐྲུལད,0	ཁནད,3	ཁུལད,0	ཁྱནད,0	ཁྱུལད,0
བསྐྲབ,20	བསྐྲུས,85	ཁབ,679121	ཁུས,3291	ཁྱབ,873728	ཁྱུས,822
བསྐྲབས,5	བསྐྲེ,0	ཁབས,220	ཁེ,367504	ཁྱབས,431	ཁྱེ,1491
བསྐྲམ,3	བསྐྲེག,0	ཁམ,28108	ཁེག,1242	ཁྱམ,298	ཁྱེག,35
བསྐྲམས,0	བསྐྲེགས,0	ཁམས,946220	ཁེགས,6751	ཁྱམས,8746	ཁྱེགས,3
བསྐྲའ,0	བསྐྲེང,0	ཁའ,284	ཁེང,1682	ཁྱའ,4	ཁྱེང,79
བསྐྲར,1	བསྐྲེངས,0	ཁར,126215	ཁེངས,67233	ཁྱར,972	ཁྱེངས,37
བསྐྲརད,0	བསྐྲེད,5	ཁརད,2	ཁེད,3505	ཁྱརད,3	ཁྱེད,570498
བསྐྲལ,10	བསྐྲེན,0	ཁལ,10394	ཁེན,8821	ཁྱལ,76	ཁྱེན,134
བསྐྲལད,0	བསྐྲེནད,0	ཁལད,0	ཁེནད,0	ཁྱལད,0	ཁྱེནད,0
བསྐྲས,4	བསྐྲེབ,0	ཁས,157565	ཁེབ,1386	ཁྱས,178	ཁྱེབ,54
བསྐྲི,1	བསྐྲེབས,0	ཁི,214484	ཁེབས,31486	ཁྱི,71379	ཁྱེབས,18
བསྐྲིག,2	བསྐྲེམ,0	ཁིག,56	ཁེམ,1794	ཁྱིག,366	ཁྱེམ,366
བསྐྲིགས,4	བསྐྲེམས,0	ཁིགས,1	ཁེམས,39	ཁྱིགས,62	ཁྱེམས,0
བསྐྲིང,0	བསྐྲེའ,0	ཁིང,108	ཁེའ,8	ཁྱིང,115	ཁྱེའ,1

ཁྱེར,840605	ཁྲིངས,13	ཁྲེར,141	མཁིད,0	མཁེརད,0	མཁྱིད,209
ཁྱེརད,12	ཁྲིད,849111	ཁྲེརད,0	མཁིན,0	མཁེལ,9	མཁྱིན,26
ཁྱེལ,29	ཁྲིན,37022	ཁྲེལ,19698	མཁིནད,0	མཁེལད,0	མཁྱིནད,0
ཁྱེལད,0	ཁྲིནད,0	ཁྲེལད,2	མཁིབ,0	མཁེས,2	མཁྱིབ,0
ཁྱེས,133	ཁྲིབ,58	ཁྲེས,3039	མཁིབས,0	མཁོ,182459	མཁྱིབས,0
ཁྱོ,57032	ཁྲིབས,5	ཁྲོ,76722	མཁིམ,0	མཁོག,3	མཁྱིམ,8
ཁྱོག,799	ཁྲིམ,1050	ཁྲོག,2955	མཁིམས,0	མཁོགས,7	མཁྱིམས,0
ཁྱོགས,2486	ཁྲིམས,889494	ཁྲོགས,104	མཁིའ,0	མཁོང,26	མཁྱིའ,0
ཁྱོང,207	ཁྲིའ,18	ཁྲོང,1130	མཁིར,0	མཁོངས,0	མཁྱིར,0
ཁྱོངས,221	ཁྲིར,11054	ཁྲོངས,3	མཁིརད,0	མཁོད,64	མཁྱིརད,0
ཁྱོད,652618	ཁྲིརད,0	ཁྲོད,512399	མཁིལ,0	མཁོན,686	མཁྱིལ,94
ཁྱོན,245288	ཁྲིལ,207	ཁྲོན,149539	མཁིལད,0	མཁོནད,0	མཁྱིལད,0
ཁྱོནད,0	ཁྲིལད,0	ཁྲོནད,0	མཁིས,0	མཁོབ,71	མཁྱིས,0
ཁྱོབ,13	ཁྲིས,3876	ཁྲོབ,619	མཁུ,192	མཁོབས,0	མཁྱུ,15
ཁྱོབས,0	ཁྲུ,19769	ཁྲོབས,75	མཁུག,0	མཁོམ,2	མཁྱུག,5
ཁྱོམ,459	ཁྲུག,384	ཁྲོམ,130018	མཁུགས,2	མཁོམས,1	མཁྱུགས,2
ཁྱོམས,16	ཁྲུགས,50	ཁྲོམས,320	མཁུང,0	མཁོའ,7	མཁྱུང,6
ཁྱོའ,2	ཁྲུང,30652	ཁྲོའ,6	མཁུངས,4	མཁོར,5902	མཁྱུངས,0
ཁྱོར,2782	ཁྲུངས,69	ཁྲོར,119	མཁུད,0	མཁོརད,0	མཁྱུད,928
ཁྱོརད,0	ཁྲུད,214	ཁྲོརད,0	མཁུན,334	མཁོལ,7	མཁྱུན,9
ཁྱོལ,133	ཁྲུན,16962	ཁྲོལ,7130	མཁུནད,0	མཁོལད,0	མཁྱུནད,0
ཁྱོལད,0	ཁྲུནད,0	ཁྲོལད,15	མཁུབ,0	མཁོས,1006	མཁྱུབ,0
ཁྱོས,8129	ཁྲུབ,2	ཁྲོས,12889	མཁུབས,0	མཁྱ,53	མཁྱུབས,0
ཁྲ,102950	ཁྲུབས,0	མཁག,7	མཁུམ,0	མཁྱག,2	མཁྱུམ,0
ཁྲག,152033	ཁྲུམ,920	མཁགས,0	མཁུམས,4	མཁྱགས,7	མཁྱུམས,0
ཁྲགས,62	ཁྲུམས,1230	མཁང,108	མཁུའ,0	མཁྱང,1	མཁྱུའ,0
ཁྲང,26877	ཁྲུའ,7	མཁངས,0	མཁུར,4516	མཁྱངས,0	མཁྱུར,7
ཁྲངས,37	ཁྲུར,85	མཁད,25	མཁུརད,0	མཁྱད,11	མཁྱུརད,0
ཁྲད,94	ཁྲུརད,0	མཁན,992959	མཁུལ,4	མཁྱན,35	མཁྱུལ,0
ཁྲན,71066	ཁྲུལ,378	མཁནད,3	མཁུལད,0	མཁྱནད,0	མཁྱུལད,0
ཁྲནད,0	ཁྲུལད,0	མཁབ,2	མཁུས,16	མཁྱབ,340	མཁྱུས,0
ཁྲབ,11738	ཁྲུས,18504	མཁབས,0	མཁེ,7	མཁྱབས,2	མཁྱེ,70
ཁྲབས,28	ཁྲེ,11523	མཁམ,41	མཁེག,0	མཁྱམ,26	མཁྱེག,0
ཁྲམ,11996	ཁྲེག,122	མཁམས,23	མཁེགས,8	མཁྱམས,45	མཁྱེགས,0
ཁྲམས,96	ཁྲེགས,883	མཁའ,281353	མཁེང,0	མཁྱའ,1	མཁྱེང,0
ཁྲའ,22	ཁྲེང,71338	མཁར,148147	མཁེངས,1	མཁྱར,1	མཁྱེངས,0
ཁྲར,816	ཁྲེངས,7	མཁརད,0	མཁེད,0	མཁྱརད,0	མཁྱེད,93
ཁྲརད,0	ཁྲེད,279	མཁལ,9485	མཁེན,71	མཁྱལ,2	མཁྱེན,248417
ཁྲལ,98565	ཁྲེན,36014	མཁལད,0	མཁེནད,0	མཁྱལད,0	མཁྱེནད,105
ཁྲལད,5	ཁྲེནད,0	མཁས,430164	མཁེབ,0	མཁྱས,2	མཁྱེབ,0
ཁྲས,1009	ཁྲེབ,257	མཁི,24	མཁེབས,5	མཁྱི,1	མཁྱེབས,0
ཁྲི,706395	ཁྲེབས,5	མཁིག,0	མཁེམ,0	མཁྱིག,2	མཁྱེམ,3
ཁྲིག,10174	ཁྲེམ,125	མཁིགས,0	མཁེམས,0	མཁྱིགས,0	མཁྱེམས,0
ཁྲིགས,3015	ཁྲེམས,109	མཁིང,0	མཁེའ,0	མཁྱིང,0	མཁྱེའ,0
ཁྲིང,449	ཁྲེའ,0	མཁིངས,0	མཁེར,0	མཁྱིངས,0	མཁྱེར,138

མཁྱེརད,0
མཁྱེལ,1
མཁྱེལད,0
མཁྱེས,0
མཁྱོ,0
མཁྱོག,27
མཁྱོགས,24
མཁྱོང,4
མཁྱོངས,76
མཁྱོད,12
མཁྱོན,20
མཁྱོནད,0
མཁྱོབ,0
མཁྱོབས,0
མཁྱོམ,0
མཁྱོམས,0
མཁྱོའ,0
མཁྱོར,3
མཁྱོརད,0
མཁྱོལ,3
མཁྱོལད,0
མཁྱོས,2
མཁྲ,53
མཁྲག,8
མཁྲགས,21
མཁྲང,889
མཁྲངས,23
མཁྲད,13
མཁྲན,1
མཁྲནད,0
མཁྲབ,1
མཁྲབས,0
མཁྲམ,1
མཁྲམས,0
མཁྲའ,0
མཁྲར,1
མཁྲརད,0
མཁྲལ,2
མཁྲལད,0
མཁྲས,3
མཁྲི,21
མཁྲིག,1080
མཁྲིགས,117
མཁྲིང,0
མཁྲིངས,1
མཁྲིད,8
མཁྲིན,5
མཁྲིནད,0
མཁྲིབ,0
མཁྲིབས,0
མཁྲིམ,0
མཁྲིམས,0
མཁྲིའ,0
མཁྲིར,0
མཁྲིརད,0
མཁྲིལ,12
མཁྲིལད,0
མཁྲིས,16099
མཁྲུ,5
མཁྲུག,7
མཁྲུགས,8
མཁྲུང,0
མཁྲུངས,8
མཁྲུད,0
མཁྲུན,0
མཁྲུནད,0
མཁྲུབ,2
མཁྲུབས,0
མཁྲུམ,0
མཁྲུམས,0
མཁྲུའ,0
མཁྲུར,0
མཁྲུརད,0
མཁྲུལ,4
མཁྲུལད,0
མཁྲུས,9
མཁྲེ,33
མཁྲེག,403
མཁྲེགས,42283
མཁྲེང,239
མཁྲེངས,16
མཁྲེད,0
མཁྲེན,20
མཁྲེནད,0
མཁྲེབ,1
མཁྲེབས,4
མཁྲེམ,0
མཁྲེམས,6
མཁྲེའ,0
མཁྲེར,0
མཁྲེརད,0
མཁྲེལ,8
མཁྲེལད,0
མཁྲེས,67
མཁྲོ,130
མཁྲོག,0
མཁྲོགས,1
མཁྲོང,0
མཁྲོངས,0
མཁྲོད,1
མཁྲོན,0
མཁྲོནད,0
མཁྲོབ,0
མཁྲོབས,0
མཁྲོམ,0
མཁྲོམས,0
མཁྲོའ,18
མཁྲོར,1
མཁྲོརད,0
མཁྲོལ,3
མཁྲོལད,0
མཁྲོས,19
འཁག,14
འཁགས,3
འཁང,8928
འཁངས,237
འཁད,7
འཁན,609
འཁནད,0
འཁབ,19
འཁབས,0
འཁམ,41
འཁམས,197
འཁའ,215
འཁར,6621
འཁརད,0
འཁལ,1485
འཁལད,0
འཁས,63
འཁི,3
འཁིག,0
འཁིགས,0
འཁིང,1
འཁིངས,0
འཁིད,2
འཁིན,0
འཁིནད,0
འཁིབ,0
འཁིབས,0
འཁིམ,0
འཁིམས,0
འཁིའ,0
འཁིར,3
འཁིརད,0
འཁིལ,6
འཁིལད,0
འཁིས,3
འཁུ,3093
འཁུག,50
འཁུགས,50
འཁུང,11
འཁུངས,44
འཁུད,4
འཁུན,4616
འཁུནད,4
འཁུབ,3
འཁུབས,0
འཁུམ,5102
འཁུམས,8773
འཁུའ,1
འཁུར,242430
འཁུརད,0
འཁུལ,662
འཁུལད,0
འཁུས,201
འཁེ,116
འཁེག,4
འཁེགས,27
འཁེང,404
འཁེངས,406
འཁེད,7
འཁེན,986
འཁེནད,0
འཁེབ,24
འཁེབས,37
འཁེམ,4
འཁེམས,0
འཁེའ,0
འཁེར,38
འཁེརད,0
འཁེལ,100704
འཁེལད,0
འཁེས,8
འཁོ,1122
འཁོག,389
འཁོགས,3921
འཁོང,114
འཁོངས,34
འཁོད,65754
འཁོན,18483
འཁོནད,7
འཁོབ,5957
འཁོབས,281
འཁོམ,34
འཁོམས,32
འཁོའ,0
འཁོར,1027018
འཁོརད,45
འཁོལ,19589
འཁོལད,5
འཁོས,3588
འཁྱ,712
འཁྱག,31651
འཁྱགས,23419
འཁྱང,5
འཁྱངས,11
འཁྱད,35
འཁྱན,6
འཁྱནད,0
འཁྱབ,289
འཁྱབས,33
འཁྱམ,19046
འཁྱམས,21793
འཁྱའ,45
འཁྱར,5749
འཁྱརད,2
འཁྱལ,2062
འཁྱལད,0
འཁྱས,9
འཁྱི,46
འཁྱིག,549
འཁྱིགས,48
འཁྱིང,10
འཁྱིངས,1
འཁྱིད,116
འཁྱིན,16
འཁྱིནད,0
འཁྱིབ,1
འཁྱིབས,0
འཁྱིམ,69
འཁྱིམས,192
འཁྱིའ,0
འཁྱིར,150
འཁྱིརད,2
འཁྱིལ,51366
འཁྱིལད,15
འཁྱིས,20
འཁྱུ,155
འཁྱུག,20088
འཁྱུགས,2042
འཁྱུང,51
འཁྱུངས,43
འཁྱུད,20362
འཁྱུན,10
འཁྱུནད,0
འཁྱུབ,7
འཁྱུབས,0
འཁྱུམ,9
འཁྱུམས,6
འཁྱུའ,0
འཁྱུར,20541
འཁྱུརད,0
འཁྱུལ,595
འཁྱུལད,2
འཁྱུས,82
འཁྱེ,7
འཁྱེག,34
འཁྱེགས,1
འཁྱེང,1
འཁྱེངས,3
འཁྱེད,15
འཁྱེན,779
འཁྱེནད,2
འཁྱེབ,3
འཁྱེབས,0
འཁྱེམ,1
འཁྱེམས,0
འཁྱེའ,0
འཁྱེར,54351
འཁྱེརད,0

འཁྲེལ,19
འཁྲེལད,0
འཁྲེས,2
འཁྲོ,125
འཁྲོག,13470
འཁྲོགས,3260
འཁྲོང,1271
འཁྲོངས,159331
འཁྲོད,40
འཁྲོན,54
འཁྲོནད,0
འཁྲོབ,2
འཁྲོབས,1
འཁྲོམ,1381
འཁྲོམས,642
འཁྲོའ,0
འཁྲོར,4647
འཁྲོརད,0
འཁྲོལ,152481
འཁྲོལད,1
འཁྲོས,105
འགྲ,876
འགྲག,190
འགྲགས,33
འགྲང,264
འགྲངས,20
འགྲད,31
འགྲན,33
འགྲནད,0
འགྲབ,237641
འགྲབས,338
འགྲམ,50
འགྲམས,8
འགྲའ,1
འགྲར,1
འགྲརད,0
འགྲལ,764
འགྲལད,0
འགྲས,221
འགྲི,178059
འགྲིག,13361
འགྲིགས,10309
འགྲིང,31
འགྲིངས,3
འགྲིད,44146
འགྲིན,17
འགྲིནད,0
འགྲིབ,12
འགྲིབས,0
འགྲིམ,6
འགྲིམས,87
འགྲིའ,0
འགྲིར,1960
འགྲིརད,0
འགྲིལ,2754
འགྲིལད,4
འགྲིས,6889
འགྲུ,7457
འགྲུག,95669
འགྲུགས,25260
འགྲུང,1169
འགྲུངས,95767
འགྲུད,5773
འགྲུན,176
འགྲུནད,0
འགྲུབ,39
འགྲུབས,4
འགྲུམ,27
འགྲུམས,30
འགྲུའ,0
འགྲུར,1104
འགྲུརད,0
འགྲུལ,106198
འགྲུལད,9
འགྲུས,1337
འགྲེ,33
འགྲེག,121
འགྲེགས,720
འགྲེང,10442
འགྲེངས,254
འགྲེད,20
འགྲེན,694
འགྲེནད,0
འགྲེབ,56
འགྲེབས,10
འགྲེམ,5
འགྲེམས,4
འགྲེའ,0
འགྲེར,5
འགྲེརད,0
འགྲེལ,242
འགྲེལད,0
འགྲེས,49
འགྲོ,241
འགྲོག,456
འགྲོགས,25
འགྲོང,0
འགྲོངས,13
འགྲོད,117
འགྲོན,3
འགྲོནད,0
འགྲོབ,26
འགྲོབས,38
འགྲོམ,21
འགྲོམས,0
འགྲོའ,0
འགྲོར,5
འགྲོརད,0
འགྲོལ,5888
འགྲོལད,0
འགྲོས,190
ག,626490
གག,2255
གང,1775061
གངས,414295
གད,52442
གན,67421
གབ,34785
གམ,94713
གའ,186
གར,421195
གལ,633142
གས,51047
གི,7173537
གིག,75
གིགས,6
གིང,622
གིངས,5
གིད,44
གིན,73533
གིནད,3
གིབ,12
གིབས,0
གིམ,66
གིམས,0
གིའ,11
གིར,11993
གིརད,0
གིལ,72
གིལད,0
གིས,2737972
གུ,176691
གུག,9587
གུགས,53
གུང,257136
གུངས,12
གུད,13410
གུན,12432
གུནད,2
གུབ,167
གུབས,0
གུམ,10529
གུམས,33
གུའ,8
གུར,64061
གུརད,0
གུལ,1880
གུལད,0
གུས,97903
གེ,391261
གེག,350
གེགས,46195
གེང,34
གེངས,14
གེད,533
གེན,242
གེནད,16
གེབ,32
གེབས,3
གེམ,93
གེམས,5
གེའ,58
གེར,35565
གེརད,0
གེལ,699
གེལད,0
གེས,5909
གོ,1187241
གོག,8306
གོགས,151
གོང,777777
གོངས,156
གོད,11247
གོན,27893
གོནད,5
གོབ,257
གོབས,26
གོམ,87143
གོམས,96124
གོའ,99
གོར,51201
གོརད,0
གོལ,14201
གོལད,0
གོས,235840
གྱ,35919
གྱག,241
གྱགས,5
གྱང,23583
གྱངས,29
གྱད,5427
གྱན,1982
གྱནད,0
གྱབ,30
གྱབས,8
གྱམ,537
གྱམས,1
གྱའ,5
གྱར,17560
གྱརད,0
གྱལ,13523
གྱལད,0
གྱས,121
གྱི,6859285
གྱིག,102
གྱིགས,2
གྱིང,138
གྱིངས,8
གྱིད,104
གྱིན,87873
གྱིནད,0
གྱིབ,23
གྱིབས,3
གྱིམ,6935
གྱིམས,1
གྱིའ,13
གྱིར,265
གྱིརད,0
གྱིལ,120
གྱིལད,0
གྱིས,2375563
གྱུ,4332
གྱུག,102
གྱུགས,4
གྱུང,65
གྱུངས,0
གྱུད,17
གྱུན,22
གྱུནད,1
གྱུབ,49
གྱུབས,0
གྱུམ,17
གྱུམས,0
གྱུའ,0
གྱུར,865130
གྱུརད,681
གྱུལ,30
གྱུལད,0
གྱུས,158
གྱེ,470
གྱེག,3
གྱེགས,2
གྱེང,84
གྱེངས,21
གྱེད,333
གྱེན,19059
གྱེནད,0
གྱེབ,0
གྱེབས,0
གྱེམ,23
གྱེམས,0
གྱེའ,0
གྱེར,48798
གྱེརད,6
གྱེལ,112
གྱེལད,0
གྱེས,53359
གྱོ,4052
གྱོག,464
གྱོགས,172

གྱོང,27010
གྱོངས,1
གྱོད,98804
གྱོན,75192
གྱོནད,4
གྱོབ,3
གྱོབས,0
གྱོམ,1310
གྱོམས,0
གྱོའ,1
གྱོར,12
གྱོརད,0
གྱོལ,945
གྱོལད,0
གྱོས,755
གྲ,113078
གྲག,14854
གྲགས,399144
གྲང,76268
གྲངས,917636
གྲད,32
གྲན,156
གྲནད,0
གྲབ,1260
གྲབས,27225
གྲམ,14302
གྲམས,76
གྲའ,37
གྲར,760
གྲརད,0
གྲལ,66159
གྲལད,0
གྲས,130887
གྲི,64549
གྲིག,86
གྲིགས,13
གྲིང,58
གྲིངས,5
གྲིད,7
གྲིན,108
གྲིནད,0
གྲིབ,40201
གྲིབས,26
གྲིམ,2724
གྲིམས,1117
གྲིའ,10
གྲིར,939
གྲིརད,0
གྲིལ,924
གྲིལད,0
གྲིས,4947
གྲུ,216899
གྲུག,8033
གྲུགས,245
གྲུང,8476
གྲུངས,107
གྲུད,24
གྲུན,47
གྲུནད,0
གྲུབ,942052
གྲུབས,53
གྲུམ,8318
གྲུམས,87
གྲུའ,12
གྲུར,6246
གྲུརད,0
གྲུལ,1125
གྲུལད,0
གྲུས,2542
གྲེ,6693
གྲེག,7
གྲེགས,17
གྲེང,125
གྲེངས,7
གྲེད,44
གྲེན,286
གྲེནད,0
གྲེབ,3
གྲེབས,1
གྲེམ,24
གྲེམས,8
གྲེའ,0
གྲེར,14
གྲེརད,0
གྲེལ,79
གྲེལད,0
གྲེས,400
གྲོ,55653
གྲོག,22201
གྲོགས,502840
གྲོང,1661340
གྲོངས,11300
གྲོད,6957
གྲོན,58916
གྲོནད,0
གྲོབ,147
གྲོབས,23
གྲོམ,492
གྲོམས,16
གྲོའ,0
གྲོར,2026
གྲོརད,0
གྲོལ,238051
གྲོལད,9
གྲོས,1040148
གླ,57951
གླག,14523
གླགས,8289
གླང,100613
གླངས,31
གླད,1015
གླན,9612
གླནད,3
གླབ,8
གླབས,0
གླམ,28
གླམས,0
གླའ,1
གླར,662
གླརད,0
གླལ,1000
གླལད,0
གླས,3535
གླི,1231
གླིག,59
གླིགས,13
གླིང,1008875
གླིངས,82
གླིད,5
གླིན,1
གླིནད,0
གླིབ,4
གླིབས,0
གླིམ,8
གླིམས,0
གླིའ,0
གླིར,2
གླིརད,0
གླིལ,0
གླིལད,0
གླིས,8
གླུ,548056
གླུག,8
གླུགས,48
གླུང,217
གླུངས,2
གླུད,4540
གླུན,27
གླུནད,0
གླུབ,5
གླུབས,7
གླུམ,174
གླུམས,1
གླུའ,1
གླུར,1230
གླུརད,4
གླུལ,2
གླུལད,0
གླུས,709
གླེ,6438
གླེག,672
གླེགས,30839
གླེང,727572
གླེངས,1866
གླེད,26
གླེན,17600
གླེནད,0
གླེབ,93
གླེབས,217
གླེམ,11
གླེམས,7
གླེའ,0
གླེར,7
གླེརད,0
གླེལ,106
གླེལད,0
གླེས,49
གློ,138463
གློག,959216
གློགས,121
གློང,632
གློངས,151
གློད,12895
གློན,1153
གློནད,1
གློབ,8
གློབས,0
གློམ,5
གློམས,0
གློའ,0
གློར,543
གློརད,0
གློལ,159
གློལད,0
གློས,487
གགས,526
དགག,118157
དགགས,68
དགང,3741
དགངས,32
དགད,593
དགན,136
དགནད,0
དགབ,1113
དགབས,2
དགམ,34
དགམས,1
དགའ,869440
དགར,139074
དགརད,1
དགལ,643
དགལད,0
དགས,18962
དགི,47
དགིག,1
དགིགས,0
དགིང,0
དགིངས,0
དགིད,0
དགིན,0
དགིནད,0
དགིབ,0
དགིབས,0
དགིམ,0
དགིམས,0
དགིའ,0
དགིར,0
དགིརད,0
དགིལ,0
དགིལད,0
དགིས,26
དགུ,318261
དགུག,4187
དགུགས,62
དགུང,73540
དགུངས,143
དགུད,11
དགུན,115253
དགུནད,0
དགུབ,8
དགུབས,0
དགུམ,667
དགུམས,0
དགུའ,245
དགུར,6198
དགུརད,0
དགུལ,89
དགུལད,0
དགུས,4738
དགེ,1186035
དགེག,23
དགེགས,53
དགེང,7
དགེངས,9
དགེད,11
དགེན,7303
དགེནད,0
དགེབ,62
དགེབས,4
དགེམ,2
དགེམས,0
དགེའ,99
དགེར,934
དགེརད,0
དགེལ,4
དགེལད,0
དགེས,1793
དགོ,8339
དགོག,281
དགོགས,37

དགོང,80037	དགྱིའ,0	དགྱོང,1	དགྲིའ,0	དགྲོང,227	བགིརད,0
དགོངས,310956	དགྱིར,0	དགྱོངས,0	དགྲིར,0	དགྲོངས,102	བགིལ,0
དགོད,69388	དགྱིརད,0	དགྱོད,2	དགྲིརད,0	དགྲོད,50	བགིལད,0
དགོན,371104	དགྱིལ,3	དགྱོན,0	དགྲིལ,7	དགྲོན,0	བགིས,8
དགོནད,1	དགྱིལད,0	དགྱོནད,0	དགྲིལད,0	དགྲོནད,0	བགུ,12
དགོབ,2	དགྱིས,77	དགྱོབ,0	དགྲིས,6	དགྲོབ,0	བགུག,34
དགོབས,0	དགྱུ,34	དགྱོབས,0	དགྲུ,25	དགྲོབས,0	བགུགས,19
དགོམ,45	དགྱུག,1	དགྱོམ,0	དགྲུག,3	དགྲོམ,7	བགུང,1
དགོམས,13	དགྱུགས,1	དགྱོམས,0	དགྲུགས,10	དགྲོམས,0	བགུངས,0
དགོའ,22	དགྱུང,0	དགྱོའ,0	དགྲུང,4	དགྲོའ,0	བགུད,0
དགོར,104	དགྱུངས,0	དགྱོར,5	དགྲུངས,1	དགྲོར,0	བགུན,4
དགོརད,0	དགྱུད,0	དགྱོརད,0	དགྲུད,0	དགྲོརད,0	བགུནད,0
དགོལ,3371	དགྱུན,0	དགྱོལ,0	དགྲུན,0	དགྲོལ,3142	བགུབ,0
དགོལད,0	དགྱུནད,0	དགྱོལད,0	དགྲུནད,0	དགྲོལད,0	བགུབས,0
དགོས,1904661	དགྱུབ,0	དགྱོས,3	དགྲུབ,4	དགྲོས,3	བགུམ,24
དགྱ,3939	དགྱུབས,0	དགྲ,151265	དགྲུབས,0	བགག,487	བགུམས,6
དགྱག,1	དགྱུམ,0	དགྲག,3	དགྲུམ,1	བགགས,449	བགུའ,0
དགྱགས,0	དགྱུམས,0	དགྲགས,4	དགྲུམས,0	བགང,95	བགུར,19
དགྱང,1	དགྱུའ,0	དགྲང,11	དགྲུའ,0	བགངས,10	བགུརད,0
དགྱངས,3	དགྱུར,5	དགྲངས,0	དགྲུར,2	བགད,5339	བགུལ,2
དགྱད,1	དགྱུརད,0	དགྲད,32	དགྲུརད,0	བགན,3	བགུལད,0
དགྱན,1	དགྱུལ,0	དགྲན,9	དགྲུལ,0	བགནད,1	བགུས,0
དགྱནད,0	དགྱུལད,0	དགྲནད,0	དགྲུལད,0	བགབ,72	བགེ,19
དགྱབ,1	དགྱུས,5	དགྲབ,5	དགྲུས,0	བགབས,2	བགེག,251
དགྱབས,0	དགྱེ,5112	དགྲབས,1	དགྲེ,7	བགམ,3846	བགེགས,13633
དགྱམ,3	དགྱེག,0	དགྲམ,1644	དགྲེག,0	བགམས,119	བགེང,4
དགྱམས,0	དགྱེགས,0	དགྲམས,1	དགྲེགས,0	བགའ,43	བགེངས,3
དགྱའ,0	དགྱེང,6	དགྲའ,37	དགྲེང,4	བགར,3796	བགེད,149
དགྱར,2	དགྱེངས,0	དགྲར,2890	དགྲེངས,0	བགརད,6	བགེན,1
དགྱརད,0	དགྱེད,261	དགྲརད,0	དགྲེད,0	བགལ,58	བགེནད,0
དགྱལ,1	དགྱེན,10	དགྲལ,28	དགྲེན,0	བགལད,0	བགེབ,7
དགྱལད,0	དགྱེནད,0	དགྲལད,0	དགྲེནད,0	བགི,7	བགེབས,7
དགྱས,8	དགྱེབ,0	དགྲས,1547	དགྲེབ,0	བགིག,1	བགེམ,0
དགྱི,44	དགྱེབས,0	དགྲི,3	དགྲེབས,0	བགིགས,0	བགེམས,0
དགྱིག,0	དགྱེམ,0	དགྲིག,2	དགྲེམ,3	བགིང,0	བགེའ,0
དགྱིགས,0	དགྱེམས,0	དགྲིགས,8	དགྲེམས,0	བགིངས,0	བགེར,0
དགྱིང,1	དགྱེའ,0	དགྲིང,0	དགྲེའ,0	བགིད,0	བགེརད,0
དགྱིངས,0	དགྱེར,201	དགྲིངས,0	དགྲེར,0	བགིན,6	བགེལ,1
དགྱིད,11	དགྱེརད,0	དགྲིད,1	དགྲེརད,0	བགིནད,0	བགེལད,0
དགྱིན,3	དགྱེལ,69	དགྲིན,0	དགྲེལ,4	བགིབ,0	བགེས,11
དགྱིནད,0	དགྱེལད,0	དགྲིནད,0	དགྲེལད,0	བགིབས,0	བགོ,24723
དགྱིབ,0	དགྱེས,36629	དགྲིབ,0	དགྲེས,8	བགིམ,0	བགོག,11
དགྱིབས,0	དགྱོ,0	དགྲིབས,0	དགྲོ,72	བགིམས,0	བགོགས,6
དགྱིམ,0	དགྱོག,1	དགྲིམ,0	དགྲོག,4	བགིའ,0	བགོང,24
དགྱིམས,0	དགྱོགས,0	དགྲིམས,0	དགྲོགས,6	བགིར,0	བགོངས,5

བགོད,2502	བགྱིརད,0	བགྱོད,10	བགྲིརད,0	བགྲོད,78171	མགིལ,0
བགོན,25	བགྱིལ,1	བགྱོན,59	བགྲིལ,33	བགྲོན,9	མགིལད,0
བགོནད,0	བགྱིལད,0	བགྱོནད,0	བགྲིལད,5	བགྲོནད,0	མགིས,4
བགོབ,2	བགྱིས,34725	བགྱོབ,0	བགྲིས,5	བགྲོབ,1	མགུ,15183
བགོབས,0	བགྱུ,7	བགྱོབས,0	བགྲུ,101	བགྲོབས,0	མགུག,7
བགོམ,1642	བགྱུག,0	བགྱོམ,0	བགྲུག,0	བགྲོམ,0	མགུགས,8
བགོམས,122	བགྱུགས,1	བགྱོམས,0	བགྲུགས,0	བགྲོམས,0	མགུང,3
བགོའ,0	བགྱུང,0	བགྱོའ,0	བགྲུང,155	བགྲོའ,0	མགུངས,0
བགོར,229	བགྱུངས,0	བགྱོར,0	བགྲུངས,208	བགྲོར,5	མགུད,0
བགོརད,4	བགྱུད,9	བགྱོརད,0	བགྲུད,25	བགྲོརད,0	མགུན,26
བགོལ,20	བགྱུན,0	བགྱོལ,1	བགྲུན,0	བགྲོལ,334	མགུནད,0
བགོལད,0	བགྱུནད,0	བགྱོལད,0	བགྲུནད,0	བགྲོལད,0	མགུབ,4
བགོས,48031	བགྱུབ,0	བགྱོས,10	བགྲུབ,88	བགྲོས,2997	མགུབས,0
བགྱ,70	བགྱུབས,0	བགྲ,442	བགྲུབས,0	མགག,9	མགུམ,4
བགྱག,4	བགྱུམ,0	བགྲག,5	བགྲུམ,2	མགགས,1	མགུམས,0
བགྱགས,4	བགྱུམས,0	བགྲགས,46	བགྲུམས,0	མགང,25	མགུའ,0
བགྱང,29	བགྱུའ,0	བགྲང,39323	བགྲུའ,0	མགངས,2	མགུར,60081
བགྱངས,54	བགྱུར,45	བགྲངས,7790	བགྲུར,1	མགད,5	མགུརད,0
བགྱད,8	བགྱུརད,0	བགྲད,5076	བགྲུརད,0	མགན,44	མགུལ,13779
བགྱན,2	བགྱུལ,0	བགྲན,11	བགྲུལ,2	མགནད,0	མགུལད,0
བགྱནད,0	བགྱུལད,0	བགྲནད,0	བགྲུལད,0	མགབ,4	མགུས,119
བགྱབ,3	བགྱུས,4	བགྲབ,6	བགྲུས,165	མགབས,0	མགེ,3
བགྱབས,0	བགྱེ,30	བགྲབས,1	བགྲེ,148	མགམ,3	མགེག,0
བགྱམ,1	བགྱེག,0	བགྲམ,39	བགྲེག,0	མགམས,0	མགེགས,0
བགྱམས,0	བགྱེགས,0	བགྲམས,15	བགྲེགས,8	མགའ,78	མགེང,0
བགྱའ,0	བགྱེང,0	བགྲའ,4	བགྲེང,599	མགར,41325	མགེངས,0
བགྱར,0	བགྱེངས,0	བགྲར,2	བགྲེངས,104	མགརད,0	མགེད,0
བགྱརད,0	བགྱེད,94	བགྲརད,0	བགྲེད,16	མགལ,1883	མགེན,0
བགྱལ,3	བགྱེན,6	བགྲལ,11	བགྲེན,9	མགལད,0	མགེནད,0
བགྱལད,0	བགྱེནད,0	བགྲལད,0	བགྲེནད,0	མགས,10	མགེབ,0
བགྱས,6	བགྱེབ,0	བགྲས,213	བགྲེབ,0	མགི,25	མགེབས,0
བགྱི,46758	བགྱེབས,0	བགྲི,2	བགྲེབས,0	མགིག,0	མགེམ,0
བགྱིག,14	བགྱེམ,0	བགྲིག,2	བགྲེམ,52	མགིགས,0	མགེམས,0
བགྱིགས,4	བགྱེམས,0	བགྲིགས,4	བགྲེམས,13	མགིང,0	མགེའ,0
བགྱིང,56	བགྱེའ,0	བགྲིང,3	བགྲེའ,0	མགིངས,0	མགེར,0
བགྱིངས,8	བགྱེར,33	བགྲིངས,1	བགྲེར,0	མགིད,0	མགེརད,0
བགྱིད,32142	བགྱེརད,0	བགྲིད,0	བགྲེརད,0	མགིན,5	མགེལ,0
བགྱིན,12	བགྱེལ,8	བགྲིན,9	བགྲེལ,12	མགིནད,0	མགེལད,0
བགྱིནད,0	བགྱེལད,0	བགྲིནད,0	བགྲེལད,0	མགིབ,0	མགེས,1
བགྱིབ,12	བགྱེས,83	བགྲིབ,4	བགྲེས,23014	མགིབས,0	མགོ,547451
བགྱིབས,2	བགྱོ,3	བགྲིབས,3	བགྲོ,103317	མགིམ,0	མགོག,26
བགྱིམ,0	བགྱོག,0	བགྲིམ,0	བགྲོག,4	མགིམས,0	མགོགས,2
བགྱིམས,0	བགྱོགས,1	བགྲིམས,0	བགྲོགས,23	མགིའ,0	མགོང,28
བགྱིའ,20	བགྱོང,2	བགྲིའ,0	བགྲོང,436	མགིར,0	མགོངས,1
བགྱིར,1137	བགྱོངས,3	བགྲིར,0	བགྲོངས,710	མགིརད,0	མགོད,30

མགོན,148155
མགོནད,0
མགོབ,1
མགོབས,0
མགོམ,0
མགོམས,2
མགོའ,27
མགོར,15999
མགོརད,0
མགོལ,29
མགོལད,0
མགོས,3456
མགྱ,60
མགྱག,1
མགྱགས,5
མགྱང,1
མགྱངས,10
མགྱད,1
མགྱན,1
མགྱནད,0
མགྱབ,1
མགྱབས,0
མགྱམ,1
མགྱམས,0
མགྱའ,0
མགྱར,1
མགྱརད,0
མགྱལ,1
མགྱལད,0
མགྱས,1
མགྱི,13
མགྱིག,42
མགྱིགས,38
མགྱིང,3
མགྱིངས,3
མགྱིད,0
མགྱིན,1
མགྱིནད,0
མགྱིབ,0
མགྱིབས,0
མགྱིམ,0
མགྱིམས,0
མགྱིའ,0
མགྱིར,0
མགྱིརད,0
མགྱིལ,0
མགྱིལད,0
མགྱིས,9
མགྱུ,0
མགྱུག,0
མགྱུགས,9
མགྱུང,0
མགྱུངས,0
མགྱུད,0
མགྱུན,1
མགྱུནད,0
མགྱུབ,0
མགྱུབས,0
མགྱུམ,0
མགྱུམས,0
མགྱུའ,0
མགྱུར,42
མགྱུརད,0
མགྱུལ,0
མགྱུལད,0
མགྱུས,0
མགྱེ,3
མགྱེག,0
མགྱེགས,0
མགྱེང,0
མགྱེངས,0
མགྱེད,3
མགྱེན,1
མགྱེནད,0
མགྱེབ,0
མགྱེབས,0
མགྱེམ,0
མགྱེམས,0
མགྱེའ,0
མགྱེར,2
མགྱེརད,0
མགྱེལ,0
མགྱེལད,0
མགྱེས,3
མགྱོ,2459
མགྱོག,827
མགྱོགས,147148
མགྱོང,1
མགྱོངས,8
མགྱོད,23
མགྱོན,2
མགྱོནད,0
མགྱོབ,0
མགྱོབས,0
མགྱོམ,0
མགྱོམས,7
མགྱོའ,0
མགྱོར,0
མགྱོརད,0
མགྱོལ,0
མགྱོལད,0
མགྱོས,3
མགྲ,52
མགྲག,1
མགྲགས,17
མགྲང,1
མགྲངས,2
མགྲད,4
མགྲན,77
མགྲནད,0
མགྲབ,1
མགྲབས,0
མགྲམ,83
མགྲམས,8
མགྲའ,0
མགྲར,1
མགྲརད,0
མགྲལ,1
མགྲལད,0
མགྲས,1
མགྲི,13
མགྲིག,26
མགྲིགས,1
མགྲིང,1
མགྲིངས,3
མགྲིད,0
མགྲིན,68195
མགྲིནད,0
མགྲིབ,2
མགྲིབས,0
མགྲིམ,59
མགྲིམས,32
མགྲིའ,0
མགྲིར,0
མགྲིརད,0
མགྲིལ,58
མགྲིལད,0
མགྲིས,0
མགྲུ,5
མགྲུག,1
མགྲུགས,1
མགྲུང,2
མགྲུངས,0
མགྲུད,0
མགྲུན,4
མགྲུནད,0
མགྲུབ,275
མགྲུབས,0
མགྲུམ,3
མགྲུམས,0
མགྲུའ,0
མགྲུར,0
མགྲུརད,0
མགྲུལ,3
མགྲུལད,0
མགྲུས,0
མགྲེ,136
མགྲེག,0
མགྲེགས,2
མགྲེང,1
མགྲེངས,0
མགྲེད,0
མགྲེན,10
མགྲེནད,0
མགྲེབ,0
མགྲེབས,0
མགྲེམ,0
མགྲེམས,0
མགྲེའ,0
མགྲེར,0
མགྲེརད,0
མགྲེལ,3
མགྲེལད,0
མགྲེས,3
མགྲོ,171
མགྲོག,8
མགྲོགས,14
མགྲོང,45
མགྲོངས,1
མགྲོད,22
མགྲོན,138023
མགྲོནད,0
མགྲོབ,0
མགྲོབས,0
མགྲོམ,3
མགྲོམས,0
མགྲོའ,0
མགྲོར,0
མགྲོརད,0
མགྲོལ,12
མགྲོལད,0
མགྲོས,43
འག,6211
འགག,178758
འགགས,20299
འགང,1034
འགངས,20288
འགད,4662
འགན,1011827
འགནད,3
འགབ,2721
འགབས,42
འགམ,1360
འགམས,238
འགའ,251993
འགར,27059
འགརད,0
འགལ,231145
འགལད,0
འགས,41142
འགི,483
འགིག,45
འགིགས,1
འགིང,20
འགིངས,3
འགིད,0
འགིན,4
འགིནད,0
འགིབ,0
འགིབས,0
འགིམ,6
འགིམས,0
འགིའ,0
འགིར,29
འགིརད,0
འགིལ,7
འགིལད,0
འགིས,29
འགུ,3719
འགུག,21084
འགུགས,18292
འགུང,27
འགུངས,0
འགུད,9
འགུན,30
འགུནད,0
འགུབ,10
འགུབས,2
འགུམ,779
འགུམས,286
འགུའ,16
འགུར,726
འགུརད,0
འགུལ,323097
འགུལད,0
འགུས,26
འགེ,125
འགེག,174
འགེགས,1397
འགེང,506
འགེངས,3627
འགེད,562
འགེན,17
འགེནད,0
འགེབ,2428
འགེབས,5435
འགེམ,418
འགེམས,982
འགེའ,0
འགེར,437
འགེརད,0
འགེལ,15380
འགེལད,0
འགེས,9
འགོ,506682
འགོག,410844
འགོགས,813
འགོང,4976
འགོངས,4575
འགོད,803524

འགོན,128
འགོནད,0
འགོབ,6
འགོབས,0
འགོམ,986
འགོམས,195
འགོའ,10
འགོར,59978
འགོརད,8
འགོལ,353
འགོལད,0
འགོས,34520
འགྱ,5541
འགྱག,3
འགྱགས,4
འགྱང,3552
འགྱངས,19952
འགྱད,21
འགྱན,525
འགྱནད,0
འགྱབ,3
འགྱབས,0
འགྱམ,28
འགྱམས,4
འགྱའ,21
འགྱར,346
འགྱརད,0
འགྱལ,87
འགྱལད,0
འགྱས,2
འགྱི,100
འགྱིག,16078
འགྱིགས,58
འགྱིང,15123
འགྱིངས,2903
འགྱིད,131
འགྱིན,58
འགྱིནད,0
འགྱིབ,11
འགྱིབས,0
འགྱིམ,10
འགྱིམས,0
འགྱིའ,0
འགྱིར,33
འགྱིརད,0
འགྱིལ,49
འགྱིལད,0
འགྱིས,67
འགྱུ,21774
འགྱུག,104
འགྱུགས,2
འགྱུང,157
འགྱུངས,7
འགྱུད,13
འགྱུན,6
འགྱུནད,0
འགྱུབ,12
འགྱུབས,0
འགྱུམ,14
འགྱུམས,3
འགྱུའ,34
འགྱུར,2589565
འགྱུརད,42
འགྱུལ,10
འགྱུལད,0
འགྱུས,700
འགྱེ,157
འགྱེག,35
འགྱེགས,38
འགྱེང,146
འགྱེངས,32
འགྱེད,30926
འགྱེན,29
འགྱེནད,0
འགྱེབ,0
འགྱེབས,0
འགྱེམ,1
འགྱེམས,0
འགྱེའ,0
འགྱེར,91
འགྱེརད,0
འགྱེལ,11792
འགྱེལད,0
འགྱེས,513
འགྱོ,816
འགྱོག,1796
འགྱོགས,2818
འགྱོང,41
འགྱོངས,25
འགྱོད,37115
འགྱོན,38
འགྱོནད,0
འགྱོབ,0
འགྱོབས,0
འགྱོམ,0
འགྱོམས,0
འགྱོའ,0
འགྱོར,42
འགྱོརད,0
འགྱོལ,4
འགྱོལད,0
འགྱོས,6
འགྲ,4603
འགྲག,81
འགྲགས,167
འགྲང,987
འགྲངས,2761
འགྲད,87
འགྲན,266273
འགྲནད,0
འགྲབ,21
འགྲབས,0
འགྲམ,113376
འགྲམས,1826
འགྲའ,1
འགྲར,13
འགྲརད,0
འགྲལ,132
འགྲལད,0
འགྲས,1929
འགྲི,351
འགྲིག,89449
འགྲིགས,5664
འགྲིང,92
འགྲིངས,1
འགྲིད,5
འགྲིན,603
འགྲིནད,0
འགྲིབ,17719
འགྲིབས,323
འགྲིམ,109565
འགྲིམས,17025
འགྲིའ,0
འགྲིར,2
འགྲིརད,0
འགྲིལ,27049
འགྲིལད,1
འགྲིས,49
འགྲུ,604
འགྲུག,37
འགྲུགས,6
འགྲུང,34
འགྲུངས,8
འགྲུད,256
འགྲུན,26
འགྲུནད,0
འགྲུབ,211428
འགྲུབས,44
འགྲུམ,750
འགྲུམས,47
འགྲུའ,0
འགྲུར,56
འགྲུརད,0
འགྲུལ,169839
འགྲུལད,2
འགྲུས,44654
འགྲེ,26838
འགྲེག,25
འགྲེགས,13
འགྲེང,17725
འགྲེངས,3134
འགྲེད,368
འགྲེན,264
འགྲེནད,0
འགྲེབ,6
འགྲེབས,3
འགྲེམ,163374
འགྲེམས,117464
འགྲེའ,0
འགྲེར,13
འགྲེརད,0
འགྲེལ,423143
འགྲེལད,24
འགྲེས,1989
འགྲོ,919955
འགྲོག,3437
འགྲོགས,35469
འགྲོང,168
འགྲོངས,172
འགྲོད,402
འགྲོན,4435
འགྲོནད,0
འགྲོབ,194
འགྲོབས,17
འགྲོམ,42
འགྲོམས,2
འགྲོའ,43
འགྲོར,7642
འགྲོརད,0
འགྲོལ,55323
འགྲོལད,0
འགྲོས,48941
རྒ,25130
རྒག,3
རྒགས,3
རྒང,608
རྒངས,3
རྒད,18274
རྒན,552688
རྒནད,1
རྒབ,57
རྒབས,0
རྒམ,73
རྒམས,0
རྒའ,4
རྒར,172
རྒརད,0
རྒལ,8732
རྒལད,0
རྒས,38050
རྒི,119
རྒིག,3
རྒིགས,0
རྒིང,0
རྒིངས,0
རྒིད,0
རྒིན,3
རྒིནད,0
རྒིབ,0
རྒིབས,0
རྒིམ,0
རྒིམས,0
རྒིའ,0
རྒིར,9
རྒིརད,0
རྒིལ,11
རྒིལད,0
རྒིས,23
རྒུ,18834
རྒུག,37
རྒུགས,4
རྒུང,151
རྒུངས,0
རྒུད,45890
རྒུན,8340
རྒུནད,0
རྒུབ,24
རྒུབས,0
རྒུམ,2876
རྒུམས,2
རྒུའ,2
རྒུར,1165
རྒུརད,0
རྒུལ,209
རྒུལད,0
རྒུས,34429
རྒེ,260
རྒེག,1
རྒེགས,0
རྒེང,0
རྒེངས,0
རྒེད,25
རྒེན,168
རྒེནད,0
རྒེབ,17
རྒེབས,0
རྒེམ,0
རྒེམས,0
རྒེའ,0
རྒེར,61
རྒེརད,0
རྒེལ,12
རྒེལད,0
རྒེས,59
རྒོ,1473
རྒོག,131
རྒོགས,0
རྒོང,80
རྒོངས,322
རྒོད,142835

རྒོན,18723
རྒོནད,0
རྒོབ,15
རྒོབས,0
རྒོམ,23
རྒོམས,4
རྒོའ,0
རྒོར,40
རྒོརད,0
རྒོལ,186465
རྒོལད,11
རྒོས,71
རྒྱ,1348839
རྒྱག,248725
རྒྱགས,18528
རྒྱང,328597
རྒྱངས,6002
རྒྱད,822
རྒྱན,293473
རྒྱནད,15
རྒྱབ,313092
རྒྱབས,349
རྒྱམ,4722
རྒྱམས,2
རྒྱའ,63
རྒྱར,6155
རྒྱརད,0
རྒྱལ,3204285
རྒྱལད,3
རྒྱས,1404061
རྒྱི,22
རྒྱིག,8
རྒྱིགས,0
རྒྱིང,6
རྒྱིངས,0
རྒྱིད,16
རྒྱིན,21
རྒྱིནད,0
རྒྱིབ,0
རྒྱིབས,0
རྒྱིམ,0
རྒྱིམས,0
རྒྱིའ,0
རྒྱིར,0
རྒྱིརད,0
རྒྱིལ,0
རྒྱིལད,0
རྒྱིས,5
རྒྱུ,1860467
རྒྱུག,97983
རྒྱུགས,155793
རྒྱུང,2027
རྒྱུངས,615
རྒྱུད,635392
རྒྱུན,1066966
རྒྱུནད,4
རྒྱུབ,73
རྒྱུབས,3
རྒྱུམ,50
རྒྱུམས,0
རྒྱུའ,58
རྒྱུར,349632
རྒྱུརད,2
རྒྱུལ,390
རྒྱུལད,0
རྒྱུས,564770
རྒྱེ,90
རྒྱེག,0
རྒྱེགས,0
རྒྱེང,26
རྒྱེངས,0
རྒྱེད,10
རྒྱེན,133
རྒྱེནད,0
རྒྱེབ,60
རྒྱེབས,0
རྒྱེམ,1
རྒྱེམས,0
རྒྱེའ,0
རྒྱེར,3
རྒྱེརད,0
རྒྱེལ,13
རྒྱེལད,0
རྒྱེས,19
རྒྱོ,3991
རྒྱོག,171
རྒྱོགས,51
རྒྱོང,561
རྒྱོངས,70
རྒྱོད,11
རྒྱོན,5
རྒྱོནད,0
རྒྱོབ,3446
རྒྱོབས,3289
རྒྱོམ,19
རྒྱོམས,0
རྒྱོའ,0
རྒྱོར,5
རྒྱོརད,0
རྒྱོལ,20
རྒྱོལད,0
རྒྱོས,27
ལྒ,1816
ལྒག,2
ལྒགས,1
ལྒང,8684
ལྒངས,3
ལྒད,12
ལྒན,7
ལྒནད,0
ལྒབ,1
ལྒབས,0
ལྒམ,6
ལྒམས,0
ལྒའ,0
ལྒར,40
ལྒརད,0
ལྒལ,19
ལྒལད,0
ལྒས,16
ལྒི,3
ལྒིག,9
ལྒིགས,79
ལྒིང,918
ལྒིངས,0
ལྒིད,0
ལྒིན,36
ལྒིནད,0
ལྒིབ,0
ལྒིབས,1
ལྒིམ,0
ལྒིམས,0
ལྒིའ,0
ལྒིར,0
ལྒིརད,0
ལྒིལ,0
ལྒིལད,0
ལྒིས,0
ལྒུ,7
ལྒུག,4
ལྒུགས,1
ལྒུང,0
ལྒུངས,0
ལྒུད,0
ལྒུན,4
ལྒུནད,0
ལྒུབ,0
ལྒུབས,0
ལྒུམ,0
ལྒུམས,0
ལྒུའ,0
ལྒུར,0
ལྒུརད,0
ལྒུལ,4
ལྒུལད,0
ལྒུས,0
ལྒེ,1
ལྒེག,0
ལྒེགས,2
ལྒེང,5
ལྒེངས,0
ལྒེད,0
ལྒེན,0
ལྒེནད,0
ལྒེབ,0
ལྒེབས,0
ལྒེམ,0
ལྒེམས,0
ལྒེའ,0
ལྒེར,0
ལྒེརད,0
ལྒེལ,1
ལྒེལད,0
ལྒེས,0
ལྒོ,72
ལྒོག,45
ལྒོགས,0
ལྒོང,3
ལྒོངས,0
ལྒོད,0
ལྒོན,0
ལྒོནད,0
ལྒོབ,0
ལྒོབས,0
ལྒོམ,0
ལྒོམས,0
ལྒོའ,0
ལྒོར,3
ལྒོརད,0
ལྒོལ,7
ལྒོལད,0
ལྒོས,0
སྒ,27235
སྒག,235
སྒགས,7
སྒང,140878
སྒངས,21
སྒད,38
སྒན,50
སྒནད,0
སྒབ,568
སྒབས,25
སྒམ,126717
སྒམས,6
སྒའ,2
སྒར,34902
སྒརད,0
སྒལ,14322
སྒལད,3
སྒས,223
སྒི,44
སྒིག,69
སྒིགས,2
སྒིང,13
སྒིངས,0
སྒིད,0
སྒིན,2
སྒིནད,0
སྒིབ,1
སྒིབས,0
སྒིམ,0
སྒིམས,0
སྒིའ,0
སྒིར,9
སྒིརད,0
སྒིལ,4
སྒིལད,0
སྒིས,375
སྒུ,710
སྒུག,63184
སྒུགས,1229
སྒུང,130
སྒུངས,2
སྒུད,31
སྒུན,16
སྒུནད,0
སྒུབ,155
སྒུབས,5
སྒུམ,626
སྒུམས,5
སྒུའ,0
སྒུར,16502
སྒུརད,3
སྒུལ,53549
སྒུལད,2
སྒུས,12
སྒེ,815
སྒེག,19190
སྒེགས,262
སྒེང,15
སྒེངས,1
སྒེད,12
སྒེན,13
སྒེནད,0
སྒེབ,1
སྒེབས,2
སྒེམ,26
སྒེམས,3
སྒེའ,3
སྒེར,399599
སྒེརད,0
སྒེལ,12
སྒེལད,0
སྒེས,43
སྒོ,1114534
སྒོག,6581
སྒོགས,74
སྒོང,11780
སྒོངས,50
སྒོད,96

སྒོན,114
སྒོནད,0
སྒོབ,86
སྒོབས,6
སྒོམ,107135
སྒོམས,2480
སྒོའ,73
སྒོར,537486
སྒོརད,4
སྒོལ,76
སྒོལད,0
སྒོས,83988
སྒྱ,711
སྒྱག,4
སྒྱགས,2
སྒྱང,25
སྒྱངས,9
སྒྱད,1
སྒྱན,5
སྒྱནད,0
སྒྱབ,8
སྒྱབས,8
སྒྱམ,5
སྒྱམས,0
སྒྱའ,0
སྒྱར,87
སྒྱརད,0
སྒྱལ,15
སྒྱལད,0
སྒྱས,14
སྒྱི,138
སྒྱིག,169
སྒྱིགས,34
སྒྱིང,369
སྒྱིངས,66
སྒྱིད,10122
སྒྱིན,11
སྒྱིནད,0
སྒྱིབ,17
སྒྱིབས,1
སྒྱིམ,0
སྒྱིམས,0
སྒྱིའ,0
སྒྱིར,4
སྒྱིརད,0
སྒྱིལ,31
སྒྱིལད,0
སྒྱིས,412
སྒྱུ,329804
སྒྱུག,1492
སྒྱུགས,17
སྒྱུང,70
སྒྱུངས,4
སྒྱུད,759
སྒྱུན,8
སྒྱུནད,0
སྒྱུབ,79
སྒྱུབས,0
སྒྱུམ,24
སྒྱུམས,0
སྒྱུའ,1
སྒྱུར,294506
སྒྱུརད,45
སྒྱུལ,141
སྒྱུལད,0
སྒྱུས,1206
སྒྱེ,2874
སྒྱེག,21
སྒྱེགས,9
སྒྱེང,53
སྒྱེངས,0
སྒྱེད,2021
སྒྱེན,3
སྒྱེནད,0
སྒྱེབ,0
སྒྱེབས,0
སྒྱེམ,0
སྒྱེམས,7
སྒྱེའ,0
སྒྱེར,46
སྒྱེརད,0
སྒྱེལ,624
སྒྱེལད,5
སྒྱེས,43
སྒྱོ,341
སྒྱོག,275
སྒྱོགས,5438
སྒྱོང,41
སྒྱོངས,5
སྒྱོད,12
སྒྱོན,6
སྒྱོནད,0
སྒྱོབ,5
སྒྱོབས,1
སྒྱོམ,33
སྒྱོམས,0
སྒྱོའ,0
སྒྱོར,20
སྒྱོརད,0
སྒྱོལ,1
སྒྱོལད,0
སྒྱོས,11
སྒྲ,431824
སྒྲག,393
སྒྲགས,919
སྒྲང,126
སྒྲངས,6
སྒྲད,36
སྒྲན,93
སྒྲནད,0
སྒྲབ,85
སྒྲབས,4
སྒྲམ,1399
སྒྲམས,1
སྒྲའ,19
སྒྲར,5153
སྒྲརད,0
སྒྲལ,128
སྒྲལད,0
སྒྲས,23017
སྒྲི,1900
སྒྲིག,1621477
སྒྲིགས,4328
སྒྲིང,76
སྒྲིངས,6
སྒྲིད,28
སྒྲིན,587
སྒྲིནད,0
སྒྲིབ,56750
སྒྲིབས,464
སྒྲིམ,5834
སྒྲིམས,633
སྒྲིའ,0
སྒྲིར,21
སྒྲིརད,0
སྒྲིལ,187732
སྒྲིལད,2
སྒྲིས,40
སྒྲུ,811
སྒྲུག,5658
སྒྲུགས,67
སྒྲུང,358112
སྒྲུངས,37
སྒྲུད,11
སྒྲུན,327
སྒྲུནད,2
སྒྲུབ,592438
སྒྲུབས,3539
སྒྲུམ,104
སྒྲུམས,2
སྒྲུའ,0
སྒྲུར,36
སྒྲུརད,0
སྒྲུལ,158
སྒྲུལད,0
སྒྲུས,21
སྒྲེ,658
སྒྲེག,311
སྒྲེགས,367
སྒྲེང,12562
སྒྲེངས,252
སྒྲེད,15
སྒྲེན,7665
སྒྲེནད,0
སྒྲེབ,4
སྒྲེབས,1
སྒྲེམ,10
སྒྲེམས,0
སྒྲེའ,0
སྒྲེར,16
སྒྲེརད,0
སྒྲེལ,175
སྒྲེལད,0
སྒྲེས,146
སྒྲོ,36806
སྒྲོག,343917
སྒྲོགས,14868
སྒྲོང,31
སྒྲོངས,66
སྒྲོད,100
སྒྲོན,138718
སྒྲོནད,2
སྒྲོབ,863
སྒྲོབས,3
སྒྲོམ,36279
སྒྲོམས,42
སྒྲོའ,2
སྒྲོར,79
སྒྲོརད,0
སྒྲོལ,241844
སྒྲོལད,18
སྒྲོས,14446
བཀ,2780
བཀག,6
བཀགས,0
བཀང,2
བཀངས,0
བཀད,51
བཀན,547
བཀནད,0
བཀབ,9
བཀབས,0
བཀམ,21
བཀམས,0
བཀའ,0
བཀར,12
བཀརད,0
བཀལ,186163
བཀལད,26
བཀས,36
བཀི,0
བཀིག,0
བཀིགས,0
བཀིང,0
བཀིངས,0
བཀིད,0
བཀིན,0
བཀིནད,0
བཀིབ,0
བཀིབས,0
བཀིམ,0
བཀིམས,0
བཀིའ,0
བཀིར,0
བཀིརད,0
བཀིལ,0
བཀིལད,0
བཀིས,0
བཀུ,6
བཀུག,4
བཀུགས,0
བཀུང,0
བཀུངས,0
བཀུད,8
བཀུན,0
བཀུནད,0
བཀུབ,0
བཀུབས,0
བཀུམ,36
བཀུམས,125
བཀུའ,0
བཀུར,2
བཀུརད,0
བཀུལ,75
བཀུལད,0
བཀུས,0
བཀེ,2
བཀེག,0
བཀེགས,0
བཀེང,0
བཀེངས,0
བཀེད,0
བཀེན,1
བཀེནད,0
བཀེབ,0
བཀེབས,0
བཀེམ,0
བཀེམས,0
བཀེའ,0
བཀེར,0
བཀེརད,0
བཀེལ,0
བཀེལད,0
བཀེས,0
བཀོ,4
བཀོག,0
བཀོགས,0
བཀོང,0
བཀོངས,0
བཀོད,9

བརྒོན,0	བརྒྱིལ,0	བརྒྱོན,0	བསྒིལ,1	བསྒོན,11	བསྒྱིལ,20
བརྒོནད,0	བརྒྱིལད,0	བརྒྱོནད,0	བསྒིལད,0	བསྒོནད,0	བསྒྱིལད,0
བརྒོབ,0	བརྒྱིས,14	བརྒྱོབ,41	བསྒིས,0	བསྒོབ,9	བསྒྱིས,2
བརྒོབས,0	བརྒྱུ,783	བརྒྱོབས,1	བསྒུ,59	བསྒོབས,2	བསྒྱུ,388
བརྒོམ,0	བརྒྱུག,1088	བརྒྱོམ,0	བསྒུག,3111	བསྒོམ,67497	བསྒྱུག,2
བརྒོམས,0	བརྒྱུགས,11216	བརྒྱོམས,0	བསྒུགས,4160	བསྒོམས,23864	བསྒྱུགས,10
བརྒོའ,0	བརྒྱུང,26	བརྒྱོའ,0	བསྒུང,0	བསྒོའ,0	བསྒྱུང,9
བརྒོར,2	བརྒྱུངས,24	བརྒྱོར,0	བསྒུངས,8	བསྒོར,122	བསྒྱུངས,12
བརྒོརད,0	བརྒྱུད,578161	བརྒྱོརད,0	བསྒུད,0	བསྒོརད,2	བསྒྱུད,56
བརྒོལ,320	བརྒྱུན,264	བརྒྱོལ,0	བསྒུན,3	བསྒོལ,10	བསྒྱུན,0
བརྒོལད,0	བརྒྱུནད,0	བརྒྱོལད,0	བསྒུནད,0	བསྒོལད,0	བསྒྱུནད,0
བརྒོས,13	བརྒྱུབ,7	བརྒྱོས,7	བསྒུབ,30	བསྒོས,6083	བསྒྱུབ,27
བརྒྱ,367864	བརྒྱུབས,0	བསྒ,347	བསྒུབས,10	བསྒྱ,88	བསྒྱུབས,12
བརྒྱག,5553	བརྒྱུམ,0	བསྒག,512	བསྒུམ,21	བསྒྱག,3	བསྒྱུམ,0
བརྒྱགས,1338	བརྒྱུམས,2	བསྒགས,1024	བསྒུམས,28	བསྒྱགས,1	བསྒྱུམས,0
བརྒྱང,468	བརྒྱུའ,0	བསྒང,142	བསྒུའ,0	བསྒྱང,56	བསྒྱུའ,0
བརྒྱངས,1946	བརྒྱུར,258	བསྒངས,16	བསྒུར,1321	བསྒྱངས,100	བསྒྱུར,516520
བརྒྱད,479320	བརྒྱུརད,0	བསྒད,1	བསྒུརད,0	བསྒྱད,2	བསྒྱུརད,200
བརྒྱན,40248	བརྒྱུལ,1	བསྒན,0	བསྒུལ,4008	བསྒྱན,1	བསྒྱུལ,2
བརྒྱནད,31	བརྒྱུལད,0	བསྒནད,0	བསྒུལད,5	བསྒྱནད,0	བསྒྱུལད,0
བརྒྱབ,278767	བརྒྱུས,14521	བསྒབ,13	བསྒུས,3	བསྒྱབ,5	བསྒྱུས,86
བརྒྱབས,5604	བརྒྱེ,1	བསྒབས,8	བསྒེ,1	བསྒྱབས,0	བསྒྱེ,3
བརྒྱམ,8	བརྒྱེག,0	བསྒམ,189	བསྒེག,6	བསྒྱམ,1	བསྒྱེག,0
བརྒྱམས,0	བརྒྱེགས,0	བསྒམས,19	བསྒེགས,32	བསྒྱམས,0	བསྒྱེགས,1
བརྒྱའ,337	བརྒྱེང,0	བསྒའ,0	བསྒེང,0	བསྒྱའ,0	བསྒྱེང,0
བརྒྱར,18769	བརྒྱེངས,0	བསྒར,3487	བསྒེངས,1	བསྒྱར,163	བསྒྱེངས,2
བརྒྱརད,0	བརྒྱེད,5	བསྒརད,10	བསྒེད,0	བསྒྱརད,0	བསྒྱེད,10
བརྒྱལ,9241	བརྒྱེན,2	བསྒལ,143	བསྒེན,0	བསྒྱལ,3	བསྒྱེན,0
བརྒྱལད,0	བརྒྱེནད,0	བསྒལད,0	བསྒེནད,0	བསྒྱལད,0	བསྒྱེནད,0
བརྒྱས,4773	བརྒྱེབ,2	བསྒས,7	བསྒེབ,0	བསྒྱས,0	བསྒྱེབ,0
བརྒྱི,6	བརྒྱེབས,0	བསྒི,0	བསྒེབས,0	བསྒྱི,2	བསྒྱེབས,0
བརྒྱིག,0	བརྒྱེམ,0	བསྒིག,1	བསྒེམ,15	བསྒྱིག,0	བསྒྱེམ,0
བརྒྱིགས,0	བརྒྱེམས,0	བསྒིགས,5	བསྒེམས,0	བསྒྱིགས,8	བསྒྱེམས,0
བརྒྱིང,4	བརྒྱེའ,0	བསྒིང,0	བསྒེའ,0	བསྒྱིང,39	བསྒྱེའ,0
བརྒྱིངས,0	བརྒྱེར,0	བསྒིངས,0	བསྒེར,1	བསྒྱིངས,1129	བསྒྱེར,6
བརྒྱིད,2	བརྒྱེརད,0	བསྒིད,0	བསྒེརད,0	བསྒྱིད,8	བསྒྱེརད,0
བརྒྱིན,0	བརྒྱེལ,3	བསྒིན,0	བསྒེལ,1	བསྒྱིན,0	བསྒྱེལ,2056
བརྒྱིནད,0	བརྒྱེལད,0	བསྒིནད,0	བསྒེལད,0	བསྒྱིནད,0	བསྒྱེལད,7
བརྒྱིབ,0	བརྒྱེས,0	བསྒིབ,0	བསྒེས,1	བསྒྱིབ,1	བསྒྱེས,2
བརྒྱིབས,0	བརྒྱོ,8	བསྒིབས,0	བསྒོ,12976	བསྒྱིབས,0	བསྒྱོ,0
བརྒྱིམ,0	བརྒྱོག,0	བསྒིམ,0	བསྒོག,7	བསྒྱིམ,0	བསྒྱོག,0
བརྒྱིམས,0	བརྒྱོགས,0	བསྒིམས,0	བསྒོགས,10	བསྒྱིམས,0	བསྒྱོགས,0
བརྒྱིའ,0	བརྒྱོང,8	བསྒིའ,0	བསྒོང,123	བསྒྱིའ,0	བསྒྱོང,0
བརྒྱིར,0	བརྒྱོངས,4	བསྒིར,0	བསྒོངས,260	བསྒྱིར,14	བསྒྱོངས,2
བརྒྱིརད,0	བརྒྱོད,4	བསྒིརད,0	བསྒོད,50	བསྒྱིརད,0	བསྒྱོད,6

བསྒྱོན,2
བསྒྱོནད,0
བསྒྱོབ,0
བསྒྱོབས,0
བསྒྱོམ,0
བསྒྱོམས,0
བསྒྱོའ,0
བསྒྱོར,6
བསྒྱོརད,0
བསྒྱོལ,0
བསྒྱོལད,0
བསྒྱོས,0
བསྒྲ,366
བསྒྲག,3137
བསྒྲགས,372291
བསྒྲང,134
བསྒྲངས,233
བསྒྲད,430
བསྒྲན,19
བསྒྲནད,0
བསྒྲབ,31
བསྒྲབས,64
བསྒྲམ,1
བསྒྲམས,0
བསྒྲའ,1
བསྒྲར,5
བསྒྲརད,0
བསྒྲལ,7159
བསྒྲལད,30
བསྒྲས,32
བསྒྲི,92
བསྒྲིག,5464
བསྒྲིགས,146986
བསྒྲིང,10
བསྒྲིངས,24
བསྒྲིད,0
བསྒྲིན,91
བསྒྲིནད,0
བསྒྲིབ,1595
བསྒྲིབས,11093
བསྒྲིམ,938
བསྒྲིམས,2959
བསྒྲིའ,0
བསྒྲིར,0
བསྒྲིརད,0
བསྒྲིལ,13518
བསྒྲིལད,11
བསྒྲིས,9
བསྒྲུ,49
བསྒྲུག,150
བསྒྲུགས,917
བསྒྲུང,46
བསྒྲུངས,327
བསྒྲུད,1
བསྒྲུན,1213
བསྒྲུནད,7
བསྒྲུབ,184272
བསྒྲུབས,86212
བསྒྲུམ,10
བསྒྲུམས,9
བསྒྲུའ,0
བསྒྲུར,44
བསྒྲུརད,2
བསྒྲུལ,55
བསྒྲུལད,0
བསྒྲུས,18
བསྒྲེ,1101
བསྒྲེག,4
བསྒྲེགས,22
བསྒྲེང,4441
བསྒྲེངས,9905
བསྒྲེད,12
བསྒྲེན,10
བསྒྲེནད,0
བསྒྲེབ,0
བསྒྲེབས,3
བསྒྲེམ,0
བསྒྲེམས,3
བསྒྲེའ,0
བསྒྲེར,0
བསྒྲེརད,0
བསྒྲེལ,61
བསྒྲེལད,0
བསྒྲེས,1717
བསྒྲོ,83
བསྒྲོག,435
བསྒྲོགས,1209
བསྒྲོང,16
བསྒྲོངས,13
བསྒྲོད,1014
བསྒྲོན,6795
བསྒྲོནད,5
བསྒྲོབ,2
བསྒྲོབས,1
བསྒྲོམ,20
བསྒྲོམས,8
བསྒྲོའ,0
བསྒྲོར,0
བསྒྲོརད,0
བསྒྲོལ,229
བསྒྲོལད,0
བསྒྲོས,151
ང,1395138
ངག,849079
ངགས,162
ངང,479249
ངངས,3
ངད,7364
ངན,318481
ངནད,3
ངབ,129
ངབས,1
ངམ,74346
ངམས,53
ངའ,196
ངར,70807
ངརད,10
ངལ,246545
ངལད,0
ངས,397634
ངི,457
ངིག,14
ངིགས,0
ངིང,3
ངིངས,0
ངིད,12
ངིན,17
ངིནད,0
ངིབ,0
ངིབས,0
ངིམ,3
ངིམས,1
ངིའ,4
ངིར,9
ངིརད,0
ངིལ,2
ངིལད,0
ངིས,1
ངུ,88512
ངུག,11
ངུགས,0
ངུང,7
ངུངས,0
ངུད,618
ངུན,56
ངུནད,0
ངུབ,20
ངུབས,0
ངུམ,14
ངུམས,0
ངུའ,15
ངུར,17708
ངུརད,0
ངུལ,149
ངུལད,0
ངུས,10891
ངེ,72197
ངེག,10
ངེགས,0
ངེང,45
ངེངས,0
ངེད,542381
ངེན,42
ངེནད,0
ངེབ,5
ངེབས,0
ངེམ,2
ངེམས,8
ངེའ,2
ངེར,14555
ངེརད,2
ངེལ,4
ངེལད,0
ངེས,685817
ངོ,1179452
ངོག,490
ངོགས,39321
ངོང,14
ངོངས,2
ངོད,58
ངོན,2536
ངོནད,0
ངོབ,4
ངོབས,0
ངོམ,21324
ངོམས,14728
ངོའ,12
ངོར,37499
ངོརད,0
ངོལ,35
ངོལད,0
ངོས,1339252
དངག,51
དངགས,4230
དངང,1115
དངངས,13713
དངད,19
དངན,3640
དངནད,1
དངབ,16
དངབས,1
དངམ,43
དངམས,24
དངའ,47
དངར,2999
དངརད,0
དངལ,43
དངལད,0
དངི,2
དངིག,0
དངིགས,0
དངིང,0
དངིངས,0
དངིད,0
དངིན,0
དངིནད,0
དངིབ,0
དངིབས,0
དངིམ,0
དངིམས,0
དངིའ,0
དངིར,0
དངིརད,0
དངིལ,2
དངིལད,0
དངིས,3
དངུ,218
དངུག,6
དངུགས,0
དངུང,7
དངུངས,0
དངུད,6
དངུན,32
དངུནད,0
དངུབ,2
དངུབས,9
དངུམ,0
དངུམས,0
དངུའ,0
དངུར,27
དངུརད,0
དངུལ,540931
དངུལད,0
དངུས,44
དངེ,19
དངེག,0
དངེགས,0
དངེང,0
དངེངས,0
དངེད,0
དངེན,29
དངེནད,0
དངེབ,0
དངེབས,0
དངེམ,0
དངེམས,0
དངེའ,0
དངེར,0
དངེརད,0
དངེལ,0
དངེལད,0
དངེས,28
དངོ,1484
དངོག,11
དངོགས,6
དངོང,4
དངོངས,3
དངོད,8
དངོན,181
དངོནད,0

དངོབ,1
དངོབས,0
དངོམ,239
དངོམས,14
དངོའ,23
དངོར,21
དངོརད,0
དངོལ,10
དངོལད,0
དངོས,1216238
བངས,983
མངག,25228
མངགས,65946
མངང,13
མངངས,52
མངད,29
མངན,700
མངནད,1
མངབ,8
མངབས,9
མངམ,9
མངམས,9
མངའ,192295
མངར,39297
མངརད,1
མངལ,29014
མངལད,0
མངི,12
མངིག,0
མངིགས,1
མངིང,0
མངིངས,0
མངིད,0
མངིན,0
མངིནད,0
མངིབ,0
མངིབས,0
མངིམ,0
མངིམས,0
མངིའ,0
མངིར,0
མངིརད,0
མངིལ,0
མངིལད,0
མངིས,0
མངུ,2
མངུག,1
མངུགས,0
མངུང,2
མངུངས,0
མངུད,0
མངུན,18
མངུནད,0
མངུབ,0
མངུབས,0
མངུམ,0
མངུམས,0
མངུའ,0
མངུར,1
མངུརད,0
མངུལ,18
མངུལད,0
མངུས,0
མངེ,0
མངེག,0
མངེགས,0
མངེང,0
མངེངས,0
མངེད,3
མངེན,8
མངེནད,0
མངེབ,0
མངེབས,0
མངེམ,0
མངེམས,0
མངེའ,0
མངེར,0
མངེརད,0
མངེལ,0
མངེལད,0
མངེས,71
མངོ,211
མངོག,21
མངོགས,32
མངོང,3
མངོངས,0
མངོད,11
མངོན,686728
མངོནད,1
མངོབ,0
མངོབས,0
མངོམ,167
མངོམས,2
མངོའ,0
མངོར,38
མངོརད,0
མངོལ,5
མངོལད,0
མངོས,127
ཇ,138100
ཇག,17
ཇགས,6
ཇང,4
ཇངས,33
ཇད,97
ཇན,4753
ཇནད,0
ཇབ,118
ཇབས,68
ཇམ,24155
ཇམས,4576
ཇའ,2
ཇར,443
ཇརད,0
ཇལ,47
ཇལད,0
ཇས,323
ཇི,14
ཇིག,0
ཇིགས,0
ཇིང,0
ཇིངས,0
ཇིད,0
ཇིན,0
ཇིནད,0
ཇིབ,0
ཇིབས,1
ཇིམ,4
ཇིམས,0
ཇིའ,0
ཇིར,0
ཇིརད,0
ཇིལ,0
ཇིལད,0
ཇིས,1
ཇུ,4140
ཇུག,12
ཇུགས,9
ཇུང,11
ཇུངས,0
ཇུད,1
ཇུན,35
ཇུནད,0
ཇུབ,9019
ཇུབས,593
ཇུམ,22
ཇུམས,4
ཇུའ,0
ཇུར,514
ཇུརད,0
ཇུལ,21102
ཇུལད,1
ཇུས,416
ཇེ,72
ཇེག,20
ཇེགས,388
ཇེང,0
ཇེངས,0
ཇེད,2
ཇེན,5
ཇེནད,0
ཇེབ,0
ཇེབས,0
ཇེམ,5
ཇེམས,0
ཇེའ,0
ཇེར,0
ཇེརད,0
ཇེལ,0
ཇེལད,0
ཇེས,32
ཇོ,4084
ཇོག,9793
ཇོགས,159
ཇོང,0
ཇོངས,0
ཇོད,623
ཇོན,20866
ཇོནད,4
ཇོབ,0
ཇོབས,1
ཇོམ,112
ཇོམས,10
ཇོའ,1
ཇོར,27
ཇོརད,0
ཇོལ,7
ཇོལད,0
ཇོས,357
ལྗ,658062
ལྗག,22
ལྗགས,35
ལྗང,37
ལྗངས,3
ལྗད,4
ལྗན,205
ལྗནད,0
ལྗབ,15
ལྗབས,0
ལྗམ,6
ལྗམས,0
ལྗའ,23
ལྗར,14893
ལྗརད,0
ལྗལ,28
ལྗལད,0
ལྗས,10932
ལྗི,2
ལྗིག,0
ལྗིགས,0
ལྗིང,6
ལྗིངས,0
ལྗིད,0
ལྗིན,0
ལྗིནད,0
ལྗིབ,0
ལྗིབས,0
ལྗིམ,1
ལྗིམས,0
ལྗིའ,3
ལྗིར,1
ལྗིརད,0
ལྗིལ,0
ལྗིལད,0
ལྗིས,0
ལྗུ,5
ལྗུག,0
ལྗུགས,0
ལྗུང,2
ལྗུངས,0
ལྗུད,0
ལྗུན,0
ལྗུནད,0
ལྗུབ,0
ལྗུབས,0
ལྗུམ,1
ལྗུམས,0
ལྗུའ,0
ལྗུར,2
ལྗུརད,0
ལྗུལ,0
ལྗུལད,0
ལྗུས,0
ལྗེ,26
ལྗེག,0
ལྗེགས,0
ལྗེང,0
ལྗེངས,0
ལྗེད,5
ལྗེན,0
ལྗེནད,0
ལྗེབ,0
ལྗེབས,0
ལྗེམ,9
ལྗེམས,0
ལྗེའ,0
ལྗེར,5
ལྗེརད,0
ལྗེལ,0
ལྗེལད,0
ལྗེས,0
ལྗོ,29
ལྗོག,26
ལྗོགས,0
ལྗོང,3
ལྗོངས,71
ལྗོད,2
ལྗོན,58
ལྗོནད,0
ལྗོབ,0

ཟློབས,0
ཟློམ,2
ཟློམས,0
ཟློའ,0
ཟློར,0
ཟློརད,0
ཟློལ,0
ཟློལད,0
ཟློས,2
ཟླ,451932
ཟླག,295
ཟླགས,166900
ཟླང,290
ཟླངས,2654
ཟླད,14
ཟླན,825
ཟླནད,0
ཟླབ,45
ཟླབས,17
ཟླམ,374
ཟླམས,37
ཟླའ,60
ཟླར,454905
ཟླརད,0
ཟླལ,657
ཟླལད,0
ཟླས,8811
ཟླི,7
ཟླིག,7
ཟླིགས,0
ཟླིང,1
ཟླིངས,1
ཟླིད,0
ཟླིན,18
ཟླིནད,0
ཟླིབ,0
ཟླིབས,0
ཟླིམ,0
ཟླིམས,0
ཟླིའ,0
ཟླིར,0
ཟླིརད,0
ཟླིལ,0
ཟླིལད,0
ཟླིས,2
ཟླུ,26
ཟླུག,157
ཟླུགས,0
ཟླུང,3
ཟླུངས,0
ཟླུད,15
ཟླུན,8421
ཟླུནད,0
ཟླུབ,14
ཟླུབས,4
ཟླུམ,2
ཟླུམས,0
ཟླུའ,0
ཟླུར,1576
ཟླུརད,0
ཟླུལ,15
ཟླུལད,0
ཟླུས,11
ཟླེ,157
ཟླེག,1
ཟླེགས,6
ཟླེང,1
ཟླེངས,0
ཟླེད,0
ཟླེན,1
ཟླེནད,0
ཟླེབ,34
ཟླེབས,0
ཟླེམ,2
ཟླེམས,0
ཟླེའ,0
ཟླེར,34
ཟླེརད,0
ཟླེལ,5
ཟླེལད,0
ཟླེས,7
ཟློ,135993
ཟློག,24941
ཟློགས,1706
ཟློང,93
ཟློངས,0
ཟློད,99
ཟློན,2515095
ཟློནད,2
ཟློབ,1
ཟློབས,3
ཟློམ,421
ཟློམས,9
ཟློའ,0
ཟློར,1139
ཟློརད,0
ཟློལ,7
ཟློལད,0
ཟློས,400
བཟ,2958
བཟག,1
བཟགས,0
བཟང,1
བཟངས,4
བཟད,0
བཟན,1629
བཟནད,6
བཟབ,14
བཟབས,14
བཟམ,120
བཟམས,187
བཟའ,11
བཟར,30
བཟརད,0
བཟལ,19
བཟལད,0
བཟས,798
བཟི,0
བཟིག,0
བཟིགས,0
བཟིང,0
བཟིངས,0
བཟིད,0
བཟིན,0
བཟིནད,0
བཟིབ,0
བཟིབས,0
བཟིམ,0
བཟིམས,0
བཟིའ,0
བཟིར,0
བཟིརད,0
བཟིལ,0
བཟིལད,0
བཟིས,0
བཟུ,20
བཟུག,0
བཟུགས,0
བཟུང,8
བཟུངས,17
བཟུད,0
བཟུན,1
བཟུནད,0
བཟུབ,205
བཟུབས,568
བཟུམ,0
བཟུམས,0
བཟུའ,0
བཟུར,0
བཟུརད,0
བཟུལ,10
བཟུལད,0
བཟུས,0
བཟེ,9
བཟེག,0
བཟེགས,2
བཟེང,0
བཟེངས,0
བཟེད,2
བཟེན,0
བཟེནད,0
བཟེབ,0
བཟེབས,0
བཟེམ,0
བཟེམས,0
བཟེའ,0
བཟེར,0
བཟེརད,0
བཟེལ,0
བཟེལད,0
བཟེས,0
བཟོ,848
བཟོག,70
བཟོགས,13
བཟོང,0
བཟོངས,0
བཟོད,142
བཟོན,666
བཟོནད,2
བཟོབ,0
བཟོབས,0
བཟོམ,0
བཟོམས,0
བཟོའ,0
བཟོར,0
བཟོརད,0
བཟོལ,3
བཟོལད,0
བཟོས,2839
བཟླ,280
བཟླག,298
བཟླགས,52005
བཟླང,18
བཟླངས,93
བཟླད,48
བཟླན,23
བཟླནད,0
བཟླབ,1
བཟླབས,0
བཟླམ,89
བཟླམས,189
བཟླའ,0
བཟླར,92
བཟླརད,0
བཟླལ,155046
བཟླལད,2
བཟླས,346
བཟླི,1
བཟླིག,0
བཟླིགས,0
བཟླིང,0
བཟླིངས,0
བཟླིད,0
བཟླིན,0
བཟླིནད,0
བཟླིབ,0
བཟླིབས,0
བཟླིམ,0
བཟླིམས,0
བཟླིའ,0
བཟླིར,0
བཟླིརད,0
བཟླིལ,0
བཟླིལད,0
བཟླིས,0
བཟླུ,74
བཟླུག,0
བཟླུགས,0
བཟླུང,0
བཟླུངས,0
བཟླུད,0
བཟླུན,2
བཟླུནད,0
བཟླུབ,7
བཟླུབས,1
བཟླུམ,0
བཟླུམས,1
བཟླུའ,0
བཟླུར,25
བཟླུརད,0
བཟླུལ,46
བཟླུལད,0
བཟླུས,607
བཟླེ,2
བཟླེག,0
བཟླེགས,0
བཟླེང,0
བཟླེངས,0
བཟླེད,0
བཟླེན,0
བཟླེནད,0
བཟླེབ,0
བཟླེབས,0
བཟླེམ,0
བཟླེམས,0
བཟླེའ,0
བཟླེར,0
བཟླེརད,0
བཟླེལ,0
བཟླེལད,0
བཟླེས,0
བཟློ,22958
བཟློག,2413
བཟློགས,2056
བཟློང,2
བཟློངས,3
བཟློད,9
བཟློན,63
བཟློནད,0
བཟློབ,10

བསྡོབས,3
བསྡོམ,19
བསྡོམས,45
བསྡོའ,12
བསྡོར,814
བསྡོརད,0
བསྡོལ,1
བསྡོལད,0
བསྡོས,5443
ཅ,72784
ཅག,158519
ཅགས,65
ཅང,318769
ཅངས,28
ཅད,578458
ཅན,1592882
ཅནད,1
ཅབ,284
ཅབས,8
ཅམ,848
ཅམས,4
ཅའ,184
ཅར,16001
ཅརད,1
ཅལ,3351
ཅལད,2
ཅས,669
ཅི,954522
ཅིག,758551
ཅིགས,44
ཅིང,666853
ཅིངས,50
ཅིད,187
ཅིན,505370
ཅིནད,0
ཅིབ,20318
ཅིབས,52
ཅིམ,60
ཅིམས,0
ཅིའ,15
ཅིར,16019
ཅིརད,0
ཅིལ,49
ཅིལད,1
ཅིས,40696
ཅུ,137227
ཅུག,374
ཅུགས,4
ཅུང,186737
ཅུངས,7
ཅུད,4651
ཅུན,50675
ཅུནད,0
ཅུབ,92
ཅུབས,0
ཅུམ,85
ཅུམས,1
ཅུའ,289
ཅུར,6928
ཅུརད,2
ཅུལ,28
ཅུལད,0
ཅུས,136068
ཅེ,72899
ཅེག,90
ཅེགས,0
ཅེང,105
ཅེངས,0
ཅེད,69
ཅེན,1991
ཅེནད,0
ཅེབ,598
ཅེབས,0
ཅེམ,58
ཅེམས,1
ཅེའ,2
ཅེར,15104
ཅེརད,0
ཅེལ,19
ཅེལད,0
ཅེས,726220
ཅོ,32487
ཅོག,41717
ཅོགས,15
ཅོང,9937
ཅོངས,3
ཅོད,7247
ཅོན,9817
ཅོནད,0
ཅོབ,50
ཅོབས,0
ཅོམ,155
ཅོམས,5
ཅོའ,3
ཅོར,18033
ཅོརད,0
ཅོལ,11950
ཅོལད,0
ཅོས,734
གཅག,448
གཅགས,713
གཅང,135
གཅངས,1
གཅད,9211
གཅན,75764
གཅནད,0
གཅབ,2
གཅབས,0
གཅམ,1232
གཅམས,2
གཅའ,318
གཅར,8552
གཅརད,0
གཅལ,3896
གཅལད,5
གཅས,30
གཅི,4732
གཅིག,1797833
གཅིགས,164
གཅིང,43
གཅིངས,12
གཅིད,132
གཅིན,17018
གཅིནད,0
གཅིབ,13
གཅིབས,6
གཅིམ,9
གཅིམས,1
གཅིའ,0
གཅིར,586
གཅིརད,4
གཅིལ,87
གཅིལད,0
གཅིས,223
གཅུ,1762
གཅུག,336
གཅུགས,2912
གཅུང,12032
གཅུངས,6
གཅུད,1678
གཅུན,12025
གཅུནད,0
གཅུབ,5
གཅུབས,0
གཅུམ,92
གཅུམས,24
གཅུའ,0
གཅུར,774
གཅུརད,4
གཅུལ,3
གཅུལད,0
གཅུས,2694
གཅེ,327
གཅེག,10
གཅེགས,0
གཅེང,11
གཅེངས,0
གཅེད,56
གཅེན,10821
གཅེནད,0
གཅེབ,3
གཅེབས,1
གཅེམ,12
གཅེམས,0
གཅེའ,0
གཅེར,16301
གཅེརད,7
གཅེལ,1
གཅེལད,0
གཅེས,140243
གཅོ,1056
གཅོག,19256
གཅོགས,32
གཅོང,13483
གཅོངས,0
གཅོད,404229
གཅོན,10
གཅོནད,0
གཅོབ,1
གཅོབས,0
གཅོམ,430
གཅོམས,4
གཅོའ,2
གཅོར,185
གཅོརད,5
གཅོལ,265
གཅོལད,0
གཅོས,172
བཅག,10988
བཅགས,4963
བཅང,5950
བཅངས,70447
བཅད,274980
བཅན,199
བཅནད,0
བཅབ,385
བཅབས,2725
བཅམ,86
བཅམས,33
བཅའ,279026
བཅར,110663
བཅརད,5
བཅལ,2061
བཅལད,17
བཅས,1301992
བཅི,490
བཅིག,50
བཅིགས,8
བཅིང,6835
བཅིངས,84866
བཅིད,5
བཅིན,28
བཅིནད,0
བཅིབ,282
བཅིབས,3203
བཅིམ,7
བཅིམས,67
བཅིའ,0
བཅིར,214
བཅིརད,0
བཅིལ,666
བཅིལད,6
བཅིས,32
བཅུ,1057235
བཅུག,159143
བཅུགས,2339
བཅུང,98
བཅུངས,0
བཅུད,168987
བཅུན,790
བཅུནད,4
བཅུབ,20
བཅུབས,0
བཅུམ,894
བཅུམས,493
བཅུའ,152
བཅུར,11815
བཅུརད,4
བཅུལ,14
བཅུལད,0
བཅུས,5996
བཅེ,8
བཅེག,0
བཅེགས,0
བཅེང,4
བཅེངས,6
བཅེད,31
བཅེན,4
བཅེནད,0
བཅེབ,0
བཅེབས,0
བཅེམ,32
བཅེམས,12
བཅེའ,0
བཅེར,413
བཅེརད,2
བཅེལ,1
བཅེལད,0
བཅེས,122
བཅོ,166634
བཅོག,455
བཅོགས,10
བཅོང,32
བཅོངས,21
བཅོད,867
བཅོན,105
བཅོནད,0
བཅོབ,15
བཅོབས,1
བཅོམ,292143

བཅོམས,2131
བཅོའ,2
བཅོར,38
བཅོརད,0
བཅོལ,156866
བཅོལད,15
བཅོས,784575
ལྕ,1002
ལྕག,30056
ལྕགས,218595
ལྕང,21333
ལྕངས,15
ལྕད,19
ལྕན,5
ལྕནད,0
ལྕབ,24
ལྕབས,3
ལྕམ,19658
ལྕམས,25
ལྕའ,0
ལྕར,7
ལྕརད,0
ལྕལ,32
ལྕལད,0
ལྕས,10
ལྕི,60336
ལྕིག,427
ལྕིགས,83
ལྕིང,31
ལྕིངས,0
ལྕིད,963
ལྕིན,73
ལྕིནད,0
ལྕིབ,174
ལྕིབས,1363
ལྕིམ,34
ལྕིམས,0
ལྕིའ,2
ལྕིར,273
ལྕིརད,0
ལྕིལ,54
ལྕིལད,0
ལྕིས,57
ལྕུ,33
ལྕུག,5628
ལྕུགས,339
ལྕུང,159
ལྕུངས,0
ལྕུད,0
ལྕུན,0
ལྕུནད,0
ལྕུབ,12
ལྕུབས,0
ལྕུམ,879
ལྕུམས,0
ལྕུའ,0
ལྕུར,2
ལྕུརད,0
ལྕུལ,0
ལྕུལད,0
ལྕུས,0
ལྕེ,75484
ལྕེག,3
ལྕེགས,1
ལྕེང,0
ལྕེངས,2
ལྕེད,3
ལྕེན,4
ལྕེནད,0
ལྕེབ,1376
ལྕེབས,5403
ལྕེམ,13
ལྕེམས,2
ལྕེའ,0
ལྕེར,346
ལྕེརད,0
ལྕེལ,1
ལྕེལད,0
ལྕེས,2863
ལྕོ,159
ལྕོག,22322
ལྕོགས,13735
ལྕོང,1833
ལྕོངས,4
ལྕོད,4
ལྕོན,0
ལྕོནད,0
ལྕོབ,1
ལྕོབས,2
ལྕོམ,8
ལྕོམས,0
ལྕོའ,0
ལྕོར,0
ལྕོརད,0
ལྕོལ,2
ལྕོལད,0
ལྕོས,0
ཆ,1685786
ཆག,159061
ཆགས,531717
ཆང,247096
ཆངས,396
ཆད,417073
ཆན,18740
ཆནད,0
ཆབ,313573
ཆབས,42824
ཆམ,20855
ཆམས,474
ཆའ,328
ཆར,312373
ཆརད,9
ཆལ,3702
ཆལད,7
ཆས,378821
ཆི,43634
ཆིག,30372
ཆིགས,60
ཆིང,58477
ཆིངས,24732
ཆིད,100
ཆིན,36857
ཆིནད,0
ཆིབ,368
ཆིབས,10391
ཆིམ,115
ཆིམས,92
ཆིའ,6
ཆིར,332
ཆིརད,2
ཆིལ,6121
ཆིལད,2
ཆིས,3090
ཆུ,1104742
ཆུག,5988
ཆུགས,3260
ཆུང,1147976
ཆུངས,806
ཆུད,69596
ཆུན,11436
ཆུནད,4
ཆུབ,360632
ཆུབས,41
ཆུམ,246
ཆུམས,133
ཆུའ,52
ཆུར,19144
ཆུརད,2
ཆུལ,371
ཆུལད,0
ཆུས,127388
ཆེ,1356040
ཆེག,61
ཆེགས,19
ཆེང,61
ཆེངས,22
ཆེད,1041577
ཆེན,4230138
ཆེནད,6
ཆེབ,142
ཆེབས,48
ཆེམ,7172
ཆེམས,13916
ཆེའ,51
ཆེར,253066
ཆེརད,3
ཆེལ,204
ཆེལད,0
ཆེས,356082
ཆོ,96609
ཆོག,844382
ཆོགས,1546
ཆོང,374
ཆོངས,1256
ཆོད,152119
ཆོན,31746
ཆོནད,0
ཆོབ,617
ཆོབས,21
ཆོམ,7769
ཆོམས,787
ཆོའ,5
ཆོར,345
ཆོརད,1
ཆོལ,21883
ཆོལད,2
ཆོས,1994992
མཆག,61
མཆགས,67
མཆང,51
མཆངས,3
མཆད,630
མཆན,668365
མཆནད,0
མཆབ,5
མཆབས,0
མཆམ,206
མཆམས,69
མཆའ,67
མཆར,180
མཆརད,0
མཆལ,6
མཆལད,0
མཆས,14
མཆི,35986
མཆིག,987
མཆིགས,0
མཆིང,689
མཆིངས,22
མཆིད,4772
མཆིན,20560
མཆིནད,0
མཆིབ,0
མཆིབས,13
མཆིམ,104
མཆིམས,3199
མཆིའ,15
མཆིར,85
མཆིརད,0
མཆིལ,7617
མཆིལད,0
མཆིས,116852
མཆུ,28896
མཆུག,75
མཆུགས,7
མཆུང,16
མཆུངས,53
མཆུད,21
མཆུན,557
མཆུནད,0
མཆུབ,1
མཆུབས,0
མཆུམ,3
མཆུམས,4
མཆུའ,1
མཆུར,202
མཆུརད,0
མཆུལ,12
མཆུལད,0
མཆུས,277
མཆེ,10967
མཆེག,4
མཆེགས,0
མཆེང,1
མཆེངས,0
མཆེད,81874
མཆེན,194
མཆེནད,0
མཆེབ,2
མཆེབས,2
མཆེམ,0
མཆེམས,21
མཆེའ,1
མཆེར,1153
མཆེརད,0
མཆེལ,3
མཆེལད,0
མཆེས,84
མཆོ,1126
མཆོག,563159
མཆོགས,72
མཆོང,47138
མཆོངས,10687
མཆོད,386848
མཆོན,328
མཆོནད,0
མཆོབ,1
མཆོབས,0
མཆོམ,4
མཆོམས,15

མཆོའ,0
མཆོར,3869
མཆོརད,2
མཆོལ,25
མཆོལད,0
མཆོས,317
འཆག,5150
འཆགས,4496
འཆང,50685
འཆངས,116
འཆད,135265
འཆན,294
འཆནད,0
འཆབ,2954
འཆབས,9
འཆམ,82389
འཆམས,2054
འཆའ,8259
འཆར,471617
འཆརད,1
འཆལ,18112
འཆལད,3
འཆས,224
འཆི,113149
འཆིག,143
འཆིགས,0
འཆིང,20516
འཆིངས,326
འཆིད,28
འཆིན,31
འཆིནད,0
འཆིབ,232
འཆིབས,60
འཆིམ,53
འཆིམས,180
འཆིའ,0
འཆིར,446
འཆིརད,0
འཆིལ,181
འཆིལད,0
འཆིས,398
འཆུ,534
འཆུག,4350
འཆུགས,1749
འཆུང,3
འཆུངས,2
འཆུད,28
འཆུན,822
འཆུནད,0
འཆུབ,2
འཆུབས,4
འཆུམ,52
འཆུམས,252
འཆུའ,0
འཆུར,39
འཆུརད,0
འཆུལ,7
འཆུལད,0
འཆུས,954
འཆེ,2139
འཆེག,45
འཆེགས,0
འཆེང,4
འཆེངས,0
འཆེད,163
འཆེན,9
འཆེནད,0
འཆེབ,3
འཆེབས,1
འཆེམ,40
འཆེམས,45
འཆེའ,0
འཆེར,39
འཆེརད,0
འཆེལ,473
འཆེལད,0
འཆེས,2380
འཆོ,214
འཆོག,46
འཆོགས,8
འཆོང,377
འཆོངས,147
འཆོད,84
འཆོན,0
འཆོནད,0
འཆོབ,8
འཆོབས,13
འཆོམ,45
འཆོམས,44
འཆོའ,0
འཆོར,12323
འཆོརད,0
འཆོལ,7632
འཆོལད,1
འཆོས,11065
ཇ,97659
ཇག,12164
ཇགས,36
ཇང,310
ཇངས,0
ཇད,593
ཇན,445
ཇནད,0
ཇབ,53
ཇབས,57
ཇམ,229
ཇམས,7
ཇའ,28
ཇར,549
ཇརད,0
ཇལ,157
ཇལད,0
ཇས,145
ཇི,507787
ཇིག,299
ཇིགས,24
ཇིང,3295
ཇིངས,2
ཇིད,123
ཇིན,822
ཇིནད,0
ཇིབ,826
ཇིབས,2
ཇིམ,48
ཇིམས,0
ཇིའ,0
ཇིར,1217
ཇིརད,0
ཇིལ,14
ཇིལད,0
ཇིས,1557
ཇུ,6278
ཇུག,396
ཇུགས,11
ཇུང,65
ཇུངས,0
ཇུད,20
ཇུན,3100
ཇུནད,0
ཇུབ,14
ཇུབས,0
ཇུམ,3
ཇུམས,0
ཇུའ,0
ཇུར,130
ཇུརད,0
ཇུལ,16
ཇུལད,0
ཇུས,363507
ཇེ,260908
ཇེག,11
ཇེགས,2
ཇེང,168
ཇེངས,1
ཇེད,18
ཇེན,411
ཇེནད,0
ཇེབ,469
ཇེབས,7
ཇེམ,526
ཇེམས,0
ཇེའ,1
ཇེར,87
ཇེརད,0
ཇེལ,0
ཇེལད,0
ཇེས,102
ཇོ,97586
ཇོག,70
ཇོགས,0
ཇོང,75
ཇོངས,2
ཇོད,3
ཇོན,543
ཇོནད,0
ཇོབ,752
ཇོབས,0
ཇོམ,44
ཇོམས,25
ཇོའ,1
ཇོར,1210
ཇོརད,0
ཇོལ,30
ཇོལད,0
ཇོས,1173
མཇག,9
མཇགས,0
མཇང,14
མཇངས,1
མཇད,89
མཇན,1
མཇནད,0
མཇབ,5
མཇབས,0
མཇམ,200
མཇམས,0
མཇའ,634
མཇར,110
མཇརད,0
མཇལ,234693
མཇལད,29
མཇས,2
མཇི,4
མཇིག,20
མཇིགས,1
མཇིང,2151
མཇིངས,178
མཇིད,6
མཇིན,0
མཇིནད,0
མཇིབ,0
མཇིབས,0
མཇིམ,4
མཇིམས,0
མཇིའ,0
མཇིར,0
མཇིརད,0
མཇིལ,37
མཇིལད,0
མཇིས,0
མཇུ,201
མཇུག,265079
མཇུགས,99
མཇུང,2
མཇུངས,0
མཇུད,21
མཇུན,15
མཇུནད,0
མཇུབ,43
མཇུབས,0
མཇུམ,5
མཇུམས,0
མཇུའ,0
མཇུར,48
མཇུརད,0
མཇུལ,74
མཇུལད,0
མཇུས,13
མཇེ,2154
མཇེག,0
མཇེགས,0
མཇེང,0
མཇེངས,0
མཇེད,3367
མཇེན,4
མཇེནད,0
མཇེབ,2
མཇེབས,0
མཇེམ,0
མཇེམས,0
མཇེའ,0
མཇེར,3
མཇེརད,0
མཇེལ,0
མཇེལད,0
མཇེས,1822
མཇོ,69
མཇོག,76
མཇོགས,0
མཇོང,8
མཇོངས,0
མཇོད,141
མཇོན,54
མཇོནད,0
མཇོབ,0
མཇོབས,0
མཇོམ,1
མཇོམས,9
མཇོའ,0
མཇོར,41

མཛོརད,0
མཛོལ,226
མཛོལད,5
མཛོས,24
འཛག,5827
འཛགས,318448
འཛང,15309
འཛངས,40
འཛད,232
འཛན,120
འཛནད,0
འཛབ,49736
འཛབས,213
འཛམ,175780
འཛམས,664
འཛའ,35236
འཛར,90132
འཛརད,2
འཛལ,62615
འཛལད,15
འཛས,118
འཛི,829
འཛིག,419466
འཛིགས,201726
འཛིང,1120
འཛིངས,2275
འཛིད,21
འཛིན,732
འཛིནད,0
འཛིབ,3563
འཛིབས,696
འཛིམ,7409
འཛིམས,27
འཛིའ,0
འཛིར,39
འཛིརད,0
འཛིལ,936
འཛིལད,0
འཛིས,27
འཛུ,39003
འཛུག,1225931
འཛུགས,957
འཛུང,71
འཛུངས,1199
འཛུད,3489
འཛུན,1039
འཛུནད,0
འཛུབ,421
འཛུབས,12
འཛུམ,369
འཛུམས,81
འཛུའ,0
འཛུར,3464
འཛུརད,0
འཛུལ,49
འཛུལད,0
འཛུས,10672
འཛེ,59
འཛེག,27
འཛེགས,54
འཛེང,1
འཛེངས,2
འཛེད,161
འཛེན,222
འཛེནད,0
འཛེབ,519
འཛེབས,9433
འཛེམ,171
འཛེམས,28
འཛེའ,0
འཛེར,9
འཛེརད,0
འཛེལ,1
འཛེལད,0
འཛེས,7
འཛོ,40728
འཛོག,593571
འཛོགས,768
འཛོང,1795
འཛོངས,51
འཛོད,68
འཛོན,47656
འཛོནད,2
འཛོབ,20
འཛོབས,13
འཛོམ,1707
འཛོམས,50203
འཛོའ,2
འཛོར,3266
འཛོརད,0
འཛོལ,10802
འཛོལད,9
འཛོས,255
རྫ,1863
རྫག,9
རྫགས,2
རྫང,121
རྫངས,0
རྫད,69
རྫན,46
རྫནད,0
རྫབ,42
རྫབས,0
རྫམ,18
རྫམས,0
རྫའ,0
རྫར,58
རྫརད,0
རྫལ,7
རྫལད,0
རྫས,1319
རྫི,735
རྫིག,23
རྫིགས,2
རྫིང,91
རྫིངས,0
རྫིད,255
རྫིན,78
རྫིནད,0
རྫིབ,81
རྫིབས,1
རྫིམ,0
རྫིམས,0
རྫིའ,0
རྫིར,10
རྫིརད,0
རྫིལ,2
རྫིལད,0
རྫིས,304
རྫུ,100
རྫུག,20
རྫུགས,0
རྫུང,5
རྫུངས,0
རྫུད,159
རྫུན,311
རྫུནད,0
རྫུབ,2
རྫུབས,0
རྫུམ,0
རྫུམས,0
རྫུའ,0
རྫུར,0
རྫུརད,0
རྫུལ,0
རྫུལད,0
རྫུས,19
རྫེ,609873
རྫེག,4
རྫེགས,0
རྫེང,15
རྫེངས,0
རྫེད,1689
རྫེན,22190
རྫེནད,0
རྫེབ,70
རྫེབས,4
རྫེམ,95
རྫེམས,0
རྫེའ,93
རྫེར,4805
རྫེརད,0
རྫེལ,22
རྫེལད,0
རྫེས,1230662
རྫོ,1857
རྫོག,9
རྫོགས,1094
རྫོང,2094
རྫོངས,36
རྫོད,26774
རྫོན,221
རྫོནད,0
རྫོབ,151
རྫོབས,0
རྫོམ,0
རྫོམས,0
རྫོའ,0
རྫོར,278
རྫོརད,0
རྫོལ,15
རྫོལད,0
རྫོས,19
ལྫ,669
ལྫག,226
ལྫགས,12101
ལྫང,95636
ལྫངས,291
ལྫད,81
ལྫན,1367
ལྫནད,0
ལྫབ,28
ལྫབས,0
ལྫམ,28
ལྫམས,1
ལྫའ,0
ལྫར,5515
ལྫརད,0
ལྫལ,2
ལྫལད,0
ལྫས,5
ལྫི,1981
ལྫིག,166
ལྫིགས,5
ལྫིང,66
ལྫིངས,2
ལྫིད,22055
ལྫིན,1199
ལྫིནད,0
ལྫིབ,236
ལྫིབས,171
ལྫིམ,0
ལྫིམས,0
ལྫིའ,0
ལྫིར,71
ལྫིརད,0
ལྫིལ,6
ལྫིལད,0
ལྫིས,55
ལྫུ,38
ལྫུག,0
ལྫུགས,0
ལྫུང,3
ལྫུངས,0
ལྫུད,8
ལྫུན,37
ལྫུནད,0
ལྫུབ,3
ལྫུབས,0
ལྫུམ,1
ལྫུམས,0
ལྫུའ,0
ལྫུར,12
ལྫུརད,0
ལྫུལ,0
ལྫུལད,0
ལྫུས,0
ལྫེ,308
ལྫེག,0
ལྫེགས,0
ལྫེང,0
ལྫེངས,1
ལྫེད,2
ལྫེན,269
ལྫེནད,0
ལྫེབ,17
ལྫེབས,3
ལྫེམ,38
ལྫེམས,3
ལྫེའ,0
ལྫེར,5
ལྫེརད,0
ལྫེལ,0
ལྫེལད,0
ལྫེས,0
ལྫོ,368
ལྫོག,9
ལྫོགས,65
ལྫོང,1167
ལྫོངས,1740844
ལྫོད,9
ལྫོན,34063
ལྫོནད,0
ལྫོབ,1
ལྫོབས,14
ལྫོམ,0
ལྫོམས,8
ལྫོའ,0
ལྫོར,91
ལྫོརད,0

ཇྙོལ,1
ཇྙོལད,0
ཇྙོས,22
ཉ,102498
ཉག,74353
ཉགས,38
ཉང,10574
ཉངས,26
ཉད,90
ཉན,197960
ཉནད,27
ཉབ,565
ཉབས,26
ཉམ,35972
ཉམས,423364
ཉའ,28
ཉར,427707
ཉརད,6
ཉལ,75611
ཉལད,2
ཉས,2259
ཉི,667112
ཉིག,5731
ཉིགས,22
ཉིང,168457
ཉིངས,3
ཉིད,1965495
ཉིན,1296508
ཉིནད,3
ཉིབ,14
ཉིབས,0
ཉིམ,177
ཉིམས,16
ཉིའ,25
ཉིར,826
ཉིརད,0
ཉིལ,21133
ཉིལད,0
ཉིས,124043
ཉུ,1237
ཉུག,3599
ཉུགས,46
ཉུང,228941
ཉུངས,567
ཉུད,34
ཉུན,25
ཉུནད,0
ཉུབ,41
ཉུབས,0
ཉུམ,6
ཉུམས,0
ཉུའ,0
ཉུར,46
ཉུརད,0
ཉུལ,18364
ཉུལད,4
ཉུས,260
ཉེ,612366
ཉེག,77
ཉེགས,0
ཉེང,49
ཉེངས,2
ཉེད,844
ཉེན,273486
ཉེནད,2
ཉེབ,8
ཉེབས,2
ཉེམ,3
ཉེམས,11
ཉེའ,0
ཉེར,213655
ཉེརད,0
ཉེལ,31
ཉེལད,0
ཉེས,258334
ཉོ,102808
ཉོག,20889
ཉོགས,34
ཉོང,225
ཉོངས,23
ཉོད,136
ཉོན,115127
ཉོནད,21
ཉོབ,2754
ཉོབས,34
ཉོམ,117
ཉོམས,29
ཉོའ,1
ཉོར,354
ཉོརད,2
ཉོལ,707
ཉོལད,2
ཉོས,30831
གཉག,377
གཉགས,1343
གཉང,116
གཉངས,4
གཉད,2
གཉན,49948
གཉནད,10
གཉབ,7
གཉབས,0
གཉམ,169
གཉམས,12
གཉའ,41980
གཉར,368
གཉརད,21
གཉལ,3527
གཉལད,3
གཉས,74
གཉི,20689
གཉིག,451
གཉིགས,31
གཉིང,30
གཉིངས,0
གཉིད,69796
གཉིན,133
གཉིནད,0
གཉིབ,0
གཉིབས,0
གཉིམ,22
གཉིམས,0
གཉིའ,25
གཉིར,72
གཉིརད,0
གཉིལ,85
གཉིལད,0
གཉིས,2285612
གཉུ,7
གཉུག,12803
གཉུགས,72
གཉུང,5
གཉུངས,2
གཉུད,6
གཉུན,4
གཉུནད,0
གཉུབ,0
གཉུབས,1
གཉུམ,1
གཉུམས,0
གཉུའ,0
གཉུར,3
གཉུརད,0
གཉུལ,144
གཉུལད,6
གཉུས,45
གཉེ,778
གཉེག,15
གཉེགས,4
གཉེང,0
གཉེངས,0
གཉེད,61
གཉེན,162598
གཉེནད,0
གཉེབ,3
གཉེབས,1
གཉེམ,5
གཉེམས,1
གཉེའ,0
གཉེར,327964
གཉེརད,36
གཉེལ,19
གཉེལད,0
གཉེས,558
གཉོ,182
གཉོག,168
གཉོགས,9
གཉོང,38
གཉོངས,0
གཉོད,742
གཉོན,115
གཉོནད,0
གཉོབ,27
གཉོབས,0
གཉོམ,15422
གཉོམས,8
གཉོའ,0
གཉོར,9055
གཉོརད,4
གཉོལ,14
གཉོལད,0
གཉོས,831
མཉག,10
མཉགས,1
མཉང,5
མཉངས,1
མཉད,40
མཉན,26859
མཉནད,3
མཉབ,9
མཉབས,0
མཉམ,1000451
མཉམས,708
མཉའ,93
མཉར,9
མཉརད,0
མཉལ,164
མཉལད,6
མཉས,81
མཉི,3
མཉིག,0
མཉིགས,0
མཉིང,0
མཉིངས,0
མཉིད,42
མཉིན,0
མཉིནད,0
མཉིབ,0
མཉིབས,0
མཉིམ,0
མཉིམས,0
མཉིའ,0
མཉིར,0
མཉིརད,0
མཉིལ,0
མཉིལད,0
མཉིས,31
མཉུ,7
མཉུག,9
མཉུགས,0
མཉུང,1
མཉུངས,0
མཉུད,6
མཉུན,6
མཉུནད,0
མཉུབ,0
མཉུབས,0
མཉུམ,2
མཉུམས,0
མཉུའ,0
མཉུར,0
མཉུརད,0
མཉུལ,8
མཉུལད,0
མཉུས,0
མཉེ,2348
མཉེག,1
མཉེགས,1
མཉེང,2
མཉེངས,0
མཉེད,2264
མཉེན,58181
མཉེནད,0
མཉེབ,0
མཉེབས,0
མཉེམ,34
མཉེམས,0
མཉེའ,1
མཉེར,147
མཉེརད,0
མཉེལ,351
མཉེལད,2
མཉེས,16234
མཉོ,6
མཉོག,0
མཉོགས,0
མཉོང,2
མཉོངས,0
མཉོད,0
མཉོན,4
མཉོནད,0
མཉོབ,0
མཉོབས,0
མཉོམ,115
མཉོམས,0
མཉོའ,0
མཉོར,2
མཉོརད,0
མཉོལ,0
མཉོལད,0

མཉོས,47
སྙ,8303
སྙག,345
སྙགས,425
སྙང,366
སྙངས,1
སྙད,126398
སྙན,1006328
སྙནད,7
སྙབ,139
སྙབས,91
སྙམ,243668
སྙམས,1506
སྙའ,0
སྙར,22
སྙརད,1
སྙལ,441
སྙལད,0
སྙས,173
སྙི,9998
སྙིག,641
སྙིགས,51244
སྙིང,684151
སྙིངས,128
སྙིད,843
སྙིན,94
སྙིནད,0
སྙིབ,32
སྙིབས,6
སྙིམ,3523
སྙིམས,56
སྙིའ,0
སྙིར,56
སྙིརད,0
སྙིལ,947
སྙིལད,5
སྙིས,75
སྙུ,2328
སྙུག,19742
སྙུགས,813
སྙུང,3412
སྙུངས,72
སྙུད,7
སྙུན,2527
སྙུནད,0
སྙུབ,1
སྙུབས,0
སྙུམ,3
སྙུམས,0
སྙུའ,0
སྙུར,4
སྙུརད,0
སྙུལ,11
སྙུལད,0
སྙུས,0
སྙེ,23512
སྙེག,46084
སྙེགས,10526
སྙེང,193
སྙེངས,30
སྙེད,42132
སྙེན,508
སྙེནད,3
སྙེབ,0
སྙེབས,3
སྙེམ,417
སྙེམས,7267
སྙེའ,0
སྙེར,254
སྙེརད,2
སྙེལ,265
སྙེལད,0
སྙེས,511
སྙོ,87
སྙོག,834
སྙོགས,799
སྙོང,115
སྙོངས,36
སྙོད,855
སྙོན,1327
སྙོནད,2
སྙོབ,2501
སྙོབས,653
སྙོམ,9985
སྙོམས,154546
སྙོའ,0
སྙོར,2886
སྙོརད,2
སྙོལ,1174
སྙོལད,8
སྙོས,48
བསྙ,39
བསྙག,99
བསྙགས,196
བསྙང,10
བསྙངས,4
བསྙད,10066
བསྙན,626
བསྙནད,0
བསྙབ,476
བསྙབས,978
བསྙམ,231
བསྙམས,495
བསྙའ,0
བསྙར,7
བསྙརད,0
བསྙལ,6664
བསྙལད,10
བསྙས,107
བསྙི,7
བསྙིག,42
བསྙིགས,93
བསྙིང,28
བསྙིངས,19
བསྙིད,0
བསྙིན,12
བསྙིནད,0
བསྙིབ,0
བསྙིབས,0
བསྙིམ,7
བསྙིམས,7
བསྙིའ,0
བསྙིར,2
བསྙིརད,0
བསྙིལ,2935
བསྙིལད,3
བསྙིས,0
བསྙུ,0
བསྙུག,77
བསྙུགས,67
བསྙུང,1383
བསྙུངས,772
བསྙུད,5
བསྙུན,1221
བསྙུནད,4
བསྙུབ,0
བསྙུབས,0
བསྙུམ,0
བསྙུམས,0
བསྙུའ,0
བསྙུར,159
བསྙུརད,0
བསྙུལ,20
བསྙུལད,0
བསྙུས,1
བསྙེ,62
བསྙེག,4087
བསྙེགས,10613
བསྙེང,26
བསྙེངས,787
བསྙེད,88
བསྙེན,68007
བསྙེནད,1
བསྙེབ,3
བསྙེབས,0
བསྙེམ,65
བསྙེམས,802
བསྙེའ,0
བསྙེར,245
བསྙེརད,3
བསྙེལ,1438
བསྙེལད,0
བསྙེས,2755
བསྙོ,41
བསྙོག,71
བསྙོགས,195
བསྙོང,4
བསྙོངས,1
བསྙོད,249
བསྙོན,9942
བསྙོནད,3
བསྙོབ,22
བསྙོབས,45
བསྙོམ,233
བསྙོམས,94
བསྙོའ,0
བསྙོར,227
བསྙོརད,2
བསྙོལ,100
བསྙོལད,0
བསྙོས,31
ད,167911
དག,65612
དགས,85
དང,973928
དངས,5
དད,272
དན,348230
དནད,1
དབ,349
དབས,31
དམ,8246
དམས,42
དའ,134
དར,3435
དརད,1
དལ,900
དལད,0
དས,3722
དི,130534
དིག,118536
དིགས,9
དིང,100908
དིངས,21
དིད,123
དིན,8762
དིནད,0
དིབ,17
དིབས,0
དིམ,18
དིམས,1
དིའ,13
དིར,1039
དིརད,0
དིལ,9155
དིལད,0
དིས,18016
དུ,2172910
དུག,477
དུགས,19
དུང,69663
དུངས,5
དུད,83
དུན,41752
དུནད,0
དུབ,112
དུབས,2
དུམ,135
དུམས,6
དུའ,472
དུར,4890
དུརད,0
དུལ,108
དུལད,0
དུས,994
དེ,2593670
དེག,190
དེགས,7
དེང,18281
དེངས,8
དེད,42
དེན,15340
དེནད,2
དེབ,25
དེབས,0
དེམ,105
དེམས,0
དེའ,28
དེར,592
དེརད,0
དེལ,304
དེལད,0
དེས,1052
དོ,150407
དོག,371564
དོགས,342
དོང,1051
དོངས,1
དོད,170
དོན,20592
དོནད,0
དོབ,137
དོབས,10
དོམ,34
དོམས,0
དོའ,2
དོར,9243
དོརད,0
དོལ,612
དོལད,0

ཏོས,567	ཏྲུབ,1	ཏྲོས,12	གཏུབས,2425	བཏག,1783	བཏུམ,2638
ཏྲ,12935	ཏྲུབས,1	གཏག,5227	གཏུམ,18594	བཏགས,148643	བཏུམས,5755
ཏྲག,104	ཏྲུམ,4	གཏགས,2733	གཏུམས,803	བཏང,885909	བཏུའ,0
ཏྲགས,2	ཏྲུམས,0	གཏང,26464	གཏུའ,0	བཏངས,2085	བཏུར,20
ཏྲང,97	ཏྲུའ,0	གཏངས,23	གཏུར,368	བཏད,596	བཏུརད,1
ཏྲངས,3	ཏྲུར,1	གཏད,118458	གཏུརད,0	བཏན,168	བཏུལ,10824
ཏྲད,27	ཏྲུརད,0	གཏན,514362	གཏུལ,237	བཏནད,0	བཏུལད,10
ཏྲན,30	ཏྲུལ,2	གཏནད,1	གཏུལད,0	བཏབ,119526	བཏུས,43950
ཏྲནད,0	ཏྲུལད,0	གཏབ,155	གཏུས,23	བཏབས,5346	བཏེ,10
ཏྲབ,3	ཏྲུས,0	གཏབས,15	གཏེ,3346	བཏམ,73	བཏེག,3460
ཏྲབས,0	ཏྲེ,4033	གཏམ,647411	གཏེག,33	བཏམས,563	བཏེགས,21024
ཏྲམ,172	ཏྲེག,14	གཏམས,7608	གཏེགས,537	བཏའ,58	བཏེང,16
ཏྲམས,1	ཏྲེགས,0	གཏའ,5732	གཏེང,125	བཏར,51	བཏེངས,9
ཏྲའ,3	ཏྲེང,2	གཏར,5054	གཏེངས,2	བཏརད,0	བཏེད,36
ཏྲར,259	ཏྲེངས,0	གཏརད,2	གཏེད,170	བཏལ,32	བཏེན,19
ཏྲརད,0	ཏྲེད,4	གཏལ,97	གཏེན,177	བཏལད,0	བཏེནད,0
ཏྲལ,9	ཏྲེན,39	གཏལད,0	གཏེནད,0	བཏས,54	བཏེབ,2
ཏྲལད,0	ཏྲེནད,0	གཏས,18	གཏེབ,6	བཏི,14	བཏེབས,3
ཏྲས,645	ཏྲེབ,0	གཏི,21157	གཏེབས,2	བཏིག,69	བཏེམ,0
ཏྲི,5509	ཏྲེབས,0	གཏིག,312	གཏེམ,60	བཏིགས,46	བཏེམས,0
ཏྲིག,441	ཏྲེམ,280	གཏིགས,137	གཏེམས,19	བཏིང,17358	བཏེའ,0
ཏྲིགས,2	ཏྲེམས,0	གཏིང,199174	གཏེའ,0	བཏིངས,4569	བཏེར,1
ཏྲིང,116	ཏྲེའ,0	གཏིངས,91	གཏེར,151795	བཏིད,4	བཏེརད,0
ཏྲིངས,0	ཏྲེར,23	གཏིད,7	གཏེརད,0	བཏིན,0	བཏེལ,2
ཏྲིད,5	ཏྲེརད,0	གཏིན,14	གཏེལ,2	བཏིནད,0	བཏེལད,0
ཏྲིན,213	ཏྲེལ,0	གཏིནད,0	གཏེལད,0	བཏིབ,49	བཏེས,21
ཏྲིནད,0	ཏྲེལད,0	གཏིབ,398	གཏེས,97	བཏིབས,53	བཏོ,151
ཏྲིབ,3	ཏྲེས,688	གཏིབས,1027	གཏོ,8097	བཏིམ,21	བཏོག,1445
ཏྲིབས,0	ཏྲོ,252	གཏིམ,70	གཏོག,1169	བཏིམས,175	བཏོགས,1056
ཏྲིམ,18	ཏྲོག,26	གཏིམས,93	གཏོགས,262510	བཏིའ,0	བཏོང,631
ཏྲིམས,0	ཏྲོགས,4	གཏིའ,3	གཏོང,1463076	བཏིར,5	བཏོངས,17
ཏྲིའ,0	ཏྲོང,19	གཏིར,29	གཏོངས,321	བཏིརད,0	བཏོད,49282
ཏྲིར,5	ཏྲོངས,0	གཏིརད,0	གཏོད,230929	བཏིལ,0	བཏོན,256707
ཏྲིརད,0	ཏྲོད,9	གཏིལ,8	གཏོན,359	བཏིལད,0	བཏོནད,20
ཏྲིལ,19	ཏྲོན,245	གཏིལད,0	གཏོནད,1	བཏིས,13	བཏོབ,4
ཏྲིལད,0	ཏྲོནད,0	གཏིས,12	གཏོབ,58	བཏུ,2998	བཏོབས,0
ཏྲིས,78	ཏྲོབ,0	གཏུ,678	གཏོབས,0	བཏུག,158	བཏོམ,0
ཏྲུ,110	ཏྲོབས,0	གཏུག,159754	གཏོམ,30	བཏུགས,242	བཏོམས,0
ཏྲུག,48	ཏྲོམ,39	གཏུགས,69566	གཏོམས,24	བཏུང,57540	བཏོའ,0
ཏྲུགས,1	ཏྲོམས,0	གཏུང,155	གཏོའ,17	བཏུངས,3954	བཏོར,132
ཏྲུང,10	ཏྲོའ,0	གཏུངས,7	གཏོར,150917	བཏུད,7449	བཏོརད,0
ཏྲུངས,0	ཏྲོར,12	གཏུད,35	གཏོརད,16	བཏུན,114	བཏོལ,220
ཏྲུད,0	ཏྲོརད,0	གཏུན,1852	གཏོལ,3840	བཏུནད,0	བཏོལད,0
ཏྲུན,11	ཏྲོལ,15	གཏུནད,0	གཏོལད,0	བཏུབ,8275	བཏོས,33
ཏྲུནད,0	ཏྲོལད,0	གཏུབ,7136	གཏོས,2925	བཏུབས,209	ཐ,286460

རྟག,216556
རྟགས,515476
རྟང,68
རྟངས,6
རྟད,15
རྟན,507
རྟནད,0
རྟབ,2437
རྟབས,90
རྟམ,245
རྟམས,0
རྟའ,44
རྟར,3877
རྟརད,0
རྟལ,29
རྟལད,0
རྟས,2879
རྟི,879
རྟིག,19
རྟིགས,6
རྟིང,21089
རྟིངས,4
རྟིད,6
རྟིན,28
རྟིནད,0
རྟིབ,55
རྟིབས,2
རྟིམ,0
རྟིམས,1
རྟིའ,0
རྟིར,6
རྟིརད,0
རྟིལ,20
རྟིལད,0
རྟིས,148
རྟུ,122
རྟུག,1679
རྟུགས,22
རྟུང,3
རྟུངས,1
རྟུད,6
རྟུན,306
རྟུནད,2
རྟུབ,1
རྟུབས,0
རྟུམ,36
རྟུམས,0
རྟུའ,0
རྟུར,8
རྟུརད,0
རྟུལ,16723
རྟུལད,6
རྟུས,0
རྟེ,534
རྟེག,69
རྟེགས,38
རྟེང,36
རྟེངས,0
རྟེད,115
རྟེན,772629
རྟེནད,15
རྟེབ,6
རྟེབས,0
རྟེམ,4
རྟེམས,0
རྟེའ,0
རྟེར,18
རྟེརད,0
རྟེལ,33
རྟེལད,0
རྟེས,3
རྟོ,727
རྟོག,492817
རྟོགས,514511
རྟོང,31
རྟོངས,0
རྟོད,706
རྟོན,32554
རྟོནད,3
རྟོབ,88
རྟོབས,18
རྟོམ,2
རྟོམས,0
རྟོའ,5
རྟོར,28
རྟོརད,0
རྟོལ,1737
རྟོལད,2
རྟོས,32
ལྟ,1775570
ལྟག,14723
ལྟགས,45
ལྟང,559
ལྟངས,168
ལྟད,34858
ལྟན,539
ལྟནད,0
ལྟབ,361
ལྟབས,82
ལྟམ,175
ལྟམས,40
ལྟའ,108
ལྟར,1551202
ལྟརད,0
ལྟལ,10
ལྟལད,0
ལྟས,26855
ལྟི,29
ལྟིག,1587
ལྟིགས,8
ལྟིང,123
ལྟིངས,2
ལྟིད,0
ལྟིན,0
ལྟིནད,0
ལྟིབ,4
ལྟིབས,1
ལྟིམ,4
ལྟིམས,6
ལྟིའ,0
ལྟིར,340
ལྟིརད,0
ལྟིལ,0
ལྟིལད,0
ལྟིས,0
ལྟུ,212
ལྟུག,177
ལྟུགས,0
ལྟུང,83573
ལྟུངས,60
ལྟུད,27
ལྟུན,29
ལྟུནད,0
ལྟུབ,12
ལྟུབས,0
ལྟུམ,35
ལྟུམས,6
ལྟུའ,3
ལྟུར,40
ལྟུརད,0
ལྟུལ,4
ལྟུལད,0
ལྟུས,7
ལྟེ,215470
ལྟེག,7
ལྟེགས,38
ལྟེང,2232
ལྟེངས,350
ལྟེད,7
ལྟེན,9
ལྟེནད,0
ལྟེབ,2788
ལྟེབས,2640
ལྟེམ,1919
ལྟེམས,1561
ལྟེའ,0
ལྟེར,167
ལྟེརད,0
ལྟེལ,0
ལྟེལད,0
ལྟེས,132
ལྟོ,35890
ལྟོག,977
ལྟོགས,15053
ལྟོང,1675
ལྟོངས,124
ལྟོད,219
ལྟོན,107
ལྟོནད,0
ལྟོབ,21
ལྟོབས,17
ལྟོམ,4
ལྟོམས,9
ལྟོའ,0
ལྟོར,633
ལྟོརད,0
ལྟོལ,13
ལྟོལད,0
ལྟོས,100021
སྟ,24037
སྟག,203159
སྟགས,468
སྟང,4192
སྟངས,257599
སྟད,67
སྟན,19901
སྟནད,0
སྟབ,789
སྟབས,162312
སྟམ,80
སྟམས,30
སྟའ,0
སྟར,18510
སྟརད,0
སྟལ,13
སྟལད,0
སྟས,183
སྟི,10221
སྟིག,397
སྟིགས,20
སྟིང,539
སྟིངས,55
སྟིད,17
སྟིན,11
སྟིནད,0
སྟིབ,3
སྟིབས,67
སྟིམ,276
སྟིམས,123
སྟིའ,0
སྟིར,1360
སྟིརད,0
སྟིལ,7
སྟིལད,0
སྟིས,381
སྟུ,2497
སྟུག,16817
སྟུགས,55
སྟུང,197
སྟུངས,31
སྟུད,143
སྟུན,990
སྟུནད,11
སྟུབ,25
སྟུབས,4
སྟུམ,62
སྟུམས,5
སྟུའ,0
སྟུར,37
སྟུརད,0
སྟུལ,38
སྟུལད,0
སྟུས,7
སྟེ,1333924
སྟེག,1703
སྟེགས,318485
སྟེང,513024
སྟེངས,1963
སྟེད,57
སྟེན,5467
སྟེནད,23
སྟེབ,64
སྟེབས,201
སྟེམ,229
སྟེམས,301
སྟེའ,56
སྟེར,70926
སྟེརད,0
སྟེལ,12
སྟེལད,0
སྟེས,3754
སྟོ,1894
སྟོག,158
སྟོགས,222
སྟོང,703880
སྟོངས,8827
སྟོད,184592
སྟོན,938798
སྟོནད,150
སྟོབ,1384
སྟོབས,404277
སྟོམ,34
སྟོམས,21
སྟོའ,2
སྟོར,5203
སྟོརད,27
སྟོལ,3
སྟོལད,0
སྟོས,360
བརྟ,975

བརྟག,241490
བརྟགས,47760
བརྟང,16
བརྟངས,0
བརྟད,627
བརྟན,550946
བརྟནད,27
བརྟབ,33
བརྟབས,150
བརྟམ,12
བརྟམས,9
བརྟའ,6
བརྟར,25
བརྟརད,0
བརྟལ,43
བརྟལད,0
བརྟས,6188
བརྟི,142
བརྟིག,1
བརྟིགས,0
བརྟིང,21
བརྟིངས,0
བརྟིད,0
བརྟིན,6
བརྟིནད,0
བརྟིབ,5
བརྟིབས,38
བརྟིམ,0
བརྟིམས,0
བརྟིའ,1
བརྟིར,0
བརྟིརད,0
བརྟིལ,0
བརྟིལད,0
བརྟིས,1
བརྟུ,7
བརྟུག,17
བརྟུགས,17
བརྟུང,9
བརྟུངས,8
བརྟུད,16
བརྟུན,854
བརྟུནད,2
བརྟུབ,2
བརྟུབས,1
བརྟུམ,1
བརྟུམས,1
བརྟུའ,0
བརྟུར,0
བརྟུརད,0
བརྟུལ,20433
བརྟུལད,3
བརྟུས,4
བརྟེ,140
བརྟེག,21
བརྟེགས,5
བརྟེང,0
བརྟེངས,0
བརྟེད,0
བརྟེན,408933
བརྟེནད,8
བརྟེབ,2
བརྟེབས,0
བརྟེམ,0
བརྟེམས,1
བརྟེའ,0
བརྟེར,1
བརྟེརད,0
བརྟེལ,4
བརྟེལད,0
བརྟེས,4
བརྟོ,3
བརྟོག,80
བརྟོགས,147
བརྟོང,1
བརྟོངས,0
བརྟོད,433
བརྟོན,267
བརྟོནད,0
བརྟོབ,0
བརྟོབས,0
བརྟོམ,0
བརྟོམས,0
བརྟོའ,0
བརྟོར,15
བརྟོརད,0
བརྟོལ,10663
བརྟོལད,5
བརྟོས,55
བལྟ,111986
བལྟག,16
བལྟགས,2
བལྟང,3
བལྟངས,0
བལྟད,171
བལྟན,204
བལྟནད,0
བལྟབ,339
བལྟབས,329
བལྟམ,846
བལྟམས,8718
བལྟའ,66
བལྟར,2710
བལྟརད,0
བལྟལ,2
བལྟལད,0
བལྟས,177838
བལྟི,7
བལྟིག,0
བལྟིགས,0
བལྟིང,0
བལྟིངས,0
བལྟིད,0
བལྟིན,0
བལྟིནད,0
བལྟིབ,0
བལྟིབས,0
བལྟིམ,3
བལྟིམས,5
བལྟིའ,0
བལྟིར,0
བལྟིརད,0
བལྟིལ,0
བལྟིལད,0
བལྟིས,0
བལྟུ,2
བལྟུག,0
བལྟུགས,0
བལྟུང,5
བལྟུངས,2
བལྟུད,0
བལྟུན,3
བལྟུནད,0
བལྟུབ,0
བལྟུབས,0
བལྟུམ,1
བལྟུམས,4
བལྟུའ,0
བལྟུར,0
བལྟུརད,0
བལྟུལ,0
བལྟུལད,0
བལྟུས,2
བལྟེ,4
བལྟེག,0
བལྟེགས,0
བལྟེང,0
བལྟེངས,0
བལྟེད,0
བལྟེན,0
བལྟེནད,0
བལྟེབ,23
བལྟེབས,86
བལྟེམ,1
བལྟེམས,22
བལྟེའ,0
བལྟེར,1
བལྟེརད,0
བལྟེལ,0
བལྟེལད,0
བལྟེས,7
བལྟོ,18
བལྟོག,3
བལྟོགས,0
བལྟོང,0
བལྟོངས,0
བལྟོད,9
བལྟོན,7
བལྟོནད,0
བལྟོབ,0
བལྟོབས,0
བལྟོམ,0
བལྟོམས,3
བལྟོའ,0
བལྟོར,2
བལྟོརད,0
བལྟོལ,22
བལྟོལད,0
བལྟོས,14914
བསྟ,2457
བསྟག,14
བསྟགས,12
བསྟང,416
བསྟངས,107
བསྟད,38868
བསྟན,1085767
བསྟནད,240
བསྟབ,626
བསྟབས,3444
བསྟམ,17
བསྟམས,151
བསྟའ,0
བསྟར,377138
བསྟརད,18
བསྟལ,4
བསྟལད,0
བསྟས,222
བསྟི,9476
བསྟིག,0
བསྟིགས,6
བསྟིང,246
བསྟིངས,122
བསྟིད,0
བསྟིན,5
བསྟིནད,0
བསྟིབ,4
བསྟིབས,18
བསྟིམ,1851
བསྟིམས,3369
བསྟིའ,3
བསྟིར,211
བསྟིརད,2
བསྟིལ,7
བསྟིལད,0
བསྟིས,38
བསྟུ,175
བསྟུག,24
བསྟུགས,12
བསྟུང,275
བསྟུངས,353
བསྟུད,29353
བསྟུན,121015
བསྟུནད,18
བསྟུབ,19
བསྟུབས,0
བསྟུམ,53
བསྟུམས,204
བསྟུའ,0
བསྟུར,107
བསྟུརད,0
བསྟུལ,29
བསྟུལད,0
བསྟུས,52
བསྟེ,365
བསྟེག,4
བསྟེགས,32
བསྟེང,7
བསྟེངས,0
བསྟེད,12
བསྟེན,209041
བསྟེནད,15
བསྟེབ,4
བསྟེབས,4
བསྟེམ,3
བསྟེམས,6
བསྟེའ,0
བསྟེར,1228
བསྟེརད,0
བསྟེལ,0
བསྟེལད,0
བསྟེས,5
བསྟོ,390
བསྟོག,7
བསྟོགས,1
བསྟོང,129
བསྟོངས,51
བསྟོད,256419
བསྟོན,1208
བསྟོནད,0
བསྟོབ,21
བསྟོབས,25
བསྟོམ,2
བསྟོམས,0
བསྟོའ,1
བསྟོར,100
བསྟོརད,0
བསྟོལ,5
བསྟོལད,0
བསྟོས,34
ཐ,458829

ཐག,689875
ཐགས,6056
ཐང,861718
ཐངས,440
ཐད,597904
ཐན,102659
ཐནད,0
ཐབ,32176
ཐབས,724244
ཐམ,18961
ཐམས,577615
ཐའ,196
ཐར,328592
ཐརད,124
ཐལ,243536
ཐལད,5
ཐས,1048
ཐི,52545
ཐིག,123853
ཐིགས,34971
ཐིང,70558
ཐིངས,1648
ཐིད,18
ཐིན,45427
ཐིནད,0
ཐིབ,601
ཐིབས,1133
ཐིམ,19751
ཐིམས,1902
ཐིའ,0
ཐིར,505
ཐིརད,0
ཐིལ,476
ཐིལད,10
ཐིས,2740
ཐུ,40173
ཐུག,176744
ཐུགས,279239
ཐུང,391118
ཐུངས,800
ཐུད,3748
ཐུན,239209
ཐུནད,0
ཐུབ,939448
ཐུབས,196
ཐུམ,18730
ཐུམས,219
ཐུའ,18
ཐུར,52113
ཐུརད,0
ཐུལ,15578
ཐུལད,17
ཐུས,1078
ཐེ,118077
ཐེག,168850
ཐེགས,1840
ཐེང,3194
ཐེངས,695401
ཐེད,6401
ཐེན,28454
ཐེནད,4
ཐེབ,2640
ཐེབས,257163
ཐེམ,33473
ཐེམས,776
ཐེའ,3
ཐེར,98209
ཐེརད,0
ཐེལ,4052
ཐེལད,1
ཐེས,996
ཐོ,1064377
ཐོག,1301420
ཐོགས,132412
ཐོང,8613
ཐོངས,7875
ཐོད,40541
ཐོན,1103429
ཐོནད,36
ཐོབ,795622
ཐོབས,1585
ཐོམ,2196
ཐོམས,56
ཐོའ,7
ཐོར,58027
ཐོརད,4
ཐོལ,33153
ཐོལད,0
ཐོས,276976
ཐྱ,857
ཐྱག,119
ཐྱགས,0
ཐྱང,1
ཐྱངས,0
ཐྱད,2
ཐྱན,39
ཐྱནད,0
ཐྱབ,2
ཐྱབས,0
ཐྱམ,8
ཐྱམས,0
ཐྱའ,17
ཐྱར,17
ཐྱརད,0
ཐྱལ,1
ཐྱལད,0
ཐྱས,7
ཐྱི,1652
ཐྱིག,1272
ཐྱིགས,5
ཐྱིང,0
ཐྱིངས,0
ཐྱིད,0
ཐྱིན,24
ཐྱིནད,0
ཐྱིབ,6
ཐྱིབས,0
ཐྱིམ,33
ཐྱིམས,0
ཐྱིའ,0
ཐྱིར,94
ཐྱིརད,0
ཐྱིལ,37
ཐྱིལད,0
ཐྱིས,56
ཐྱུ,21
ཐྱུག,30
ཐྱུགས,0
ཐྱུང,0
ཐྱུངས,0
ཐྱུད,27
ཐྱུན,0
ཐྱུནད,0
ཐྱུབ,1
ཐྱུབས,0
ཐྱུམ,0
ཐྱུམས,0
ཐྱུའ,0
ཐྱུར,14
ཐྱུརད,0
ཐྱུལ,0
ཐྱུལད,0
ཐྱུས,34
ཐྱེ,236
ཐྱེག,0
ཐྱེགས,0
ཐྱེང,0
ཐྱེངས,0
ཐྱེད,0
ཐྱེན,14
ཐྱེནད,0
ཐྱེབ,0
ཐྱེབས,0
ཐྱེམ,9
ཐྱེམས,0
ཐྱེའ,0
ཐྱེར,10
ཐྱེརད,0
ཐྱེལ,6
ཐྱེལད,0
ཐྱེས,1
ཐྱོ,266
ཐྱོག,106
ཐྱོགས,0
ཐྱོང,0
ཐྱོངས,25
ཐྱོད,20
ཐྱོན,32
ཐྱོནད,0
ཐྱོབ,0
ཐྱོབས,0
ཐྱོམ,131
ཐྱོམས,0
ཐྱོའ,0
ཐྱོར,10
ཐྱོརད,0
ཐྱོལ,120
ཐྱོལད,0
ཐྱོས,33
མཐག,131
མཐགས,0
མཐང,1216
མཐངས,20
མཐད,120
མཐན,54
མཐནད,0
མཐབ,27
མཐབས,1
མཐམ,4
མཐམས,13
མཐའ,621895
མཐར,263963
མཐརད,19
མཐལ,126
མཐལད,0
མཐས,2653
མཐི,60
མཐིག,212
མཐིགས,0
མཐིང,10949
མཐིངས,63
མཐིད,1
མཐིན,105
མཐིནད,0
མཐིབ,21
མཐིབས,3
མཐིམ,7
མཐིམས,10
མཐིའ,1
མཐིར,5
མཐིརད,0
མཐིལ,28432
མཐིལད,0
མཐིས,6
མཐུ,47068
མཐུག,19043
མཐུགས,25
མཐུང,564
མཐུངས,12
མཐུད,221393
མཐུན,878302
མཐུནད,2
མཐུབ,60
མཐུབས,0
མཐུམ,66
མཐུམས,3
མཐུའ,5
མཐུར,1788
མཐུརད,0
མཐུལ,501
མཐུལད,0
མཐུས,11543
མཐེ,10974
མཐེག,0
མཐེགས,0
མཐེང,60
མཐེངས,0
མཐེད,1
མཐེན,183
མཐེནད,0
མཐེབ,8615
མཐེབས,1
མཐེམ,7
མཐེམས,0
མཐེའ,2
མཐེར,23
མཐེརད,0
མཐེལ,39
མཐེལད,0
མཐེས,0
མཐོ,547322
མཐོག,83
མཐོགས,9
མཐོང,681916
མཐོངས,5860
མཐོད,173
མཐོན,55106
མཐོནད,0
མཐོབ,225
མཐོབས,1
མཐོམ,16
མཐོམས,9
མཐོའ,139
མཐོར,88849
མཐོརད,4
མཐོལ,3210
མཐོལད,7
མཐོས,608
འཐག,16582
འཐགས,350

འཐང,134
འཐངས,5
འཐད,68202
འཐན,73
འཐནད,0
འཐབ,242096
འཐབས,809
འཐམ,8775
འཐམས,4524
འཐའ,359
འཐར,362
འཐརད,3
འཐལ,33
འཐལད,0
འཐས,2356
འཐི,56
འཐིག,86
འཐིགས,47
འཐིང,517
འཐིངས,42
འཐིད,3
འཐིན,20
འཐིནད,0
འཐིབ,3511
འཐིབས,7107
འཐིམ,10334
འཐིམས,6847
འཐིའ,0
འཐིར,0
འཐིརད,0
འཐིལ,444
འཐིལད,0
འཐིས,3
འཐུ,12845
འཐུག,3397
འཐུགས,34
འཐུང,99690
འཐུངས,6497
འཐུད,1830
འཐུན,9469
འཐུནད,0
འཐུབ,999
འཐུབས,30
འཐུམ,1942
འཐུམས,708
འཐུའ,1
འཐུར,342
འཐུརད,0
འཐུལ,9768
འཐུལད,0
འཐུས,467620
འཐེ,87
འཐེག,29
འཐེགས,7
འཐེང,1475
འཐེངས,28
འཐེད,51
འཐེན,86912
འཐེནད,17
འཐེབ,874
འཐེབས,287
འཐེམ,62
འཐེམས,148
འཐེའ,0
འཐེར,103
འཐེརད,0
འཐེལ,9
འཐེལད,0
འཐེས,3
འཐོ,96
འཐོག,2183
འཐོགས,326
འཐོང,205
འཐོངས,9
འཐོད,14
འཐོན,3730
འཐོནད,0
འཐོབ,40216
འཐོབས,77
འཐོམ,3844
འཐོམས,3746
འཐོའ,0
འཐོར,40602
འཐོརད,12
འཐོལ,374
འཐོལད,0
འཐོས,74
ད,1150465
དག,2519171
དང,16695366
དངས,3758
དད,278751
དན,33707
དབ,2905
དམ,1073481
དའ,129
དར,605684
དལ,66663
དས,1151
དི,6972
དིག,1378
དིགས,21
དིང,9783
དིངས,6
དིད,2
དིན,116
དིནད,0
དིབ,249
དིབས,1
དིམ,371
དིམས,9
དིའ,6
དིར,2395
དིརད,0
དིལ,860
དིལད,0
དིས,317
དུ,6696137
དུག,132891
དུགས,1423
དུང,642048
དུངས,65474
དུད,146440
དུན,1507
དུནད,1
དུབ,13289
དུབས,19
དུམ,53313
དུམས,44
དུའ,110
དུར,51521
དུརད,3
དུལ,12423
དུལད,0
དུས,2576059
དེ,7190891
དེག,113
དེགས,30
དེང,286966
དེངས,2561
དེད,38362
དེན,343
དེནད,6
དེབ,704537
དེབས,127
དེམ,1304
དེམས,35
དེའ,451
དེར,473681
དེརད,0
དེལ,917
དེལད,0
དེས,506500
དོ,1195513
དོག,111820
དོགས,107570
དོང,27131
དོངས,290
དོད,115447
དོན,3792770
དོནད,20
དོབ,301
དོབས,0
དོམ,15058
དོམས,55
དོའ,43
དོར,105993
དོརད,6
དོལ,5618
དོལད,2
དོས,3208
དྲ,2193208
དྲག,268993
དྲགས,39844
དྲང,152073
དྲངས,91341
དྲད,288
དྲན,566304
དྲནད,2
དྲབ,367
དྲབས,13
དྲམ,52
དྲམས,0
དྲའ,16
དྲར,716
དྲརད,0
དྲལ,4158
དྲལད,2
དྲས,4623
དྲི,326672
དྲིག,156
དྲིགས,38
དྲིང,2400
དྲིངས,25
དྲིད,78
དྲིན,144097
དྲིནད,0
དྲིབ,116
དྲིབས,6
དྲིམ,84
དྲིམས,19
དྲིའ,5
དྲིར,487
དྲིརད,0
དྲིལ,196352
དྲིལད,4
དྲིས,154357
དྲུ,2135
དྲུག,541729
དྲུགས,59
དྲུང,161553
དྲུངས,1725
དྲུད,9299
དྲུན,14
དྲུནད,0
དྲུབ,10594
དྲུབས,1137
དྲུམ,125
དྲུམས,7
དྲུའ,0
དྲུར,9
དྲུརད,0
དྲུལ,151
དྲུལད,0
དྲུས,1459
དྲེ,960
དྲེག,8121
དྲེགས,11455
དྲེང,44
དྲེངས,7
དྲེད,6997
དྲེན,157
དྲེནད,0
དྲེབ,0
དྲེབས,1
དྲེམ,0
དྲེམས,0
དྲེའ,2
དྲེར,34
དྲེརད,0
དྲེལ,4947
དྲེལད,0
དྲེས,776
དྲོ,149329
དྲོག,475
དྲོགས,99
དྲོང,308
དྲོངས,2891
དྲོད,105382
དྲོན,38383
དྲོནད,0
དྲོབ,5
དྲོབས,0
དྲོམ,8
དྲོམས,0
དྲོའ,4
དྲོར,38380
དྲོརད,0
དྲོལ,927
དྲོལད,0
དྲོས,6979
གདག,777
གདགས,20610
གདང,11848
གདངས,38588
གདད,14
གདན,157099
གདནད,4
གདབ,17890
གདབས,258

གདམ,30035
གདམས,75130
གདའ,26468
གདར,608
གདརད,0
གདལ,48000
གདལད,2
གདས,107
གདི,2
གདིག,5
གདིགས,4
གདིང,5365
གདིངས,68
གདིད,4
གདིན,4
གདིནད,0
གདིབ,2
གདིབས,0
གདིམ,2
གདིམས,0
གདིའ,0
གདིར,3
གདིརད,0
གདིལ,0
གདིལད,0
གདིས,6
གདུ,6603
གདུག,23253
གདུགས,31403
གདུང,137454
གདུངས,5360
གདུད,256
གདུན,71
གདུནད,0
གདུབ,6387
གདུབས,14
གདུམ,133
གདུམས,4
གདུའ,2
གདུར,8
གདུརད,0
གདུལ,33141
གདུལད,0
གདུས,1898
གདེ,31
གདེག,395
གདེགས,233
གདེང,53369
གདེངས,7677
གདེད,16
གདེན,31
གདེནད,0
གདེབ,11
གདེབས,3
གདེམ,59
གདེམས,57
གདེའ,0
གདེར,16
གདེརད,0
གདེལ,0
གདེལད,0
གདེས,2
གདོ,168
གདོག,171
གདོགས,31
གདོང,197948
གདོངས,241
གདོད,36441
གདོན,46815
གདོནད,7
གདོབ,7
གདོབས,0
གདོམ,23
གདོམས,50
གདོའ,5
གདོར,37
གདོརད,0
གདོལ,4028
གདོལད,0
གདོས,2611
བདག,1410195
བདགས,74
བདང,1141
བདངས,7
བདད,15
བདན,199
བདནད,0
བདབ,68
བདབས,24
བདམ,4102
བདམས,63460
བདའ,17951
བདར,6137
བདརད,4
བདལ,5576
བདལད,5
བདས,4076
བདི,33
བདིག,12
བདིགས,0
བདིང,5
བདིངས,0
བདིད,6
བདིན,4
བདིནད,0
བདིབ,0
བདིབས,0
བདིམ,0
བདིམས,0
བདིའ,0
བདིར,3
བདིརད,0
བདིལ,0
བདིལད,0
བདིས,0
བདུ,856
བདུག,7320
བདུགས,1019
བདུང,2574
བདུངས,360
བདུད,143961
བདུན,380468
བདུནད,1
བདུབ,2
བདུབས,1
བདུམ,8
བདུམས,0
བདུའ,4
བདུར,42
བདུརད,0
བདུལ,71
བདུལད,0
བདུས,105
བདེ,1274026
བདེག,16
བདེགས,30
བདེང,6
བདེངས,2
བདེད,77
བདེན,336388
བདེནད,0
བདེབ,102
བདེབས,58
བདེམ,32
བདེམས,78
བདེའ,328
བདེར,10710
བདེརད,0
བདེལ,8
བདེལད,0
བདེས,2211
བདོ,2552
བདོག,10757
བདོགས,82
བདོང,2
བདོངས,3
བདོད,45
བདོན,145
བདོནད,0
བདོབ,3
བདོབས,1
བདོམ,6
བདོམས,15
བདོའ,1
བདོར,56
བདོརད,2
བདོལ,7
བདོལད,2
བདོས,52
མདག,696
མདགས,52
མདང,11702
མདངས,95282
མདད,125
མདན,98
མདནད,0
མདབ,187
མདབས,11
མདམ,21
མདམས,49
མདའ,195029
མདར,1973
མདརད,2
མདལ,38
མདལད,0
མདས,10859
མདི,8
མདིག,2
མདིགས,3
མདིང,1
མདིངས,0
མདིད,0
མདིན,0
མདིནད,0
མདིབ,0
མདིབས,0
མདིམ,0
མདིམས,0
མདིའ,0
མདིར,2
མདིརད,0
མདིལ,17
མདིལད,0
མདིས,2
མདུ,219
མདུག,50
མདུགས,0
མདུང,15531
མདུངས,3
མདུད,24815
མདུན,499178
མདུནད,2
མདུབ,0
མདུབས,0
མདུམ,18
མདུམས,0
མདུའ,2
མདུར,171
མདུརད,0
མདུལ,50
མདུལད,0
མདུས,29
མདེ,188
མདེག,1
མདེགས,15
མདེང,0
མདེངས,1
མདེད,2
མདེན,19
མདེནད,0
མདེབ,2
མདེབས,0
མདེམ,0
མདེམས,0
མདེའ,5
མདེར,11
མདེརད,0
མདེལ,4196
མདེལད,0
མདེས,10
མདོ,484995
མདོག,128830
མདོགས,264
མདོང,4761
མདོངས,1956
མདོད,83
མདོན,407
མདོནད,0
མདོབ,1
མདོབས,0
མདོམ,94
མདོམས,481
མདོའ,61
མདོར,157315
མདོརད,0
མདོལ,34
མདོལད,0
མདོས,6857
འདག,6171
འདགས,212
འདང,77832
འདངས,1246
འདད,209
འདན,10468
འདནད,0
འདབ,74624
འདབས,40389
འདམ,68741
འདམས,1632
འདའ,28053

འདར,30774
འདརད,3
འདལ,417
འདལད,0
འདས,507526
འདི,2358940
འདིག,374
འདིགས,22
འདིང,20800
འདིངས,693
འདིད,30
འདིན,158
འདིནད,0
འདིབ,6
འདིབས,10
འདིམ,7
འདིམས,0
འདིའ,171
འདིར,478465
འདིརད,0
འདིལ,168
འདིལད,0
འདིས,108537
འདུ,755714
འདུག,834653
འདུགས,226
འདུང,92
འདུངས,9
འདུད,19551
འདུན,365387
འདུནད,14
འདུབ,33
འདུབས,0
འདུམ,21881
འདུམས,393
འདུའ,46
འདུར,54723
འདུརད,4
འདུལ,110200
འདུལད,1
འདུས,246905
འདེ,1387
འདེག,985
འདེགས,163066
འདེང,1226
འདེངས,164
འདེད,324215
འདེན,204
འདེནད,0
འདེབ,1832
འདེབས,247492
འདེམ,36661
འདེམས,100037
འདེའ,5
འདེར,205
འདེརད,0
འདེལ,104
འདེལད,0
འདེས,97
འདོ,6681
འདོག,2825
འདོགས,76984
འདོང,5005
འདོངས,17
འདོད,787784
འདོན,399604
འདོནད,0
འདོབ,25
འདོབས,5
འདོམ,9007
འདོམས,61423
འདོའ,0
འདོར,30661
འདོརད,0
འདོལ,136
འདོལད,0
འདོས,129
འདྲ,813885
འདྲག,35
འདྲགས,7
འདྲང,130
འདྲངས,109
འདྲད,471
འདྲན,360
འདྲནད,0
འདྲབ,115
འདྲབས,29
འདྲམ,28
འདྲམས,0
འདྲའ,218
འདྲར,6866
འདྲརད,0
འདྲལ,968
འདྲལད,0
འདྲས,2848
འདྲི,314604
འདྲིག,27
འདྲིགས,0
འདྲིང,62
འདྲིངས,9
འདྲིད,694
འདྲིན,541
འདྲིནད,0
འདྲིབ,7
འདྲིབས,0
འདྲིམ,402
འདྲིམས,23
འདྲིའ,14
འདྲིར,13264
འདྲིརད,0
འདྲིལ,4929
འདྲིལད,0
འདྲིས,47346
འདྲུ,3077
འདྲུག,19
འདྲུགས,1
འདྲུང,63
འདྲུངས,2
འདྲུད,16042
འདྲུན,4
འདྲུནད,0
འདྲུབ,485
འདྲུབས,55
འདྲུམ,12
འདྲུམས,102
འདྲུའ,0
འདྲུར,4
འདྲུརད,0
འདྲུལ,554
འདྲུལད,0
འདྲུས,257
འདྲེ,48824
འདྲེག,513
འདྲེགས,56
འདྲེང,42
འདྲེངས,8
འདྲེད,1699
འདྲེན,402027
འདྲེནད,0
འདྲེབ,2
འདྲེབས,0
འདྲེམ,0
འདྲེམས,3
འདྲེའ,1
འདྲེར,759
འདྲེརད,0
འདྲེལ,258
འདྲེལད,0
འདྲེས,102828
འདྲོ,66
འདྲོག,2527
འདྲོགས,4122
འདྲོང,1341
འདྲོངས,3314
འདྲོད,19
འདྲོན,566
འདྲོནད,0
འདྲོབ,28
འདྲོབས,6
འདྲོམ,1
འདྲོམས,0
འདྲོའ,2
འདྲོར,1
འདྲོརད,0
འདྲོལ,27
འདྲོལད,0
འདྲོས,29
རྡ,5485
རྡག,157
རྡགས,6
རྡང,7266
རྡངས,2
རྡད,186
རྡན,95
རྡནད,0
རྡབ,2051
རྡབས,42
རྡམ,74
རྡམས,32
རྡའ,16
རྡར,2186
རྡརད,0
རྡལ,178768
རྡལད,1
རྡས,86
རྡི,1917
རྡིག,883
རྡིགས,22
རྡིང,165
རྡིངས,8
རྡིད,0
རྡིན,23
རྡིནད,0
རྡིབ,5451
རྡིབས,1012
རྡིམ,0
རྡིམས,0
རྡིའ,0
རྡིར,115
རྡིརད,0
རྡིལ,75
རྡིལད,0
རྡིས,197
རྡུ,9637
རྡུག,844
རྡུགས,3026
རྡུང,65150
རྡུངས,717
རྡུད,85
རྡུན,26
རྡུནད,0
རྡུབ,573
རྡུབས,34
རྡུམ,1857
རྡུམས,9
རྡུའ,0
རྡུར,272
རྡུརད,0
རྡུལ,178970
རྡུལད,3
རྡུས,72
རྡེ,1081
རྡེག,26206
རྡེགས,109
རྡེང,184
རྡེངས,0
རྡེད,13
རྡེན,48
རྡེནད,0
རྡེབ,17056
རྡེབས,268
རྡེམ,7
རྡེམས,0
རྡེའ,0
རྡེར,88
རྡེརད,0
རྡེལ,1703
རྡེལད,0
རྡེས,60
རྡོ,578742
རྡོག,56087
རྡོགས,40
རྡོང,244
རྡོངས,0
རྡོད,56
རྡོན,46
རྡོནད,0
རྡོབ,819
རྡོབས,100
རྡོམ,26
རྡོམས,0
རྡོའ,13
རྡོར,81961
རྡོརད,2
རྡོལ,8760
རྡོལད,2
རྡོས,2643
ལྡ,3190
ལྡག,4029
ལྡགས,67
ལྡང,40244
ལྡངས,526
ལྡད,1681
ལྡན,1556508
ལྡནད,4
ལྡབ,22318
ལྡབས,103
ལྡམ,236
ལྡམས,1
ལྡའ,2

ལྡར,224
ལྡརད,0
ལྡལ,11
ལྡལད,0
ལྡས,155
ལྡི,2241
ལྡིག,212
ལྡིགས,9
ལྡིང,49678
ལྡིངས,551
ལྡིད,7
ལྡིན,3
ལྡིནད,0
ལྡིབ,2183
ལྡིབས,74
ལྡིམ,33
ལྡིམས,0
ལྡིའ,0
ལྡིར,10455
ལྡིརད,0
ལྡིལ,2
ལྡིལད,0
ལྡིས,80
ལྡུ,107
ལྡུག,2289
ལྡུགས,328
ལྡུང,58
ལྡུངས,3
ལྡུད,2851
ལྡུན,49
ལྡུནད,0
ལྡུབ,70
ལྡུབས,0
ལྡུམ,18461
ལྡུམས,5
ལྡུའ,0
ལྡུར,730
ལྡུརད,0
ལྡུལ,15
ལྡུལད,0
ལྡུས,18
ལྡེ,38978
ལྡེག,874
ལྡེགས,20
ལྡེང,6640
ལྡེངས,53
ལྡེད,1
ལྡེན,22
ལྡེནད,0
ལྡེབ,8709
ལྡེབས,19710
ལྡེམ,19802
ལྡེམས,253
ལྡེའ,0
ལྡེར,770
ལྡེརད,0
ལྡེལ,13
ལྡེལད,0
ལྡེས,621
ལྡོ,288
ལྡོག,201764
ལྡོགས,101
ལྡོང,43872
ལྡོངས,2251
ལྡོད,223
ལྡོན,6792
ལྡོནད,4
ལྡོབ,104
ལྡོབས,83
ལྡོམ,8990
ལྡོམས,12
ལྡོའ,0
ལྡོར,18
ལྡོརད,0
ལྡོལ,6
ལྡོལད,0
ལྡོས,15
སྡ,2765
སྡག,134
སྡགས,88
སྡང,70680
སྡངས,323
སྡད,793
སྡན,86
སྡནད,0
སྡབ,50
སྡབས,15
སྡམ,392
སྡམས,31
སྡའ,0
སྡར,9845
སྡརད,0
སྡལ,2
སྡལད,0
སྡས,46
སྡི,736
སྡིག,72727
སྡིགས,10026
སྡིང,862
སྡིངས,20335
སྡིད,86
སྡིན,30
སྡིནད,0
སྡིབ,57
སྡིབས,19
སྡིམ,10
སྡིམས,0
སྡིའ,0
སྡིར,85
སྡིརད,0
སྡིལ,1
སྡིལད,0
སྡིས,2839
སྡུ,1540
སྡུག,475409
སྡུགས,130
སྡུང,78
སྡུངས,3
སྡུད,105013
སྡུན,133
སྡུནད,0
སྡུབ,65
སྡུབས,7
སྡུམ,1859
སྡུམས,328
སྡུའ,0
སྡུར,55106
སྡུརད,1
སྡུལ,336
སྡུལད,0
སྡུས,993
སྡེ,818026
སྡེག,60
སྡེགས,15
སྡེང,170
སྡེངས,95
སྡེད,30
སྡེན,17
སྡེནད,0
སྡེབ,57023
སྡེབས,3739
སྡེམ,1061
སྡེམས,20
སྡེའ,12
སྡེར,38365
སྡེརད,0
སྡེལ,15
སྡེལད,0
སྡེས,7920
སྡོ,1312
སྡོག,422
སྡོགས,223
སྡོང,71844
སྡོངས,1615
སྡོད,378379
སྡོན,438
སྡོནད,0
སྡོབ,15
སྡོབས,6
སྡོམ,191385
སྡོམས,1541
སྡོའ,0
སྡོར,548
སྡོརད,0
སྡོལ,11
སྡོལད,0
སྡོས,123
བརྡ,806579
བརྡག,41
བརྡགས,26
བརྡང,56
བརྡངས,48
བརྡད,20
བརྡན,12
བརྡནད,0
བརྡབ,5424
བརྡབས,7199
བརྡམ,16
བརྡམས,4
བརྡའ,2775
བརྡར,68413
བརྡརད,4
བརྡལ,16408
བརྡལད,2
བརྡས,7439
བརྡི,7
བརྡིག,17
བརྡིགས,0
བརྡིང,2
བརྡིངས,0
བརྡིད,0
བརྡིན,0
བརྡིནད,0
བརྡིབ,371
བརྡིབས,2276
བརྡིམ,0
བརྡིམས,0
བརྡིའ,0
བརྡིར,7
བརྡིརད,0
བརྡིལ,0
བརྡིལད,0
བརྡིས,0
བརྡུ,15
བརྡུག,17
བརྡུགས,261
བརྡུང,12661
བརྡུངས,9511
བརྡུད,28
བརྡུན,4
བརྡུནད,0
བརྡུབ,27
བརྡུབས,65
བརྡུམ,5
བརྡུམས,51
བརྡུའ,0
བརྡུར,370
བརྡུརད,0
བརྡུལ,181
བརྡུལད,5
བརྡུས,6
བརྡེ,11
བརྡེག,3712
བརྡེགས,1228
བརྡེང,0
བརྡེངས,0
བརྡེད,4
བརྡེན,2
བརྡེནད,0
བརྡེབ,440
བརྡེབས,374
བརྡེམ,0
བརྡེམས,0
བརྡེའ,0
བརྡེར,4
བརྡེརད,0
བརྡེལ,0
བརྡེལད,0
བརྡེས,1
བརྡོ,185
བརྡོག,45
བརྡོགས,9
བརྡོང,39
བརྡོངས,2
བརྡོད,36
བརྡོན,2
བརྡོནད,0
བརྡོབ,1
བརྡོབས,1
བརྡོམ,0
བརྡོམས,0
བརྡོའ,0
བརྡོར,31
བརྡོརད,0
བརྡོལ,16558
བརྡོལད,0
བརྡོས,151
བལྡ,18
བལྡག,722
བལྡགས,379
བལྡང,5
བལྡངས,1
བལྡད,694
བལྡན,10
བལྡནད,0
བལྡབ,209
བལྡབས,212
བལྡམ,0
བལྡམས,5
བལྡའ,0

བལྷར,2	བལྷེངས,0	བསྡར,156	བསྡེངས,6	ནར,73530	ནེངས,0
བལྷརད,0	བལྷེད,0	བསྡརད,0	བསྡེད,1	ནརད,3	ནེད,39
བལྷལ,1	བལྷེན,0	བསྡལ,95	བསྡེན,2	ནལ,985	ནེན,463
བལྷལད,0	བལྷེནད,0	བསྡལད,0	བསྡེནད,0	ནལད,0	ནེནད,0
བལྷས,5	བལྷེབ,3	བསྡས,25	བསྡེབ,800	ནས,7781808	ནེབ,56
བལྷི,0	བལྷེབས,7	བསྡི,25	བསྡེབས,8339	ནི,5034823	ནེབས,0
བལྷིག,0	བལྷེམ,0	བསྡིག,545	བསྡེམ,13	ནིག,897	ནེམ,5145
བལྷིགས,0	བལྷེམས,0	བསྡིགས,3101	བསྡེམས,13	ནིགས,0	ནེམས,67
བལྷིང,0	བལྷེའ,0	བསྡིང,5	བསྡེའ,0	ནིང,55282	ནེའ,16
བལྷིངས,0	བལྷེར,0	བསྡིངས,8	བསྡེར,3	ནིངས,45	ནེར,1588
བལྷིད,0	བལྷེརད,0	བསྡིད,0	བསྡེརད,0	ནིད,97	ནེརད,0
བལྷིན,0	བལྷེལ,0	བསྡིན,0	བསྡེལ,0	ནིན,215	ནེལ,422
བལྷིནད,0	བལྷེལད,0	བསྡིནད,0	བསྡེལད,0	ནིནད,0	ནེལད,0
བལྷིབ,0	བལྷེས,1	བསྡིབ,2	བསྡེས,4	ནིབ,12	ནེས,1128
བལྷིབས,2	བལྷོ,0	བསྡིབས,7	བསྡོ,640	ནིབས,0	ནོ,453008
བལྷིམ,0	བལྷོག,35	བསྡིམ,0	བསྡོག,160	ནིམ,554	ནོག,5836
བལྷིམས,0	བལྷོགས,6	བསྡིམས,11	བསྡོགས,3435	ནིམས,0	ནོགས,264
བལྷིའ,0	བལྷོང,1	བསྡིའ,0	བསྡོང,206	ནིའ,40	ནོང,531
བལྷིར,7	བལྷོངས,2	བསྡིར,6	བསྡོངས,5496	ནིར,564	ནོངས,7015
བལྷིརད,0	བལྷོད,2	བསྡིརད,0	བསྡོད,2428	ནིརད,0	ནོད,3377
བལྷིལ,0	བལྷོན,0	བསྡིལ,0	བསྡོན,2	ནིལ,36	ནོན,12057
བལྷིལད,0	བལྷོནད,0	བསྡིལད,0	བསྡོནད,0	ནིལད,0	ནོནད,11
བལྷིས,0	བལྷོབ,0	བསྡིས,0	བསྡོབ,1	ནིས,2319	ནོབ,135
བལྷུ,7	བལྷོབས,0	བསྡུ,283121	བསྡོབས,24	ནུ,128249	ནོབས,35
བལྷུག,44	བལྷོམ,0	བསྡུག,183	བསྡོམ,1754	ནུག,218	ནོམ,12685
བལྷུགས,0	བལྷོམས,0	བསྡུགས,9	བསྡོམས,137696	ནུགས,9	ནོམས,156
བལྷུང,0	བལྷོའ,0	བསྡུང,18	བསྡོའ,0	ནུང,1103	ནོའ,10
བལྷུངས,0	བལྷོར,0	བསྡུངས,25	བསྡོར,5	ནུངས,0	ནོར,476536
བལྷུད,17	བལྷོརད,0	བསྡུད,1675	བསྡོརད,0	ནུད,662	ནོརད,5
བལྷུན,0	བལྷོལ,3	བསྡུན,215	བསྡོལ,14	ནུན,7916	ནོལ,294
བལྷུནད,0	བལྷོལད,0	བསྡུནད,0	བསྡོལད,0	ནུནད,0	ནོལད,4
བལྷུབ,0	བལྷོས,3	བསྡུབ,38	བསྡོས,1985	ནུབ,341090	ནོས,1213
བལྷུབས,0	བསྡ,796	བསྡུབས,6	ན,5287779	ནུབས,53	ནྲ,165
བལྷུམ,0	བསྡག,2	བསྡུམ,579	ནག,475146	ནུམ,103	ནྲག,0
བལྷུམས,0	བསྡགས,59	བསྡུམས,671	ནགས,132603	ནུམས,0	ནྲགས,0
བལྷུའ,0	བསྡང,40	བསྡུའ,5	ནང,2489922	ནུའ,12	ནྲང,0
བལྷུར,1	བསྡངས,42	བསྡུར,207656	ནངས,13803	ནུར,13107	ནྲངས,0
བལྷུརད,0	བསྡད,102686	བསྡུརད,1	ནད,541699	ནུརད,7	ནྲད,0
བལྷུལ,0	བསྡན,42	བསྡུལ,63	ནན,402374	ནུལ,218	ནྲན,2
བལྷུལད,0	བསྡནད,0	བསྡུལད,0	ནནད,15	ནུལད,0	ནྲནད,0
བལྷུས,3	བསྡབ,27	བསྡུས,673284	ནབ,874	ནུས,776306	ནྲབ,0
བལྷེ,3	བསྡབས,76	བསྡེ,98	ནབས,369	ནེ,90712	ནྲབས,0
བལྷེག,22	བསྡམ,3905	བསྡེག,2	ནམ,614142	ནེག,16	ནྲམ,1
བལྷེགས,4	བསྡམས,17812	བསྡེགས,15	ནམས,135271	ནེགས,1	ནྲམས,6
བལྷེང,0	བསྡའ,3	བསྡེང,0	ནའ,982	ནེང,909	ནྲའ,0

ནྲར,2
ནྲརད,0
ནྲལ,0
ནྲལད,0
ནྲས,0
ནྲི,84
ནྲིག,2
ནྲིགས,0
ནྲིང,0
ནྲིངས,0
ནྲིད,1
ནྲིན,0
ནྲིནད,0
ནྲིབ,0
ནྲིབས,0
ནྲིམ,0
ནྲིམས,0
ནྲིའ,0
ནྲིར,4
ནྲིརད,0
ནྲིལ,0
ནྲིལད,0
ནྲིས,1
ནྲུ,0
ནྲུག,0
ནྲུགས,0
ནྲུང,1
ནྲུངས,0
ནྲུད,0
ནྲུན,0
ནྲུནད,0
ནྲུབ,0
ནྲུབས,0
ནྲུམ,0
ནྲུམས,0
ནྲུའ,0
ནྲུར,0
ནྲུརད,0
ནྲུལ,0
ནྲུལད,0
ནྲུས,0
ནྲེ,16
ནྲེག,0
ནྲེགས,0
ནྲེང,0
ནྲེངས,0
ནྲེད,0
ནྲེན,0
ནྲེནད,0
ནྲེབ,0
ནྲེབས,0
ནྲེམ,0
ནྲེམས,0
ནྲེའ,0
ནྲེར,0
ནྲེརད,0
ནྲེལ,0
ནྲེལད,0
ནྲེས,0
ནྲོ,1
ནྲོག,0
ནྲོགས,0
ནྲོང,0
ནྲོངས,0
ནྲོད,0
ནྲོན,0
ནྲོནད,0
ནྲོབ,0
ནྲོབས,0
ནྲོམ,0
ནྲོམས,0
ནྲོའ,0
ནྲོར,0
ནྲོརད,0
ནྲོལ,0
ནྲོལད,0
ནྲོས,0
གནག,19124
གནགས,34
གནང,943447
གནངས,8265
གནད,757044
གནན,840
གནནད,0
གནབ,126
གནབས,34
གནམ,379713
གནམས,23
གནའ,251406
གནར,943
གནརད,0
གནལ,87
གནལད,0
གནས,3464095
གནི,22
གནིག,6
གནིགས,0
གནིང,2
གནིངས,0
གནིད,6
གནིན,0
གནིནད,0
གནིབ,0
གནིབས,0
གནིམ,0
གནིམས,0
གནིའ,0
གནིར,0
གནིརད,0
གནིལ,0
གནིལད,0
གནིས,63
གནུ,1
གནུག,0
གནུགས,12
གནུང,3
གནུངས,0
གནུད,0
གནུན,0
གནུནད,0
གནུབ,183
གནུབས,1901
གནུམ,12
གནུམས,0
གནུའ,0
གནུར,62
གནུརད,0
གནུལ,0
གནུལད,0
གནུས,8
གནེ,5
གནེག,0
གནེགས,0
གནེང,0
གནེངས,0
གནེད,2
གནེན,4
གནེནད,0
གནེབ,0
གནེབས,0
གནེམ,0
གནེམས,2
གནེའ,0
གནེར,0
གནེརད,0
གནེལ,0
གནེལད,0
གནེས,22
གནོ,322
གནོག,154
གནོགས,0
གནོང,8676
གནོངས,14058
གནོད,285245
གནོན,59143
གནོནད,2
གནོབ,1
གནོབས,0
གནོམ,9
གནོམས,0
གནོའ,10
གནོར,18
གནོརད,0
གནོལ,10
གནོལད,0
གནོས,140
དནད,15
བནད,0
མནག,156
མནགས,132
མནང,100
མནངས,179
མནད,25
མནན,30380
མནནད,25
མནབ,643
མནབས,3794
མནམ,861
མནམས,304
མནའ,73557
མནར,32713
མནརད,35
མནལ,3156
མནལད,3
མནས,222
མནི,43
མནིག,0
མནིགས,0
མནིང,8
མནིངས,6
མནིད,0
མནིན,0
མནིནད,0
མནིབ,0
མནིབས,0
མནིམ,0
མནིམས,0
མནིའ,0
མནིར,0
མནིརད,0
མནིལ,0
མནིལད,0
མནིས,0
མནུ,1
མནུག,0
མནུགས,0
མནུང,0
མནུངས,0
མནུད,0
མནུན,35
མནུནད,0
མནུབ,5
མནུབས,8
མནུམ,0
མནུམས,0
མནུའ,0
མནུར,35
མནུརད,0
མནུལ,0
མནུལད,0
མནུས,26
མནེ,2
མནེག,0
མནེགས,0
མནེང,0
མནེངས,0
མནེད,0
མནེན,0
མནེནད,0
མནེབ,3
མནེབས,0
མནེམ,3
མནེམས,0
མནེའ,0
མནེར,2
མནེརད,0
མནེལ,0
མནེལད,0
མནེས,0
མནོ,9466
མནོག,1152
མནོགས,8
མནོང,165
མནོངས,50
མནོད,824
མནོན,2171
མནོནད,0
མནོབ,6
མནོབས,17
མནོམ,46
མནོམས,0
མནོའ,1
མནོར,53
མནོརད,0
མནོལ,2633
མནོལད,2
མནོས,4109
འནད,1
རྣ,100495
རྣག,8261
རྣགས,219
རྣང,1878
རྣངས,36
རྣད,7
རྣན,21
རྣནད,0
རྣབ,116
རྣབས,26
རྣམ,1766404
རྣམས,1501825

རྣའ,1	རྣེང,0	སྣའ,9	སྣེང,3	སྣྱའ,0	སྣྱེང,5
རྣར,2642	རྣེངས,0	སྣར,29722	སྣེངས,0	སྣྱར,2	སྣྱེངས,1
རྣརད,0	རྣེད,1	སྣརད,0	སྣེད,36	སྣྱརད,0	སྣྱེད,6
རྣལ,99324	རྣེན,1	སྣལ,1169	སྣེན,5	སྣྱལ,3	སྣྱེན,0
རྣལད,1	རྣེནད,0	སྣལད,0	སྣེནད,0	སྣྱལད,0	སྣྱེནད,0
རྣས,254	རྣེབ,0	སྣས,37307	སྣེབ,4	སྣྱས,3	སྣྱེབ,0
རྣི,69	རྣེབས,0	སྣི,184	སྣེབས,0	སྣྱི,7	སྣྱེབས,0
རྣིག,0	རྣེམ,0	སྣིག,8	སྣེམ,15	སྣྱིག,0	སྣྱེམ,0
རྣིགས,0	རྣེམས,0	སྣིགས,5	སྣེམས,5	སྣྱིགས,0	སྣྱེམས,0
རྣིང,4	རྣེའ,0	སྣིང,20	སྣེའ,1	སྣྱིང,0	སྣྱེའ,0
རྣིངས,0	རྣེར,0	སྣིངས,0	སྣེར,3580	སྣྱིངས,0	སྣྱེར,0
རྣིད,0	རྣེརད,0	སྣིད,0	སྣེརད,0	སྣྱིད,0	སྣྱེརད,0
རྣིན,0	རྣེལ,117	སྣིན,6	སྣེལ,100	སྣྱིན,0	སྣྱེལ,266
རྣིནད,0	རྣེལད,0	སྣིནད,0	སྣེལད,0	སྣྱིནད,0	སྣྱེལད,0
རྣིབ,0	རྣེས,2	སྣིབ,2	སྣེས,396	སྣྱིབ,0	སྣྱེས,0
རྣིབས,0	རྣོ,61284	སྣིབས,0	སྣོ,408	སྣྱིབས,0	སྣྱོ,4
རྣིམ,2	རྣོག,175	སྣིམ,2	སྣོག,2017	སྣྱིམ,0	སྣྱོག,0
རྣིམས,0	རྣོགས,29	སྣིམས,0	སྣོགས,50	སྣྱིམས,0	སྣྱོགས,0
རྣིའ,0	རྣོང,129	སྣིའ,3	སྣོང,86	སྣྱིའ,0	སྣྱོང,0
རྣིར,4	རྣོངས,6	སྣིར,0	སྣོངས,2	སྣྱིར,1	སྣྱོངས,0
རྣིརད,0	རྣོད,64	སྣིརད,0	སྣོད,170483	སྣྱིརད,0	སྣྱོད,1
རྣིལ,104	རྣོན,14970	སྣིལ,8	སྣོན,300944	སྣྱིལ,0	སྣྱོན,970
རྣིལད,0	རྣོནད,0	སྣིལད,0	སྣོནད,13	སྣྱིལད,0	སྣྱོནད,0
རྣིས,3	རྣོབ,9	སྣིས,84	སྣོབ,1	སྣྱིས,0	སྣྱོབ,0
རྣུ,65	རྣོབས,11	སྣུ,110	སྣོབས,0	སྣྱུ,0	སྣྱོབས,0
རྣུག,0	རྣོམ,35	སྣུག,19	སྣོམ,2576	སྣྱུག,0	སྣྱོམ,0
རྣུགས,0	རྣོམས,3	སྣུགས,0	སྣོམས,697	སྣྱུགས,0	སྣྱོམས,0
རྣུང,2	རྣོའ,0	སྣུང,7	སྣོའ,0	སྣྱུང,0	སྣྱོའ,0
རྣུངས,0	རྣོར,171	སྣུངས,4	སྣོར,211	སྣྱུངས,0	སྣྱོར,0
རྣུད,0	རྣོརད,0	སྣུད,34	སྣོརད,4	སྣྱུད,0	སྣྱོརད,0
རྣུན,1	རྣོལ,188	སྣུན,1534	སྣོལ,2749	སྣྱུན,0	སྣྱོལ,0
རྣུནད,0	རྣོལད,0	སྣུནད,2	སྣོལད,2	སྣྱུནད,0	སྣྱོལད,0
རྣུབ,47	རྣོས,52	སྣུབ,1381	སྣོས,77	སྣྱུབ,12	སྣྱོས,1
རྣུབས,1	སྣ,717342	སྣུབས,1241	སྣྱ,19	སྣྱུབས,266	བརྣ,37
རྣུམ,17	སྣག,7896	སྣུམ,63004	སྣྱག,1	སྣྱུམ,1	བརྣག,2028
རྣུམས,0	སྣགས,31	སྣུམས,36	སྣྱགས,0	སྣྱུམས,22	བརྣགས,854
རྣུའ,0	སྣང,868954	སྣུའ,0	སྣྱང,1	སྣྱུའ,0	བརྣང,316
རྣུར,8	སྣངས,211	སྣུར,7833	སྣྱངས,0	སྣྱུར,0	བརྣངས,1968
རྣུརད,0	སྣད,626	སྣུརད,2	སྣྱད,1	སྣྱུརད,0	བརྣད,23
རྣུལ,0	སྣན,166	སྣུལ,3	སྣྱན,18	སྣྱུལ,0	བརྣན,1311
རྣུལད,0	སྣནད,0	སྣུལད,0	སྣྱནད,0	སྣྱུལད,0	བརྣནད,4
རྣུས,2	སྣབ,560	སྣུས,3	སྣྱབ,3	སྣྱུས,0	བརྣབ,2298
རྣེ,141	སྣབས,5177	སྣེ,201816	སྣྱབས,4	སྣྱེ,0	བརྣབས,118
རྣེག,2	སྣམ,22939	སྣེག,0	སྣྱམ,1	སྣྱེག,0	བརྣམ,56
རྣེགས,0	སྣམས,241	སྣེགས,7	སྣྱམས,0	སྣྱེགས,0	བརྣམས,227

བསྣའ,0	བསྣེང,0	བསྤའ,4	བསྤེང,0	པའ,9889	པེང,345
བསྣར,10	བསྣེངས,0	བསྤར,1330	བསྤེངས,0	པར,8169903	པེངས,1
བསྣརད,0	བསྣེད,0	བསྤརད,5	བསྤེད,3	པརད,20	པེད,3989
བསྣལ,178	བསྣེན,0	བསྤལ,29	བསྤེན,1	པལ,1641	པེན,9238
བསྣལད,0	བསྣེནད,0	བསྤལད,0	བསྤེནད,0	པལད,0	པེནད,0
བསྣས,0	བསྣེབ,0	བསྤས,3	བསྤེབ,0	པས,2518645	པེབ,0
བསྣི,0	བསྣེབས,0	བསྤི,0	བསྤེབས,0	པི,37806	པེབས,12
བསྣིག,0	བསྣེམ,0	བསྤིག,0	བསྤེམ,8	པིག,55	པེམ,2
བསྣིགས,0	བསྣེམས,0	བསྤིགས,0	བསྤེམས,20	པིགས,0	པེམས,0
བསྣིང,0	བསྣེའ,0	བསྤིང,0	བསྤེའ,0	པིང,9521	པེའ,23
བསྣིངས,0	བསྣེར,0	བསྤིངས,0	བསྤེར,0	པིངས,0	པེར,7017
བསྣིད,0	བསྣེརད,0	བསྤིད,0	བསྤེརད,0	པིད,156	པེརད,0
བསྣིན,0	བསྣེལ,0	བསྤིན,0	བསྤེལ,1	པིན,14841	པེལ,3205
བསྣིནད,0	བསྣེལད,0	བསྤིནད,0	བསྤེལད,0	པིནད,0	པེལད,14
བསྣིབ,0	བསྣེས,0	བསྤིབ,0	བསྤེས,4	པིབ,17	པེས,735
བསྣིབས,0	བསྣོ,19	བསྤིབས,0	བསྤོ,117	པིབས,1	པོ,5789939
བསྣིམ,0	བསྣོག,59	བསྤིམ,0	བསྤོག,480	པིམ,4	པོག,933
བསྣིམས,0	བསྣོགས,134	བསྤིམས,0	བསྤོགས,276	པིམས,0	པོགས,62
བསྣིའ,0	བསྣོང,2	བསྤིའ,0	བསྤོང,0	པིའ,235	པོང,319
བསྣིར,0	བསྣོངས,0	བསྤིར,0	བསྤོངས,2	པིར,12194	པོངས,6
བསྣིརད,0	བསྣོད,2	བསྤིརད,0	བསྤོད,57	པིརད,1	པོད,51837
བསྣིལ,0	བསྣོན,13	བསྤིལ,0	བསྤོན,1499	པིལ,44	པོན,822
བསྣིལད,0	བསྣོནད,0	བསྤིལད,0	བསྤོནད,1	པིལད,0	པོནད,2
བསྣིས,0	བསྣོབ,3	བསྤིས,0	བསྤོབ,3	པིས,3042	པོབ,87
བསྣུ,7	བསྣོབས,0	བསྤུ,19	བསྤོབས,0	པུ,60748	པོབས,3
བསྣུག,0	བསྣོམ,0	བསྤུག,0	བསྤོམ,139	པུག,163	པོམ,497
བསྣུགས,2	བསྣོམས,0	བསྤུགས,0	བསྤོམས,79	པུགས,39	པོམས,0
བསྣུང,0	བསྣོའ,0	བསྤུང,2	བསྤོའ,0	པུང,148	པོའ,719
བསྣུངས,0	བསྣོར,3	བསྤུངས,0	བསྤོར,718	པུངས,10	པོར,509020
བསྣུད,0	བསྣོརད,0	བསྤུད,52	བསྤོརད,0	པུད,422	པོརད,2
བསྣུན,4	བསྣོལ,12	བསྤུན,9956	བསྤོལ,5899	པུན,2053	པོལ,425
བསྣུནད,0	བསྣོལད,0	བསྤུནད,3	བསྤོལད,2	པུནད,2	པོལད,0
བསྣུབ,4	བསྣོས,1	བསྤུབ,914	བསྤོས,205	པུབ,103	པོས,336857
བསྣུབས,10	བསྤ,35	བསྤུབས,8083	པ,23622963	པུབས,0	པྱ,291
བསྣུམ,0	བསྤག,16	བསྤུམ,106	པག,1064	པུམ,23	པྱག,330
བསྣུམས,0	བསྤགས,11	བསྤུམས,53	པགས,23116	པུམས,0	པྱགས,11
བསྣུའ,0	བསྤང,32	བསྤུའ,0	པང,37680	པུའ,346	པྱང,25
བསྣུར,20	བསྤངས,30	བསྤུར,2651	པངས,229	པུར,23789	པྱངས,0
བསྣུརད,0	བསྤད,860	བསྤུརད,2	པད,106005	པུརད,15	པྱད,35
བསྣུལ,0	བསྤན,48099	བསྤུལ,0	པན,88035	པུལ,159	པྱན,3
བསྣུལད,0	བསྤནད,5	བསྤུལད,0	པནད,8	པུལད,0	པྱནད,0
བསྣུས,0	བསྤབ,72	བསྤུས,5	པབ,2051	པུས,38824	པྱབ,1
བསྣེ,0	བསྤབས,348	བསྤེ,0	པབས,9	པེ,212814	པྱབས,0
བསྣེག,0	བསྤམ,516	བསྤེག,0	པམ,421	པེག,6	པྱམ,7
བསྣེགས,0	བསྤམས,13122	བསྤེགས,0	པམས,8	པེགས,0	པྱམས,0

ཕྱའ,0	ཕྱེང,0	ཕྲའ,0	ཕྲེང,10	དཔར,49697	དཔེངས,0
ཕྱར,8	ཕྱེངས,0	ཕྲར,10	ཕྲེངས,0	དཔརད,1	དཔེད,23
ཕྱརད,0	ཕྱེད,123	ཕྲརད,0	ཕྲེད,4	དཔལ,827490	དཔེན,383
ཕྱལ,4	ཕྱེན,4	ཕྲལ,48	ཕྲེན,0	དཔལད,1	དཔེནད,24
ཕྱལད,0	ཕྱེནད,0	ཕྲལད,0	ཕྲེནད,0	དཔས,8916	དཔེབ,0
ཕྱས,20	ཕྱེབ,0	ཕྲས,21	ཕྲེབ,0	དཔི,0	དཔེབས,0
ཕྱི,419	ཕྱེབས,0	ཕྲི,1060	ཕྲེབས,0	དཔིག,1	དཔེམ,11
ཕྱིག,0	ཕྱེམ,0	ཕྲིག,4	ཕྲེམ,0	དཔིགས,0	དཔེམས,0
ཕྱིགས,0	ཕྱེམས,0	ཕྲིགས,6	ཕྲེམས,0	དཔིང,0	དཔེའ,102
ཕྱིང,198	ཕྱེའ,0	ཕྲིང,41	ཕྲེའ,0	དཔིངས,0	དཔེར,176593
ཕྱིངས,1	ཕྱེར,0	ཕྲིངས,0	ཕྲེར,1	དཔིད,2	དཔེརད,0
ཕྱིད,17	ཕྱེརད,0	ཕྲིད,2	ཕྲེརད,0	དཔིན,5	དཔེལ,49
ཕྱིན,107	ཕྱེལ,0	ཕྲིན,34	ཕྲེལ,0	དཔིནད,0	དཔེལད,0
ཕྱིནད,2	ཕྱེལད,0	ཕྲིནད,0	ཕྲེལད,0	དཔིབ,0	དཔེས,4136
ཕྱིབ,0	ཕྱེས,0	ཕྲིབ,0	ཕྲེས,1	དཔིབས,0	དཔོ,449
ཕྱིབས,0	ཕྱོ,46	ཕྲིབས,0	ཕྲོ,161	དཔིམ,0	དཔོག,14137
ཕྱིམ,0	ཕྱོག,1	ཕྲིམ,0	ཕྲོག,17081	དཔིམས,0	དཔོགས,1312
ཕྱིམས,0	ཕྱོགས,203	ཕྲིམས,0	ཕྲོགས,0	དཔིའ,0	དཔོང,361
ཕྱིའ,0	ཕྱོང,2	ཕྲིའ,0	ཕྲོང,2	དཔིར,0	དཔོངས,5
ཕྱིར,115	ཕྱོངས,0	ཕྲིར,15	ཕྲོངས,0	དཔིརད,0	དཔོད,2503
ཕྱིརད,0	ཕྱོད,27	ཕྲིརད,0	ཕྲོད,8	དཔིལ,0	དཔོན,392650
ཕྱིལ,0	ཕྱོན,7	ཕྲིལ,2	ཕྲོན,2	དཔིལད,0	དཔོནད,0
ཕྱིལད,0	ཕྱོནད,0	ཕྲིལད,0	ཕྲོནད,0	དཔིས,2	དཔོབ,2
ཕྱིས,20	ཕྱོབ,0	ཕྲིས,43	ཕྲོབ,0	དཔུ,233	དཔོབས,0
ཕྱུ,23	ཕྱོབས,0	ཕྲུ,63	ཕྲོབས,0	དཔུག,50	དཔོམ,0
ཕྱུག,26	ཕྱོམ,0	ཕྲུག,19	ཕྲོམ,115	དཔུགས,5	དཔོམས,0
ཕྱུགས,25	ཕྱོམས,0	ཕྲུགས,12	ཕྲོམས,0	དཔུང,199915	དཔོའ,17
ཕྱུང,59	ཕྱོའ,0	ཕྲུང,0	ཕྲོའ,0	དཔུངས,348	དཔོར,82
ཕྱུངས,0	ཕྱོར,0	ཕྲུངས,0	ཕྲོར,0	དཔུད,11	དཔོརད,0
ཕྱུད,0	ཕྱོརད,0	ཕྲུད,0	ཕྲོརད,0	དཔུན,55	དཔོལ,9
ཕྱུན,0	ཕྱོལ,90	ཕྲུན,0	ཕྲོལ,2	དཔུནད,0	དཔོལད,0
ཕྱུནད,0	ཕྱོལད,0	ཕྲུནད,0	ཕྲོལད,0	དཔུབ,2	དཔོས,28
ཕྱུབ,0	ཕྱོས,0	ཕྲུབ,0	ཕྲོས,8	དཔུབས,0	དཔྱ,11728
ཕྱུབས,0	ཕྲ,27469	ཕྲུབས,0	དཔག,118216	དཔུམ,2	དཔྱག,10
ཕྱུམ,0	ཕྲག,53	ཕྲུམ,216	དཔགས,2750	དཔུམས,0	དཔྱགས,2
ཕྱུམས,0	ཕྲགས,20	ཕྲུམས,0	དཔང,164728	དཔུའ,2	དཔྱང,2702
ཕྱུའ,0	ཕྲང,13	ཕྲུའ,0	དཔངས,7174	དཔུར,52	དཔྱངས,6557
ཕྱུར,0	ཕྲངས,0	ཕྲུར,0	དཔད,32	དཔུརད,0	དཔྱད,1254336
ཕྱུརད,0	ཕྲད,52	ཕྲུརད,0	དཔན,88	དཔུལ,35	དཔྱན,9
ཕྱུལ,0	ཕྲན,163	ཕྲུལ,1	དཔནད,0	དཔུལད,0	དཔྱནད,0
ཕྱུལད,0	ཕྲནད,0	ཕྲུལད,0	དཔབ,3	དཔུས,41	དཔྱབ,11
ཕྱུས,0	ཕྲབ,4	ཕྲུས,0	དཔབས,0	དཔེ,905909	དཔྱབས,0
ཕྱེ,84	ཕྲབས,0	ཕྲེ,640	དཔམ,5	དཔེག,4	དཔྱམ,23
ཕྱེག,0	ཕྲམ,11	ཕྲེག,1	དཔམས,0	དཔེགས,0	དཔྱམས,0
ཕྱེགས,0	ཕྲམས,0	ཕྲེགས,0	དཔའ,396650	དཔེང,0	དཔྱའ,201

དཕྱར,86
དཕྱརད,3
དཕྱལ,830
དཕྱལད,0
དཕྱས,372
དཕྱི,2593
དཕྱིག,8
དཕྱིགས,0
དཕྱིང,3
དཕྱིངས,38
དཕྱིད,123397
དཕྱིན,17
དཕྱིནད,0
དཕྱིབ,2
དཕྱིབས,1
དཕྱིམ,0
དཕྱིམས,0
དཕྱིའ,0
དཕྱིར,16
དཕྱིརད,0
དཕྱིལ,42
དཕྱིལད,0
དཕྱིས,3553
དཕྱུ,0
དཕྱུག,2
དཕྱུགས,0
དཕྱུང,5
དཕྱུངས,0
དཕྱུད,6
དཕྱུན,0
དཕྱུནད,0
དཕྱུབ,0
དཕྱུབས,0
དཕྱུམ,0
དཕྱུམས,0
དཕྱུའ,0
དཕྱུར,0
དཕྱུརད,0
དཕྱུལ,0
དཕྱུལད,0
དཕྱུས,0
དཕྱེ,48
དཕྱེག,0
དཕྱེགས,0
དཕྱེང,0

དཕྱེངས,0
དཕྱེད,40
དཕྱེན,1
དཕྱེནད,0
དཕྱེབ,0
དཕྱེབས,2
དཕྱེམ,0
དཕྱེམས,0
དཕྱེའ,0
དཕྱེར,3
དཕྱེརད,0
དཕྱེལ,0
དཕྱེལད,0
དཕྱེས,2
དཕྱོ,54
དཕྱོག,1
དཕྱོགས,0
དཕྱོང,80
དཕྱོངས,40
དཕྱོད,145039
དཕྱོན,27
དཕྱོནད,0
དཕྱོབ,7
དཕྱོབས,0
དཕྱོམ,1
དཕྱོམས,0
དཕྱོའ,0
དཕྱོར,6
དཕྱོརད,0
དཕྱོལ,0
དཕྱོལད,0
དཕྱོས,6
དཕྲ,238
དཕྲག,39
དཕྲགས,0
དཕྲང,1
དཕྲངས,0
དཕྲད,8
དཕྲན,1
དཕྲནད,0
དཕྲབ,2
དཕྲབས,0
དཕྲམ,2
དཕྲམས,0
དཕྲའ,0

དཕྲར,3
དཕྲརད,0
དཕྲལ,9303
དཕྲལད,0
དཕྲས,0
དཕྲི,15
དཕྲིག,0
དཕྲིགས,0
དཕྲིང,0
དཕྲིངས,0
དཕྲིད,0
དཕྲིན,0
དཕྲིནད,0
དཕྲིབ,0
དཕྲིབས,0
དཕྲིམ,0
དཕྲིམས,0
དཕྲིའ,0
དཕྲིར,0
དཕྲིརད,0
དཕྲིལ,0
དཕྲིལད,0
དཕྲིས,0
དཕྲུ,0
དཕྲུག,0
དཕྲུགས,0
དཕྲུང,0
དཕྲུངས,0
དཕྲུད,0
དཕྲུན,0
དཕྲུནད,0
དཕྲུབ,0
དཕྲུབས,0
དཕྲུམ,0
དཕྲུམས,0
དཕྲུའ,0
དཕྲུར,0
དཕྲུརད,0
དཕྲུལ,10
དཕྲུལད,2
དཕྲུས,0
དཕྲེ,4
དཕྲེག,0
དཕྲེགས,0
དཕྲེང,0

དཕྲེངས,0
དཕྲེད,0
དཕྲེན,1
དཕྲེནད,0
དཕྲེབ,0
དཕྲེབས,0
དཕྲེམ,0
དཕྲེམས,0
དཕྲེའ,0
དཕྲེར,0
དཕྲེརད,0
དཕྲེལ,0
དཕྲེལད,0
དཕྲེས,4
དཕྲོ,1
དཕྲོག,53
དཕྲོགས,0
དཕྲོང,0
དཕྲོངས,1
དཕྲོད,2
དཕྲོན,0
དཕྲོནད,0
དཕྲོབ,0
དཕྲོབས,0
དཕྲོམ,0
དཕྲོམས,0
དཕྲོའ,0
དཕྲོར,0
དཕྲོརད,0
དཕྲོལ,7
དཕྲོལད,0
དཕྲོས,0
ལྤ,138
ལྤག,95
ལྤགས,14135
ལྤང,32
ལྤངས,1
ལྤད,1
ལྤན,2
ལྤནད,0
ལྤབ,1
ལྤབས,1
ལྤམ,2
ལྤམས,0
ལྤའ,0

ལྤར,4
ལྤརད,0
ལྤལ,1
ལྤལད,0
ལྤས,1
ལྤི,7
ལྤིག,0
ལྤིགས,1
ལྤིང,0
ལྤིངས,0
ལྤིད,0
ལྤིན,0
ལྤིནད,0
ལྤིབ,0
ལྤིབས,0
ལྤིམ,0
ལྤིམས,0
ལྤིའ,0
ལྤིར,0
ལྤིརད,0
ལྤིལ,0
ལྤིལད,0
ལྤིས,0
ལྤུ,19
ལྤུག,0
ལྤུགས,0
ལྤུང,0
ལྤུངས,0
ལྤུད,0
ལྤུན,0
ལྤུནད,0
ལྤུབ,0
ལྤུབས,0
ལྤུམ,0
ལྤུམས,0
ལྤུའ,0
ལྤུར,1
ལྤུརད,0
ལྤུལ,0
ལྤུལད,0
ལྤུས,0
ལྤེ,7
ལྤེག,0
ལྤེགས,0
ལྤེང,0

ལྤེངས,0
ལྤེད,0
ལྤེན,1
ལྤེནད,0
ལྤེབ,0
ལྤེབས,0
ལྤེམ,0
ལྤེམས,0
ལྤེའ,0
ལྤེར,0
ལྤེརད,0
ལྤེལ,0
ལྤེལད,0
ལྤེས,0
ལྤོ,5
ལྤོག,2
ལྤོགས,3
ལྤོང,0
ལྤོངས,3
ལྤོད,0
ལྤོན,0
ལྤོནད,0
ལྤོབ,0
ལྤོབས,0
ལྤོམ,0
ལྤོམས,0
ལྤོའ,0
ལྤོར,0
ལྤོརད,0
ལྤོལ,0
ལྤོལད,0
ལྤོས,0
སྤ,19504
སྤག,448
སྤགས,3239
སྤང,106802
སྤངས,74845
སྤད,403
སྤན,155
སྤནད,0
སྤབ,69
སྤབས,203
སྤམ,1112
སྤམས,90
སྤའ,10

ནྱར,28536
ནྱརད,8
ནྱལ,344
ནྱལད,0
ནྱས,831
ནྱི,166
ནྱིག,1
ནྱིགས,0
ནྱིང,4
ནྱིངས,3
ནྱིད,6
ནྱིན,107
ནྱིནད,0
ནྱིབ,1
ནྱིབས,0
ནྱིམ,0
ནྱིམས,0
ནྱིའ,0
ནྱིར,70
ནྱིརད,0
ནྱིལ,4
ནྱིལད,0
ནྱིས,34
ནྱུ,65095
ནྱུག,1074
ནྱུགས,78
ནྱུང,2862
ནྱུངས,41605
ནྱུད,3012
ནྱུན,83670
ནྱུནད,0
ནྱུབ,69
ནྱུབས,248
ནྱུམ,9
ནྱུམས,0
ནྱུའ,8
ནྱུར,12455
ནྱུརད,4
ནྱུལ,607
ནྱུལད,0
ནྱུས,144316
ནྱེ,2078
ནྱེག,8
ནྱེགས,1
ནྱེང,15

ནྱེངས,4
ནྱེད,150
ནྱེན,26897
ནྱེནད,1
ནྱེབ,8
ནྱེབས,16
ནྱེམ,1
ནྱེམས,0
ནྱེའ,0
ནྱེར,89
ནྱེརད,0
ནྱེལ,1456381
ནྱེལད,12
ནྱེས,88
ནྱོ,82439
ནྱོག,393
ནྱོགས,6870
ནྱོང,57926
ནྱོངས,4514
ནྱོད,1747
ནྱོན,78
ནྱོནད,0
ནྱོབ,689
ནྱོབས,55721
ནྱོམ,3285
ནྱོམས,50
ནྱོའ,21
ནྱོར,33132
ནྱོརད,13
ནྱོལ,453
ནྱོལད,0
ནྱོས,69541
ནྱྲ,2046
ནྱྲག,10
ནྱྲགས,8
ནྱྲང,39826
ནྱྲངས,623
ནྱྲད,195853
ནྱྲན,92576
ནྱྲནད,0
ནྱྲབ,9
ནྱྲབས,0
ནྱྲམ,2
ནྱྲམས,0
ནྱྲའ,4

ནྱྲར,861
ནྱྲརད,0
ནྱྲལ,29
ནྱྲལད,0
ནྱྲས,19
ནྱྲི,1825762
ནྱྲིག,2
ནྱྲིགས,2
ནྱྲིང,80
ནྱྲིངས,51
ནྱྲིད,116
ནྱྲིན,5503
ནྱྲིནད,0
ནྱྲིབ,12
ནྱྲིབས,3
ནྱྲིམ,1
ནྱྲིམས,0
ནྱྲིའ,100
ནྱྲིར,141812
ནྱྲིརད,2
ནྱྲིལ,5299
ནྱྲིལད,0
ནྱྲིས,1505
ནྱྲུ,4
ནྱྲུག,391
ནྱྲུགས,4205
ནྱྲུང,13
ནྱྲུངས,6
ནྱྲུད,0
ནྱྲུན,3
ནྱྲུནད,0
ནྱྲུབ,0
ནྱྲུབས,0
ནྱྲུམ,0
ནྱྲུམས,0
ནྱྲུའ,0
ནྱྲུར,27
ནྱྲུརད,0
ནྱྲུལ,48
ནྱྲུལད,0
ནྱྲུས,0
ནྱྲེ,85
ནྱྲེག,0
ནྱྲེགས,0
ནྱྲེང,0

ནྱྲེངས,1
ནྱྲེད,63
ནྱྲེན,14
ནྱྲེནད,0
ནྱྲེབ,0
ནྱྲེབས,0
ནྱྲེམ,0
ནྱྲེམས,0
ནྱྲེའ,0
ནྱྲེར,6
ནྱྲེརད,0
ནྱྲེལ,1
ནྱྲེལད,0
ནྱྲེས,5
ནྱྲོ,1885
ནྱྲོག,2
ནྱྲོགས,2
ནྱྲོང,2191
ནྱྲོངས,33
ནྱྲོད,1287480
ནྱྲོན,1054
ནྱྲོནད,6
ནྱྲོབ,6
ནྱྲོབས,4
ནྱྲོམ,64
ནྱྲོམས,232
ནྱྲོའ,0
ནྱྲོར,3940
ནྱྲོརད,0
ནྱྲོལ,41
ནྱྲོལད,0
ནྱྲོས,1068
ནྲ,6748
ནྲག,175
ནྲགས,228
ནྲང,16222
ནྲངས,104
ནྲད,108580
ནྲན,115
ནྲནད,0
ནྲབ,2
ནྲབས,1
ནྲམ,49
ནྲམས,0
ནྲའ,0

ནྲར,48
ནྲརད,0
ནྲལ,86
ནྲལད,0
ནྲས,29359
ནྲི,4775
ནྲིག,10
ནྲིགས,3
ནྲིང,3985
ནྲིངས,35313
ནྲིད,254
ནྲིན,121613
ནྲིནད,1
ནྲིབ,0
ནྲིབས,5
ནྲིམ,7
ནྲིམས,0
ནྲིའ,1
ནྲིར,16
ནྲིརད,0
ནྲིལ,29
ནྲིལད,0
ནྲིས,885
ནྲུ,828
ནྲུག,3150
ནྲུགས,4753
ནྲུང,31
ནྲུངས,47
ནྲུད,7
ནྲུན,172
ནྲུནད,0
ནྲུབ,7
ནྲུབས,1
ནྲུམ,103
ནྲུམས,2
ནྲུའ,0
ནྲུར,9
ནྲུརད,0
ནྲུལ,148482
ནྲུལད,28
ནྲུས,75
ནྲེ,886
ནྲེག,6
ནྲེགས,10
ནྲེང,219

ནྲེངས,262
ནྲེད,36
ནྲེན,39
ནྲེནད,0
ནྲེབ,0
ནྲེབས,5
ནྲེམ,0
ནྲེམས,0
ནྲེའ,0
ནྲེར,11
ནྲེརད,0
ནྲེལ,21803
ནྲེལད,0
ནྲེས,21
ནྲོ,176019
ནྲོག,182
ནྲོགས,10
ནྲོང,33
ནྲོངས,2
ནྲོད,521088
ནྲོན,90
ནྲོནད,0
ནྲོབ,15
ནྲོབས,3
ནྲོམ,4
ནྲོམས,0
ནྲོའ,5
ནྲོར,673
ནྲོརད,0
ནྲོལ,65
ནྲོལད,0
ནྲོས,44967
པ,750518
པག,64819
པགས,305
པང,8239
པངས,14763
པད,3340
པན,685450
པནད,12
པབ,265237
པབས,6395
པམ,93133
པམས,152
པའ,252

ཕར,90388
ཕརད,0
ཕལ,141842
ཕལད,0
ཕས,17872
ཕི,7861
ཕིག,2885
ཕིགས,4382
ཕིང,210621
ཕིངས,3
ཕིད,9
ཕིན,18106
ཕིནད,0
ཕིབ,174
ཕིབས,4034
ཕིམ,16
ཕིམས,1
ཕིའ,0
ཕིར,161
ཕིརད,0
ཕིལ,14
ཕིལད,0
ཕིས,1688
ཕུ,89235
ཕུག,56181
ཕུགས,114664
ཕུང,151632
ཕུངས,588
ཕུད,72208
ཕུན,213879
ཕུནད,4
ཕུབ,11336
ཕུབས,744
ཕུམ,353
ཕུམས,0
ཕུའ,23
ཕུར,55317
ཕུརད,7
ཕུལ,307694
ཕུལད,32
ཕུས,796
ཕེ,14960
ཕེག,484
ཕེགས,39
ཕེང,10593
ཕེངས,50
ཕེད,428
ཕེན,113194
ཕེནད,0
ཕེབ,1295
ཕེབས,247703
ཕེམ,29
ཕེམས,36
ཕེའ,0
ཕེར,1983
ཕེརད,2
ཕེལ,208
ཕེལད,13
ཕེས,670
ཕོ,274322
ཕོག,103697
ཕོགས,19814
ཕོང,1545
ཕོངས,49958
ཕོད,51005
ཕོན,5160
ཕོནད,1
ཕོབ,1406
ཕོབས,882
ཕོམ,104
ཕོམས,1
ཕོའ,4
ཕོར,45698
ཕོརད,2
ཕོལ,703
ཕོལད,14
ཕོས,2170
ཕྱ,5967
ཕྱག,269801
ཕྱགས,7030
ཕྱང,709
ཕྱངས,19
ཕྱད,474
ཕྱན,77
ཕྱནད,0
ཕྱབ,26
ཕྱབས,0
ཕྱམ,609
ཕྱམས,72
ཕྱའ,14
ཕྱར,9270
ཕྱརད,3
ཕྱལ,945
ཕྱལད,0
ཕྱས,135
ཕྱི,754593
ཕྱིག,83
ཕྱིགས,71
ཕྱིང,8211
ཕྱིངས,38
ཕྱིད,1389
ཕྱིན,517419
ཕྱིནད,753
ཕྱིབ,13
ཕྱིབས,372
ཕྱིམ,145
ཕྱིམས,18
ཕྱིའ,300
ཕྱིར,1472094
ཕྱིརད,8
ཕྱིལ,47
ཕྱིལད,0
ཕྱིས,65422
ཕྱུ,2280
ཕྱུག,224811
ཕྱུགས,102512
ཕྱུང,24774
ཕྱུངས,2920
ཕྱུད,15
ཕྱུན,13
ཕྱུནད,0
ཕྱུབ,1
ཕྱུབས,0
ཕྱུམ,0
ཕྱུམས,1
ཕྱུའ,0
ཕྱུར,158846
ཕྱུརད,0
ཕྱུལ,24
ཕྱུལད,0
ཕྱུས,4
ཕྱེ,173779
ཕྱེག,0
ཕྱེགས,1
ཕྱེང,74
ཕྱེངས,0
ཕྱེད,94535
ཕྱེན,272
ཕྱེནད,0
ཕྱེབ,24
ཕྱེབས,5
ཕྱེམ,66
ཕྱེམས,2
ཕྱེའ,1
ཕྱེར,386
ཕྱེརད,0
ཕྱེལ,6
ཕྱེལད,0
ཕྱེས,37194
ཕྱོ,1661
ཕྱོག,1305
ཕྱོགས,1364757
ཕྱོང,44
ཕྱོངས,54
ཕྱོད,8732
ཕྱོན,33
ཕྱོནད,0
ཕྱོབ,84
ཕྱོབས,2
ཕྱོམ,4
ཕྱོམས,0
ཕྱོའ,0
ཕྱོར,3795
ཕྱོརད,3
ཕྱོལ,55
ཕྱོལད,0
ཕྱོས,169
ཕྲ,148474
ཕྲག,161260
ཕྲགས,66
ཕྲང,863
ཕྲངས,1
ཕྲད,39740
ཕྲན,282659
ཕྲནད,0
ཕྲབ,35
ཕྲབས,2
ཕྲམ,214
ཕྲམས,0
ཕྲའ,0
ཕྲར,923
ཕྲརད,0
ཕྲལ,25481
ཕྲལད,3
ཕྲས,450
ཕྲི,1872
ཕྲིག,145
ཕྲིགས,15
ཕྲིང,189
ཕྲིངས,0
ཕྲིད,9
ཕྲིན,19657
ཕྲིནད,21
ཕྲིབ,3
ཕྲིབས,0
ཕྲིམ,6
ཕྲིམས,3
ཕྲིའ,0
ཕྲིར,1
ཕྲིརད,0
ཕྲིལ,94
ཕྲིལད,0
ཕྲིས,3880
ཕྲུ,58669
ཕྲུག,165450
ཕྲུགས,1673
ཕྲུང,25
ཕྲུངས,0
ཕྲུད,7
ཕྲུན,89
ཕྲུནད,0
ཕྲུབ,1
ཕྲུབས,0
ཕྲུམ,904
ཕྲུམས,4
ཕྲུའ,0
ཕྲུར,5
ཕྲུརད,0
ཕྲུལ,625
ཕྲུལད,3
ཕྲུས,21
ཕྲེ,580
ཕྲེག,41
ཕྲེགས,1
ཕྲེང,208116
ཕྲེངས,12
ཕྲེད,926
ཕྲེན,24
ཕྲེནད,0
ཕྲེབ,3
ཕྲེབས,0
ཕྲེམ,3
ཕྲེམས,0
ཕྲེའ,0
ཕྲེར,7
ཕྲེརད,0
ཕྲེལ,40
ཕྲེལད,0
ཕྲེས,237
ཕྲོ,345
ཕྲོག,753
ཕྲོགས,4788
ཕྲོང,21
ཕྲོངས,0
ཕྲོད,412
ཕྲོན,4
ཕྲོནད,0
ཕྲོབ,0
ཕྲོབས,9
ཕྲོམ,1930
ཕྲོམས,0
ཕྲོའ,0
ཕྲོར,13
ཕྲོརད,0
ཕྲོལ,165
ཕྲོལད,10
ཕྲོས,393
འཕག,8902
འཕགས,209128
འཕང,39979
འཕངས,28483
འཕད,16
འཕན,9251
འཕནད,0
འཕབ,241
འཕབས,44
འཕམ,357
འཕམས,5
འཕའ,53
འཕར,237986

འཕརད,2	འཕེད,29	འཕྱརད,1	འཕྱེད,44	འཕྲརད,0	འཕྲེད,16466
འཕལ,534	འཕེན,92625	འཕྱལ,31	འཕྱེན,44	འཕྲལ,66806	འཕྲེན,117
འཕལད,0	འཕེནད,6	འཕྱལད,0	འཕྱེནད,0	འཕྲལད,6	འཕྲེནད,0
འཕས,54	འཕེབ,45	འཕྱས,826	འཕྱེབ,0	འཕྲས,183	འཕྲེབ,25
འཕི,7	འཕེབས,91	འཕྱི,8798	འཕྱེབས,0	འཕྲི,8505	འཕྲེབས,0
འཕིག,52	འཕེམ,13	འཕྱིག,3	འཕྱེམ,0	འཕྲིག,590	འཕྲེམ,0
འཕིགས,4140	འཕེམས,0	འཕྱིགས,3	འཕྱེམས,0	འཕྲིགས,269	འཕྲེམས,0
འཕིང,7	འཕེའ,1	འཕྱིང,860	འཕྱེའ,1	འཕྲིང,65	འཕྲེའ,0
འཕིངས,0	འཕེར,5473	འཕྱིངས,277	འཕྱེར,19	འཕྲིངས,0	འཕྲེར,7
འཕིད,0	འཕེརད,2	འཕྱིད,1013	འཕྱེརད,0	འཕྲིད,59	འཕྲེརད,0
འཕིན,17	འཕེལ,908011	འཕྱིན,82	འཕྱེལ,0	འཕྲིན,1760070	འཕྲེལ,155
འཕིནད,0	འཕེལད,64	འཕྱིནད,0	འཕྱེལད,0	འཕྲིནད,1	འཕྲེལད,0
འཕིབ,14	འཕེས,43	འཕྱིབ,2	འཕྱེས,233	འཕྲིབ,1	འཕྲེས,93
འཕིབས,11	འཕོ,55154	འཕྱིབས,0	འཕྱོ,14577	འཕྲིབས,0	འཕྲོ,55424
འཕིམ,1	འཕོག,2053	འཕྱིམ,2	འཕྱོག,5	འཕྲིམ,4	འཕྲོག,67085
འཕིམས,0	འཕོགས,107	འཕྱིམས,2	འཕྱོགས,77	འཕྲིམས,0	འཕྲོགས,3817
འཕིའ,0	འཕོང,2967	འཕྱིའ,0	འཕྱོང,1023	འཕྲིའ,0	འཕྲོང,18
འཕིར,31	འཕོངས,3052	འཕྱིར,154	འཕྱོངས,8510	འཕྲིར,20	འཕྲོངས,2
འཕིརད,0	འཕོད,115	འཕྱིརད,0	འཕྱོད,14	འཕྲིརད,0	འཕྲོད,183596
འཕིལ,0	འཕོན,225	འཕྱིལ,14	འཕྱོན,1061	འཕྲིལ,137	འཕྲོན,72
འཕིལད,0	འཕོནད,0	འཕྱིལད,0	འཕྱོནད,0	འཕྲིལད,0	འཕྲོནད,0
འཕིས,3	འཕོབ,22	འཕྱིས,1966	འཕྱོབ,0	འཕྲིས,77	འཕྲོབ,8
འཕུ,187	འཕོབས,1	འཕྱུ,51	འཕྱོབས,0	འཕྲུ,3379	འཕྲོབས,0
འཕུག,25	འཕོམ,0	འཕྱུག,1536	འཕྱོམ,20	འཕྲུག,2542	འཕྲོམ,3
འཕུགས,16	འཕོམས,1	འཕྱུགས,3339	འཕྱོམས,0	འཕྲུགས,53	འཕྲོམས,0
འཕུང,2425	འཕོའ,1	འཕྱུང,231	འཕྱོའ,0	འཕྲུང,1	འཕྲོའ,4
འཕུངས,140	འཕོར,101	འཕྱུངས,48	འཕྱོར,4432	འཕྲུངས,5	འཕྲོར,6348
འཕུད,3548	འཕོརད,0	འཕྱུད,1	འཕྱོརད,2	འཕྲུད,1	འཕྲོརད,0
འཕུན,8	འཕོལ,24	འཕྱུན,0	འཕྱོལ,20	འཕྲུན,124	འཕྲོལ,52
འཕུནད,0	འཕོལད,2	འཕྱུནད,0	འཕྱོལད,0	འཕྲུནད,0	འཕྲོལད,0
འཕུབ,31	འཕོས,14643	འཕྱུབ,0	འཕྱོས,720	འཕྲུབ,3	འཕྲོས,47052
འཕུབས,0	འཕྱ,11798	འཕྱུབས,0	འཕྲ,3120	འཕྲུབས,0	བ,11854723
འཕུམ,1	འཕྱག,1182	འཕྱུམ,0	འཕྲག,741	འཕྲུམ,22	བག,151652
འཕུམས,0	འཕྱགས,257	འཕྱུམས,0	འཕྲགས,11	འཕྲུམས,0	བགས,1726
འཕུའ,0	འཕྱང,6464	འཕྱུའ,0	འཕྲང,11762	འཕྲུའ,0	བང,58808
འཕུར,83595	འཕྱངས,625	འཕྱུར,32872	འཕྲངས,25	འཕྲུར,28	བད,17048
འཕུརད,0	འཕྱད,22	འཕྱུརད,0	འཕྲད,229634	འཕྲུརད,0	བན,38613
འཕུལ,13776	འཕྱན,2119	འཕྱུལ,13	འཕྲན,374	འཕྲུལ,184213	བབ,189515
འཕུལད,6	འཕྱནད,0	འཕྱུལད,0	འཕྲནད,0	འཕྲུལད,26	བམ,65179
འཕུས,5	འཕྱབ,3	འཕྱུས,0	འཕྲབ,4	འཕྲུས,92	བའ,8237
འཕེ,1240	འཕྱབས,2	འཕྱེ,2966	འཕྲབས,0	འཕྲེ,29	བར,3234986
འཕེག,6	འཕྱམ,71	འཕྱེག,0	འཕྲམ,12	འཕྲེག,13	བལ,52117
འཕེགས,112	འཕྱམས,11	འཕྱེགས,0	འཕྲམས,0	འཕྲེགས,0	བས,1370140
འཕེང,14	འཕྱའ,50	འཕྱེང,0	འཕྲའ,25	འཕྲེང,16632	བི,21602
འཕེངས,2	འཕྱར,8469	འཕྱེངས,0	འཕྲར,8	འཕྲེངས,129	བིག,145

བིགས,2
བིང,418
བིངས,5
བིད,265
བིན,819
བིནད,0
བིབ,3
བིབས,2
བིམ,832
བིམས,0
བིའ,112
བིར,1013
བིརད,0
བིལ,593
བིལད,0
བིས,4663
བུ,1632462
བུག,4978
བུགས,35
བུང,11788
བུངས,214
བུད,252318
བུན,54240
བུནད,0
བུབ,780
བུབས,363
བུམ,84197
བུམས,21
བུའ,227
བུར,190948
བུརད,0
བུལ,3572
བུལད,0
བུས,56583
བེ,31231
བེག,281
བེགས,11
བེང,248
བེངས,4
བེད,115916
བེན,603
བེནད,0
བེབ,7
བེབས,31
བེམ,14512
བེམས,967
བེའ,3
བེར,8089
བེརད,8
བེལ,418
བེལད,0
བེས,595
བོ,1323950
བོག,825
བོགས,10725
བོང,66130
བོངས,3139
བོད,4583035
བོན,332143
བོནད,111
བོབ,99
བོབས,593
བོམ,137
བོམས,59
བོའ,156
བོར,293333
བོརད,6
བོལ,843
བོལད,2
བོས,120784
བྱ,3522662
བྱག,472
བྱགས,2
བྱང,940055
བྱངས,406
བྱད,58188
བྱན,3507
བྱནད,2
བྱབ,682
བྱབས,958
བྱམ,295
བྱམས,206072
བྱའ,490
བྱར,49370
བྱརད,43
བྱལ,82
བྱལད,0
བྱས,4190502
བྱི,36804
བྱིག,17
བྱིགས,0
བྱིང,7264
བྱིངས,11667
བྱིད,2061
བྱིན,184364
བྱིནད,24
བྱིབ,13
བྱིབས,144
བྱིམ,22
བྱིམས,9
བྱིའ,7
བྱིར,344
བྱིརད,0
བྱིལ,8593
བྱིལད,0
བྱིས,346027
བྱུ,9545
བྱུག,34572
བྱུགས,12705
བྱུང,1757990
བྱུངས,131
བྱུད,38
བྱུན,57
བྱུནད,0
བྱུབ,41
བྱུབས,0
བྱུམ,8
བྱུམས,3
བྱུའ,4
བྱུར,7598
བྱུརད,0
བྱུལ,221
བྱུལད,0
བྱུས,1595
བྱེ,261572
བྱེག,6
བྱེགས,0
བྱེང,82
བྱེངས,13
བྱེད,5272031
བྱེན,95
བྱེནད,0
བྱེབ,35
བྱེབས,1
བྱེམ,17
བྱེམས,3
བྱེའ,13
བྱེར,2760
བྱེརད,5
བྱེལ,36
བྱེལད,0
བྱེས,9644
བྱོ,2657
བྱོག,56
བྱོགས,20
བྱོང,182
བྱོངས,3
བྱོད,59
བྱོན,99657
བྱོནད,35
བྱོབ,4
བྱོབས,12
བྱོམ,4
བྱོམས,1
བྱོའ,0
བྱོར,225
བྱོརད,0
བྱོལ,15262
བྱོལད,4
བྱོས,28777
བྲ,11260
བྲག,313530
བྲགས,1166
བྲང,125863
བྲངས,60
བྲད,1223
བྲན,59992
བྲནད,7
བྲབ,749
བྲབས,888
བྲམ,36874
བྲམས,9
བྲའ,39
བྲར,34
བྲརད,0
བྲལ,269778
བྲལད,4
བྲས,605
བྲི,24410
བྲིག,50
བྲིགས,0
བྲིང,76
བྲིངས,1
བྲིད,17780
བྲིན,17469
བྲིནད,0
བྲིབ,8
བྲིབས,6
བྲིམ,737
བྲིམས,736
བྲིའ,1
བྲིར,120
བྲིརད,0
བྲིལ,47
བྲིལད,0
བྲིས,1082463
བྲུ,4938
བྲུག,1490
བྲུགས,64
བྲུང,144
བྲུངས,41
བྲུད,313
བྲུན,963
བྲུནད,0
བྲུབ,500
བྲུབས,376
བྲུམ,81
བྲུམས,2
བྲུའ,0
བྲུར,3
བྲུརད,0
བྲུལ,759
བྲུལད,0
བྲུས,2543
བྲེ,11089
བྲེག,1941
བྲེགས,3792
བྲེང,571
བྲེངས,10
བྲེད,2257
བྲེན,13
བྲེནད,0
བྲེབ,5
བྲེབས,1
བྲེམ,10
བྲེམས,4
བྲེའ,0
བྲེར,42
བྲེརད,0
བྲེལ,49899
བྲེལད,2
བྲེས,2247
བྲོ,115962
བྲོག,181
བྲོགས,5
བྲོང,76
བྲོངས,10
བྲོད,1689
བྲོན,35
བྲོནད,2
བྲོབ,5
བྲོབས,16
བྲོམ,80
བྲོམས,1
བྲོའ,4
བྲོར,606
བྲོརད,0
བྲོལ,177
བྲོལད,2
བྲོས,25896
བླ,507720
བླག,37278
བླགས,3201
བླང,146145
བླངས,242022
བླད,65
བླན,758
བླནད,0
བླབ,22
བླབས,21
བླམ,353
བླམས,41
བླའ,7
བླར,1460
བླརད,0
བླལ,7
བླལད,0
བླས,894
བླི,24
བླིག,0

བླིགས,0	བླེམས,0	དབིགས,5	དབེམས,0	དབྱིགས,97	དབྱེམས,0
བླིང,10	བླེའ,0	དབིང,0	དབེའ,0	དབྱིང,31970	དབྱེའ,0
བླིངས,61	བླེར,0	དབིངས,7	དབེར,66	དབྱིངས,99295	དབྱེར,23943
བླིད,27	བླེརད,0	དབིད,0	དབེརད,0	དབྱིད,148	དབྱེརད,0
བླིན,3	བླེལ,0	དབིན,2	དབེལ,1	དབྱིན,110909	དབྱེལ,13
བླིནད,0	བླེལད,0	དབིནད,0	དབེལད,0	དབྱིནད,0	དབྱེལད,0
བླིབ,0	བླེས,1	དབིབ,0	དབེས,25	དབྱིབ,180	དབྱེས,841
བླིབས,0	བློ,973802	དབིབས,3	དབོ,1749	དབྱིབས,89033	དབྱོ,4
བླིམ,0	བློག,68	དབིམ,0	དབོག,656	དབྱིམ,0	དབྱོག,1
བླིམས,0	བློགས,74	དབིམས,0	དབོགས,13	དབྱིམས,16	དབྱོགས,1
བླིའ,0	བློང,2927	དབིའ,0	དབོང,5	དབྱིའ,0	དབྱོང,24
བླིར,0	བློངས,55	དབིར,0	དབོངས,0	དབྱིར,163	དབྱོངས,13
བླིརད,0	བློད,117	དབིརད,0	དབོད,15	དབྱིརད,0	དབྱོད,73
བླིལ,1	བློན,129914	དབིལ,0	དབོན,11869	དབྱིལ,308	དབྱོན,2
བླིལད,0	བློནད,0	དབིལད,0	དབོནད,0	དབྱིལད,0	དབྱོནད,0
བླིས,2	བློབ,54	དབིས,0	དབོབ,11	དབྱིས,5833	དབྱོབ,0
བླུ,4144	བློབས,0	དབུ,230800	དབོབས,0	དབྱུ,1434	དབྱོབས,4
བླུག,5549	བློམ,94	དབུག,1135	དབོམ,2	དབྱུག,16582	དབྱོམ,0
བླུགས,29219	བློམས,0	དབུགས,71186	དབོམས,0	དབྱུགས,1682	དབྱོམས,0
བླུང,32	བློའ,17	དབུང,428	དབོའ,3	དབྱུང,18264	དབྱོའ,0
བླུངས,7	བློར,19527	དབུངས,49	དབོར,8231	དབྱུངས,378	དབྱོར,85
བླུད,3822	བློརད,0	དབུད,49	དབོརད,0	དབྱུད,16	དབྱོརད,0
བླུན,25650	བློལ,21	དབུན,2691	དབོལ,38	དབྱུན,4	དབྱོལ,0
བླུནད,0	བློལད,0	དབུནད,0	དབོལད,0	དབྱུནད,0	དབྱོལད,0
བླུབ,2	བློས,41418	དབུབ,796	དབོས,268	དབྱུབ,1	དབྱོས,0
བླུབས,4	གབས,18	དབུབས,66	དབྱ,1376	དབྱུབས,3	དབྲ,2701
བླུམ,26	དབག,203	དབུམ,201	དབྱག,11	དབྱུམ,0	དབྲག,1236
བླུམས,3	དབགས,37	དབུམས,0	དབྱགས,6	དབྱུམས,0	དབྲགས,1
བླུའ,0	དབང,2032767	དབུའ,66	དབྱང,486810	དབྱུའ,0	དབྲང,63
བླུར,35	དབངས,189	དབུར,2569	དབྱངས,440787	དབྱུར,10	དབྲངས,0
བླུརད,0	དབད,134	དབུརད,5	དབྱད,249	དབྱུརད,0	དབྲད,106
བླུལ,1	དབན,5414	དབུལ,373092	དབྱན,57	དབྱུལ,15	དབྲན,2
བླུལད,0	དབནད,0	དབུལད,0	དབྱནད,0	དབྱུལད,0	དབྲནད,0
བླུས,1162	དབབ,9726	དབུས,191942	དབྱབ,2	དབྱུས,3	དབྲབ,31
བླེ,28	དབབས,59	དབེ,178	དབྱབས,26	དབྱེ,286964	དབྲབས,0
བླེག,6	དབམ,7	དབེག,0	དབྱམ,10	དབྱེག,2	དབྲམ,4
བླེགས,2	དབམས,0	དབེགས,0	དབྱམས,12	དབྱེགས,0	དབྲམས,0
བླེང,2	དབའ,4613	དབེང,6	དབྱའ,5	དབྱེང,13	དབྲའ,20
བླེངས,0	དབར,54806	དབེངས,0	དབྱར,120126	དབྱེངས,86	དབྲར,2
བླེད,4	དབརད,6	དབེད,0	དབྱརད,297	དབྱེད,241	དབྲརད,0
བླེན,2	དབལ,15233	དབེན,61570	དབྱལ,189	དབྱེན,6386	དབྲལ,1386
བླེནད,0	དབལད,0	དབེནད,5	དབྱལད,0	དབྱེནད,3	དབྲལད,3
བླེབ,0	དབས,1167	དབེབ,7	དབྱས,55	དབྱེབ,51	དབྲས,6
བླེབས,0	དབི,8	དབེབས,23	དབྱི,174968	དབྱེབས,44	དབྲི,1188
བླེམ,0	དབིག,4	དབེམ,30	དབྱིག,9489	དབྱེམ,3	དབྲིག,0

དབྲིགས,0
དབྲིང,0
དབྲིངས,0
དབྲིད,5
དབྲིན,0
དབྲིནད,0
དབྲིབ,0
དབྲིབས,0
དབྲིམ,0
དབྲིམས,0
དབྲིའ,0
དབྲིར,5
དབྲིརད,0
དབྲིལ,98
དབྲིལད,0
དབྲིས,5
དབྲུ,5
དབྲུག,3
དབྲུགས,0
དབྲུང,0
དབྲུངས,0
དབྲུད,1
དབྲུན,0
དབྲུནད,0
དབྲུབ,0
དབྲུབས,0
དབྲུམ,0
དབྲུམས,0
དབྲུའ,0
དབྲུར,0
དབྲུརད,0
དབྲུལ,0
དབྲུལད,0
དབྲུས,0
དབྲེ,80
དབྲེག,0
དབྲེགས,0
དབྲེང,0
དབྲེངས,0
དབྲེད,8
དབྲེན,0
དབྲེནད,0
དབྲེབ,0
དབྲེབས,0
དབྲེམ,0
དབྲེམས,0
དབྲེའ,0
དབྲེར,2
དབྲེརད,0
དབྲེལ,1
དབྲེལད,0
དབྲེས,30
དབྲོ,1
དབྲོག,565
དབྲོགས,0
དབྲོང,1
དབྲོངས,1
དབྲོད,0
དབྲོན,0
དབྲོནད,0
དབྲོབ,0
དབྲོབས,0
དབྲོམ,0
དབྲོམས,0
དབྲོའ,0
དབྲོར,0
དབྲོརད,0
དབྲོལ,42
དབྲོལད,2
དབྲོས,0
བབས,127631
མབས,1
འབག,21393
འབགས,1709
འབང,430
འབངས,36875
འབད,158162
འབན,454
འབནད,0
འབབ,254416
འབབས,2110
འབམ,1069
འབམས,11
འབའ,96227
འབར,136842
འབརད,2
འབལ,2204
འབལད,0
འབས,731
འབི,424
འབིག,1553
འབིགས,4778
འབིང,12
འབིངས,0
འབིད,124
འབིན,0
འབིནད,0
འབིབ,2
འབིབས,24
འབིམ,0
འབིམས,0
འབིའ,0
འབིར,49
འབིརད,0
འབིལ,11
འབིལད,0
འབིས,581
འབུ,53916
འབུག,882
འབུགས,975
འབུང,677
འབུངས,11987
འབུད,38405
འབུན,128
འབུནད,0
འབུབ,244
འབུབས,764
འབུམ,231423
འབུམས,38
འབུའ,10
འབུར,41107
འབུརད,0
འབུལ,127714
འབུལད,1
འབུས,11420
འབེ,767
འབེག,5
འབེགས,18
འབེང,0
འབེངས,27
འབེད,57
འབེན,32873
འབེནད,0
འབེབ,11102
འབེབས,116751
འབེམ,76
འབེམས,12
འབེའ,0
འབེར,276
འབེརད,0
འབེལ,25522
འབེལད,0
འབེས,78
འབོ,6515
འབོག,3292
འབོགས,2026
འབོང,79
འབོངས,68
འབོད,173844
འབོན,87
འབོནད,7
འབོབ,820
འབོབས,8
འབོམ,371
འབོམས,2
འབོའ,0
འབོར,135083
འབོརད,2
འབོལ,144207
འབོལད,0
འབོས,197
འབྱ,340
འབྱག,17
འབྱགས,4
འབྱང,797
འབྱངས,133
འབྱད,28
འབྱན,0
འབྱནད,0
འབྱབ,3
འབྱབས,0
འབྱམ,1675
འབྱམས,47672
འབྱའ,1
འབྱར,14711
འབྱརད,0
འབྱལ,9
འབྱལད,0
འབྱས,16
འབྱི,248
འབྱིག,7
འབྱིགས,0
འབྱིང,662
འབྱིངས,30
འབྱིད,2148
འབྱིན,46125
འབྱིནད,10
འབྱིབ,3
འབྱིབས,12
འབྱིམ,9
འབྱིམས,6
འབྱིའ,0
འབྱིར,13
འབྱིརད,0
འབྱིལ,43
འབྱིལད,0
འབྱིས,7
འབྱུ,393
འབྱུག,982
འབྱུགས,19
འབྱུང,565127
འབྱུངས,144
འབྱུད,13
འབྱུན,30
འབྱུནད,0
འབྱུབ,3
འབྱུབས,0
འབྱུམ,3
འབྱུམས,31
འབྱུའ,0
འབྱུར,501
འབྱུརད,0
འབྱུལ,2
འབྱུལད,0
འབྱུས,13
འབྱེ,466
འབྱེག,0
འབྱེགས,0
འབྱེང,5
འབྱེངས,1
འབྱེད,162968
འབྱེན,79
འབྱེནད,0
འབྱེབ,0
འབྱེབས,0
འབྱེམ,0
འབྱེམས,0
འབྱེའ,0
འབྱེར,374
འབྱེརད,0
འབྱེལ,13
འབྱེལད,0
འབྱེས,347
འབྱོ,842
འབྱོག,610
འབྱོགས,26
འབྱོང,735
འབྱོངས,1544
འབྱོད,96
འབྱོན,7778
འབྱོནད,0
འབྱོབ,0
འབྱོབས,1
འབྱོམ,9
འབྱོམས,4
འབྱོའ,0
འབྱོར,797754
འབྱོརད,234
འབྱོལ,591
འབྱོལད,0
འབྱོས,7
འབྲ,2572
འབྲག,96
འབྲགས,2
འབྲང,21946
འབྲངས,15926
འབྲད,1146
འབྲན,74
འབྲནད,0
འབྲབ,447
འབྲབས,9
འབྲམ,68
འབྲམས,6
འབྲའ,3
འབྲར,14
འབྲརད,0
འབྲལ,35181
འབྲལད,1
འབྲས,630316
འབྲི,317798

འབྲིག,226	འབྲེམ,6	རྦིག,15	རྦེམ,0	ལྦིག,0	ལྦེམ,0
འབྲིགས,16	འབྲེམས,1	རྦིགས,0	རྦེམས,0	ལྦིགས,0	ལྦེམས,0
འབྲིང,324907	འབྲེའ,0	རྦིང,1	རྦེའ,0	ལྦིང,8	ལྦེའ,0
འབྲིངས,22	འབྲེར,4	རྦིངས,1	རྦེར,16	ལྦིངས,0	ལྦེར,19
འབྲིད,830	འབྲེརད,0	རྦིད,5	རྦེརད,0	ལྦིད,0	ལྦེརད,0
འབྲིན,49	འབྲེལ,1646232	རྦིན,0	རྦེལ,15	ལྦིན,28	ལྦེལ,4
འབྲིནད,0	འབྲེལད,12	རྦིནད,0	རྦེལད,0	ལྦིནད,0	ལྦེལད,0
འབྲིབ,11	འབྲེས,130	རྦིབ,2	རྦེས,1	ལྦིབ,0	ལྦེས,10
འབྲིབས,0	འབྲོ,5291	རྦིབས,0	རྦོ,252	ལྦིབས,0	ལྦོ,27
འབྲིམ,648	འབྲོག,422707	རྦིམ,0	རྦོག,6	ལྦིམ,0	ལྦོག,0
འབྲིམས,26	འབྲོགས,53	རྦིམས,0	རྦོགས,0	ལྦིམས,0	ལྦོགས,0
འབྲིའ,208	འབྲོང,47967	རྦིའ,0	རྦོང,1	ལྦིའ,0	ལྦོང,4
འབྲིར,710	འབྲོངས,148	རྦིར,50	རྦོངས,0	ལྦིར,0	ལྦོངས,0
འབྲིརད,0	འབྲོད,15	རྦིརད,0	རྦོད,553	ལྦིརད,0	ལྦོད,0
འབྲིལ,65	འབྲོན,19	རྦིལ,0	རྦོན,1	ལྦིལ,0	ལྦོན,8
འབྲིལད,0	འབྲོནད,0	རྦིལད,0	རྦོནད,0	ལྦིལད,0	ལྦོནད,0
འབྲིས,363	འབྲོབ,0	རྦིས,12	རྦོབ,5	ལྦིས,0	ལྦོབ,6
འབྲུ,107087	འབྲོབས,0	རྦུ,139	རྦོབས,0	ལྦུ,4145	ལྦོབས,0
འབྲུག,105249	འབྲོམ,6722	རྦུག,11	རྦོམ,8	ལྦུག,11	ལྦོམ,1
འབྲུགས,13	འབྲོམས,3	རྦུགས,1	རྦོམས,0	ལྦུགས,4	ལྦོམས,0
འབྲུང,106	འབྲོའ,39	རྦུང,79	རྦོའ,0	ལྦུང,0	ལྦོའ,0
འབྲུངས,0	འབྲོར,32	རྦུངས,55	རྦོར,19	ལྦུངས,0	ལྦོར,26
འབྲུད,39	འབྲོརད,0	རྦུད,110	རྦོརད,0	ལྦུད,7	ལྦོརད,0
འབྲུན,5	འབྲོལ,133	རྦུན,9	རྦོལ,3	ལྦུན,75	ལྦོལ,14
འབྲུནད,0	འབྲོལད,0	རྦུནད,0	རྦོལད,0	ལྦུནད,0	ལྦོལད,0
འབྲུབ,4117	འབྲོས,2453	རྦུབ,8	རྦོས,8	ལྦུབ,6	ལྦོས,61
འབྲུབས,4	རྦ,12907	རྦུབས,4	ལྦ,2302	ལྦུབས,8	སྦ,16650
འབྲུམ,11127	རྦག,99	རྦུམ,0	ལྦག,14	ལྦུམ,0	སྦག,31380
འབྲུམས,0	རྦགས,1	རྦུམས,0	ལྦགས,59	ལྦུམས,0	སྦགས,17859
འབྲུའ,6	རྦང,65	རྦུའ,0	ལྦང,703	ལྦུའ,0	སྦང,2741
འབྲུར,913	རྦངས,13	རྦུར,307	ལྦངས,3	ལྦུར,42	སྦངས,4291
འབྲུརད,0	རྦད,19168	རྦུརད,0	ལྦད,1	ལྦུརད,0	སྦད,376
འབྲུལ,353	རྦན,9	རྦུལ,0	ལྦན,670	ལྦུལ,0	སྦན,31
འབྲུལད,0	རྦནད,0	རྦུལད,0	ལྦནད,0	ལྦུལད,0	སྦནད,0
འབྲུས,776	རྦབ,10947	རྦུས,30	ལྦབ,4	ལྦུས,44	སྦབ,135
འབྲེ,1776	རྦབས,77	རྦེ,149	ལྦབས,0	ལྦེ,656	སྦབས,42
འབྲེག,4142	རྦམ,2	རྦེག,11	ལྦམ,17	ལྦེག,0	སྦམ,349
འབྲེགས,151	རྦམས,0	རྦེགས,0	ལྦམས,0	ལྦེགས,0	སྦམས,149
འབྲེང,2403	རྦའ,0	རྦེང,1	ལྦའ,0	ལྦེང,1	སྦའ,45
འབྲེངས,218	རྦར,26	རྦེངས,0	ལྦར,18	ལྦེངས,0	སྦར,11088
འབྲེད,122	རྦརད,0	རྦེད,67	ལྦརད,0	ལྦེད,0	སྦརད,2
འབྲེན,34	རྦལ,52	རྦེན,24	ལྦལ,20	ལྦེན,20	སྦལ,17941
འབྲེནད,0	རྦལད,0	རྦེནད,0	ལྦལད,0	ལྦེནད,0	སྦལད,0
འབྲེབ,7	རྦས,71	རྦེབ,0	ལྦས,39	ལྦེབ,1	སྦས,35878
འབྲེབས,0	རྦི,73	རྦེབས,0	ལྦི,159	ལྦེབས,2	སྦི,5782

སྦིག,11
སྦིགས,0
སྦིང,13
སྦིངས,2
སྦིད,78
སྦིན,415
སྦིནད,0
སྦིབ,4
སྦིབས,0
སྦིམ,0
སྦིམས,0
སྦིའ,0
སྦིར,420
སྦིརད,0
སྦིལ,41
སྦིལད,0
སྦིས,6057
སྦུ,4069
སྦུག,11324
སྦུགས,1239
སྦུང,91
སྦུངས,150
སྦུད,854
སྦུན,568
སྦུནད,0
སྦུབ,3049
སྦུབས,8928
སྦུམ,51
སྦུམས,2
སྦུའ,0
སྦུར,1555
སྦུརད,0
སྦུལ,84
སྦུལད,0
སྦུས,399
སྦེ,1867
སྦེག,125
སྦེགས,15
སྦེང,42
སྦེངས,10
སྦེད,5323
སྦེན,76
སྦེནད,0
སྦེབ,14
སྦེབས,7
སྦེམ,3
སྦེམས,0
སྦེའ,0
སྦེར,93
སྦེརད,0
སྦེལ,1360
སྦེལད,0
སྦེས,16
སྦོ,2318
སྦོག,89
སྦོགས,98
སྦོང,388
སྦོངས,47
སྦོད,200
སྦོན,87
སྦོནད,0
སྦོབ,70
སྦོབས,224
སྦོམ,23035
སྦོམས,210
སྦོའ,0
སྦོར,2023
སྦོརད,3
སྦོལ,2368
སྦོལད,4
སྦོས,3051
སྦྱ,1633
སྦྱག,427
སྦྱགས,13
སྦྱང,38075
སྦྱངས,75032
སྦྱད,435
སྦྱན,713
སྦྱནད,0
སྦྱབ,5
སྦྱབས,9
སྦྱམ,4
སྦྱམས,3
སྦྱའ,0
སྦྱར,185642
སྦྱརད,74
སྦྱལ,4
སྦྱལད,0
སྦྱས,15
སྦྱི,873
སྦྱིག,97
སྦྱིགས,2
སྦྱིང,24
སྦྱིངས,23
སྦྱིད,15
སྦྱིན,202244
སྦྱིནད,1
སྦྱིབ,3
སྦྱིབས,23
སྦྱིམ,1
སྦྱིམས,0
སྦྱིའ,0
སྦྱིར,592
སྦྱིརད,0
སྦྱིལ,52
སྦྱིལད,0
སྦྱིས,34
སྦྱུ,9
སྦྱུག,16
སྦྱུགས,27
སྦྱུང,7
སྦྱུངས,2
སྦྱུད,0
སྦྱུན,4
སྦྱུནད,0
སྦྱུབ,0
སྦྱུབས,0
སྦྱུམ,2
སྦྱུམས,0
སྦྱུའ,0
སྦྱུར,17
སྦྱུརད,0
སྦྱུལ,2
སྦྱུལད,0
སྦྱུས,0
སྦྱེ,11
སྦྱེག,0
སྦྱེགས,0
སྦྱེང,2
སྦྱེངས,0
སྦྱེད,18
སྦྱེན,7
སྦྱེནད,0
སྦྱེབ,0
སྦྱེབས,0
སྦྱེམ,0
སྦྱེམས,0
སྦྱེའ,0
སྦྱེར,12
སྦྱེརད,0
སྦྱེལ,4
སྦྱེལད,0
སྦྱེས,5
སྦྱོ,619
སྦྱོག,0
སྦྱོགས,5
སྦྱོང,587261
སྦྱོངས,3219
སྦྱོད,1429
སྦྱོན,218
སྦྱོནད,0
སྦྱོབ,67
སྦྱོབས,3
སྦྱོམ,15
སྦྱོམས,16
སྦྱོའ,0
སྦྱོར,604701
སྦྱོརད,6
སྦྱོལ,13
སྦྱོལད,0
སྦྱོས,35
སྦྲ,83317
སྦྲག,33306
སྦྲགས,31165
སྦྲང,56812
སྦྲངས,23
སྦྲད,105
སྦྲན,2323
སྦྲནད,6
སྦྲབ,12
སྦྲབས,4
སྦྲམ,1946
སྦྲམས,1
སྦྲའ,0
སྦྲར,1183
སྦྲརད,0
སྦྲལ,31
སྦྲལད,0
སྦྲས,247
སྦྲི,60
སྦྲིག,42
སྦྲིགས,7
སྦྲིང,167
སྦྲིངས,677
སྦྲིད,5900
སྦྲིན,201
སྦྲིནད,0
སྦྲིབ,23
སྦྲིབས,35
སྦྲིམ,70
སྦྲིམས,27
སྦྲིའ,0
སྦྲིར,1
སྦྲིརད,0
སྦྲིལ,104
སྦྲིལད,0
སྦྲིས,31
སྦྲུ,216
སྦྲུག,136
སྦྲུགས,77
སྦྲུང,15
སྦྲུངས,10
སྦྲུད,112
སྦྲུན,22
སྦྲུནད,0
སྦྲུབ,27
སྦྲུབས,17
སྦྲུམ,16841
སྦྲུམས,156
སྦྲུའ,0
སྦྲུར,0
སྦྲུརད,0
སྦྲུལ,27515
སྦྲུལད,0
སྦྲུས,379
སྦྲེ,378
སྦྲེག,8
སྦྲེགས,13
སྦྲེང,16677
སྦྲེངས,563
སྦྲེད,23
སྦྲེན,12
སྦྲེནད,0
སྦྲེབ,17
སྦྲེབས,146
སྦྲེམ,0
སྦྲེམས,0
སྦྲེའ,0
སྦྲེར,0
སྦྲེརད,0
སྦྲེལ,138869
སྦྲེལད,10
སྦྲེས,111
སྦྲོ,210
སྦྲོག,20
སྦྲོགས,13
སྦྲོང,4
སྦྲོངས,1
སྦྲོད,108
སྦྲོན,1511
སྦྲོནད,0
སྦྲོབ,0
སྦྲོབས,1
སྦྲོམ,20
སྦྲོམས,0
སྦྲོའ,0
སྦྲོར,10
སྦྲོརད,0
སྦྲོལ,6
སྦྲོལད,0
སྦྲོས,136
མ,7734356
མག,35143
མང,1786147
མངས,8576
མད,6708
མན,133014
མབ,34
མམ,12551
མའ,1122
མར,632046
མལ,72633
མས,305387
མི,7408751
མིག,739983
མིགས,164
མིང,779838
མིངས,60
མིད,13464
མིན,688420

མིནད,1
མིབ,5
མིབས,0
མིམ,113
མིམས,0
མིའ,172
མིར,35976
མིརད,0
མིལ,170
མིལད,0
མིས,60676
མུ,272568
མུག,34199
མུགས,70
མུང,136
མུངས,12
མུད,3464
མུན,102399
མུནད,0
མུབ,22
མུབས,3
མུམ,28
མུམས,0
མུའ,39
མུར,15813
མུརད,0
མུལ,925
མུལད,0
མུས,23511
མེ,1051653
མེག,547
མེགས,0
མེང,3739
མེངས,6
མེད,3452957
མེན,29640
མེནད,0
མེབ,4
མེབས,0
མེམ,24
མེམས,5
མེའ,8
མེར,33932
མེརད,0
མེལ,3912
མེལད,0
མེས,120025
མོ,2261444
མོག,27006
མོགས,17
མོང,182030
མོངས,88151
མོད,228099
མོན,24817
མོནད,0
མོབ,0
མོབས,1
མོམ,64
མོམས,1
མོའ,387
མོར,181432
མོརད,0
མོལ,264599
མོལད,10
མོས,340760
མྱ,92303
མྱག,625
མྱགས,1831
མྱང,24945
མྱངས,13776
མྱད,13
མྱན,31
མྱནད,0
མྱབ,1
མྱབས,0
མྱམ,3
མྱམས,4
མྱའ,9
མྱར,37
མྱརད,0
མྱལ,176
མྱལད,0
མྱས,60
མྱི,174919
མྱིག,12704
མྱིགས,2
མྱིང,7183
མྱིངས,1
མྱིད,693
མྱིན,537
མྱིནད,0
མྱིབ,1
མྱིབས,0
མྱིམ,0
མྱིམས,0
མྱིའ,3
མྱིར,217
མྱིརད,0
མྱིལ,7
མྱིལད,0
མྱིས,383
མྱུ,25255
མྱུག,10145
མྱུགས,118
མྱུང,605
མྱུངས,1
མྱུད,17
མྱུན,6
མྱུནད,0
མྱུབ,0
མྱུབས,0
མྱུམ,1
མྱུམས,0
མྱུའ,0
མྱུར,215148
མྱུརད,3
མྱུལ,16777
མྱུལད,4
མྱུས,8
མྱེ,4021
མྱེག,0
མྱེགས,0
མྱེང,8
མྱེངས,0
མྱེད,121439
མྱེན,18
མྱེནད,0
མྱེབ,0
མྱེབས,0
མྱེམ,0
མྱེམས,0
མྱེའ,0
མྱེར,55
མྱེརད,0
མྱེལ,3
མྱེལད,0
མྱེས,15404
མྱོ,460
མྱོག,115
མྱོགས,36
མྱོང,396980
མྱོངས,2088
མྱོད,51
མྱོན,65
མྱོནད,0
མྱོབ,3
མྱོབས,3
མྱོམ,2
མྱོམས,0
མྱོའ,0
མྱོར,161
མྱོརད,0
མྱོལ,16
མྱོལད,0
མྱོས,18105
མྲ,1472
མྲག,50
མྲགས,0
མྲང,3
མྲངས,0
མྲད,3
མྲན,0
མྲནད,0
མྲབ,0
མྲབས,0
མྲམ,0
མྲམས,0
མྲའ,0
མྲར,5
མྲརད,0
མྲལ,0
མྲལད,0
མྲས,10
མྲི,190
མྲིག,7
མྲིགས,0
མྲིང,4
མྲིངས,0
མྲིད,2
མྲིན,2
མྲིནད,0
མྲིབ,0
མྲིབས,0
མྲིམ,0
མྲིམས,0
མྲིའ,0
མྲིར,0
མྲིརད,0
མྲིལ,0
མྲིལད,0
མྲིས,1
མྲུ,3
མྲུག,0
མྲུགས,0
མྲུང,0
མྲུངས,0
མྲུད,0
མྲུན,0
མྲུནད,0
མྲུབ,0
མྲུབས,0
མྲུམ,0
མྲུམས,0
མྲུའ,0
མྲུར,2
མྲུརད,0
མྲུལ,0
མྲུལད,0
མྲུས,0
མྲེ,14
མྲེག,1
མྲེགས,0
མྲེང,0
མྲེངས,0
མྲེད,0
མྲེན,0
མྲེནད,0
མྲེབ,0
མྲེབས,0
མྲེམ,0
མྲེམས,0
མྲེའ,0
མྲེར,0
མྲེརད,0
མྲེལ,2
མྲེལད,0
མྲེས,0
མྲོ,6
མྲོག,0
མྲོགས,0
མྲོང,0
མྲོངས,2
མྲོད,0
མྲོན,0
མྲོནད,0
མྲོབ,0
མྲོབས,0
མྲོམ,0
མྲོམས,0
མྲོའ,0
མྲོར,0
མྲོརད,0
མྲོལ,0
མྲོལད,0
མྲོས,0
གམས,86
དམག,417357
དམགས,270
དམང,693
དམངས,1227860
དམད,846
དམན,60137
དམནད,0
དམབ,2
དམབས,6
དམམ,6
དམམས,1
དམའ,97295
དམར,332200
དམརད,0
དམལ,37
དམལད,0
དམས,4406
དམི,190
དམིག,1074
དམིགས,525837
དམིང,0
དམིངས,24
དམིད,0

དམིན,15	དམེལ,0	དམྱིན,0	དམྱེལ,0	རྨིང,576	རྨེའ,0
དམིནད,0	དམེལད,0	དམྱིནད,0	དམྱེལད,0	རྨིངས,22	རྨེར,0
དམིབ,0	དམེས,153	དམྱིབ,0	དམྱེས,3	རྨིད,4681	རྨེརད,0
དམིབས,0	དམོ,60	དམྱིབས,2	དམྱོ,0	རྨིན,1660	རྨེལ,623
དམིམ,5	དམོག,23	དམྱིམ,0	དམྱོག,0	རྨིནད,0	རྨེལད,1
དམིམས,3	དམོགས,6	དམྱིམས,0	དམྱོགས,0	རྨིབ,0	རྨེས,94
དམིའ,0	དམོང,5	དམྱིའ,0	དམྱོང,0	རྨིབས,0	རྨོ,33066
དམིར,0	དམོངས,8	དམྱིར,1	དམྱོངས,0	རྨིམ,1	རྨོག,8619
དམིརད,0	དམོད,14216	དམྱིརད,0	དམྱོད,4	རྨིམས,0	རྨོགས,36
དམིལ,0	དམོན,101	དམྱིལ,5	དམྱོན,0	རྨིའ,0	རྨོང,695
དམིལད,0	དམོནད,0	དམྱིལད,0	དམྱོནད,0	རྨིར,98	རྨོངས,68909
དམིས,8	དམོབ,0	དམྱིས,0	དམྱོབ,0	རྨིརད,0	རྨོད,6404
དམུ,17190	དམོབས,0	དམྱུ,4	དམྱོབས,0	རྨིལ,10	རྨོན,1214
དམུག,45	དམོམ,0	དམྱུག,30	དམྱོམ,0	རྨིལད,0	རྨོནད,0
དམུགས,226	དམོམས,0	དམྱུགས,85	དམྱོམས,0	རྨིས,12513	རྨོབ,0
དམུང,1	དམོའ,0	དམྱུང,27	དམྱོའ,0	རྨུ,6310	རྨོབས,0
དམུངས,1	དམོར,5	དམྱུངས,0	དམྱོར,0	རྨུག,1421	རྨོམ,2
དམུད,27	དམོརད,0	དམྱུད,0	དམྱོརད,0	རྨུགས,4542	རྨོམས,3
དམུན,396	དམོལ,48	དམྱུན,0	དམྱོལ,0	རྨུང,1	རྨོའ,0
དམུནད,0	དམོལད,0	དམྱུནད,0	དམྱོལད,0	རྨུངས,0	རྨོར,180
དམུབ,0	དམོས,51	དམྱུབ,0	དམྱོས,0	རྨུད,10	རྨོརད,0
དམུབས,0	དམྱ,38	དམྱུབས,0	བམས,185	རྨུན,134	རྨོལ,14
དམུམ,0	དམྱག,0	དམྱུམ,0	མམས,3	རྨུནད,0	རྨོལད,0
དམུམས,0	དམྱགས,5	དམྱུམས,0	འམས,5	རྨུབ,0	རྨོས,6922
དམུའ,0	དམྱང,2	དམྱུའ,0	རྨ,233216	རྨུབས,0	རྨྱ,229
དམུར,472	དམྱངས,4	དམྱུར,0	རྨག,503	རྨུམ,0	རྨྱག,1
དམུརད,0	དམྱད,4	དམྱུརད,0	རྨགས,3	རྨུམས,0	རྨྱགས,1
དམུལ,6638	དམྱན,1	དམྱུལ,35	རྨང,189287	རྨུའ,0	རྨྱང,256
དམུལད,1	དམྱནད,0	དམྱུལད,0	རྨངས,356	རྨུར,190	རྨྱངས,23
དམུས,3135	དམྱབ,3	དམྱུས,0	རྨད,19219	རྨུརད,4	རྨྱད,2
དམེ,6807	དམྱབས,0	དམྱེ,0	རྨན,87	རྨུལ,0	རྨྱན,4
དམེག,2	དམྱམ,4	དམྱེག,0	རྨནད,1	རྨུལད,0	རྨྱནད,0
དམེགས,17	དམྱམས,0	དམྱེགས,0	རྨབ,8	རྨུས,178	རྨྱབ,1
དམེང,0	དམྱའ,11	དམྱེང,0	རྨབས,1	རྨེ,9199	རྨྱབས,0
དམེངས,0	དམྱར,40	དམྱེངས,0	རྨམ,187	རྨེག,3341	རྨྱམ,1
དམེད,7	དམྱརད,0	དམྱེད,0	རྨམས,7	རྨེགས,7	རྨྱམས,0
དམེན,3	དམྱལ,39487	དམྱེན,0	རྨའ,2	རྨེང,155	རྨྱའ,0
དམེནད,0	དམྱལད,0	དམྱེནད,0	རྨར,411	རྨེངས,14	རྨྱར,1
དམེབ,0	དམྱས,11	དམྱེབ,0	རྨརད,0	རྨེད,2088	རྨྱརད,0
དམེབས,0	དམྱི,17	དམྱེབས,0	རྨལ,74	རྨེན,3117	རྨྱལ,2
དམེམ,0	དམྱིག,451	དམྱེམ,0	རྨལད,0	རྨེནད,0	རྨྱལད,0
དམེམས,0	དམྱིགས,34107	དམྱེམས,0	རྨས,50434	རྨེབ,0	རྨྱས,4
དམེའ,16	དམྱིང,0	དམྱེའ,0	རྨི,160673	རྨེབས,0	རྨྱི,1276
དམེར,91	དམྱིངས,0	དམྱེར,0	རྨིག,8160	རྨེམ,0	རྨྱིག,7
དམེརད,0	དམྱིད,0	དམྱེརད,0	རྨིགས,294	རྨེམས,0	རྨྱིགས,0

སྦྲིང,1	སྦྲེའ,0	སྨིང,4	སྨེའ,0	སྨྱིང,0	སྨྱེའ,0
སྦྲིངས,0	སྦྲེར,0	སྨིངས,0	སྨེར,45	སྨྱིངས,0	སྨྱེར,0
སྦྲིད,1	སྦྲེརད,0	སྨིད,611	སྨེརད,0	སྨྱིད,8	སྨྱེརད,0
སྦྲིན,0	སྦྲེལ,0	སྨིན,138240	སྨེལ,1135	སྨྱིན,918	སྨྱེལ,0
སྦྲིནད,0	སྦྲེལད,0	སྨིནད,13	སྨེལད,0	སྨྱིནད,7	སྨྱེལད,0
སྦྲིབ,0	སྦྲེས,0	སྨིབ,0	སྨེས,76	སྨྱིབ,0	སྨྱེས,0
སྦྲིབས,0	སྦྲོ,2	སྨིབས,0	སྨོ,469	སྨྱིབས,0	སྨྱོ,13527
སྦྲིམ,0	སྦྲོག,0	སྨིམ,0	སྨོག,36	སྨྱིམ,0	སྨྱོག,12
སྦྲིམས,0	སྦྲོགས,0	སྨིམས,0	སྨོགས,0	སྨྱིམས,0	སྨྱོགས,2
སྦྲིའ,0	སྦྲོང,22	སྨིའ,0	སྨོང,48	སྨྱིའ,0	སྨྱོང,84
སྦྲིར,0	སྦྲོངས,5	སྨིར,308	སྨོངས,77	སྨྱིར,0	སྨྱོངས,0
སྦྲིརད,0	སྦྲོད,0	སྨིརད,0	སྨོད,12920	སྨྱིརད,0	སྨྱོད,21
སྦྲིལ,0	སྦྲོན,0	སྨིལ,8	སྨོན,272951	སྨྱིལ,2	སྨྱོན,27798
སྦྲིལད,0	སྦྲོནད,0	སྨིལད,0	སྨོནད,31	སྨྱིལད,0	སྨྱོནད,0
སྦྲིས,6	སྦྲོབ,0	སྨིས,1787	སྨོབ,2	སྨྱིས,0	སྨྱོབ,0
སྦྲུ,3	སྦྲོབས,0	སྨུ,480	སྨོབས,0	སྨྱུ,17804	སྨྱོབས,0
སྦྲུག,55	སྦྲོམ,0	སྨུག,61021	སྨོམ,23	སྨྱུག,74431	སྨྱོམ,0
སྦྲུགས,2	སྦྲོམས,0	སྨུགས,297	སྨོམས,0	སྨྱུགས,449	སྨྱོམས,4
སྦྲུང,2	སྦྲོའ,0	སྨུང,3	སྨོའ,1	སྨྱུང,3973	སྨྱོའ,0
སྦྲུངས,0	སྦྲོར,0	སྨུངས,0	སྨོར,46	སྨྱུངས,18	སྨྱོར,20
སྦྲུད,0	སྦྲོརད,0	སྨུད,12	སྨོརད,0	སྨྱུད,5	སྨྱོརད,0
སྦྲུན,0	སྦྲོལ,0	སྨུན,150	སྨོལ,12	སྨྱུན,34	སྨྱོལ,0
སྦྲུནད,0	སྦྲོལད,0	སྨུནད,0	སྨོལད,0	སྨྱུནད,0	སྨྱོལད,0
སྦྲུབ,0	སྦྲོས,2	སྨུབ,1	སྨོས,63660	སྨྱུབ,0	སྨྱོས,5577
སྦྲུབས,0	སྨ,6351	སྨུབས,0	སྨྱ,135	སྨྱུབས,0	སྨྲ,203534
སྦྲུམ,0	སྨག,16232	སྨུམ,1	སྨྱག,281	སྨྱུམ,0	སྨྲག,49
སྦྲུམས,0	སྨགས,9	སྨུམས,0	སྨྱགས,14	སྨྱུམས,0	སྨྲགས,0
སྦྲུའ,0	སྨང,201	སྨུའ,0	སྨྱང,141	སྨྱུའ,0	སྨྲང,582
སྦྲུར,0	སྨངས,11	སྨུར,13	སྨྱངས,24	སྨྱུར,88	སྨྲངས,8
སྦྲུརད,0	སྨད,220639	སྨུརད,0	སྨྱད,158	སྨྱུརད,0	སྨྲད,32
སྦྲུལ,0	སྨན,625680	སྨུལ,2	སྨྱན,35649	སྨྱུལ,4	སྨྲན,79
སྦྲུལད,0	སྨནད,1	སྨུལད,0	སྨྱནད,0	སྨྱུལད,0	སྨྲནད,0
སྦྲུས,0	སྨབ,2	སྨུས,3	སྨྱབ,1	སྨྱུས,0	སྨྲབ,65
སྦྲེ,8	སྨབས,0	སྨེ,6873	སྨྱབས,0	སྨྱེ,91	སྨྲབས,9
སྦྲེག,0	སྨམ,14	སྨེག,37	སྨྱམ,7	སྨྱེག,0	སྨྲམ,4
སྦྲེགས,0	སྨམས,0	སྨེགས,0	སྨྱམས,0	སྨྱེགས,0	སྨྲམས,0
སྦྲེང,0	སྨའ,0	སྨེང,370	སྨྱའ,0	སྨྱེང,0	སྨྲའ,17
སྦྲེངས,0	སྨར,21717	སྨེངས,11	སྨྱར,16	སྨྱེངས,0	སྨྲར,806
སྦྲེད,6	སྨརད,0	སྨེད,124	སྨྱརད,0	སྨྱེད,1	སྨྲརད,0
སྦྲེན,0	སྨལ,309	སྨེན,120	སྨྱལ,52	སྨྱེན,7	སྨྲལ,7
སྦྲེནད,0	སྨལད,0	སྨེནད,0	སྨྱལད,0	སྨྱེནད,0	སྨྲལད,0
སྦྲེབ,0	སྨས,885	སྨེབ,1	སྨྱས,5	སྨྱེབ,0	སྨྲས,145071
སྦྲེབས,0	སྨི,64846	སྨེབས,0	སྨྱི,30	སྨྱེབས,0	སྨྲི,603
སྦྲེམ,0	སྨིག,7811	སྨེམ,0	སྨྱིག,1576	སྨྱེམ,0	སྨྲིག,7207
སྦྲེམས,0	སྨིགས,23	སྨེམས,0	སྨྱིགས,8	སྨྱེམས,0	སྨྲིགས,6

སྨྱིང,2	སྨྱེའ,0	ཙིང,131	ཙེའ,0	གཙིངས,0	གཙེར,562
སྨྱིངས,0	སྨྱེར,11	ཙིངས,2	ཙེར,4489	གཙིད,0	གཙེརད,0
སྨྱིད,0	སྨྱེརད,0	ཙིད,54	ཙེརད,0	གཙིན,2	གཙེལ,0
སྨྱིན,27	སྨྱེལ,6	ཙིན,686	ཙེལ,46	གཙིནད,0	གཙེལད,0
སྨྱིནད,0	སྨྱེལད,0	ཙིནད,0	ཙེལད,0	གཙིབ,2	གཙེས,7118
སྨྱིབ,0	སྨྱེས,45	ཙིབ,8	ཙེས,1167	གཙིབས,1	གཙོ,1048295
སྨྱིབས,0	སྨྱོ,12	ཙིབས,0	ཙོ,6682	གཙིམ,1	གཙོག,1362
སྨྱིམ,0	སྨྱོག,0	ཙིམ,25	ཙོག,8569	གཙིམས,0	གཙོགས,18
སྨྱིམས,0	སྨྱོགས,0	ཙིམས,0	ཙོགས,41	གཙིའ,0	གཙོང,151
སྨྱིའ,0	སྨྱོང,10	ཙིའ,1	ཙོང,49944	གཙིར,50	གཙོངས,0
སྨྱིར,3	སྨྱོངས,0	ཙིར,2091	ཙོངས,0	གཙིརད,0	གཙོད,9244
སྨྱིརད,0	སྨྱོད,51	ཙིརད,0	ཙོད,72	གཙིལ,0	གཙོན,16
སྨྱིལ,0	སྨྱོན,43	ཙིལ,119	ཙོན,159	གཙིལད,0	གཙོནད,0
སྨྱིལད,0	སྨྱོནད,0	ཙིལད,0	ཙོནད,0	གཙིས,127	གཙོབ,4
སྨྱིས,4	སྨྱོབ,0	ཙིས,1460	ཙོབ,59	གཙུ,35	གཙོབས,14
སྨྱུ,6	སྨྱོབས,0	ཙུ,2342	ཙོབས,2	གཙུག,103000	གཙོམ,3
སྨྱུག,134	སྨྱོམ,0	ཙུག,1815	ཙོམ,1720	གཙུགས,1767	གཙོམས,1
སྨྱུགས,0	སྨྱོམས,0	ཙུགས,107	ཙོམས,4	གཙུང,45	གཙོའ,157
སྨྱུང,1	སྨྱོའ,0	ཙུང,238317	ཙོའ,1	གཙུངས,1	གཙོར,13203
སྨྱུངས,0	སྨྱོར,0	ཙུངས,0	ཙོར,426	གཙུད,22	གཙོརད,0
སྨྱུད,0	སྨྱོརད,0	ཙུད,18	ཙོརད,0	གཙུན,51	གཙོལ,6
སྨྱུན,5	སྨྱོལ,0	ཙུན,1306	ཙོལ,71	གཙུནད,0	གཙོལད,0
སྨྱུནད,0	སྨྱོལད,0	ཙུནད,0	ཙོལད,0	གཙུབ,3181	གཙོས,33023
སྨྱུབ,0	སྨྱོས,6719	ཙུབ,148	ཙོས,574	གཙུབས,574	བཙག,3691
སྨྱུབས,0	ཙ,48972	ཙུབས,12	གཙག,2488	གཙུམ,21	བཙགས,2386
སྨྱུམ,0	ཙག,15489	ཙུམ,220	གཙགས,8468	གཙུམས,8	བཙང,259
སྨྱུམས,0	ཙགས,102	ཙུམས,2	གཙང,445145	གཙུའ,0	བཙངས,324
སྨྱུའ,0	ཙང,7730	ཙུའ,24	གཙངས,49	གཙུར,13	བཙད,1415
སྨྱུར,0	ཙངས,20	ཙུར,194	གཙད,33	གཙུརད,0	བཙན,294057
སྨྱུརད,0	ཙད,699	ཙུརད,0	གཙན,1243	གཙུལ,11	བཙནད,143
སྨྱུལ,0	ཙན,14668	ཙུལ,90	གཙནད,0	གཙུལད,0	བཙབ,118
སྨྱུལད,0	ཙནད,4	ཙུལད,0	གཙབ,788	གཙུས,0	བཙབས,188
སྨྱུས,0	ཙབ,618	ཙུས,99	གཙབས,394	གཙེ,1556	བཙམ,516
སྨྱེ,10714	ཙབས,71	ཙེ,43565	གཙམ,86	གཙེག,167	བཙམས,372
སྨྱེག,18	ཙམ,983305	ཙེག,191	གཙམས,0	གཙེགས,166	བཙའ,15312
སྨྱེགས,1	ཙམས,36	ཙེགས,2	གཙའ,60	གཙེང,1	བཙར,90
སྨྱེང,10636	ཙའ,32	ཙེང,4930	གཙར,22	གཙེངས,0	བཙརད,0
སྨྱེངས,334	ཙར,849	ཙེངས,2	གཙརད,0	གཙེད,6	བཙལ,81240
སྨྱེད,8	ཙརད,0	ཙེད,23	གཙལ,27	གཙེན,2	བཙལད,56
སྨྱེན,3	ཙལ,415	ཙེན,139	གཙལད,0	གཙེནད,0	བཙས,13882
སྨྱེནད,0	ཙལད,7	ཙེནད,0	གཙས,45	གཙེབ,11	བཙི,14
སྨྱེབ,0	ཙས,228	ཙེབ,0	གཙི,388	གཙེབས,5	བཙིག,6
སྨྱེབས,0	ཙི,69339	ཙེབས,1	གཙིག,879	གཙེམ,0	བཙིགས,104
སྨྱེམ,0	ཙིག,9202	ཙེམ,1014	གཙིགས,20660	གཙེམས,3	བཙིང,2
སྨྱེམས,0	ཙིགས,24	ཙེམས,0	གཙིང,4	གཙེའ,2	བཙིངས,0

བཙིད,2	བཙེརད,0	རྩིད,3699	རྩེརད,0	སྩིད,0	སྩེརད,0
བཙིན,60	བཙེལ,1	རྩིན,5	རྩེལ,48	སྩིན,5	སྩེལ,14
བཙིནད,0	བཙེལད,0	རྩིནད,0	རྩེལད,0	སྩིནད,0	སྩེལད,0
བཙིབ,0	བཙེས,190	རྩིབ,4245	རྩེས,6957	སྩིབ,3	སྩེས,0
བཙིབས,0	བཙོ,9662	རྩིབས,7329	རྩོ,2447	སྩིབས,0	སྩོ,36
བཙིམ,19	བཙོག,56925	རྩིམ,44	རྩོག,1559	སྩིམ,0	སྩོག,121
བཙིམས,32	བཙོགས,137	རྩིམས,0	རྩོགས,125	སྩིམས,0	སྩོགས,2214
བཙིའ,0	བཙོང,19519	རྩིའ,58	རྩོང,179	སྩིའ,0	སྩོང,61
བཙིར,6831	བཙོངས,9647	རྩིར,2826	རྩོངས,1	སྩིར,0	སྩོངས,0
བཙིརད,7	བཙོད,877	རྩིརད,0	རྩོད,208032	སྩིརད,0	སྩོད,21
བཙིལ,6	བཙོན,32534	རྩིལ,41	རྩོན,540	སྩིལ,0	སྩོན,7
བཙིལད,0	བཙོནད,0	རྩིལད,0	རྩོནད,0	སྩིལད,0	སྩོནད,0
བཙིས,6	བཙོབ,0	རྩིས,326774	རྩོབ,22	སྩིས,18	སྩོབ,34
བཙུ,155	བཙོབས,0	རྩུ,120	རྩོབས,5	སྩུ,4	སྩོབས,8
བཙུག,1709	བཙོམ,57	རྩུག,49	རྩོམ,3293195	སྩུག,4	སྩོམ,35
བཙུགས,265065	བཙོམས,2	རྩུགས,18	རྩོམས,759	སྩུགས,0	སྩོམས,0
བཙུང,5	བཙོའ,0	རྩུང,13	རྩོའ,0	སྩུང,2	སྩོའ,0
བཙུངས,1	བཙོར,26	རྩུངས,1	རྩོར,11	སྩུངས,4	སྩོར,0
བཙུད,2864	བཙོརད,0	རྩུད,101	རྩོརད,0	སྩུད,0	སྩོརད,0
བཙུན,141180	བཙོལ,30	རྩུན,10	རྩོལ,87147	སྩུན,0	སྩོལ,17561
བཙུནད,0	བཙོལད,0	རྩུནད,0	རྩོལད,12	སྩུནད,0	སྩོལད,166
བཙུབ,83	བཙོས,7485	རྩུབ,37087	རྩོས,63	སྩུབ,2	སྩོས,0
བཙུབས,30	རྩ,791150	རྩུབས,81	སྩ,311	སྩུབས,0	བརྩ,880
བཙུམ,4050	རྩག,1919	རྩུམ,47	སྩག,36	སྩུམ,0	བརྩག,39
བཙུམས,2757	རྩགས,76	རྩུམས,2	སྩགས,9	སྩུམས,0	བརྩགས,156
བཙུའ,0	རྩང,3435	རྩུའ,0	སྩང,385	སྩུའ,0	བརྩང,42
བཙུར,2139	རྩངས,696	རྩུར,3	སྩངས,23	སྩུར,8	བརྩངས,36
བཙུརད,0	རྩད,48356	རྩུརད,0	སྩད,2	སྩུརད,0	བརྩད,5399
བཙུལ,7	རྩན,982	རྩུལ,5	སྩན,2	སྩུལ,1	བརྩན,2411
བཙུལད,0	རྩནད,0	རྩུལད,0	སྩནད,0	སྩུལད,0	བརྩནད,7
བཙུས,19	རྩབ,926	རྩུས,4	སྩབ,1	སྩུས,9	བརྩབ,7
བཙེ,53	རྩབས,633	རྩེ,391363	སྩབས,0	སྩེ,47	བརྩབས,7
བཙེག,16	རྩམ,34280	རྩེག,4239	སྩམ,3	སྩེག,0	བརྩམ,13204
བཙེགས,20	རྩམས,306	རྩེགས,1705	སྩམས,3	སྩེགས,0	བརྩམས,408570
བཙེང,3	རྩའ,30	རྩེང,191	སྩའ,1	སྩེང,0	བརྩའ,0
བཙེངས,2	རྩར,17781	རྩེངས,126	སྩར,3	སྩེངས,0	བརྩར,19
བཙེད,4	རྩརད,0	རྩེད,161115	སྩརད,0	སྩེད,2	བརྩརད,0
བཙེན,7	རྩལ,866817	རྩེན,13996	སྩལ,65719	སྩེན,3	བརྩལ,2288
བཙེནད,0	རྩལད,24	རྩེནད,1	སྩལད,497	སྩེནད,0	བརྩལད,4
བཙེབ,3	རྩས,2524	རྩེབ,730	སྩས,2	སྩེབ,4	བརྩས,69
བཙེབས,0	རྩི,94339	རྩེབས,402	སྩི,5	སྩེབས,36	བརྩི,112547
བཙེམ,931	རྩིག,19635	རྩེམ,25	སྩིག,0	སྩེམ,0	བརྩིག,1496
བཙེམས,1508	རྩིགས,1477	རྩེམས,0	སྩིགས,0	སྩེམས,0	བརྩིགས,15706
བཙེའ,1	རྩིང,2517	རྩེའ,9	སྩིང,3	སྩེའ,0	བརྩིང,7
བཙེར,75	རྩིངས,139	རྩེར,80254	སྩིངས,0	སྩེར,0	བརྩིངས,21

བརྩིད,3
བརྩིན,13
བརྩིནད,0
བརྩིབ,6
བརྩིབས,20
བརྩིམ,3
བརྩིམས,2
བརྩིའ,16
བརྩིར,162
བརྩིརད,0
བརྩིལ,1
བརྩིལད,0
བརྩིས,53978
བརྩུ,23
བརྩུག,4
བརྩུགས,35
བརྩུང,6
བརྩུངས,0
བརྩུད,0
བརྩུན,97
བརྩུནད,0
བརྩུབ,30
བརྩུབས,5
བརྩུམ,0
བརྩུམས,3
བརྩུའ,0
བརྩུར,2
བརྩུརད,0
བརྩུལ,7
བརྩུལད,0
བརྩུས,1
བརྩེ,284619
བརྩེག,542
བརྩེགས,47024
བརྩེང,62
བརྩེངས,488
བརྩེད,155
བརྩེན,168
བརྩེནད,0
བརྩེབ,11
བརྩེབས,31
བརྩེམ,17
བརྩེམས,27
བརྩེའ,50
བརྩེར,627
བརྩེརད,0
བརྩེལ,4
བརྩེལད,0
བརྩེས,2382
བརྩོ,139
བརྩོག,147
བརྩོགས,21
བརྩོང,19
བརྩོངས,18
བརྩོད,890
བརྩོན,261752
བརྩོནད,13
བརྩོབ,6
བརྩོབས,0
བརྩོམ,714
བརྩོམས,222
བརྩོའ,0
བརྩོར,0
བརྩོརད,0
བརྩོལ,190
བརྩོལད,0
བརྩོས,21
བསྩ,23
བསྩག,8
བསྩགས,467
བསྩང,25
བསྩངས,47
བསྩད,9
བསྩན,28
བསྩནད,5
བསྩབ,4
བསྩབས,7
བསྩམ,4
བསྩམས,13
བསྩའ,0
བསྩར,0
བསྩརད,0
བསྩལ,28314
བསྩལད,223
བསྩས,3
བསྩི,1
བསྩིག,0
བསྩིགས,0
བསྩིང,0
བསྩིངས,0
བསྩིད,0
བསྩིན,0
བསྩིནད,0
བསྩིབ,0
བསྩིབས,0
བསྩིམ,0
བསྩིམས,0
བསྩིའ,0
བསྩིར,0
བསྩིརད,0
བསྩིལ,0
བསྩིལད,0
བསྩིས,1
བསྩུ,33
བསྩུག,0
བསྩུགས,0
བསྩུང,20
བསྩུངས,0
བསྩུད,0
བསྩུན,0
བསྩུནད,0
བསྩུབ,0
བསྩུབས,1
བསྩུམ,0
བསྩུམས,0
བསྩུའ,0
བསྩུར,14
བསྩུརད,0
བསྩུལ,0
བསྩུལད,0
བསྩུས,0
བསྩེ,9
བསྩེག,0
བསྩེགས,3
བསྩེང,0
བསྩེངས,0
བསྩེད,0
བསྩེན,0
བསྩེནད,0
བསྩེབ,0
བསྩེབས,0
བསྩེམ,0
བསྩེམས,0
བསྩེའ,0
བསྩེར,0
བསྩེརད,0
བསྩེལ,0
བསྩེལད,0
བསྩེས,0
བསྩོ,0
བསྩོག,8
བསྩོགས,51
བསྩོང,2
བསྩོངས,8
བསྩོད,0
བསྩོན,9
བསྩོནད,0
བསྩོབ,0
བསྩོབས,0
བསྩོམ,0
བསྩོམས,0
བསྩོའ,0
བསྩོར,0
བསྩོརད,0
བསྩོལ,1782
བསྩོལད,8
བསྩོས,0
ཚ,401090
ཚག,6345
ཚགས,665251
ཚང,1079417
ཚངས,74995
ཚད,1489806
ཚན,1054963
ཚནད,3
ཚབ,182902
ཚབས,57319
ཚམ,2414
ཚམས,259
ཚའ,46
ཚར,106029
ཚརད,23
ཚལ,185466
ཚལད,5
ཚས,2509
ཚི,12630
ཚིག,879751
ཚིགས,539043
ཚིང,3910
ཚིངས,11
ཚིད,57
ཚིན,290
ཚིནད,0
ཚིབ,9
ཚིབས,8
ཚིམ,26495
ཚིམས,9232
ཚིའ,3
ཚིར,240
ཚིརད,11
ཚིལ,11586
ཚིལད,3
ཚིས,7548
ཚུ,6480
ཚུག,910
ཚུགས,319387
ཚུང,2027
ཚུངས,145
ཚུད,68669
ཚུན,239158
ཚུནད,5
ཚུབ,3900
ཚུབས,205
ཚུམ,343
ཚུམས,569
ཚུའ,4
ཚུར,70896
ཚུརད,0
ཚུལ,1508015
ཚུལད,0
ཚུས,236
ཚེ,1221668
ཚེག,11461
ཚེགས,27830
ཚེང,106
ཚེངས,10
ཚེད,368
ཚེན,258
ཚེནད,0
ཚེབ,397
ཚེབས,17
ཚེམ,1886
ཚེམས,4271
ཚེའ,7
ཚེར,27209
ཚེརད,0
ཚེལ,67
ཚེལད,0
ཚེས,749961
ཚོ,723667
ཚོག,2841
ཚོགས,3955544
ཚོང,420626
ཚོངས,292
ཚོད,629706
ཚོན,76854
ཚོནད,0
ཚོབ,132
ཚོབས,9
ཚོམ,75422
ཚོམས,147456
ཚོའ,134
ཚོར,526808
ཚོརད,2
ཚོལ,13853
ཚོལད,13
ཚོས,490269
མཚག,361
མཚགས,38
མཚང,15597
མཚངས,307
མཚད,240
མཚན,906155
མཚནད,6
མཚབ,6
མཚབས,8
མཚམ,885
མཚམས,356518
མཚའ,209
མཚར,168553
མཚརད,21
མཚལ,6838
མཚལད,1
མཚས,44
མཚི,9
མཚིག,7
མཚིགས,1
མཚིང,4
མཚིངས,0
མཚིད,52

མཆིན,10
མཆིནད,0
མཆིབ,0
མཆིབས,0
མཆིམ,15
མཆིམས,42
མཆིའ,0
མཆིར,2
མཆིརད,0
མཆིལ,45
མཆིལད,0
མཆིས,27
མཆུ,66
མཆུག,2
མཆུགས,62
མཆུང,539
མཆུངས,207942
མཆུད,11
མཆུན,797
མཆུནད,0
མཆུབ,13
མཆུབས,3
མཆུམ,4
མཆུམས,157
མཆུའ,0
མཆུར,4408
མཆུརད,0
མཆུལ,189
མཆུལད,0
མཆུས,28
མཆེ,3939
མཆེག,3
མཆེགས,0
མཆེང,1
མཆེངས,10
མཆེད,51
མཆེན,57
མཆེནད,0
མཆེབ,0
མཆེབས,0
མཆེམ,15
མཆེམས,18
མཆེའ,11
མཆེར,6556
མཆེརད,0
མཆེལ,6
མཆེལད,0
མཆེས,15712
མཆོ,2230149
མཆོག,382
མཆོགས,135
མཆོང,75
མཆོངས,44
མཆོད,531
མཆོན,413659
མཆོནད,5
མཆོབ,2
མཆོབས,0
མཆོམ,19
མཆོམས,11
མཆོའ,108
མཆོར,16310
མཆོརད,0
མཆོལ,63
མཆོལད,0
མཆོས,22607
འཚག,5522
འཚགས,244
འཚང,31882
འཚངས,2432
འཚད,83
འཚན,29
འཚནད,0
འཚབ,11365
འཚབས,209
འཚམ,58111
འཚམས,152682
འཚའ,50
འཚར,29992
འཚརད,0
འཚལ,88620
འཚལད,82
འཚས,9
འཚི,63
འཚིག,4998
འཚིགས,553
འཚིང,161
འཚིངས,40
འཚིད,1
འཚིན,221
འཚིནད,0
འཚིབ,28
འཚིབས,8
འཚིམ,975
འཚིམས,113
འཚིའ,0
འཚིར,595
འཚིརད,0
འཚིལ,45
འཚིལད,0
འཚིས,107
འཚུ,43
འཚུག,46
འཚུགས,491
འཚུང,25
འཚུངས,130
འཚུད,263
འཚུན,7
འཚུནད,0
འཚུབ,40304
འཚུབས,1470
འཚུམ,192
འཚུམས,12
འཚུའ,0
འཚུར,113
འཚུརད,0
འཚུལ,367
འཚུལད,0
འཚུས,23
འཚེ,78193
འཚེག,84
འཚེགས,18
འཚེང,130
འཚེངས,553
འཚེད,2079
འཚེན,2
འཚེནད,0
འཚེབ,45
འཚེབས,5
འཚེམ,6165
འཚེམས,184
འཚེའ,14
འཚེར,33237
འཚེརད,0
འཚེལ,21
འཚེལད,0
འཚེས,859
འཚོ,619532
འཚོག,14713
འཚོགས,162292
འཚོང,51577
འཚོངས,76
འཚོད,1106
འཚོན,42
འཚོནད,0
འཚོབ,792
འཚོབས,18
འཚོམ,269
འཚོམས,504
འཚོའ,9
འཚོར,9258
འཚོརད,0
འཚོལ,522670
འཚོལད,5
འཚོས,9243
ཛ,44673
ཛག,45
ཛགས,1
ཛང,66
ཛངས,22
ཛད,126
ཛན,183
ཛནད,0
ཛབ,102
ཛབས,0
ཛམ,3965
ཛམས,2
ཛའ,59
ཛར,549
ཛརད,0
ཛལ,20
ཛལད,0
ཛས,407
ཛི,6329
ཛིག,36
ཛིགས,6
ཛིང,26
ཛིངས,0
ཛིད,11
ཛིན,221
ཛིནད,0
ཛིབ,10
ཛིབས,1
ཛིམ,7
ཛིམས,0
ཛིའ,2
ཛིར,150
ཛིརད,0
ཛིལ,71
ཛིལད,0
ཛིས,24
ཛུ,800
ཛུག,4
ཛུགས,64
ཛུང,497
ཛུངས,0
ཛུད,0
ཛུན,24
ཛུནད,0
ཛུབ,27
ཛུབས,0
ཛུམ,86
ཛུམས,0
ཛུའ,0
ཛུར,1
ཛུརད,0
ཛུལ,41
ཛུལད,0
ཛུས,34
ཛེ,1769
ཛེག,6
ཛེགས,1
ཛེང,2
ཛེངས,0
ཛེད,0
ཛེན,43
ཛེནད,0
ཛེབ,10
ཛེབས,0
ཛེམ,10
ཛེམས,0
ཛེའ,6
ཛེར,21
ཛེརད,0
ཛེལ,4
ཛེལད,0
ཛེས,50
ཛོ,1170
ཛོག,45
ཛོགས,41
ཛོང,16
ཛོངས,0
ཛོད,25
ཛོན,8
ཛོནད,0
ཛོབ,6
ཛོབས,0
ཛོམ,2
ཛོམས,27
ཛོའ,3
ཛོར,448
ཛོརད,0
ཛོལ,11
ཛོལད,0
ཛོས,9
མཛག,4
མཛགས,5
མཛང,77
མཛངས,18468
མཛད,656905
མཛན,41
མཛནད,0
མཛབ,20
མཛབས,0
མཛམ,186
མཛམས,49
མཛའ,194939
མཛར,109
མཛརད,1
མཛལ,66
མཛལད,3
མཛས,205
མཛི,15
མཛིག,0
མཛིགས,0
མཛིང,12
མཛིངས,4
མཛིད,0
མཛིན,8316
མཛིནད,0

མཛིབ,3
མཛིབས,0
མཛིམ,0
མཛིམས,0
མཛིའ,0
མཛིར,0
མཛིརད,0
མཛིལ,0
མཛིལད,0
མཛིས,2
མཛུ,592
མཛུག,232
མཛུགས,13
མཛུང,7
མཛུངས,3
མཛུད,28
མཛུན,66
མཛུནད,0
མཛུབ,161413
མཛུབས,10
མཛུམ,1793
མཛུམས,259
མཛུའ,0
མཛུར,3
མཛུརད,0
མཛུལ,152
མཛུལད,0
མཛུས,10
མཛེ,3926
མཛེག,10
མཛེགས,69
མཛེང,6
མཛེངས,1
མཛེད,124
མཛེན,3
མཛེནད,0
མཛེབ,0
མཛེབས,0
མཛེམ,145
མཛེམས,22
མཛེའ,4
མཛེར,690
མཛེརད,0
མཛེལ,0
མཛེལད,0
མཛེས,486766
མཛོ,13583
མཛོག,153
མཛོགས,9
མཛོང,52
མཛོངས,2
མཛོད,547608
མཛོན,20
མཛོནད,0
མཛོབ,3
མཛོབས,0
མཛོམ,44
མཛོམས,435
མཛོའ,2
མཛོར,30
མཛོརད,0
མཛོལ,125
མཛོལད,0
མཛོས,93
འཛག,7453
འཛགས,826
འཛང,306
འཛངས,1529
འཛད,42107
འཛན,117
འཛནད,0
འཛབ,779
འཛབས,4
འཛམ,259922
འཛམས,52
འཛའ,1877
འཛར,32860
འཛརད,3
འཛལ,35
འཛལད,0
འཛས,12
འཛི,9570
འཛིག,226
འཛིགས,142
འཛིང,40103
འཛིངས,2792
འཛིད,28
འཛིན,1599284
འཛིནད,171
འཛིབ,4
འཛིབས,0
འཛིམ,224
འཛིམས,32
འཛིའ,2
འཛིར,681
འཛིརད,0
འཛིལ,37
འཛིལད,0
འཛིས,580
འཛུ,656
འཛུག,8135
འཛུགས,955027
འཛུང,35
འཛུངས,5
འཛུད,2786
འཛུན,153
འཛུནད,0
འཛུབ,2986
འཛུབས,18
འཛུམ,96622
འཛུམས,1625
འཛུའ,0
འཛུར,419
འཛུརད,0
འཛུལ,119113
འཛུལད,4
འཛུས,31
འཛེ,333
འཛེག,12585
འཛེགས,12353
འཛེང,824
འཛེངས,61
འཛེད,153
འཛེན,47
འཛེནད,0
འཛེབ,2
འཛེབས,11
འཛེམ,16674
འཛེམས,7768
འཛེའ,0
འཛེར,8415
འཛེརད,19
འཛེལ,14
འཛེལད,0
འཛེས,158
འཛོ,712
འཛོག,165
འཛོགས,81
འཛོང,292
འཛོངས,11
འཛོད,103
འཛོན,83
འཛོནད,0
འཛོབ,7
འཛོབས,2
འཛོམ,9944
འཛོམས,202380
འཛོའ,0
འཛོར,203
འཛོརད,0
འཛོལ,16858
འཛོལད,2
འཛོས,1
རྫ,86325
རྫག,6
རྫགས,25
རྫང,157
རྫངས,191
རྫད,113
རྫན,123
རྫནད,0
རྫབ,12687
རྫབས,21
རྫམ,938
རྫམས,15
རྫའ,8
རྫར,228
རྫརད,0
རྫལ,19
རྫལད,0
རྫས,311427
རྫི,38185
རྫིག,8712
རྫིགས,368
རྫིང,16708
རྫིངས,484
རྫིད,44
རྫིན,142
རྫིནད,0
རྫིབ,49
རྫིབས,7
རྫིམ,57
རྫིམས,0
རྫིའ,0
རྫིར,1324
རྫིརད,0
རྫིལ,27
རྫིལད,0
རྫིས,2944
རྫུ,32919
རྫུག,45
རྫུགས,3
རྫུང,21
རྫུངས,0
རྫུད,31
རྫུན,64488
རྫུནད,14
རྫུབ,360
རྫུབས,385
རྫུམ,54
རྫུམས,0
རྫུའ,0
རྫུར,73
རྫུརད,0
རྫུལ,171
རྫུལད,0
རྫུས,10598
རྫེ,541
རྫེག,1
རྫེགས,9
རྫེང,6
རྫེངས,0
རྫེད,10
རྫེན,4
རྫེནད,0
རྫེབ,0
རྫེབས,0
རྫེམ,40
རྫེམས,54
རྫེའ,3
རྫེར,8
རྫེརད,0
རྫེལ,69
རྫེལད,0
རྫེས,615
རྫོ,694
རྫོག,613
རྫོགས,297620
རྫོང,1033220
རྫོངས,3556
རྫོད,894
རྫོན,24
རྫོནད,0
རྫོབ,42739
རྫོབས,220
རྫོམ,41
རྫོམས,1
རྫོའ,0
རྫོར,15
རྫོརད,0
རྫོལ,15
རྫོལད,0
རྫོས,141
བརྫ,106
བརྫག,1
བརྫགས,43
བརྫང,595
བརྫངས,6986
བརྫད,988
བརྫན,0
བརྫནད,0
བརྫབ,18
བརྫབས,55
བརྫམ,1
བརྫམས,0
བརྫའ,0
བརྫར,0
བརྫརད,0
བརྫལ,1
བརྫལད,0
བརྫས,221
བརྫི,2227
བརྫིག,71
བརྫིགས,6
བརྫིང,41
བརྫིངས,40
བརྫིད,57
བརྫིན,3
བརྫིནད,0
བརྫིབ,1

བརྫིབས,0	བརྫོ,58	ཝིབས,0	ཝོ,3760	ཞིབས,32	ཞོ,41187
བརྫིམ,0	བརྫོག,37	ཝིམ,0	ཝོག,11	ཞིམ,36234	ཞོག,28511
བརྫིམས,0	བརྫོགས,128	ཝིམས,0	ཝོགས,0	ཞིམས,9	ཞོགས,78749
བརྫིའ,0	བརྫོང,34	ཝིའ,0	ཝོང,186	ཞིའ,227	ཞོང,3565
བརྫིར,13	བརྫོངས,83	ཝིར,349	ཝོངས,0	ཞིར,3398	ཞོངས,5
བརྫིརད,0	བརྫོད,541	ཝིརད,0	ཝོད,322	ཞིརད,0	ཞོད,6481
བརྫིལ,0	བརྫོན,8	ཝིལ,87	ཝོན,134	ཞིལ,135	ཞོན,23333
བརྫིལད,0	བརྫོནད,0	ཝིལད,0	ཝོནད,0	ཞིལད,0	ཞོནད,2
བརྫིས,7999	བརྫོབ,6	ཝིས,110	ཝོབ,42	ཞིས,28549	ཞོབ,42
བརྫུ,932	བརྫོབས,2	ཝུ,10321	ཝོབས,1	ཞུ,674139	ཞོབས,0
བརྫུག,0	བརྫོམ,0	ཝུག,2	ཝོམ,22	ཞུག,1597	ཞོམ,399
བརྫུགས,0	བརྫོམས,0	ཝུགས,0	ཝོམས,0	ཞུགས,692213	ཞོམས,10
བརྫུང,4	བརྫོའ,0	ཝུང,321	ཝོའ,0	ཞུང,45189	ཞོའ,2
བརྫུངས,0	བརྫོར,0	ཝུངས,0	ཝོར,1516	ཞུངས,12	ཞོར,95825
བརྫུད,1	བརྫོརད,0	ཝུད,118	ཝོརད,0	ཞུད,455	ཞོརད,2
བརྫུན,11266	བརྫོལ,0	ཝུན,36500	ཝོལ,380	ཞུན,26850	ཞོལ,41028
བརྫུནད,0	བརྫོལད,0	ཝུནད,0	ཝོལད,0	ཞུནད,0	ཞོལད,0
བརྫུབ,1	བརྫོས,0	ཝུབ,0	ཝོས,203	ཞུབ,683	ཞོས,730
བརྫུབས,3	ཝ,82095	ཝུབས,0	ཞ,41968	ཞུབས,460	གཞག,151073
བརྫུམ,0	ཝག,38	ཝུམ,0	ཞག,70303	ཞུམ,20848	གཞགས,65
བརྫུམས,0	ཝགས,24	ཝུམས,0	ཞགས,31530	ཞུམས,102	གཞང,3751
བརྫུའ,0	ཝང,164904	ཝུའ,33	ཞང,134207	ཞུའ,265	གཞངས,0
བརྫུར,17	ཝངས,23	ཝུར,213	ཞངས,40	ཞུར,11688	གཞད,188
བརྫུརད,0	ཝད,32	ཝུརད,0	ཞད,1470	ཞུརད,1	གཞན,1359966
བརྫུལ,1	ཝན,20929	ཝུལ,14	ཞན,134511	ཞུལ,153	གཞནད,2
བརྫུལད,0	ཝནད,2	ཝུལད,0	ཞནད,2	ཞུལད,0	གཞབ,157
བརྫུས,4254	ཝབ,6	ཝུས,210	ཞབ,485	ཞུས,271349	གཞབས,17
བརྫེ,392	ཝབས,0	ཝེ,59787	ཞབས,431855	ཞེ,274176	གཞམ,30
བརྫེག,0	ཝམ,344	ཝེག,25	ཞམ,790	ཞེག,61	གཞམས,60
བརྫེགས,1	ཝམས,0	ཝེགས,0	ཞམས,666	ཞེགས,21	གཞའ,2298
བརྫེང,2	ཝའ,17	ཝེང,29	ཞའ,27	ཞེང,13010	གཞར,5140
བརྫེངས,0	ཝར,2899	ཝེངས,0	ཞར,31181	ཞེངས,70	གཞརད,0
བརྫེད,12	ཝརད,2	ཝེད,339	ཞརད,2	ཞེད,8042	གཞལ,40134
བརྫེན,18	ཝལ,794	ཝེན,812	ཞལ,206796	ཞེན,138673	གཞལད,0
བརྫེནད,0	ཝལད,2	ཝེནད,0	ཞལད,3	ཞེནད,7	གཞས,277288
བརྫེབ,0	ཝས,2066	ཝེབ,42	ཞས,2627	ཞེབ,33	གཞི,1510972
བརྫེབས,0	ཝི,1935	ཝེབས,0	ཞི,776420	ཞེབས,9	གཞིག,46820
བརྫེམ,0	ཝིག,34	ཝེམ,1	ཞིག,3505850	ཞེམ,44	གཞིགས,152935
བརྫེམས,0	ཝིགས,0	ཝེམས,0	ཞིགས,470	ཞེམས,0	གཞིང,129
བརྫེའ,0	ཝིང,137	ཝེའ,13	ཞིང,2421924	ཞེའ,37	གཞིངས,11
བརྫེར,0	ཝིངས,0	ཝེར,5781	ཞིངས,141	ཞེར,970	གཞིད,6
བརྫེརད,0	ཝིད,29	ཝེརད,0	ཞིད,74	ཞེརད,0	གཞིན,956
བརྫེལ,0	ཝིན,1316	ཝེལ,1251	ཞིན,84309	ཞེལ,139	གཞིནད,0
བརྫེལད,0	ཝིནད,0	ཝེལད,0	ཞིནད,0	ཞེལད,0	གཞིབ,1412
བརྫེས,1801	ཝིབ,0	ཝེས,973	ཞིབ,1185148	ཞེས,2231099	གཞིབས,588

གཞིམ,17
གཞིམས,0
གཞིའ,163
གཞིར,132530
གཞིརད,0
གཞིལ,912
གཞིལད,0
གཞིས,182716
གཞུ,20489
གཞུག,41783
གཞུགས,1117
གཞུང,1179734
གཞུངས,1568
གཞུད,91
གཞུན,54
གཞུནད,0
གཞུབ,223
གཞུབས,14
གཞུམ,92
གཞུམས,0
གཞུའ,1
གཞུར,631
གཞུརད,4
གཞུལ,7
གཞུལད,0
གཞུས,5295
གཞེ,159
གཞེག,1
གཞེགས,8
གཞེང,37
གཞེངས,184
གཞེད,62
གཞེན,1255
གཞེནད,0
གཞེབ,2
གཞེབས,0
གཞེམ,2
གཞེམས,0
གཞེའ,5
གཞེར,408
གཞེརད,0
གཞེལ,9
གཞེལད,0
གཞེས,6126
གཞོ,647
གཞོག,7542
གཞོགས,30619
གཞོང,26754
གཞོངས,2300
གཞོད,71
གཞོན,886382
གཞོནད,1
གཞོབ,1099
གཞོབས,20
གཞོམ,9091
གཞོམས,231
གཞོའ,0
གཞོར,125
གཞོརད,0
གཞོལ,32575
གཞོལད,9
གཞོས,5
བཞག,574756
བཞགས,1461
བཞང,83
བཞངས,12
བཞད,58609
བཞན,592
བཞནད,0
བཞབ,29
བཞབས,95
བཞམ,44
བཞམས,991
བཞའ,1974
བཞར,6184
བཞརད,13
བཞལ,114
བཞལད,0
བཞས,204
བཞི,789275
བཞིག,1274
བཞིགས,338
བཞིང,93
བཞིངས,70
བཞིད,64
བཞིན,2293313
བཞིནད,4
བཞིབ,92
བཞིབས,276
བཞིམ,19
བཞིམས,0
བཞིའ,73
བཞིར,31703
བཞིརད,0
བཞིལ,57
བཞིལད,0
བཞིས,13768
བཞུ,7030
བཞུག,1487
བཞུགས,327901
བཞུང,165
བཞུངས,9
བཞུད,53197
བཞུན,623
བཞུནད,0
བཞུབ,11
བཞུབས,3
བཞུམ,12
བཞུམས,2
བཞུའ,4
བཞུར,59838
བཞུརད,3
བཞུལ,35
བཞུལད,2
བཞུས,4312
བཞེ,134
བཞེག,11
བཞེགས,18
བཞེང,2819
བཞེངས,102969
བཞེད,48151
བཞེན,414
བཞེནད,0
བཞེབ,0
བཞེབས,3
བཞེམ,0
བཞེམས,3
བཞེའ,0
བཞེར,1969
བཞེརད,0
བཞེལ,0
བཞེལད,0
བཞེས,94286
བཞོ,5143
བཞོག,541
བཞོགས,256
བཞོང,33
བཞོངས,32
བཞོད,36
བཞོན,19656
བཞོནད,5
བཞོབ,5
བཞོབས,0
བཞོམ,28
བཞོམས,1
བཞོའ,0
བཞོར,27
བཞོརད,2
བཞོལ,121
བཞོལད,0
བཞོས,1179
ཟ,201503
ཟག,106773
ཟགས,10111
ཟང,19343
ཟངས,39401
ཟད,527495
ཟན,11765
ཟནད,0
ཟབ,452990
ཟབས,779
ཟམ,171829
ཟམས,17
ཟའ,112
ཟར,2642
ཟརད,0
ཟལ,1686
ཟལད,0
ཟས,174257
ཟི,149166
ཟིག,12761
ཟིགས,195
ཟིང,44467
ཟིངས,349
ཟིད,43
ཟིན,2609273
ཟིནད,57
ཟིབ,45
ཟིབས,0
ཟིམ,7086
ཟིམས,6
ཟིའ,2
ཟིར,1402
ཟིརད,0
ཟིལ,40605
ཟིལད,10
ཟིས,14873
ཟུ,2912
ཟུག,86736
ཟུགས,719
ཟུང,211914
ཟུངས,23766
ཟུད,31
ཟུན,1364
ཟུནད,0
ཟུབ,460
ཟུབས,11
ཟུམ,4835
ཟུམས,114
ཟུའ,0
ཟུར,162877
ཟུརད,9
ཟུལ,534
ཟུལད,3
ཟུས,121
ཟེ,34541
ཟེག,259
ཟེགས,26562
ཟེང,197
ཟེངས,98
ཟེད,702
ཟེན,108
ཟེནད,0
ཟེབ,24
ཟེབས,1
ཟེམ,106
ཟེམས,20
ཟེའ,2
ཟེར,799495
ཟེརད,4
ཟེལ,124
ཟེལད,1
ཟེས,986
ཟོ,9350
ཟོག,92143
ཟོགས,42
ཟོང,7376
ཟོངས,39
ཟོད,355
ཟོན,48309
ཟོནད,0
ཟོབ,1090
ཟོབས,9
ཟོམ,4912
ཟོམས,58
ཟོའ,7
ཟོར,6377
ཟོརད,0
ཟོལ,22673
ཟོལད,0
ཟོས,39477
ཟླ,1451425
ཟླག,26
ཟླགས,0
ཟླང,19
ཟླངས,5
ཟླད,16
ཟླན,2
ཟླནད,0
ཟླབ,113
ཟླབས,9
ཟླམ,49
ཟླམས,0
ཟླའ,20
ཟླར,11632
ཟླརད,0
ཟླལ,13
ཟླལད,0
ཟླས,8108
ཟླི,5
ཟླིག,1
ཟླིགས,0
ཟླིང,0
ཟླིངས,0
ཟླིད,1
ཟླིན,0
ཟླིནད,0
ཟླིབ,0
ཟླིབས,0
ཟླིམ,4

ཟླིམས,0	ཟློགས,277	གཟིའ,2	གཟོང,898	བཟིར,137	བཟོངས,1
ཟླིའ,0	ཟློང,0	གཟིར,6695	གཟོངས,2	བཟིརད,0	བཟོད,104939
ཟླིར,0	ཟློངས,0	གཟིརད,0	གཟོད,60387	བཟིལ,18	བཟོན,30
ཟླིརད,0	ཟློད,13	གཟིལ,117	གཟོན,1198	བཟིལད,0	བཟོནད,0
ཟླིལ,0	ཟློན,50	གཟིལད,0	གཟོནད,2	བཟིས,101	བཟོབ,10
ཟླིལད,0	ཟློནད,0	གཟིས,412	གཟོབ,539	བཟུ,519	བཟོབས,6
ཟླིས,0	ཟློབ,13	གཟུ,9212	གཟོབས,217	བཟུག,11	བཟོམ,7
ཟླུ,38	ཟློབས,0	གཟུག,1936	གཟོམ,18	བཟུགས,39	བཟོམས,0
ཟླུག,13	ཟློམ,25	གཟུགས,622014	གཟོམས,0	བཟུང,487550	བཟོའ,10
ཟླུགས,19	ཟློམས,0	གཟུང,60620	གཟོའ,2	བཟུངས,1041	བཟོར,3409
ཟླུང,3	ཟློའ,9	གཟུངས,37757	གཟོར,96	བཟུད,17	བཟོརད,0
ཟླུངས,0	ཟློར,205	གཟུད,712	གཟོརད,2	བཟུན,6	བཟོལ,21
ཟླུད,0	ཟློརད,0	གཟུན,4	གཟོལ,52	བཟུནད,0	བཟོལད,0
ཟླུན,7	ཟློལ,6	གཟུནད,0	གཟོལད,0	བཟུབ,6	བཟོས,179101
ཟླུནད,0	ཟློལད,0	གཟུབ,5	གཟོས,338	བཟུབས,0	བཟླ,5011
ཟླུབ,15	ཟློས,300952	གཟུབས,2	བཟག,18	བཟུམ,56	བཟླག,13
ཟླུབས,0	གཟག,98	གཟུམ,88	བཟགས,13	བཟུམས,0	བཟླགས,0
ཟླུམ,18941	གཟགས,156	གཟུམས,43	བཟང,811550	བཟུའ,0	བཟླང,6
ཟླུམས,38	གཟང,131	གཟུའ,22	བཟངས,6921	བཟུར,887	བཟླངས,0
ཟླུའ,0	གཟངས,150	གཟུར,10352	བཟད,6480	བཟུརད,6	བཟླད,3
ཟླུར,0	གཟད,913	གཟུརད,0	བཟན,767	བཟུལ,2	བཟླན,2
ཟླུརད,0	གཟན,43349	གཟུལ,2	བཟནད,0	བཟུལད,0	བཟླནད,0
ཟླུལ,4	གཟནད,4	གཟུལད,0	བཟབ,181	བཟུས,4	བཟླབ,9
ཟླུལད,0	གཟབ,70991	གཟུས,187	བཟབས,167	བཟེ,186	བཟླབས,0
ཟླུས,8	གཟབས,575	གཟེ,1777	བཟམ,13	བཟེག,0	བཟླམ,0
ཟླེ,0	གཟམ,160	གཟེག,184	བཟམས,0	བཟེགས,0	བཟླམས,2
ཟླེག,0	གཟམས,3	གཟེགས,1161	བཟའ,164411	བཟེང,13	བཟླའ,23
ཟླེགས,0	གཟའ,129276	གཟེང,1281	བཟར,649	བཟེངས,11	བཟླར,48
ཟླེང,0	གཟར,15952	གཟེངས,59622	བཟརད,1	བཟེད,18161	བཟླརད,0
ཟླེངས,0	གཟརད,4	གཟེད,1594	བཟལ,34	བཟེན,1	བཟླལ,1
ཟླེད,0	གཟལ,27	གཟེན,94	བཟལད,0	བཟེནད,0	བཟླལད,0
ཟླེན,0	གཟལད,2	གཟེནད,0	བཟས,7797	བཟེབ,4	བཟླས,26671
ཟླེནད,0	གཟས,7000	གཟེབ,7952	བཟི,29982	བཟེབས,0	བཟླི,22
ཟླེབ,0	གཟི,87914	གཟེབས,38	བཟིག,51	བཟེམ,2	བཟླིག,0
ཟླེབས,0	གཟིག,15533	གཟེམ,45	བཟིགས,11	བཟེམས,0	བཟླིགས,0
ཟླེམ,0	གཟིགས,266974	གཟེམས,5	བཟིང,2	བཟེའ,0	བཟླིང,0
ཟླེམས,0	གཟིང,275	གཟེའ,0	བཟིངས,4	བཟེར,32	བཟླིངས,0
ཟླེའ,0	གཟིངས,21448	གཟེར,21558	བཟིད,14	བཟེརད,0	བཟླིད,0
ཟླེར,0	གཟིད,15	གཟེརད,0	བཟིན,73	བཟེལ,0	བཟླིན,0
ཟླེརད,0	གཟིན,20	གཟེལ,4	བཟིནད,0	བཟེལད,0	བཟླིནད,0
ཟླེལ,0	གཟིནད,0	གཟེལད,0	བཟིབ,0	བཟེས,13	བཟླིབ,0
ཟླེལད,0	གཟིབ,4	གཟེས,223	བཟིབས,0	བཟོ,563378	བཟླིབས,0
ཟླེས,0	གཟིབས,4	གཟོ,5540	བཟིམ,16	བཟོག,15	བཟླིམ,0
ཟློ,2551	གཟིམ,14536	གཟོག,21	བཟིམས,0	བཟོགས,0	བཟླིམས,0
ཟློག,17996	གཟིམས,23010	གཟོགས,7	བཟིའ,0	བཟོང,156	བཟླིའ,0

བཟླིར,0
བཟླིརད,0
བཟླིལ,0
བཟླིལད,0
བཟླིས,0
བཟླུ,8
བཟླུག,30
བཟླུགས,102
བཟླུང,0
བཟླུངས,0
བཟླུད,0
བཟླུན,0
བཟླུནད,0
བཟླུབ,0
བཟླུབས,0
བཟླུམ,247
བཟླུམས,434
བཟླུའ,0
བཟླུར,0
བཟླུརད,0
བཟླུལ,0
བཟླུལད,0
བཟླུས,1
བཟླེ,0
བཟླེག,2
བཟླེགས,0
བཟླེང,0
བཟླེངས,0
བཟླེད,0
བཟླེན,0
བཟླེནད,0
བཟླེབ,0
བཟླེབས,0
བཟླེམ,0
བཟླེམས,0
བཟླེའ,0
བཟླེར,0
བཟླེརད,0
བཟླེལ,0
བཟླེལད,0
བཟླེས,0
བཟློ,1712
བཟློག,43123
བཟློགས,634
བཟློང,1
བཟློངས,0
བཟློད,4
བཟློན,0
བཟློནད,0
བཟློབ,4
བཟློབས,0
བཟློམ,0
བཟློམས,0
བཟློའ,0
བཟློར,0
བཟློརད,0
བཟློལ,0
བཟློལད,0
བཟློས,3304
འ,62411
འང,19018
འངས,22
འད,7415
འན,425
འབ,11658
འམ,75401
འའ,15
འར,4760
འལ,257
འས,893
འི,47913
འིག,61
འིགས,2
འིང,81
འིངས,0
འིད,62
འིན,117
འིནད,0
འིབ,9
འིབས,0
འིམ,0
འིམས,1
འིའ,0
འིར,32
འིརད,0
འིལ,5
འིལད,0
འིས,590
འུ,103141
འུག,10734
འུགས,2
འུང,857
འུངས,0
འུད,6551
འུན,2764
འུནད,0
འུབ,575
འུབས,255
འུམ,69
འུམས,0
འུའ,0
འུར,59946
འུརད,2
འུལ,370
འུལད,0
འུས,277
འེ,2115
འེག,2
འེགས,0
འེང,7
འེངས,0
འེད,247
འེན,77
འེནད,0
འེབ,7
འེབས,9
འེམ,11
འེམས,0
འེའ,1
འེར,258
འེརད,0
འེལ,24
འེལད,0
འེས,40
འོ,168776
འོག,429055
འོགས,75
འོང,178130
འོངས,141045
འོད,451488
འོན,183789
འོནད,39
འོབ,938
འོབས,4747
འོམ,3368
འོམས,2
འོའ,3
འོར,2612
འོརད,0
འོལ,10300
འོལད,2
འོས,377521
ཡ,431961
ཡག,335971
ཡགས,856
ཡང,3125074
ཡངས,100989
ཡད,582
ཡན,294147
ཡནད,5
ཡབ,82867
ཡབས,30
ཡམ,3317
ཡམས,28871
ཡའ,365
ཡར,270545
ཡརད,4
ཡལ,53991
ཡལད,0
ཡས,92439
ཡི,1163893
ཡིག,2803531
ཡིགས,89
ཡིང,3083
ཡིངས,9
ཡིད,597652
ཡིན,4770334
ཡིནད,37
ཡིབ,9284
ཡིབས,1089
ཡིམ,99
ཡིམས,15
ཡིའ,8
ཡིར,1364
ཡིརད,0
ཡིལ,88
ཡིལད,0
ཡིས,563986
ཡུ,27345
ཡུག,325659
ཡུགས,6281
ཡུང,33183
ཡུངས,4111
ཡུད,13175
ཡུན,320055
ཡུནད,13
ཡུབ,384
ཡུབས,18
ཡུམ,86979
ཡུམས,33
ཡུའ,3
ཡུར,16299
ཡུརད,6
ཡུལ,1673119
ཡུལད,4
ཡུས,113666
ཡེ,310252
ཡེག,4
ཡེགས,36
ཡེང,463
ཡེངས,4089
ཡེད,556
ཡེན,888
ཡེནད,0
ཡེབ,40
ཡེབས,0
ཡེམ,61
ཡེམས,12
ཡེའ,3
ཡེར,7752
ཡེརད,2
ཡེལ,1787
ཡེལད,0
ཡེས,2398
ཡོ,140772
ཡོག,6909
ཡོགས,404
ཡོང,904725
ཡོངས,1630702
ཡོད,5240958
ཡོན,849205
ཡོནད,39
ཡོབ,2425
ཡོབས,42
ཡོམ,50060
ཡོམས,189
ཡོའ,8
ཡོར,6842
ཡོརད,0
ཡོལ,43570
ཡོལད,2
ཡོས,13657
གཡག,66704
གཡགས,14
གཡང,127414
གཡངས,267
གཡད,2
གཡན,1419
གཡནད,0
གཡབ,8944
གཡབས,168
གཡམ,5324
གཡམས,26
གཡའ,16453
གཡར,32506
གཡརད,2
གཡལ,349
གཡལད,2
གཡས,88324
གཡི,1257
གཡིག,47
གཡིགས,34
གཡིང,48
གཡིངས,4
གཡིད,7
གཡིན,19
གཡིནད,0
གཡིབ,44
གཡིབས,0
གཡིམ,0
གཡིམས,0
གཡིའ,0
གཡིར,6
གཡིརད,0
གཡིལ,2
གཡིལད,0
གཡིས,864
གཡུ,142926
གཡུག,24338
གཡུགས,13253

གཡུང,80135	གཡོའ,27	རུང,457265	རོའ,10	རྱུང,385211	རྷོའ,0
གཡུངས,10	གཡོར,4957	རུངས,3955	རོར,1736	རྱུངས,216	རྷོར,2
གཡུད,37	གཡོརད,2	རུད,2876	རོརད,0	རྱུད,12	རྷོརད,0
གཡུན,43	གཡོལ,13882	རུན,1286	རོལ,692185	རྱུན,7	རྷོལ,0
གཡུནད,0	གཡོལད,0	རུནད,0	རོལད,596	རྱུནད,0	རྷོལད,0
གཡུབ,21	གཡོས,14375	རུབ,29188	རོས,6226	རྱུབ,27	རྷོས,4
གཡུབས,0	ར,539397	རུབས,68	རྱ,501	རྱུབས,145	རྷ,961
གཡུམ,10	རག,136764	རུམ,33940	རྱག,1640	རྱུམ,11	རྷག,10
གཡུམས,0	རགས,97584	རུམས,33	རྱགས,204	རྱུམས,2	རྷགས,3
གཡུའ,31	རང,4040595	རུའ,27	རྱང,1088	རྱུའ,3	རྷང,320
གཡུར,21064	རངས,17094	རུར,1304	རྱངས,176669	རྱུར,17	རྷངས,0
གཡུརད,0	རད,959	རུརད,0	རྱད,30	རྱུརད,0	རྷད,134
གཡུལ,38818	རན,84688	རུལ,48796	རྱན,6432	རྱུལ,6	རྷན,206
གཡུལད,5	རནད,3	རུལད,0	རྱནད,0	རྱུལད,0	རྷནད,0
གཡུས,617	རབ,922308	རུས,143121	རྱབ,443	རྱུས,11	རྷབ,108
གཡེ,339	རབས,684882	རེ,1255592	རྱབས,178694	རྱེ,12	རྷབས,18
གཡེག,9	རམ,105699	རེག,118241	རྱམ,334	རྱེག,2	རྷམ,2
གཡེགས,3	རམས,38198	རེགས,403	རྱམས,95	རྱེགས,0	རྷམས,1
གཡེང,35353	རའ,222	རེང,1655	རྱའ,1	རྱེང,2	རྷའ,0
གཡེངས,4970	རར,30043	རེངས,30568	རྱར,16	རྱེངས,0	རྷར,2
གཡེད,5	རརད,0	རེད,2096439	རྱརད,0	རྱེད,4	རྷརད,0
གཡེན,789	རལ,90183	རེན,50873	རྱལ,4	རྱེན,13	རྷལ,4
གཡེནད,0	རལད,9	རེནད,0	རྱལད,0	རྱེནད,0	རྷལད,0
གཡེབ,16	རས,98853	རེབ,87460	རྱས,19	རྱེབ,0	རྷས,11
གཡེབས,2	རི,1095739	རེབས,195	རྱི,33	རྱེབས,1	རྷི,3344
གཡེམ,7404	རིག,2980392	རེམ,4655	རྱིག,763	རྱེམ,5	རྷིག,38
གཡེམས,51	རིགས,2263639	རེམས,896	རྱིགས,6	རྱེམས,1	རྷིགས,410
གཡེའ,0	རིང,1403946	རེའ,310	རྱིང,1353	རྱེའ,0	རྷིང,252222
གཡེར,9861	རིངས,5894	རེར,160944	རྱིངས,118	རྱེར,0	རྷིངས,1012
གཡེརད,0	རིད,3919	རེརད,0	རྱིད,723	རྱེརད,0	རྷིད,2700
གཡེལ,3245	རིན,576222	རེལ,556	རྱིན,1	རྱེལ,0	རྷིན,0
གཡེལད,0	རིནད,23	རེལད,0	རྱིནད,0	རྱེལད,0	རྷིནད,0
གཡེས,22	རིབ,20242	རེས,189367	རྱིབ,0	རྱེས,7	རྷིབ,3
གཡོ,108907	རིབས,53	རོ,549261	རྱིབས,17	རྱོ,167	རྷིབས,0
གཡོག,48183	རིམ,1336568	རོག,30816	རྱིམ,1	རྱོག,1241	རྷིམ,4
གཡོགས,21394	རིམས,162943	རོགས,714629	རྱིམས,0	རྱོགས,182	རྷིམས,0
གཡོང,88	རིའ,53	རོང,180045	རྱིའ,0	རྱོང,110	རྷིའ,0
གཡོངས,8	རིར,12100	རོངས,66	རྱིར,0	རྱོངས,31	རྷིར,50
གཡོད,2890	རིརད,0	རོད,1236	རྱིརད,0	རྱོད,7	རྷིརད,0
གཡོན,75812	རིལ,38921	རོན,7965	རྱིལ,0	རྱོན,9828	རྷིལ,1214
གཡོནད,0	རིལད,29	རོནད,4	རྱིལད,0	རྱོནད,6	རྷིལད,0
གཡོབ,822	རིས,673587	རོབ,57803	རྱིས,31	རྱོབ,3384	རྷིས,346
གཡོབས,36	རུ,1205778	རོབས,33	རྱུ,249	རྱོབས,5287	རྷུ,6
གཡོམ,398	རུག,1653	རོམ,18772	རྱུག,156	རྱོམ,34950	རྷུག,3
གཡོམས,11	རུགས,101	རོམས,55	རྱུགས,741	རྱོམས,1974	རྷུགས,0

རྙུང,9	རྙོའ,0	བརླུ,4	བརློབས,30	བརྗུ,7	བརྗོབས,0
རྙུངས,0	རྙོར,0	བརླུག,34	བརློམ,165	བརྗུག,0	བརྗོམ,0
རྙུད,0	རྙོརད,0	བརླུགས,11	བརློམས,141	བརྗུགས,0	བརྗོམས,0
རྙུན,0	རྙོལ,2	བརླུང,8	བརློའ,0	བརྗུང,0	བརྗོའ,0
རྙུནད,0	རྙོལད,0	བརླུངས,0	བརློར,0	བརྗུངས,0	བརྗོར,1
རྙུབ,0	རྙོས,15	བརླུད,0	བརློརད,0	བརྗུད,7	བརྗོརད,0
རྙུབས,0	གརད,8	བརླུན,2	བརློལ,0	བརྗུན,12	བརྗོལ,0
རྙུམ,0	དརད,56	བརླུནད,0	བརློལད,0	བརྗུནད,0	བརྗོལད,0
རྙུམས,0	བརད,12	བརླུབ,0	བརློས,0	བརྗུབ,0	བརྗོས,49
རྙུའ,0	བརླ,9428	བརླུབས,4	བརྗ,2051	བརྗུབས,0	བརྙ,493
རྙུར,0	བརླག,34011	བརླུམ,2	བརྗག,2	བརྗུམ,0	བརྙག,8
རྙུརད,0	བརླགས,11657	བརླུམས,1	བརྗགས,0	བརྗུམས,0	བརྙགས,0
རྙུལ,0	བརླང,1030	བརླུའ,0	བརྗང,2	བརྗུའ,0	བརྙང,94
རྙུལད,0	བརླངས,70	བརླུར,0	བརྗངས,57	བརྗུར,0	བརྙངས,33
རྙུས,0	བརླད,3	བརླུརད,0	བརྗད,53	བརྗུརད,0	བརྙད,153
རྙེ,464	བརླན,25929	བརླུལ,0	བརྗན,1	བརྗུལ,1	བརྙན,1634236
རྙེག,87	བརླནད,10	བརླུལད,0	བརྗནད,0	བརྗུལད,0	བརྙནད,2
རྙེགས,119	བརླབ,7451	བརླུས,0	བརྗབ,2	བརྗུས,19	བརྙབ,48
རྙེང,58	བརླབས,19384	བརླེ,0	བརྗབས,0	བརྗེ,118802	བརྙབས,85
རྙེངས,6	བརླམ,182	བརླེག,0	བརྗམ,1	བརྗེག,2	བརྙམ,4
རྙེད,182137	བརླམས,1319	བརླེགས,0	བརྗམས,0	བརྗེགས,0	བརྙམས,0
རྙེན,57	བརླའ,112	བརླེང,3	བརྗའ,0	བརྗེང,4	བརྙའ,11
རྙེནད,0	བརླར,111	བརླེངས,0	བརྗར,1	བརྗེངས,0	བརྙར,6
རྙེབ,11	བརླརད,0	བརླེད,0	བརྗརད,0	བརྗེད,101846	བརྙརད,0
རྙེབས,0	བརླལ,1	བརླེན,2	བརྗལ,0	བརྗེན,96	བརྙལ,26
རྙེམ,0	བརླལད,0	བརླེནད,0	བརྗལད,0	བརྗེནད,0	བརྙལད,0
རྙེམས,1	བརླས,33	བརླེབ,0	བརྗས,2	བརྗེབ,6	བརྙས,14016
རྙེའ,0	བརླི,3	བརླེབས,4	བརྗི,84	བརྗེབས,0	བརྙི,4
རྙེར,8	བརླིག,643	བརླེམ,0	བརྗིག,43	བརྗེམ,0	བརྙིག,0
རྙེརད,0	བརླིགས,0	བརླེམས,0	བརྗིགས,0	བརྗེམས,0	བརྙིགས,3
རྙེལ,5	བརླིང,17086	བརླེའ,0	བརྗིང,2	བརྗེའ,22	བརྙིང,23
རྙེལད,0	བརླིངས,78	བརླེར,0	བརྗིངས,2	བརྗེར,806	བརྙིངས,70
རྙེས,156	བརླིད,3	བརླེརད,0	བརྗིད,70128	བརྗེརད,0	བརྙིད,15
རྙོ,386	བརླིན,0	བརླེལ,0	བརྗིན,7	བརྗེལ,0	བརྙིན,12
རྙོག,28269	བརླིནད,0	བརླེལད,0	བརྗིནད,0	བརྗེལད,0	བརྙིནད,0
རྙོགས,1077	བརླིབ,0	བརླེས,0	བརྗིབ,2	བརྗེས,14066	བརྙིབ,0
རྙོང,212	བརླིབས,0	བརློ,0	བརྗིབས,7	བརྗོ,774	བརྙིབས,0
རྙོངས,133	བརླིམ,0	བརློག,50	བརྗིམ,0	བརྗོག,8	བརྙིམ,0
རྙོད,31	བརླིམས,0	བརློགས,7	བརྗིམས,0	བརྗོགས,0	བརྙིམས,0
རྙོན,13	བརླིའ,0	བརློང,17	བརྗིའ,0	བརྗོང,40	བརྙིའ,0
རྙོནད,2	བརླིར,0	བརློངས,1	བརྗིར,1	བརྗོངས,2	བརྙིར,0
རྙོབ,346	བརླིརད,0	བརློད,0	བརྗིརད,0	བརྗོད,1214379	བརྙིརད,0
རྙོབས,38	བརླིལ,0	བརློན,373	བརྗིལ,0	བརྗོན,39	བརྙིལ,36
རྙོམ,13	བརླིལད,0	བརློནད,0	བརྗིལད,0	བརྗོནད,0	བརྙིལད,0
རྙོམས,7	བརླིས,0	བརློབ,59	བརྗིས,82	བརྗོབ,6	བརྙིས,22

བརྗུ,0
བརྗུག,0
བརྗུགས,0
བརྗུང,0
བརྗུངས,0
བརྗུད,0
བརྗུན,0
བརྗུནད,0
བརྗུབ,0
བརྗུབས,0
བརྗུམ,0
བརྗུམས,0
བརྗུའ,0
བརྗུར,0
བརྗུརད,0
བརྗུལ,0
བརྗུལད,0
བརྗུས,0
བརྗེ,63
བརྗེག,25
བརྗེགས,93
བརྗེང,0
བརྗེངས,8
བརྗེད,1950
བརྗེན,256
བརྗེནད,0
བརྗེབ,0
བརྗེབས,0
བརྗེམ,1
བརྗེམས,10
བརྗེའ,0
བརྗེར,0
བརྗེརད,0
བརྗེལ,11
བརྗེལད,0
བརྗེས,38899
བརྗོ,0
བརྗོག,67
བརྗོགས,213
བརྗོང,2
བརྗོངས,12
བརྗོད,6
བརྗོན,9
བརྗོནད,0
བརྗོབ,0
བརྗོབས,3
བརྗོམ,0
བརྗོམས,0
བརྗོའ,0
བརྗོར,0
བརྗོརད,0
བརྗོལ,0
བརྗོལད,0
བརྗོས,76
མརད,37
འརད,0
ལ,13064733
ལག,1497206
ལགས,499983
ལང,137825
ལངས,122208
ལད,15723
ལན,799167
ལནད,30
ལབ,78529
ལབས,316
ལམ,2146306
ལམས,205
ལའ,487
ལར,37710
ལརད,0
ལལ,118
ལལད,0
ལས,6501426
ལི,304681
ལིག,54034
ལིགས,48
ལིང,175454
ལིངས,908
ལིད,674
ལིན,53638
ལིནད,0
ལིབ,92
ལིབས,2
ལིམ,1073
ལིམས,0
ལིའ,22
ལིར,3359
ལིརད,0
ལིལ,16
ལིལད,0
ལིས,175277
ལུ,47821
ལུག,115612
ལུགས,1211427
ལུང,387004
ལུངས,1114
ལུད,21132
ལུན,7990
ལུནད,0
ལུབ,29
ལུབས,23
ལུམ,3381
ལུམས,3236
ལུའ,21
ལུར,654
ལུརད,0
ལུལ,78
ལུལད,0
ལུས,622319
ལེ,433876
ལེག,1169
ལེགས,1042398
ལེང,6244
ལེངས,46
ལེད,312
ལེན,1235107
ལེནད,21
ལེབ,44208
ལེབས,192
ལེམ,2763
ལེམས,51
ལེའ,157
ལེར,33094
ལེརད,0
ལེལ,17
ལེལད,0
ལེས,4044
ལོ,3025150
ལོག,593998
ལོགས,37492
ལོང,177252
ལོངས,155730
ལོད,4208
ལོན,180064
ལོནད,2
ལོབ,1913
ལོབས,6730
ལོམ,8250
ལོམས,37
ལོའ,342
ལོར,372916
ལོརད,0
ལོལ,127
ལོལད,0
ལོས,68902
གལད,11
དལད,1
བལད,2
མལད,0
འལད,0
ཤ,328110
ཤག,57770
ཤགས,13575
ཤང,197042
ཤངས,5656
ཤད,16389
ཤན,57331
ཤནད,2
ཤབ,2769
ཤབས,33
ཤམ,24696
ཤམས,338
ཤའ,345
ཤར,403233
ཤརད,16
ཤལ,15655
ཤལད,2
ཤས,216671
ཤི,135531
ཤིག,555316
ཤིགས,3118
ཤིང,889600
ཤིངས,29
ཤིད,512
ཤིན,285966
ཤིནད,74
ཤིབ,161
ཤིབས,23
ཤིམ,92
ཤིམས,19
ཤིའ,20
ཤིར,700
ཤིརད,0
ཤིལ,175
ཤིལད,0
ཤིས,259692
ཤུ,112825
ཤུག,17599
ཤུགས,853199
ཤུང,148
ཤུངས,12
ཤུད,5540
ཤུན,16284
ཤུནད,0
ཤུབ,4835
ཤུབས,6954
ཤུམ,2356
ཤུམས,81
ཤུའ,8
ཤུར,26498
ཤུརད,2
ཤུལ,255609
ཤུལད,10
ཤུས,2225
ཤེ,30612
ཤེག,814
ཤེགས,60
ཤེང,318
ཤེངས,7
ཤེད,42990
ཤེན,2457
ཤེནད,0
ཤེབ,112
ཤེབས,2
ཤེམ,8
ཤེམས,8
ཤེའ,0
ཤེར,26778
ཤེརད,2
ཤེལ,59447
ཤེལད,0
ཤེས,2280649
ཤོ,29461
ཤོག,558434
ཤོགས,916
ཤོང,16514
ཤོངས,1367
ཤོད,72752
ཤོན,4350
ཤོནད,0
ཤོབ,2877
ཤོབས,27
ཤོམ,24687
ཤོམས,559
ཤོའ,2
ཤོར,205844
ཤོརད,0
ཤོལ,1243
ཤོལད,2
ཤོས,295560
ཤྲ,930
ཤྲག,0
ཤྲགས,0
ཤྲང,1
ཤྲངས,0
ཤྲད,22
ཤྲན,5
ཤྲནད,0
ཤྲབ,3
ཤྲབས,0
ཤྲམ,13
ཤྲམས,0
ཤྲའ,0
ཤྲར,1
ཤྲརད,0
ཤྲལ,0
ཤྲལད,0
ཤྲས,11
ཤྲི,3885
ཤྲིག,2
ཤྲིགས,0
ཤྲིང,39
ཤྲིངས,0
ཤྲིད,1
ཤྲིན,2
ཤྲིནད,0
ཤྲིབ,0
ཤྲིབས,0
ཤྲིམ,0

ཤྲིམས,0
ཤྲིའ,16
ཤྲིར,207
ཤྲིརད,0
ཤྲིལ,6
ཤྲིལད,0
ཤྲིས,235
ཤྲུ,239
ཤྲུག,0
ཤྲུགས,0
ཤྲུང,1
ཤྲུངས,0
ཤྲུད,1
ཤྲུན,4
ཤྲུནད,0
ཤྲུབ,0
ཤྲུབས,0
ཤྲུམ,0
ཤྲུམས,0
ཤྲུའ,0
ཤྲུར,31
ཤྲུརད,0
ཤྲུལ,0
ཤྲུལད,0
ཤྲུས,0
ཤྲེ,194
ཤྲེག,0
ཤྲེགས,0
ཤྲེང,0
ཤྲེངས,0
ཤྲེད,0
ཤྲེན,0
ཤྲེནད,0
ཤྲེབ,4
ཤྲེབས,0
ཤྲེམ,0
ཤྲེམས,0
ཤྲེའ,0
ཤྲེར,0
ཤྲེརད,0
ཤྲེལ,0
ཤྲེལད,0
ཤྲེས,1
ཤྲོ,87
ཤྲོག,0
ཤྲོགས,0
ཤྲོང,0
ཤྲོངས,0
ཤྲོད,1
ཤྲོན,0
ཤྲོནད,0
ཤྲོབ,0
ཤྲོབས,0
ཤྲོམ,0
ཤྲོམས,0
ཤྲོའ,0
ཤྲོར,0
ཤྲོརད,0
ཤྲོལ,0
ཤྲོལད,0
ཤྲོས,0
གཤག,6180
གཤགས,14577
གཤང,1654
གཤངས,31
གཤད,292
གཤན,457
གཤནད,0
གཤབ,12
གཤབས,0
གཤམ,102612
གཤམས,661
གཤའ,2666
གཤར,3919
གཤརད,0
གཤལ,225
གཤལད,0
གཤས,106
གཤི,179
གཤིག,956
གཤིགས,252
གཤིང,20
གཤིངས,3
གཤིད,32
གཤིན,34881
གཤིནད,0
གཤིབ,12452
གཤིབས,1679
གཤིམ,15
གཤིམས,5
གཤིའ,0
གཤིར,4
གཤིརད,0
གཤིལ,0
གཤིལད,0
གཤིས,441269
གཤུ,71
གཤུག,4
གཤུགས,2
གཤུང,101
གཤུངས,4
གཤུད,15
གཤུན,5
གཤུནད,0
གཤུབ,99
གཤུབས,8
གཤུམ,6
གཤུམས,3
གཤུའ,0
གཤུར,39
གཤུརད,0
གཤུལ,71
གཤུལད,0
གཤུས,30
གཤེ,10944
གཤེག,404
གཤེགས,211693
གཤེང,5
གཤེངས,2
གཤེད,17374
གཤེན,53947
གཤེནད,0
གཤེབ,18
གཤེབས,2
གཤེམ,9
གཤེམས,2
གཤེའ,4
གཤེར,17908
གཤེརད,0
གཤེལ,10
གཤེལད,0
གཤེས,1484
གཤོ,554
གཤོག,49647
གཤོགས,745
གཤོང,10438
གཤོངས,2834
གཤོད,146
གཤོན,35
གཤོནད,0
གཤོབ,286
གཤོབས,0
གཤོམ,3659
གཤོམས,267
གཤོའ,0
གཤོར,968
གཤོརད,6
གཤོལ,3000
གཤོལད,0
གཤོས,184
བཤག,1276
བཤགས,24889
བཤང,7070
བཤངས,2279
བཤད,1422978
བཤན,1479
བཤནད,0
བཤབ,7
བཤབས,4
བཤམ,4327
བཤམས,45350
བཤའ,9888
བཤར,3531
བཤརད,5
བཤལ,5436
བཤལད,5
བཤས,7926
བཤི,19
བཤིག,26711
བཤིགས,2504
བཤིང,4
བཤིངས,0
བཤིད,35
བཤིན,136
བཤིནད,0
བཤིབ,167
བཤིབས,256
བཤིམ,2
བཤིམས,0
བཤིའ,0
བཤིར,6
བཤིརད,0
བཤིལ,8
བཤིལད,0
བཤིས,455
བཤུ,9697
བཤུག,3171
བཤུགས,297
བཤུང,326
བཤུངས,44
བཤུད,387
བཤུན,8
བཤུནད,0
བཤུབ,77
བཤུབས,26
བཤུམ,727
བཤུམས,504
བཤུའ,0
བཤུར,1214
བཤུརད,2
བཤུལ,3582
བཤུལད,0
བཤུས,17751
བཤེ,249
བཤེག,12
བཤེགས,994
བཤེང,0
བཤེངས,3
བཤེད,171
བཤེན,118
བཤེནད,0
བཤེབ,1
བཤེབས,0
བཤེམ,0
བཤེམས,9
བཤེའ,0
བཤེར,427331
བཤེརད,2
བཤེལ,9
བཤེལད,0
བཤེས,99470
བཤོ,719
བཤོག,53
བཤོགས,5
བཤོང,49
བཤོངས,26
བཤོད,420
བཤོན,7
བཤོནད,0
བཤོབ,1
བཤོབས,0
བཤོམ,71
བཤོམས,84
བཤོའ,0
བཤོར,427
བཤོརད,2
བཤོལ,7137
བཤོལད,4
བཤོས,3714
ས,2881830
སག,9387
སགས,214
སང,132960
སངས,451763
སད,82746
སན,15873
སནད,0
སབ,1530
སབས,19
སམ,129366
སམས,177
སའ,179
སར,442058
སརད,2
སལ,1063
སལད,7
སས,7023
སི,542670
སིག,7507
སིགས,60
སིང,22919
སིངས,93
སིད,806
སིན,8135
སིནད,0
སིབ,9014
སིབས,11
སིམ,32180
སིམས,535
སིའ,45

སིར,9028
སིརད,1
སིལ,128505
སིལད,0
སིས,21946
སུ,3031688
སུག,13260
སུགས,38
སུང,15657
སུངས,21831
སུད,1798
སུན,50480
སུནད,1
སུབ,2765
སུབས,228
སུམ,335263
སུམས,98
སུའ,57
སུར,10820
སུརད,0
སུལ,7159
སུལད,0
སུས,51491
སེ,96638
སེག,697
སེགས,137
སེང,182986
སེངས,162
སེད,457
སེན,14435
སེནད,0
སེབ,535
སེབས,16
སེམ,1673
སེམས,2106692
སེའ,2
སེར,202546
སེརད,0
སེལ,195095
སེལད,14
སེས,854
སོ,1290702
སོག,75342
སོགས,1888464
སོང,813679
སོངས,631
སོད,3963
སོན,75305
སོནད,3
སོབ,8529
སོབས,51
སོམ,5768
སོམས,5017
སོའ,165
སོར,169747
སོརད,0
སོལ,21414
སོལད,18
སོས,58819
སྲ,61272
སྲག,202
སྲགས,34
སྲང,43834
སྲངས,54
སྲད,3665
སྲན,12936
སྲནད,0
སྲབ,14426
སྲབས,209
སྲམ,2879
སྲམས,1
སྲའ,8
སྲར,29
སྲརད,0
སྲལ,216
སྲལད,0
སྲས,206510
སྲི,13629
སྲིག,139
སྲིགས,6
སྲིང,57051
སྲིངས,596
སྲིད,1874958
སྲིན,68958
སྲིནད,0
སྲིབ,8235
སྲིབས,876
སྲིམ,3
སྲིམས,6
སྲིའ,0
སྲིར,34
སྲིརད,0
སྲིལ,298
སྲིལད,0
སྲིས,402
སྲུ,4999
སྲུག,64
སྲུགས,5
སྲུང,734944
སྲུངས,6482
སྲུད,36
སྲུན,1348
སྲུནད,0
སྲུབ,4398
སྲུབས,7121
སྲུམ,9
སྲུམས,3
སྲུའ,0
སྲུར,5
སྲུརད,0
སྲུལ,886
སྲུལད,1
སྲུས,200
སྲེ,1797
སྲེག,27723
སྲེགས,556
སྲེང,170
སྲེངས,22
སྲེད,29599
སྲེན,32
སྲེནད,0
སྲེབ,38
སྲེབས,3
སྲེམ,0
སྲེམས,2
སྲེའ,0
སྲེར,9
སྲེརད,0
སྲེལ,561
སྲེལད,5
སྲེས,327
སྲོ,3762
སྲོག,330568
སྲོགས,829
སྲོང,75161
སྲོངས,147
སྲོད,18730
སྲོན,676
སྲོནད,4
སྲོབ,61
སྲོབས,14
སྲོམ,49
སྲོམས,0
སྲོའ,0
སྲོར,6
སྲོརད,0
སྲོལ,627130
སྲོལད,0
སྲོས,3454
སླ,71474
སླག,926
སླགས,19
སླང,2094
སླངས,543
སླད,67929
སླན,1303
སླནད,0
སླབ,626
སླབས,257
སླམ,1
སླམས,0
སླའ,20
སླར,170521
སླརད,0
སླལ,58
སླལད,0
སླས,1631
སླི,16
སླིག,35
སླིགས,1
སླིང,46
སླིངས,1
སླིད,57
སླིན,5
སླིནད,0
སླིབ,27
སླིབས,0
སླིམ,0
སླིམས,0
སླིའ,0
སླིར,0
སླིརད,0
སླིལ,0
སླིལད,0
སླིས,3
སླུ,9558
སླུག,12
སླུགས,5
སླུང,76
སླུངས,483
སླུད,62
སླུན,5
སླུནད,0
སླུབ,33
སླུབས,13
སླུམ,5
སླུམས,0
སླུའ,1
སླུར,28
སླུརད,0
སླུལ,0
སླུལད,0
སླུས,189
སླེ,4454
སླེག,7
སླེགས,7
སླེང,25
སླེངས,50
སླེད,17
སླེན,41
སླེནད,0
སླེབ,7907
སླེབས,195457
སླེམ,4
སླེམས,6
སླེའ,0
སླེར,48
སླེརད,0
སླེལ,293
སླེལད,0
སླེས,156
སློ,3418
སློག,326533
སློགས,302
སློང,296594
སློངས,1546
སློད,487
སློན,1065
སློནད,2
སློབ,3462282
སློབས,1567
སློམ,437
སློམས,2
སློའ,0
སློར,366
སློརད,0
སློལ,26
སློལད,0
སློས,190
གསག,1480
གསགས,175
གསང,314849
གསངས,445
གསད,5105
གསན,51878
གསནད,8
གསབ,95883
གསབས,8
གསམ,280
གསམས,4
གསའ,7656
གསར,3811795
གསརད,0
གསལ,940544
གསལད,29
གསས,13149
གསི,106
གསིག,3259
གསིགས,145
གསིང,3539
གསིངས,1
གསིད,0
གསིན,11
གསིནད,0
གསིབ,74
གསིབས,2
གསིམ,6
གསིམས,0
གསིའ,0
གསིར,130

གསིརད,0
གསིལ,1940
གསིལད,6
གསིས,6
གསུ,2403
གསུག,554
གསུགས,91
གསུང,324445
གསུངས,493758
གསུད,64
གསུན,58
གསུནད,0
གསུབ,1897
གསུབས,46
གསུམ,1684156
གསུམས,18
གསུའ,0
གསུར,1655
གསུརད,0
གསུལ,79
གསུལད,0
གསུས,2328
གསེ,586
གསེག,4398
གསེགས,144
གསེང,53736
གསེངས,74
གསེད,5391
གསེན,13
གསེནད,0
གསེབ,142019
གསེབས,41
གསེམ,18
གསེམས,6
གསེའ,0
གསེར,296220
གསེརད,1
གསེལ,281
གསེལད,0
གསེས,23718
གསོ,1363523
གསོག,79093
གསོགས,552
གསོང,3042
གསོངས,48
གསོད,84231
གསོན,111974
གསོནད,5
གསོབ,3131
གསོབས,4
གསོམ,4166
གསོམས,0
གསོའ,1281
གསོར,25321
གསོརད,6
གསོལ,204215
གསོལད,198
གསོས,31969
བསག,2675
བསགས,53296
བསང,58101
བསངས,7288
བསད,55481
བསན,466
བསནད,5
བསབ,1038
བསབས,566
བསམ,1152741
བསམས,50508
བསའ,24
བསར,931
བསརད,2
བསལ,129478
བསལད,55
བསས,42
བསི,127
བསིག,916
བསིགས,191
བསིང,334
བསིངས,94
བསིད,4
བསིན,2
བསིནད,0
བསིབ,102
བསིབས,9
བསིམ,39
བསིམས,1
བསིའ,0
བསིར,203
བསིརད,4
བསིལ,53621
བསིལད,6
བསིས,11
བསུ,140654
བསུག,69
བསུགས,20
བསུང,8023
བསུངས,108
བསུད,37
བསུན,1431
བསུནད,0
བསུབ,13649
བསུབས,1603
བསུམ,527
བསུམས,360
བསུའ,8
བསུར,1214
བསུརད,0
བསུལ,131
བསུལད,0
བསུས,19289
བསེ,16816
བསེག,90
བསེགས,212
བསེང,789
བསེངས,11
བསེད,2549
བསེན,682
བསེནད,0
བསེབ,52
བསེབས,0
བསེམ,14
བསེམས,24
བསེའ,225
བསེར,6053
བསེརད,0
བསེལ,765
བསེལད,0
བསེས,152
བསོ,3172
བསོག,1789
བསོགས,2352
བསོང,46
བསོངས,10
བསོད,191508
བསོན,153
བསོནད,0
བསོབ,13
བསོབས,0
བསོམ,35
བསོམས,59
བསོའ,0
བསོར,2558
བསོརད,0
བསོལ,61
བསོལད,0
བསོས,842
བསྲ,418
བསྲག,19
བསྲགས,22
བསྲང,11644
བསྲངས,766
བསྲད,103
བསྲན,6156
བསྲནད,5
བསྲབ,171
བསྲབས,668
བསྲམ,1
བསྲམས,0
བསྲའ,0
བསྲར,1
བསྲརད,0
བསྲལ,56
བསྲལད,0
བསྲས,32
བསྲི,3407
བསྲིག,9
བསྲིགས,8
བསྲིང,16684
བསྲིངས,17565
བསྲིད,217
བསྲིན,35
བསྲིནད,0
བསྲིབ,72
བསྲིབས,58
བསྲིམ,0
བསྲིམས,0
བསྲིའ,0
བསྲིར,1
བསྲིརད,0
བསྲིལ,42
བསྲིལད,0
བསྲིས,373
བསྲུ,90
བསྲུག,4
བསྲུགས,0
བསྲུང,30811
བསྲུངས,9157
བསྲུད,2
བསྲུན,1025
བསྲུནད,0
བསྲུབ,889
བསྲུབས,3518
བསྲུམ,3
བསྲུམས,0
བསྲུའ,0
བསྲུར,2
བསྲུརད,0
བསྲུལ,28
བསྲུལད,0
བསྲུས,25
བསྲེ,5300
བསྲེག,11517
བསྲེགས,22832
བསྲེང,197
བསྲེངས,161
བསྲེད,84
བསྲེན,11
བསྲེནད,0
བསྲེབ,16
བསྲེབས,6
བསྲེམ,0
བསྲེམས,0
བསྲེའ,0
བསྲེར,7
བསྲེརད,0
བསྲེལ,5509
བསྲེལད,4
བསྲེས,28539
བསྲོ,1753
བསྲོག,20
བསྲོགས,32
བསྲོང,104
བསྲོངས,116
བསྲོད,10
བསྲོན,160
བསྲོནད,0
བསྲོབ,4
བསྲོབས,0
བསྲོམ,0
བསྲོམས,0
བསྲོའ,0
བསྲོར,2
བསྲོརད,0
བསྲོལ,8
བསྲོལད,0
བསྲོས,960
བསླ,594
བསླག,20
བསླགས,80
བསླང,8579
བསླངས,31684
བསླད,10659
བསླན,283
བསླནད,2
བསླབ,154238
བསླབས,16272
བསླམ,7
བསླམས,0
བསླའ,4
བསླར,118
བསླརད,0
བསླལ,57
བསླལད,0
བསླས,2655
བསླི,17
བསླིག,0
བསླིགས,0
བསླིང,2
བསླིངས,0
བསླིད,0
བསླིན,0
བསླིནད,0
བསླིབ,0
བསླིབས,0
བསླིམ,0
བསླིམས,0
བསླིའ,0
བསླིར,0
བསླིརད,0

བསྒྲིལ,0	བསྒྲོན,1	ཏིལ,47	ཏོན,4341	ཏྲིལ,85569	ཏྲོན,1243
བསྒྲིལད,0	བསྒྲོནད,0	ཏིལད,0	ཏོནད,0	ཏྲིལད,0	ཏྲོནད,0
བསྒྲིས,2	བསྒྲོབ,126	ཏིས,238	ཏོབ,1355	ཏྲིས,1131	ཏྲོབ,284
བསྒྲུ,35785	བསྒྲོབས,17	ཏུ,30307	ཏོབས,0	ཏྲུ,361	ཏྲོབས,8
བསྒྲུག,52	བསྒྲོམ,0	ཏུག,161	ཏོམ,969	ཏྲུག,2896	ཏྲོམ,62
བསྒྲུགས,14	བསྒྲོམས,1	ཏུགས,0	ཏོམས,0	ཏྲུགས,63	ཏྲོམས,0
བསྒྲུང,12	བསྒྲོའ,0	ཏུང,18804	ཏོའ,4	ཏྲུང,80	ཏྲོའ,1
བསྒྲུངས,7	བསྒྲོར,3	ཏུངས,0	ཏོར,58096	ཏྲུངས,0	ཏྲོར,112
བསྒྲུད,74	བསྒྲོརད,0	ཏུད,5697	ཏོརད,0	ཏྲུད,62	ཏྲོརད,0
བསྒྲུན,2	བསྒྲོལ,0	ཏུན,2306	ཏོལ,3657	ཏྲུན,3801	ཏྲོལ,132
བསྒྲུནད,0	བསྒྲོལད,0	ཏུནད,0	ཏོལད,0	ཏྲུནད,0	ཏྲོལད,0
བསྒྲུབ,27	བསྒྲོས,20	ཏུབ,4510	ཏོས,15319	ཏྲུབ,59	ཏྲོས,248
བསྒྲུབས,15	ཏ,334568	ཏུབས,10	ཏྲ,18424	ཏྲུབས,12	ཐ,1233309
བསྒྲུམ,0	ཏག,154	ཏུམ,196	ཏྲག,7032	ཏྲུམ,27	ཐག,671189
བསྒྲུམས,0	ཏགས,19	ཏུམས,0	ཏྲགས,178	ཏྲུམས,0	ཐགས,20393
བསྒྲུའ,0	ཏང,18280	ཏུའ,60	ཏྲང,33296	ཏྲུའ,177	ཐང,36328
བསྒྲུར,74	ཏངས,166	ཏུར,141905	ཏྲངས,135	ཏྲུར,7	ཐངས,167
བསྒྲུརད,0	ཏད,5783	ཏུརད,0	ཏྲད,87	ཏྲུརད,0	ཐད,28571
བསྒྲུལ,1	ཏན,117980	ཏུལ,80	ཏྲན,88933	ཏྲུལ,6047	ཐན,536596
བསྒྲུལད,0	ཏནད,0	ཏུལད,0	ཏྲནད,0	ཏྲུལད,0	ཐནད,11
བསྒྲུས,16715	ཏབ,5550	ཏུས,381	ཏྲབ,297	ཏྲུས,132	ཐབ,10925
བསྒྲེ,123	ཏབས,1	ཏེ,92561	ཏྲབས,0	ཏྲེ,13360	ཐབས,149
བསྒྲེག,1	ཏམ,19488	ཏེག,25	ཏྲམ,76	ཏྲེག,98	ཐམ,39738
བསྒྲེགས,0	ཏམས,69	ཏེགས,0	ཏྲམས,0	ཏྲེགས,7	ཐམས,50
བསྒྲེང,0	ཏའ,202	ཏེང,1910	ཏྲའ,26	ཏྲེང,30644	ཐའ,56
བསྒྲེངས,20	ཏར,8039	ཏེངས,0	ཏྲར,174	ཏྲེངས,261	ཐར,7739
བསྒྲེད,1	ཏརད,0	ཏེད,199	ཏྲརད,0	ཏྲེད,9	ཐརད,0
བསྒྲེན,1	ཏལ,2504	ཏེན,275	ཏྲལ,2170	ཏྲེན,7040	ཐལ,18
བསྒྲེནད,0	ཏལད,0	ཏེནད,0	ཏྲལད,0	ཏྲེནད,0	ཐལད,0
བསྒྲེབ,12206	ཏས,997	ཏེབ,1066	ཏྲས,120	ཏྲེབ,22	ཐས,34770
བསྒྲེབས,20225	ཏི,134102	ཏེབས,25	ཏྲི,52479	ཏྲེབས,0	ཐི,63
བསྒྲེམ,0	ཏིག,618	ཏེམ,89	ཏྲིག,4497	ཏྲེམ,63	ཐིག,19
བསྒྲེམས,0	ཏིགས,7	ཏེམས,2	ཏྲིགས,7	ཏྲེམས,0	ཐིགས,0
བསྒྲེའ,0	ཏིང,211	ཏེའ,5	ཏྲིང,1179	ཏྲེའ,0	ཐིང,133625
བསྒྲེར,0	ཏིངས,0	ཏེར,1172	ཏྲིངས,15	ཏྲེར,256	ཐིངས,89
བསྒྲེརད,0	ཏིད,11	ཏེརད,0	ཏྲིད,16	ཏྲེརད,0	ཐིད,2
བསྒྲེལ,0	ཏིན,12936	ཏེལ,264	ཏྲིན,96096	ཏྲེལ,26	ཐིན,1
བསྒྲེལད,0	ཏིནད,0	ཏེལད,0	ཏྲིནད,0	ཏྲེལད,0	ཐིནད,0
བསྒྲེས,2398	ཏིབ,37	ཏེས,383	ཏྲིབ,274	ཏྲེས,130	ཐིབ,21
བསྒྲོ,9	ཏིབས,0	ཏོ,83107	ཏྲིབས,2	ཏྲོ,1312	ཐིབས,0
བསྒྲོག,1492	ཏིམ,83	ཏོག,48	ཏྲིམ,57	ཏྲོག,318	ཐིམ,2
བསྒྲོགས,4582	ཏིམས,0	ཏོགས,7	ཏྲིམས,0	ཏྲོགས,0	ཐིམས,0
བསྒྲོང,222	ཏིའ,1	ཏོང,55553	ཏྲིའ,0	ཏྲོང,2937	ཐིའ,0
བསྒྲོངས,196	ཏིར,192	ཏོངས,0	ཏྲིར,567	ཏྲོངས,6	ཐིར,0
བསྒྲོད,0	ཏིརད,0	ཏོད,438	ཏྲིརད,0	ཏྲོད,30	ཐིརད,0

ཀྵིལ,0
ཀྵིལད,0
ཀྵིས,11
ཀྵུ,16806
ཀྵུག,134747
ཀྵུགས,670
ཀྵུང,102589
ཀྵུངས,2161
ཀྵུད,69
ཀྵུན,94088
ཀྵུནད,2
ཀྵུབ,7621
ཀྵུབས,46
ཀྵུམ,170
ཀྵུམས,2360
ཀྵུའ,0
ཀྵུར,9565
ཀྵུརད,0
ཀྵུལ,6
ཀྵུལད,0
ཀྵུས,65
ཀྵེ,6643
ཀྵེག,5
ཀྵེགས,2
ཀྵེང,66
ཀྵེངས,0
ཀྵེད,10
ཀྵེན,463
ཀྵེནད,0
ཀྵེབ,2946
ཀྵེབས,28
ཀྵེམ,4062
ཀྵེམས,16
ཀྵེའ,0
ཀྵེར,37
ཀྵེརད,0
ཀྵེལ,0
ཀྵེལད,0
ཀྵེས,36
ཀྵོ,436952
ཀྵོག,11682
ཀྵོགས,521
ཀྵོང,1211
ཀྵོངས,2672
ཀྵོད,72165
ཀྵོན,22
ཀྵོནད,0
ཀྵོབ,86
ཀྵོབས,1
ཀྵོམ,5
ཀྵོམས,0
ཀྵོའ,11
ཀྵོར,6283
ཀྵོརད,0
ཀྵོལ,7
ཀྵོལད,0
ཀྵོས,304
ཨ,1031279
ཨག,4587
ཨགས,5
ཨང,446681
ཨངས,40
ཨད,740
ཨན,61294
ཨནད,2
ཨབ,2744
ཨབས,3
ཨམ,9430
ཨམས,5
ཨའ,90
ཨར,108559
ཨརད,0
ཨལ,894
ཨལད,0
ཨས,501
ཨི,17415
ཨིག,1321
ཨིགས,7
ཨིང,63
ཨིངས,3
ཨིད,13
ཨིན,16686
ཨིནད,0
ཨིབ,13
ཨིབས,3
ཨིམ,76
ཨིམས,3
ཨིའ,5
ཨིར,2329
ཨིརད,0
ཨིལ,35
ཨིལད,0
ཨིས,335
ཨུ,629884
ཨུག,1285
ཨུགས,6
ཨུང,36
ཨུངས,3
ཨུད,212946
ཨུན,3120
ཨུནད,0
ཨུབ,18
ཨུབས,5
ཨུམ,133
ཨུམས,3
ཨུའ,86
ཨུར,1447
ཨུརད,0
ཨུལ,94
ཨུལད,0
ཨུས,9735
ཨེ,214857
ཨེག,39
ཨེགས,3
ཨེང,35
ཨེངས,3
ཨེད,894
ཨེན,8262
ཨེནད,0
ཨེབ,148
ཨེབས,3
ཨེམ,1251
ཨེམས,3
ཨེའ,0
ཨེར,18839
ཨེརད,0
ཨེལ,851
ཨེལད,0
ཨེས,220
ཨོ,103752
ཨོག,1361
ཨོགས,3
ཨོང,4008
ཨོངས,6
ཨོད,94
ཨོན,92
ཨོནད,0
ཨོབ,62
ཨོབས,3
ཨོམ,411
ཨོམས,5
ཨོའ,2
ཨོར,586
ཨོརད,0
ཨོལ,1224
ཨོལད,0
ཨོས,585
གྭ,492915
རྭ,63987
དྭ,28326
ཏྭ,169104
ཟྭ,195980
ལྭ,26408
དྭངས,115758
གྭར,62831
ཚྭ,48688
ཞྭ,63427
གྭས,18157
དྭགས,47424
ཁྭ,7429
ཀྭ,7997
ཐྭ,3938
ཕྱྭ,7230
ཤྭ,14005
བསྭོ,3152
ཏྭར,661
ཞྭར,5
གྭའི,141660
ཏྭའོ,26
དྲྭ,54847
སྭོ,360
སྭ,5253
ཤྭད,105
གྭར,7
རྭ,24
ཉྭ,5909
གྭ,1177
རྭ,24
ཇྭ,3
ཛྭ,21
སྭོའི,29
ཀྭོ,70
སྐར,64
འཕོར,50
བར,1422
ཕར,134
དབྱར,9
ཚུར,85
རང,1113
ཁྱིར,10
གྱུར,461
ལྷུར,643
ཡར,223
ཟེར,882
གསེར,358
བསྐུར,21
ཐོར,13
གསར,159
སྨར,7
པར,2004
སྐོར,114
སོར,313
མཁར,59
ཤར,129
སྒུར,65
སེར,96
དེར,378
དབར,29
སྤུར,26
འབར,38
གཅེར,1
བུར,222
རག,259
འཁྱོར,32
ཕོར,498
ཀར,53
ཚོར,291
འདིར,145
དམར,262
བསྡུར,33
སྣར,244
མར,509
ཟུར,80
རན,38
སྒོར,84
དཀར,367
ཨར,36
མེར,40
སུར,1
སྨེར,4
ནོར,132
ཞོར,17
འཚོར,2
བསྐྱུར,184
སྡེར,68
འབུར,1
འཆར,44
འཁུར,11
གཉེར,92
འཁོར,294
ཁོར,11
ངར,30
དར,21
ཁུར,28
ཅུར,36
ཀྲུར,1
རབ,150
ཚར,49
མཐོར,9
ཁར,186
བསྐྱོར,5
འཁར,10
འཕྱུར,16
བཤེར,10
ཡེར,4
བསྒྱུར,54
ཁྲིར,261
ར,144
ཧར,8
བཀུར,12
ཆར,26
ཆེར,70
འགྱུར,110
ཛར,12
ཛེར,47
སྣོར,10
འཕྲོར,1
རས,81
ཕྱིར,289
སྤྱིར,181

ཚར,148
ཤོར,197
གེར,26
སྲུར,39
འགར,7
ཁེར,40
འཁྲོར,4
བསེར,2
འཛུར,1
སར,286
གཟུར,7
ཕྲུར,6
གར,225
བཞུར,5
བེར,18
རྣར,2
མཚར,163
མཐོར,4
འཁྲིར,331
ཐིར,70
བཙིར,22
ཕུར,1
ཏུར,33
ཕྱར,84
འཛེར,1
སྙོར,2
ཕིར,2
བསྒོར,2
ཉེར,8
འཇུར,1
ཞར,1
ཁྲོར,15
ཐོར,32
སྤར,19
བསྐོར,116
སྐྲོར,13
རེར,53
བསྐུར,53
རམ,37
འཕྲུར,14
གཏོར,17
མདར,1
གཟར,5
ཅོར,36
གཅར,2
ཐར,65
ཤིར,16
རིན,10
རྣ,24
རིར,8
མཐར,113
རོགས,11
རོད,3
རིང,6
ཤོར,6
འཕར,11
སྲུར,7
འདོར,1
རེའི,2
རེད,2
རའི,1
རར,77
རོ,3
རིག,9
གྲྭར,7
རིགས,3
ཏུང,1
རིམ,2
རི,2
སྐྲོར,12
རེ,3
ཏུ,2
གཏེར,9
རབས,13
ནར,21
སྤར,13
རོལ,2
འཐོར,79
གཡེར,1
རངས,13
བཞིར,25
ཤུར,20
སྙིར,2
སྒོར,24
བསྡུར,24
རྒྱུར,49
དཔོར,24
འདར,34
ཕུར,113
ལྡིར,49
འཕོར,5
འཕུར,116
འདྲར,15
ཉར,25
གཡར,40
འཚེར,78
ཐོར,3
མདོར,7
བཤོར,3
མཚེར,12
དཔེར,9
ཐེར,297
ཡུར,12
ལེར,43
བཅར,25
གྲུར,8
གཞིར,3
སོར,17
སྲུར,20
ཏུར,49
མངར,16
རགས,10
འཛོར,10
ཛེར,5
བཟེར,10
བྲུར,28
འཕེར,3
གྲུར,12
བཤར,17
ངེར,32
མནར,38
ཁྲུར,14
གསོར,3
འབྲུར,19
གཟེར,11
ཁྲོར,33
དེར,14
རལ,15
ཟླར,14
མཚུར,3
ཁྲིར,10
དགར,5
མཚོར,25
སྣར,17
འཚར,19
འཛིར,6
བསྲུར,10
ཏུར,27
རྫོར,16
འཁྲུར,3
རེའུར,3
ཏེར,6
ཙོར,5
གིར,12
སུར,5
འདུར,3
སྤོར,6
ཙོར,3
བདེར,3
མགར,26
ཕུར,6
རིར,2
ངོར,2
བསྡུར,15
བཀར,3
ཕྲུར,3
མཚོར,2
དོར,2
སྒེར,2
ཏར,4
སྤུར,6
སྐྲུར,9
སྤྲོར,3
ཚོར,6
ཏུར,2

附录四 梵音转写藏文统计表（非自动生成）

音节,频数
ཀཀྵ,5
ཀཙ,1
ཀཙྪཿ,1
ཀཛྫ,61
ཀཛྙ,12
ཀཊ,34
ཀཊཿ,2
ཀཊི,4
ཀཊོར,4
ཀཋ,51
ཀཎྛཿ,10
ཀཎྛ,706
ཀཎྜ,15
ཀཎྜུར,4
ཀཏ,11
ཀྟུ,8
ཀྟཱ,21
ཀཐ,2
ཀཐཾ,1
ཀཐི,1
ཀདྨ,9
ཀདར,2
ཀདྲུ,1
ཀནྟ,27
ཀནྡ,86
ཀནྡུ,28
ཀནྡྲ,38
ཀནྡྲཱ,36
ཀནྡརྤ,2
ཀཔུ,10
ཀཔྱ,12
ཀཔྟཊ,1
ཀཔི,9
ཀཔིལ,8
ཀཕི,1
ཀཔྲ,18
ཀཔྲཾ,1
ཀམན,1
ཀཔྲུཾ,3
ཀབྷི,6
ཀབྷིལྤ,4
ཀམྦུ,19
ཀམྦྲི,1
ཀཡ,27
ཀཨ,4
ཀརལ,2
ཀརྐཿ,2
ཀརྐཊ,15
ཀརྐཏ,1
ཀརྞ,45
ཀརྟ,12
ཀརྟུ,3
ཀརྟི,2
ཀརྣ,39
ཀརྨ,46468
ཀརྨྨ,160
ཀརྨྨཀྲི,2
ཀརྨྨྲི,2
ཀརཿ,11
ཀརི,14
ཀརུ,13
ཀརུཋ,1
ཀརེ,1
ཀརོམི,1
ཀལྐ,14
ཀལཀྐ,1
ཀལྤ,213
ཀལྤཿ,7
ཀལྨ,11
ཀལམ,2
ཀལྤི,3
ཀལཏྣཾཤཿ,1
ཀལཿ,1
ཀལྦཱ,9
ཀལི,6
ཀལྱུ,5
ཀཛྷ,16
ཀཥ,10
ཀཥྚཾ,7
ཀཥྛ,13
ཀཥྛཱ,1
ཀསྱ,11
ཀསྨ,51
ཀཧི,1
ཀཧྲ,4
ཀཀྵཱ,4
ཀཾ,2877
ཀཾཀ,1
ཀཾས,2
ཀཿ,1201
ཀཱཀ,3
ཀཱཛྙ,6
ཀཱཋ,3
ཀཱཎྛ,12
ཀཱཎྛི,3
ཀཱནྟ,35
ཀཱནྟཾ,9
ཀཱནྟི,37
ཀཱནྟིཿ,2
ཀཱམ,12
ཀཱཿ,102
ཀཱཡ,1
ཀཱར,1296
ཀཱཨ,6
ཀཱཨཾ,6
ཀཱརཿ,2
ཀཱརུ,1
ཀཱརོ,1
ཀཱལ,63
ཀཱལི,1
ཀཱལྤི,3
ཀཱཥ,1
ཀཱཥྛཱ,6
ཀཱཥྛཾ,5
ཀཱསི,1
ཀིཀྐར,6
ཀིཛྫ,14
ཀིཊྚ,3
ཀིཎྜ,1
ཀླིཏྣཾ,3
ཀིརྟཿ,4
ཀཱིར,32
ཀཱིརྟི,455
ཀཱིལ,1
ཀུཀྐམཾ,2
ཀུཙ,2
ཀུཛྙ,36
ཀུཊ,19
ཀུཊཛ,1
ཀུཊྚ,43
ཀུཊི,5
ཀུཊིལ,1
ཀུཊྚི,2
ཀུཋ,30
ཀུཎྛ,196
ཀུཎྛཾ,13
ཀུཎྛཿ,2
ཀུཏ,2
ཀུཏྲུ,1
ཀུནྟ,47
ཀུནྟཿ,7
ཀུནདི,1
ཀུབྫ,22
ཀུམྦྷ,72
ཀུམྦྷཾ,4
ཀུམྦྷཿ,4
ཀུམྦྷུ,2
ཀུམྦྷིར,7
ཀུམྦྷཾ,1
ཀུམྦུར,11
ཀུརཿ,2
ཀུརཋ,1
ཀུརཀྵ,32
ཀུརྨ,33
ཀུརུ,3
ཀུཥྛ,8
ཀུཥྛཾ,6
ཀུསུ,11
ཀུསུཿ,18
ཀུཿ,7
ཀྲུཊཾ,1
ཀྲུཊཿ,2
ཀྲུར,5
ཀྲུཙ,1
ཀྲུལ,2
ཀྲྀ,1950
ཀྲྀཙྪ,1
ཀྲྀཊ,18
ཀྲྀཏ,169
ཀྲྀཏྣཾ,1
ཀྲྀཏུ,1
ཀྲྀཏུཎ,1
ཀྲྀཏི,2
ཀྲྀཏྱ,4
ཀྲྀཏྭ,2
ཀྲྀཥ,2
ཀྲྀཥྞཾ,3
ཀྲྀཥྞ,270
ཀྲྀཥྞཿ,2
ཀྲྀཛྫ,65
ཀྲྀས,4
ཀེཏུ,5
ཀེརུ,1
ཀོཀ,1
ཀོཙ,1
ཀོཊ,22
ཀོཊྚ,13
ཀོཊི,1
ཀོཤ,3
ཀོཥ,19
ཀོཥྛ,10
ཀོཥྛཾ,4
ཀོཥྞཾ,4
ཀཽ,596
ཀཽཤིཀ,3
ཀྲཨཾ,3
ཀླཱནྟ,46
ཀླིདྱ,3
ཀླིཏ,2
ཀྲུཥྛཾ,2
ཀྲོཌ,2
ཀྲོཤ,4
ཀྲ,7997
ཀྲཚོཏ,1
ཀླྀ,22
ཁཀྲིརཿ,1
ཁཁ,9
ཁགྣི,2
ཁཛྙ,11
ཁཊ,7
ཁཊྭཱ,5
ཁཌྒ,59
ཁཌྒཿ,3
ཁཎྜ,1015
ཁཎྜཾ,9
ཁཎྜཿ,2
ཁནཿ,1
ཁརྫུ,25
ཁརྫུར,2
ཁཐ,26
ཁཐྦ,5
ཁཐཾ,2
ཁརཿ,2
ཁལཾ,2
ཁཾ,1436
ཁྱཏ,1
ཁྱན,162
ཁྱདི,2
ཁྱུཏཿ,1
གགན,2
གགནམ,2
གཙྪ,510
གཙྪཏི,2
གཛ,3
གཛྙ,13
གཛྙིར,145
གཋ,411
གཎྛ,53
གཎྛཿ,12
གཎྛི,362
གཎྜི,830
གཋན,1
གཋཿ,5
གཏྲ,1
གཧྲ,13
གནྡྷ,656
གནྡྷརྦ,8
གནྡྷརྦཿ,2
གནྡྷཾ,206
གནཾ,24
གམན,5
གམྦྷཱིར,5
གམཿ,3
གམི,6
གམྱ,1
གརཿ,2
གརྫུ,23
གཐ,30
གརྦྷཿ,4
གརྦྷ,132
གརུ,2
གརྦྷུ,1
གཿ,174
གིཏ,2
གིརི,2
གཱིཏ,2
གཱིཥྞ,6
གཱིཿ,9
གུཙྪ,5
གུཊ,1
གུཋ,2
གུཋཿ,2
གུཐ,2
གུཎ,342
གུཎི,6
གུརུ,25
གུརུཿ,1
གུལྨ,3
གུལྨཿ,8

ཀུལྨ,14
ཀུལྨཿ,3
ཀུཎ,1
ཀུཎྞ,2
ཀུཎྜ,37
ཀུཎྜཏི,1
ཀུཎྜཾ,3
ཀུཎྜྷ,2
ཀྲིཎ,2
ཀྲིཥྞ,545
ཀེཡ,1
ཀོཊྚི,2
ཀོབར,16
ཀོཤི,24
ཀོཥྛ,2
ཀོཥྛཱ,4
ཀོཥཾ,2
ཀོཿ,4
ཀཽ,450
ཀཽར,4
ཀཽཤྲ,3
ཀྲཥྞ,13
ཀྲཥྞཿ,1
ཀྲཥྞྭ,4
ཀྲཥྚཾ,4
ཀྲཎ,16
ཀྲཎཿ,2
ཀྲཎྞ,7
ཀླམ,2
ཀླས,2
ཀླཎ,2
ཀྲིབཿ,3
ཀླིབ,1
ཀྵ,7528
ཀྵཏ,6
ཀྵཐ,31
ཀྵཐེ,46
ཀྵཏྲ,1
ཀྵཎ,2774
ཀྵཎྞཾ,22
ཀྵཎི,1
ཀྵར,199
ཀྵལ,164
ཀྵུཿ,8
ཀྵུཛ,11
ཁཏ,6
ཁཐ,3
ཁཎ,37
ཁལ,296
ཁཊ,16
ཙཀ,86
ཙཀྐ,3
ཙཀྐལི,2
ཙཀྐྲ,3
ཙཀྲ,1131
ཙཀྲཾ,17
ཙཀྲི,5
ཙཀྲམ,1
ཙྪཀྐ,10
ཙྪཀྐཾ,1
ཙྪདི,1
ཙྪཎ,37
ཙྪཎཿ,8
ཙྪཎྜཿ,2
ཙྪཎྜཾ,2
ཙྪཎ,179
ཙྪཎྞ,15
ཙྪད,15
ཙཛྷ,5
ཙཐལ,3
ཙཎྜ,2813
ཙཎྜཿ,4
ཙཎྜིཀ,2
ཙཔལ,1
ཙམུ,2
ཙརཊ,4
ཙརཏི,1
ཙཚ,107
ཙསྐ,4
ཙརྨ,52
ཙརྱ,20
ཙརྱཱ,3
ཙརྨི,2
ཙརིཏ,1
ཙརྱེ,2
ཙལྤ,2
ཙཎྜུ,180
ཙཱ,64784
ཙཱཔ,3
ཙཱར,276
ཙཱས,199
ཙིཀྲ,9
ཙིཏ,67
ཙིཏྲ,1244
ཙིཏྟ,27
ཙིཏྲཱ,6
ཙིལྤཿ,2
ཙིཧྣ,11
ཙིཧྣཾ,4
ཙཱིན,1
ཙུཎྞ,78
ཙུམྦན,2
ཙུཛ,12
ཙུལྤཿ,2
ཙུལྤི,3
ཙུལྤིཿ,2
ཙྭཏ,5
ཙྭཛ,7
ཙེཏྲ,3
ཙོཾ,1
ཚཿ,5
ཚོན,3
ཛྙན,45
ཛྙཱན,125
ཛྙཱཿ,12
ཛཏ,7
ཛཏི,2
ཛད,3
ཛཏྲུ,2
ཛམྦ,37
ཛཏུ,2
ཛཏྲུཿ,2
ཛམྦིརཿ,2
ཛམྦྲུཀ,1
ཛམྦུ,864
ཛམྦུཿ,2
ཛམྦཱུ,6
ཛཡཿ,1
ཛནྟ,1
ཛསྲ,15
ཛཀྲ,5
ཛཱ,4995
ཛཱཏི,47
ཛཱན,2
ཛཱཔཱ,1
ཛཱམ,1
ཛཱལ,5
ཛིསྲ,3
ཛིཏ,14
ཛིཊ,13
ཛིནཿ,1
ཛིཥྞ,9
ཛིཧྭ,2
ཛཱིབ,1
ཛཱིཛ,2
ཛཱིཛྷཿ,2
ཛུཊུ,2
ཛུཿ,6
ཛྭཿ,2
ཛྷལྤཱ,1
ཛྷཱ,48
ཛྷིཥྛ,11
ཛྷིཥྛཿ,10
ཛྷེཏི,2
ཛྭལ,6
ཛྱོལྤི,1
ཏཀྲ,3
ཏཾཀ,1
ཊཱིཀ,2313
ཊཱིཀཱ,10
ཊཱིཏ,6
ཊཱིར,4
ཊུ,648
ཋཀུར,2
ཋཿ,30
ཌཐ,1
ཌཱཀིནི,2
ཌཱམརུ,1
ཌིཥྞ,10
ཌིཥྞཱ,1
ཎཀྲ,21
ཎཀྲལ,75
ཎཎ,37
ཎཊ,19
ཎཐ,3
ཎཏུ,1
ཎཐྲ,14
ཎཎ,2
ཎཏྲཐ,21
ཎཀྲི,2
ཎཙྪ,508
ཎཙྪཾ,9
ཎཙྪ,9
ཎཙྪ,19
ཎཙྪ,12
ཎཙྪ,5
ཎཐུཿ,1
ཎཔ,8
ཎཕ,2
ཎཕཿ,2
ཎམྦུ,2
ཎཥྞ,1
ཎསོ,2
ཎཡཿ,1
ཎཞ,1
ཎམཿ,2
ཎཊྚི,1
ཎཔི,1
ཎཥྣཊ,2
ཎཥི,4
ཎཥྠ,6
ཎཾཀ,1
ཎྜ,50101
ཎྜན,252
ཎྜབ,2
ཎྜར,317
ཎྜཎ,1
ཎྜལ,247
ཎྜས,105
ཎྜིཕཿ,1
ཎྜིསྠ,6
ཎྜིཐ,12
ཎྜིཕྱ,3
ཎྜིཐྦྷ,9
ཎྜིཐཿ,6
ཎྜིཆུ,14
ཎྜིཆུཿ,1
ཎྜིཕཾ,2
ཎྜཱིཐ,2
ཏཙ,2
ཏཙཿ,2
ཏཙྪཾ,6
ཏཐཾ,5
ཏཐྰ,5
ཏཐ,2
ཏཥ,12
ཏཐྲ,5
ཏམ,1
ཏརི,1
ཏཏྲཔ,1
ཏཊཿ,2
ཏཊཾ,2
ཏིཕྱ,4
ཏིཛ,2
ཏུ,1074
ཏུཕ,1
ཏུག,2
ཏུཕཾ,2
ཏྲུཛ,1
ཏཞ,1
ཏཡ,2
ཏྲཏ,1
ཏིཕ,4
ཏྲ,3104
ཏྲཀ,11
ཏྲཀྲ,2
ཏྲཙ,2
ཏྲར,11
ཏྲཕ,4
ཏྲས,151
ཏྲཾ,153
ཐཾ,246
ཐན,3882
ཐལ,3
ཐུཿ,15
དཀྲ,4
དཐྰ,272
དཐཿ,6
དཐེ,210
དཐེ,25
དཏྲ,97
དཏྲོ,2
དདྲ,2
དཀྲི,2
དཙཿ,16
དཙྪ,16
དཐུ,1
དམཿ,4
དཡ,5
དཛཊ,5
དཀྲ,1
དཐ,12
དཀྲི,2
དཾ,2
དརཿ,18
དརི,1
དཏུ,9
དཔ,6
དཎ,7
དཕཿ,3
དཀྲིཊ,1
དཿ,218
དྲ,7633
དྲཏྲ,78
དྲན,171
དྲཙཿ,1
དྲཙྪཿ,2
དྲམ,8
དྲཡ,1
དྲར,38
དྲརཿ,2
དྲས,31
དྲཀྲིཚུ,1
དྲིཐཾ,2
དྲིཎ,8
དྲིཕ,2
དྲིབན,1
དྲིདྲ,1
དྲིཔ,10
དྲིཕཿ,2
དྲྀཔ,7
དྲྀཕ,36
དྲྀཥྞ,1
དྲྀཊ,138
དུཏྲ,1
དུཟ,3
དུཀ,72
དུཐི,2
དུཀྲཏི,1
དུཕ,179
དུཐ,2
དུཙྪ,1
དུཎ,4
དུཿ,274
དུཿཁ,562

ཊུད,1
ཊུར,263
ཊུཀྵ,1
ཌིཀ,3
ཌིཀྲ,1
ཌིབྲ,2
ཌིཥྚ,13
ཌིཥྚི,42
ཌིཀྵཿ,1
ཌེཀྵ,1
ཌེབར,3
ཌེཡ,1
ཌེཤ,9
ཌེཊྛ,1
ཌཻབ,13
ཌོཊ,5
ཌོཊྛ,5
ཌོཏ,1
ཌོཿ,21
ཌཽད,27
ཌྷུད,3
ཌྷུཏི,1
ཌྷུཿ,10
ཌབྲ,5
ཌབྲིཾ,2
ཌྷིཥྚ,2
ཌྲུཿ,14
ཌྷོཚ,4
ཌྷོཏརི,2
ཌར,31
ཌྷཿ,2
ཌྷཿབྲཿ,2
ཌིགྲུ,1
ཎྜན,344
ཎྜཉི,2
ཎྜཏུ,2
ཎྜཏུཿ,2
ཎྜབུ,4
ཎྜཉཎྜརི,5
ཎྜཀྵ,2
ཎྜམ,18
ཎྜར,539
ཎྜཛ,3647
ཎྜཛྷཿ,14
ཎྜཀྵ,896
ཎྜཿ,49
ཎྜཱ,3075
ཎྜཱཏུ,2
ཎྜཱན,2
ཎྜཱབུ,3
ཎྜཱཕུ,2
ཎྜཱས,2
ཎྜིཎྜུཾ,2
ཎྜིཎྜི,766
ཎྜིཎྜཱིཀ,3
ཎྜིཿ,355
ཎྜུཿ,7
ཎྜུཏ,8
ཎྜུཏཾ,1
ཎྜུཤི,3
ཎྜུམ,1
ཎྜུར,1
ཎྜེཎྜེཀྲ,4
ཎྜེཎྜེཏི,1
ཎྜེཎྜེཥྚཿ,1
ཎྜེཎྜེཥྚཱིཿ,1
ཎྜེཏུ,2
ཎྜོལ,4
ཎྜྭན,16
ཎྜྭཥྚུཾ,1
ཎཀྲ,11
ཎགྲ,19
ཎགྲཿ,2
ཎཏ,77
ཎཊ,275
ཎཐ,12
ཎཛྷ,1
ཎཎྜ,393
ཎཎྜཿ,4
ཎཎྜི,136
ཎཏུ,1
ཎཔྲ,1
ཎཔྱ,4
ཎམྲཿ,2
ཎཙ,13
ཎཡན,11
ཎརཿ,2
ཎཧྲི,1
ཎཧྲུ,2
ཎཤར,1
ཎཥྚ,85
ཎཥྚཱ,6
ཎསཿ,128
ཎཥྚི,3
ཎཱ,35707
ཎཱཀ,1
ཎཱག,24
ཎཱཏ,1
ཎཱཎཱ,2
ཎཱཔ,3
ཎཱམ,68
ཎཱལ,8
ཎཱཥྚི,7
ཎིཀ,4
ཎིཀྵཿ,2
ཎིཙུ,2
ཎིཊ,4
ཎིཌ,1
ཎིཎྜ,2
ཎིཎྜན,1
ཎིཥྚ,9
ཎིཥྚཱ,5
ཎིཥྲ,7
ཎིཥྲཾ,2
ཎིཀྲཐྲ,1
ཎིཀྲུཥྚི,3
ཎིཀྲཱཚ,1
ཎིཀྲཱཚཾ,2
ཎིཥྲཱཚ,1
ཎིཏྱ,2
ཎིལཡ,1
ཎིཕྲ,2
ཎིཊ,3
ཎིཥྚཱ,38
ཎིཥྛཾ,1
ཎིཥྛཿ,3
ཎིཥྚཎྜཿ,2
ཎིཿ,302
ཎཱི,4776
ཎཱིད,3
ཎཱིཏི,2
ཎཱིར,7
ཎཱིལ,19
ཎཱིཿ,9
ཎུད,8
ཎུཥྚ,147
ཎུཎྜ,6
ཎུཎྜཿ,2
ཎྲེ,354
ཎེཀ,6
ཎེཏཱ,2
ཎེཊ,1
ཎེམིཿ,2
ཎེཡ,2
ཎེཥྚ,5
ཎཽ,57
ཎཽཿ,1
ཎྲུཀྲུཿ,2
ཎྲུས,121
ཎྲུཥྚ,4
ཎྲུཾ,74
ཎཱུས,9
པཀྲ,7
པཏྲ,15
པཀར,1
པཀྲུ,2
པཚ,5
པཚཏི,3
པཚུ,914
པཚུན,4
པཚུར,2
པཏ,45
པཏཿ,3
པཏྭ,29
པཏྱ,4
པཏུ,3
པཏུཿ,2
པཐ,1
པཊ,50
པཙ,79559
པཙཿ,2
པཥྚཿ,2
པཥྚར,2
པཥྚི,15790
པཥྚིད,2153
7
པཚི,27
པདད,5
པཁྲི,3
པཁྲ,23
པཎྜ,10
པཕྲ,2
པཙུ,3
པཊ,3
པཎྜི,30
པཎྜིཿ,4
པཏི,2
པཐ,15
པཐམ,2
པདྨ,82190
པདྨཀ,1
པདྨཿ,4
པདྨཱ,125
པཌྷ,1
པཌྷུཾ,8
པཌྷུཿ,2
པཀྵ,7
པཀྵྱཾ,4
པཎི,500
ཕྲི,1
པརཿ,27
པརཀ,2
པརཀྲམ,4
པཛ,78
པཥྣཾ,4
པརཏི,1
པརམ,97
པརམཿ,2
པཕྲཎ,1
པཧྲི,1
པཧྣ,9
པརི,27
པརིག,9
པལཾ,4
པལིད,2
པཤྩིམ,1
པཤུ,1
པཤྲུ,2
པཀྵ,17
པཀྲ,46
པཀྲཿ,1
པཀྵྲ,17
པཀྲྣ,5
པཀྲི,253
པཱ,47452
པཱཀ,1
པཱཏ,6
པཱཙ,6
པཱཚི,23
པཱད,12
པཱཊ,2
པཱཊཾ,2
པཱཐ,1
པཱད,15
པཱཐྲཿ,2
པཱར,218
པཱལ,35
པཱལི,10
པཱས,76
པཱཀྲ,19
པཱཀྲི,7
པིཙ,2
པིཙྪ,2
པིཙུ,3
པིཏཀ,2
པིཐ,2
པིཛྷ,3
པིཥྚ,42
པིད,1
པིཏྲཾ,3
པཱི,629
པུཊླི,9
པུཊླཱི,1
པུཥྚརི,2
པུཥྚྲ,3
པུཧུ,60
པུད,3
པུརཿ,3
པུཕ,12
པུཎྞ,2
པུཎྜཊ,8
པུཊ,16
པུཥྚི,31
པུཥྤ,314
པུཥྤཾ,154
པུཆུ,5
པུཆུཿ,2
པཱུ,1482
པཱུཿ,4
པཱུཚ,1
པཱུཥྞཿ,2
པྲེཀྵ,14
པྲེདཿ,3
པྲེཏི,15
པྲེཥྚ,2
པྲེཥྚཾ,1
པྲེཥྛ,7
པྲེཥྛཾ,2
པྲེཥྛཿ,1
པེཏ,1
པོད,171
པྲཀ,8
པྲཀྲྀ,1153
པྲཀྲྀཿ,2
པྲཙ,10
པྲཏ,10
པྲཎྜཾ,2
པྲཏི,3
པྲཐམ,2
པྲཀྲཎི,3
པྲབེཤ,1
པྲཛ,9
པྲཛྱ,5
པྲཛྙཚ,1
པྲཎཥ,4
པྲཥྚ,5
པྲཥྚི,1
པྲཥྚཱ,2
པྲཥྛ,19
པྲཥྛཿ,2
པྲཤྣ,37
པྲཤྩ,7
པྲཤྭད,1
པྲཀྲ,7
པྲཱུཚུ,1
པྲཱུཏ,2
པྲཱུཙ,2
པྲེཡཱ,2
པྲེཡཿ,1
པྲེཏྭ,9
པྲོཥྛ,13
ཕཙ,6
ཕོཏ,13
བཀཿ,2
བཏྲ,20

བཏྲྃ,14
བཀྲཿ,2
བཀྲམཿ,1
བཀྣན,17
བཀྵུཿ,1
བཊ,5
བཏྲིཿ,2
བཏྣ,6
བཏྲ,28
བདེནྃ,2
བཀྲིཿ,4
བཛྲ,977
བཛྲཾ,3
བཛྲཿ,16
བཛྲཡ,1
བཛྲུ,118
བབན,1
བརལ,52
བཛ,23
བཀཿ,1
བཀྵཿ,19
བཛྷཿ,8
བཧྲ,113
བཧྲན,4
བཇ,13
དཛྲ,2
བསྐྲི,6
བརེ,28
བལྷ,1
བལྷི,3
བཤྲ,3
བསཿ,14
བསྟྃ,5
བསྟུཿ,2
བསྟིཿ,3
བསྭ,35
བསྱཿ,2
བཧུ,8
བཾཤ,3
བཱ,10654
བཱཀཿ,2
བཱཚ,1
བཱཏ,6
བཱཏྲི,3
བཱམ,12
བཱམན,2
བཱལ,54
བིཀ,2
བིཀྲཏྲ,12
བིཏྲྃ,2
བིཏྣ,4
བིདྣ,5
བིདྱུཊཀ,2
བིདྲུ,127
བིདྲུཏ,1
བིཀྲི,4
བིཥྚཿ,7
བིཥྞ,2
བིནཡ,2
བིདྱཛྲ,1
བིཥྛ,42
བིཥྛཾ,2
བིཧྲྃ,2
བིརིཉྩིཿ,2
བིཥ,4
བིཤ,11
བིཤཱ,2
བིཤྭ,34
བིཊམ,1
བིཧར,5
བཱིཚ,1
བཱིཏ,1
བཱིཏཾ,2
བཱིཿ,5
བྲྀཀྵ,3
བྲྀཏྲན,1
བྲྀཏྲཿ,1
བྲྀཏྲི,77
བྲྀཏྲིཿ,6
བྲྀཛྲ,16
བྲྀཛྲཿ,2
བྲྀཛྲུ,1
བྲྀཏྲ,4
བྲྀཏྲན,1
བྲྀཧྱི,13
བྲྀཧྨི,5
བྲྀཥྟ,1
བྲྀཊི,1
བྲྀད,2
བྲྀཀྲ,8
བྲྀཀྲཿ,2
བེཏྲྃ,1
བེཀྲ,3
བེཀྲི,2
བེལྦྃ,1
བེཥྨ,12
བེཊ,3
བཻ,3176
བོདྷ,14
བོདྷི,199
བུདྷ,10
བུདྷཿ,3
བུཔ,5
བུསྟཿ,2
བུསཿ,10
བྲཱུཀརཚཿ,5
བྲཱུཧྲི,1
བྲཱུཾས,2
བྲཱུཀ,2
བྲཱུ,1956
བྲུཛྲན,1
བྲཛ,2
བྲཏ,7
བྲཏྲི,3
བྲཛྲ,5
བྲཧྨ,238
བྲཧྨཎ,14
བྲཧྨཎྜ,2
བྲཱཎ,2
བྲཱཧྨི,11
བྲཱིཏྲི,2
བྷ,47526
བྷཏྲ,19
བྷག,312
བྷདྲ,118
བྷགྣ,13
བྷཀྵེ,173
བྷཀྵི,16
བྷཥྚ,25
བྷད,100
བྷཛྲ,2
བྷཊ,18
བྷཛྲི,1
བྷབ,10
བྷཡཿ,1
བྷཡི,1
བྷར,887
བྷཥ,2
བྷཀྵ,2
བྷལྦ,14
བྷསྨ,27
བྷདྲ,224
བྷཾ,627
བྷཾག,10
བྷཿ,80
བྷཱཏྲྃ,4
བྷཱཏུ,2
བྷཱབ,2
བྷཱལ,2
བྷཱཊ,2
བྷིཀྵུ,129
བྷིཀྵ,21
བྷིཀྵྲུ,10
བྷཱིཿ,1
བྷཱིཏྲ,1
བྷཱིཀྵྃ,2
བྷུ,2586
བྷུག,8
བྷུཏྲ,6
བྷུཛ,6
བྷུཡ,1
བྷཱུཏ,6
བྷཱུཏཿ,2
བྷཱུཏི,4
བྷཱུམི,1
བྷཱུཿ,22
བྷེཀ,4
བྷེཀཿ,2
བྷེད,18
བྷེན,1
བྷེལ,689
བྷེཊ,2
བྷོ,15605
བྷོག,39
བྷོདྲ,1
བྷོཊ,117
བྷོམ,45
བྷོཌ,1
བྷོཿ,1
བྷྲམ,8
བྷྲཥྚ,1
བྷྲཱུཏྲ,6
བྷྲུདྷ,3
བྷྲཱུཿ,2
མཁཿ,2
མགྣ,4
མངྒ,18
མངྒལཾ,157
མཀྵུ,1
མཉྫ,33
མཉྫཱ,12
མཉྫྷ,3
མཉྫུ,1889
མཉྫུགྷོཥ,1
མཉྫི,165
མཉྫིར,12
མཉྫིབྲ,3
མཊ,16
མཋ,2
མཎ,433
མཎྜ,18
མཎྜལ,445
མཎི,284
མཎིྣ,2
མཏ,10
མཏྱརཿ,1
མཏྣ,3
མཏི,4
མཏྨ,8
མད,5
མདྷུ,8
མདྷུར,5
མདྷྱ,6
མདྷྱམ,3
མདྷྱཿ,2
མདྷྭ,244
མནྡྲ,84
མནྟྲ,11
མནྟ,333
མནྟར,38
མནྟཿ,4
མནྟྲཱ,170
མནྟྲཱརཿ,2
མནྟྲུན,2
མནྟྲ,90
མནྡ,3
མནྡྲི,9
མནྡུ,7
མནྡྭ,4
མནྟུ,1
མནུབྷུ,2
མནྭི,1
མནྭིཧྲ,2
མཔི,1
མཡ,6
མཡུ,5
མཡུན,1
མཪ,1
མཪྐཊ,1
མཪྒ,49
མཪྫ,7
མཪྨ,24
མཪྟྱ,2
མཪྵ,15
མརུ,15
མརུཏ,24
མལླིཀ,1
མལཾ,1
མླེཙྪ,12
མཤ,2
བཀྲི,7
མསྐར,6
མསྟུ,70
མསྨ,4
མཧ,14
མཧཱ,1093
མཧཱི,4
མཧེ,3
མཱ,73122
མཱཏྲྃ,2
མཱཎྜེ,8
མཱཏྲིཀ,1
མཱཏྲ,7
མཱན,613
མཱནུ,293
མཱར,1221
མཱཀ,91
མཱཀྲཿ,2
མཱལ,39
མཱལྷ,4
མཱཊ,5
མཱས,276
མིཀྵུ,6
མིཏ,16
མིཤྲ,2
མིཏྣ,1
མཱིན,261
མུདྲ,82
མུདྲཿ,5
མུདྲཱ,8
མུདྲིཀཱ,1
མུཁ,4
མུདྒ,117
མུཀྵུ,42
མུཎྜི,3
མུཥྚི,3
མུནཿ,1
མུནི,6
མུཏྣ,2
མུཊ,2
མུཀྲ,5
མུཀྟི,87
མུསྟ,3
མུཏ,2
མུཀྲཱ,1
མུཿ,177
མཱུར,12
མཱུཚཿ,2
མཱུརྟི,29
མཱུརྡྷི,17
མཱུལ,2
མྲྀཏ,16
མྲྀད,2
མྲྀཊ,12
མྲྀཀྵ,13
མེགྷ,9
མེདཿ,37
མེརུ,1
མོདྒལ,20
མོཀྵ,1
མོཊ,17
མོདཿ,1
མོཧ,3
མོགྷ,17
ཡཀྵ,249

ཡནྟྲཿ,3
ཡནྡྲ,1
ཡནྟི,5
ཡནྟ,79
ཡནྡ,1
ཡདི,14
ཡཀྵ,40
ཡནཿ,2
ཡཉྫ,2
ཡབཿ,2
ཡཕ,2
ཡཕྲ,3
ཡཕྲེ,43
ཡཕྲེཿ,6
ཡསུ,4
ཡཀྲ,131
ཡཿ,739
ཡྭན,529
ཡྭམ,7
ཡྭས,405
ཡུཀྟ,46
ཡུཀྟི,11
ཡུཀྟེ,20
ཡུག,2
ཡུཥྨ,51
ཡུཀྶ,1
ཡུཥྨད,3
ཡེད,1
ཡོགཿ,1
ཡོཛཉཾ,3
ཡོནི,2
རཀྟ,1162
རཀྟཿ,2
རཏྣ,4
རཏྣཿ,5
རཛྫ,22
རཀྵ,540
རཊ,54
རཋ,97
རཋཾ,2
རནྟཱིཿ,2
རཐ,5
རཐྱ,2
རཛྫ,1
རཀྵྨ,1
རཔི,1
རཀྵྨ,40
རཀྵྨཿ,4
རཤྨ,2
རཡ,7
རཥྚི,1
རསྨ,3
རཤྨི,71
རསྨུ,4
རཀྟཉ,1
རཀྟྲ,5
རཀྟིད,9
རཾ,3291
རཾག,1
རཱག,54
རཱཏྣཿ,1
རཱཛྙི,1
རཱཛྙེ,3
རཱཀྲྀཾ,2
རཱཀྵུ,2
རཱཕེ,2
རཱསྨ,26
རཱཀྲ,24
རཱཀྲྀ,3
རཱཿ,86
རིཀྟ,7
རིད,13
རིཀྲ,1
རཱིཊ,2
ཙཀྲ,1
ཙཏྭ,1
ཙཙ,1
ཙཎ,1
ཙཎཾ,2
ཙཎྜ,2
ཙཀྲཾ,2
ཙཿ,105
རེག,2
རཱུཀྵུཾ,1
རཻ,177
རོགཿ,2
རོཙ,3
རོཏྣ,1
རོཏྣཿ,2
རོལཿ,9
རོཧི,3
རོཧིཎི,12
ལབྷ,29
ལབྷཾ,3
ལཤྩ,12
ལབྡྷ,90
ལབྡྷཾ,1
ལཛྫ,12
ལད,15
ལཏྭ,4
ལཕྱ,1
ལཕྱ,11
ལཔི,1
ལཛ,4
ལལྭ,4
ལལིད,3
ལསན,4
ལཧེ,1
ལཀྵྨི,18
ལཀྵྨཱི,13
ལཀྵྨཱི,26
ལཀྲ,10
ལཀྲ,9
ལཀྲ,3
ལྭད,5
ལྭབཿ,2
ལྭཧ,1
ལིདྡྷ,1325
ལིདྡྷཾ,9
ལིཊ,7
ལིཔྲ,7
ལིཧ,2
ལིཿ,73
ལྭི,1679
ལྭིན,69
ལྭིཉ,2
ལྭིལྭ,1
ལུཤྩ,1
ལུཔྲ,2
ལྲུ,1428
ལྲུག,3
ལྲུན,37
ལྲུཿ,2
ལེབ,5
ལོག,19
ལོཙ,3
ལོད,1
ལོཎ,9
ཥཎྜ,1
ཥཀ,118
ཥྭཀྲ,7
ཥྭར,140
ཤཀྲཱིཿ,6
ཤཀྱཿ,2
ཤཀུ,1
ཤཀྲཱུཿ,2
ཤཀྶ,2
ཤཊ,20
ཤཊིད,1
ཤཊི,2
ཤད,21
ཤདཾ,16
ཤདྭ,2
ཤནྟཿ,3
ཤཏྲ,9
ཤནས,1
ཤནི,2
ཤཔྲནཿ,2
ཤམཧ,8
ཤཱཀྨཱཿ,2
ཤཀྵི,4
ཤཀྶི,6
ཤཡ,2
ཤཡྭ,3
ཤརད,20
ཤཀར,3
ཤཐ,5
ཤབྡཿ,2
ཤཀྱ,62
ཤཀྱན,1
ཤརཿ,20
ཤཱིརཾ,5
ཤྐཾ,1
ཤཀྲཾ,2
ཤཀྲཾ,2
ཤཕྲ,5
ཤཀྵཾ,3
ཤཀྵི,5
ཤཀྵ,34
ཤཀྵ,6
ཤསྨི,2
ཤཾ,801
ཤཾག,4
ཤྭཀྲ,29629
ཤྭཁ,1
ཤྭད,3
ཤྭདཾ,2
ཤྭར,3
ཤྭཀྟ,229
ཤྭརཿ,2
ཤྭལ,2
ཤྭལི,2
ཤྭཤྭཾ,1
ཤིཀྲཾ,2
ཤིཁི,2
ཤིཀྲན,1
ཤིད,5
ཤིཊི,5
ཤིརཿ,4
ཤིལྲི,2
ཤིཕྲ,26
ཤིཕྲཿ,2
ཤིཀྲ,5
ཤྭི,4146
ཤྭིཤྭ,1
ཤྭིད,12
ཤྲུག,21
ཤྲུཀྟི,9
ཤྲུཀྲ,46
ཤྲུགཿ,2
ཤྲུཀྲ,8
ཤྲུཙི,1
ཤྲུཀྵི,2
ཤྲུཀྵ,15
ཤྲུཀྲ,468
ཤྲུཀྲཀྟ,1
ཤྲུཀྲི,25
ཤྲུཀྲ,3
ཤྲུཀྵི,2
ཤྲུཀྶ,5
ཤྲུཀྶ,62
ཤྲུཀྲ,8
ཤྲུཕྲ,5
ཤྲུཀྲ,3
ཤྲུལ,46
ཤྲིཀྲ,10
ཤེཊི,2
ཤེཥྨ,14
ཤེཁ,1
ཤེཁཿ,2
ཤྭེལ,2
ཤེལ,2
ཤོཋ,1
ཤོཀྲ,4
ཤྲན,37
ཤྲམ,33
ཤྲཱན,1
ཤྲཱཀྶ,189
ཤྲབག,2
ཤྲིཏྣ,2
ཤྭཻ,7791
ཤྭཻཿ,35
ཤྲེད,5
ཤྲཻ,8
ཤྲིཡཾ,3
ཤྲིཕྲ,3
ཤྲིཕྲཿ,2
ཤྲཻ,2
ཤོཋཿ,2
ཤྭ,14005
ཤྭན,33
ཤྭས,42
ཤྭེད,1
ཥཊྟྲཿ,2
ཥཎྜ,20
ཥམ,18
སཿ,250
སྐནྡ,12
སྐནྡཿ,4
སྐཀྶ,82
སྐཀྶཿ,6
སཀར,3
སཏྣཿ,6
སཏྣ,5
སཛྫན,14
སཛྫས,2
སད,51
སཏྟ,15
ཧྲསྨ,21
ཧྲསྨཿ,4
ཧྲསྨ,157
ཧྲསྨ,1
སཙུ,4
ཥྲཔ,3
སཙཾ,4
སཏ,6
ཥཀྲི,293
ཥཀྲི,324
སཏྭ,1230
སཏྭཾ,111
སཏྭཿ,3
སྟྭ,256
སྟྭན,14
སྟྭན,3
སྟྭིདཿ,1
སྟྭལ,2
སད,2
སཀྲ,21
སཀྲན,2
སཀྲི,65
སཀྲི,3
སཀྲན,1
སཀྲཿ,2
སཀྲ,2
སྭན,2
སྭཱཀྲ,24
སྭཱཀྲཿ,4
སཔྲ,237
སཔྲམི,1
སྤྲཧ,23
སྤྲཀྲ,2
སྤྲར,18
སཕལ,1
སྟྲིག,4
སྟྲཊ,1
སཔི,3
སཔྲཾ,5
སཕྲཾ,1
སཕྲ,3
སམནྟ,14
སམནྟུ,1
སམྤད,21
སམྤར,3
སམྤད,6
སམྤིད,1

སསྲུཏ,1
སསྲི,3
སསྲིཎྞ,1
སསྲིཁ,1
སྨྲཿ,1
སསྨྲྀཀ,11
སྨྲ,60
སསྣ,22
སསྣཧྲི,3
སསྣན,2
སསྣས,1
སསྱིད,1
སསུད,5
སསུཊ,1
ཧྲིདི,1
སརག,1
སརཏ,2
སརཿ,10
སཛྫ,61
སཐྲ,2
སཏྭ,9693
སཏྭཛྙ,4
སཏྭཐྭ,1
སཏྟྭ,1264
སཏྟྭཾ,22
སཏྭཾ,73
སལས,10
ཧྲིཏ,1
སལེབ,1
སཏ,16
སཏས,9
སཏྣ,4
སཾ,6506
སཾཀར,3
སཾགྲིཏ,10
སཾག,1
སཾཧྲ,32
སཾཛྙ,4
སཾསྐྲྀཏ,75
སཾཏཏ,3
སཾཧིཏ,4
སྭཀ,1
སྭད,14
སྭཧྲ,2
སྭཀྲ,3

སྭཧྣ,1
སྭཡ,2
སྭཡཾ,1
སྭར,219
སྭལི,3
སྭཧྲ,3
སིཀ,16
སིཧྲ,2
སིདྡྷ,4
སིཙ,2
སིཀྵ,5
སིད,6
སིདཿ,2
སིདྡ,28
སིདྡྷྱཾ,107
སིདྡྷྱ,38
སིཧྲི,118
སིཏྭ,5
སིདྣ,177
སྭི,2401
སྭིད,6
སྭིམ,3
སུཁ,6
སུཀྵྨ,5
སུདྣ,1
སུཏྲ,6
སུཧྲི,2
སུཧྣར,1
སུཧྲུ,3
སུབར,4
སུམན,11
སུཧྲཱིཾ,9
སུརྵ,1
སུཐ,2
སུཏྣ,1
སུཏྲུ,5
སུཧྲིཾ,1
སུསྣ,1
སྲུདྷྲ,2
སྲུཊ,13
སྲུ,1056
ཏཀྲི,7
ཏཐྲྀ,2
ཏཏ,8
ཏཐ,2

ཏཏྭ,14
ཏཏྭཾ,2
ཏབཿ,1
ཏཡ,1
ཏཕ,2
ཏཊ,26
ཏཀྵི,5
ཏསྨྲྀཾ,6
ཏརཿ,5
ཏཪེ,5
ཏཪེཊ,1
ཏཪེཏ,1
ཏསྨྲུ,1
ཏསྱ,90
ཏསྱཿ,8
ཏསྨཱ,20
ཏསྨི,91
ཏཏ,254
ཏཾ,2845
ཏཾས,2
ཏྲཾ,13705
ཏཿ,277
ཏྭ,43165
ཏྭཀ,3
ཏྭམ,11
ཏྭར,87
ཏྭལ,5
ཏྭས,80
ཏྭསྱ,2
ཏིཀཱི,2
ཏིཀྲ,9
ཏིཏ,11
ཏྭི,869
ཏྭིན,6
ཏུཏི,1
ཏུཧྲིཿ,1
ཏེམཏྲཿ,2
ཏེཏུ,5
ཏེཧྲ,2
ཏཻ,7
ཏོཐྲི,1
ཐྲཏཿ,1
ཐྲིཏ,4
ཐྲཧྲིཿ,1
ཏྲཱིཿ,1436

ཏྲཿ,25
ཐྲཊ,2
ཐྲཏྲ,2
ཐྲཏྲི,1
ཐྲམ,1
ཐྲྀ,6
ཐྲྀཏྲི,2
ཐྲིཏྭ,2
ཐྲིཡ,2
ཐྲིམ,34
ཐྲིར,1
ཐྲིས,1
ཐྲུཏྭ,4
ཨཀ,26
ཨཀཇ,3
ཨཀསྨ,1
ཨཀཿ,4
ཨཁྲ,9
ཨགཀྵ,2
ཨགྣི,173
ཨགྣིཿ,2
ཨགྣར,1
ཨགྲ,3
ཨགྲད,2
ཨགྲྀཾ,2
ཨངྐར,1
ཨངྐིར,3
ཨངྐ,75
ཨངྒ,115
ཨངྒཀ,1
ཨངྒི,64
ཨངྒིར,16
ཨཙ,61
ཨཀྵ,19
ཨཀྵཊ,1
ཨཀྵོ,9
ཨཛ,4
ཨཛྙ,15
ཨཛྭ,2
ཨཛིད,2
ཨཊ,51
ཨཊྭ,4
ཨཌ,309
ཨཌྷ,42
ཨཌུ,1

ཨཌཿ,2
ཨཏ,125
ཨཏྲ,11
ཨཏྲི,1
ཨཏྨ,54
ཨཏི,19
ཨཏེ,1
ཨཏུཏྲ,5
ཨཏྲ,34
ཨཐ,1
ཨཐོ,1
ཨདྨ,10
ཨདར,1
ཨདུ,12
ཨདྭ,2
ཨདྱ,23
ཨདྷར,1
ཨདྷི,32
ཨདྷུཾ,2
ཨདྷོ,3
ཨདྭ,14
ཨདྭཡ,2
ཨན,252
ཨནཿ,2
ཨནར,11
ཨནཏྲ,4
ཨནཏྲཊིཿ,2
ཨནྟེ,17
ཨནྟུ,4
ཨནྟ,69
ཨནྡ,150
ཨནྟྲ,23
ཨནྨ,3
ཨནྨཿ,2
ཨནྨུཿ,2
ཨནྦ,11
ཨནྦུ,8
ཨབྦད,2
ཨབཧྲ,17
ཨབྦྭ,1
ཨབན,5
ཨབྷ,1
ཨབུ,32
ཨབུཀཱལ,3
ཨབྲུ,7

ཨཔ,8
ཨཔི,1
ཨཔཙརཀ,1
ཨཔྣཿ,2
ཨཔཏྲ,1
ཨཔཏྭར,1
ཨཔཏྲི,6
ཨཔར,2
ཨཔཏ,1
ཨབི,1
ཨཔྲུ,1
ཨཔྲ,18
ཨཔྲི,54
ཨཔྲིཏྭཧྲ,1
ཨཔྲིཏྲ,2
ཨཔྲིཁིཀྵ,1
ཨཔྲེ,1
ཨཔྲུས,1
ཨཔྲུསཿ,2
ཨཔྲཱ,4
ཨཔྲཾ,2
ཨཔྲུ,34
ཨམྲ,43
ཨམྲི,4
ཨམྲཱ,9
ཨམྲུ,13
ཨམར,2
ཨམླ,7
ཨམིཏྲཧྲཿ,5
ཨམྲིད,5
ཨམྣ,3
ཨམྣི,1
ཨཡ,1
ཨཡུཏཾ,2
ཨཡེ,6
ཨཛ,105
ཨཀྵཾ,513
ཨཤ,24
ཨཤྭ,4
ཨཤུ,2
ཨཛྫན,13
ཨཇ,7
ཨཏ,21
ཨཏི,6
ཨཐ,247

ཨཐྲཿ,7
ཨཏ,3
ཨཏྲ,4
ཨཐྲན,3
ཨརབ,6
ཨརཡ,4
ཨཇྲ,5
ཨཇ,1
ཨརྣ,2
ཨརི,12
ཨརིཧྲ,2
ཨརུ,9
ཨརེ,3
ཨལཀ,15
ཨལྤ,25
ཨལྤུ,1
ཨལཾ,1
ཨཀླ,12
ཨཤྲམ,2
ཨཤྲ,15
ཨཤྲཀ,22
ཨཥྚ,138
ཨཥྚི,5
ཨསྟུ,24
ཨསྟུཾ,7
ཨསྟུཿ,2
ཨསྟི,40
ཨསྲུ,35
ཨསྠི,14
ཨསྨ,91
ཨསྨད,7
ཨསི,3
ཨསུ,4
ཨཧ,1
ཨཧད,1
ཨཧཾ,2
ཨཧི,2
ཨཧུ,1
ཨཧོ,2
ཨཧྣ,42
ཨཧྣཾ,6
ཨཧྣི,20
ཨཱ,17134
ཨཱཿ,1196
ཨཱཀར,2

附录五　非自动生成的藏文统计

音节	频数
པའི	12643328
བའི	5643377
མའི	1155114
ཕོའི	1010906
དེའི	947721
བོའི	807191
མོའི	491117
འདིའི	474692
གོའི	459098
ཚོའི	448785
ཕྱིའི	377176
དུའི	367140
པའོ	366758
ངའི	342973
རེའི	328102
ཕའི	325936
ཤིའི	320537
གསོའི	315265
སའི	295276
ཏུའུ	291267
ཕྱའི	279470
གཞིའི	269433
ཀྲུའི	263153
ཆེའི	254889
ཀྱུའུ	253037
ཕྱའོ	242089
ནའང	208014
ཤུའུ	205987
ཁའི	196647
ཀའི	174068
ཆའི	167772
རིའི	160725
ཆུའི	159167
ཙའི	148721
སོའི	145746
གྲའི	141660
ཀླའི	137072
རའི	136625
ལའང	135333
བཞིའི	133986
ཞུའི	131730
ཡའི	125394
ལེའུ	120769
འདྲའི	117001
པའམ	116120
ལྷའི	115006
ཤུའི	113376
བའོ	112942
ལའི	110525
རྒྱུའི	106095
གའི	102807
སྒོའི	101470
སུའུ	98386
འདུའི	93563
མཚོའི	92872
ཕྲུའུ	92459
ཅིའི	91897
ཤེའི	88402
ལྡོའི	86250
པདྨ	82190
རྗེའི	81277
པའང	81060
སྤྱིའི	80733
པཎ	79559
མཐོའི	78899
ཟླའི	78527
སྐུའུ	78243
ཁོའི	76162
རུའུ	73582
མཐའི	73247
མཱ	73122
ཀླའི	71844
ཀྵའི	69705
ཐྲ	68093
སུའུ	67776
ཚུའུ	67372
ཏུའུ	66806
མར	65169
ཨཱ	64784
བཙུའི	64220
ཆོའི	61553
ཡཱའི	60001
ཁྲའོ	56998
བའམ	56876
གེའི	56667
ཕྲིའི	55402
ཏཱ	54847
མདོའི	52272
ཐྲེ	52230
དེའང	51052
ཕུའུ	50361
ཊཱ	50101
སྤའི	49613
བདེའི	49149
མཁའི	48993
མའོ	48726
ཀྵ	47526
ཀྲོའུ	47485
ཕཱ	47452
ཐྲན	46801
གརྨ	46468
ཀློའི	45339
འགའི	45268
ཕུའི	44417
ཡཱ	44329
འགྲོའི	44102
ལཱ	43378
གཙོའི	43211
རཱ	43165
དཔའི	43007
ཙུའུ	42912
གྲུའི	42227
ཞའོ	41928
དགུའི	41759
རེའུ	40911
བཟོའི	40262
ལུའུ	39559
ལའོ	39316
ཎི	39111
ལིའུ	39083
ཨོཾ	38814
སཱ	38525
ཏུའོ	36082
ནཱ	35707
སྐྱེའི	35613
ཐའོ	34599
དུའང	34402
སྒྲུའི	34303
ཧའི	33836
བསྐྱེའི	33111
ཧའོ	32508
བའང	31325
དགའི	30943
བསྡུའི	30702
སྒེའུ	30686
མཚེའུ	30441
ཤཱཀྱ	29629
ནའི	29364
ཚའི	29010
ཐཱ	28471
སྒྲའི	28176
ཊ	28031
བརྒྱུའི	27882
འཁྲིའི	27365
ཙུའི	27116
སྐྲུའི	26903
སེའི	26834
ཀྵའི	26367
གུའི	26181
ཉུའི	26086
ཧཱུྃ	26024
ཀྲུའི	25876
ཐའི	25486
ཁྲིའི	25482
ཀའོ	25415
ཟའི	25289
ལིའི	24672
བཱ	24387
ཤཱ	24098
ཤེའི	23988
པའེ	22805
ཁྲུའུ	22786
བརྗེའི	22405
ནའོ	22171
རྗིའི	22086
སྒྲུ	22036
འཚོའི	21944
འདྲིའི	21909
ཧིའི	21736
པཎྜིཏ	21537
ཏྲ	21387
ཏའོ	21243
ཁེའི	21207
བཛྲ	21106
ཞིའི	21097
པདྨའི	20776
སྐྱིའི	20582
ཀྲའོ	20461
རུའི	20388
ཏུའི	20333
བསྒོའི	20227
ཁཱ	19898
ཊོའི	19307
ཀཱ	19083
ཁྲིའུ	18578
ཐོའི	17589
རྗེའུ	17534
གཱ	17522
སྒྲོའི	17241
མདའི	17204
བརྡའི	17155
ཨཱ	17134
ཕོའོ	17101
ཕྲིའུ	16375
སུའི	16300
ཀུའུ	15966
སླེའི	15905
ཕའི	15861
ཊ	15818
པཎྜི	15790
ཕྲའི	15707
འཕྲིའི	15605
ཀར	15605
ཕཊ	15436
དེའོ	15153
ཙཱ	15152
ཕོའམ	15056
ཎ	14543
དགེའི	14485
འབུའི	14301
ཉིང	14296
ཏའི	14120
མགོའི	13941
དུའོ	13777
སུའང	13747
ཀྲ	13732
བཅའི	13725
ཧཱུཾ	13705
ཨའོ	13620
ནེའུ	13382
ཏུའི	13323
འགོའི	13310
ཐྲོ	13256
ཀཱི	13196
སྐྲུའི	13187
ཐུའུ	13034
ལའེ	13006
ཛཱ	12833
རྗོའི	12802
དཔེའི	12716
ཚར	12489
རོའི	12097
ལུའོ	11950
ཧའི	11564
ཞུའོ	11412
གཞུའི	11262
ཕྱིའུ	11163
ཤའི	11162
བེའུ	11105
སུའོ	11092
དབྱིའི	10982
ཀྲི	10749
ཥཱ	10654
སྦྲུའི	10545
བཀྲིའོ	10406

ཟེའི,10399
ཚེའོ,10150
ཁྲིའི,10081
ཀྲུའི,10044
ཙྭའི,9924
ཀྲོའི,9866
ཁྲུའུ,9820
སཛ,9693
ཧྲའུ,9618
སོའོ,9584
བཻ,9581
ཆའང,9551
སྣཀྲུའི,9500
ཀྲིའུ,9470
འདྲའོ,9261
ལེའི,9157
ཧྭའི,9143
ཁའི,8891
མཁོའི,8780
ཡིའུ,8515
ཛྭན,8509
དྲའི,8507
ཞེའུ,8386
འཚོའི,8358
ཉེའི,8277
ཀྲུའམ,8268
ཆའོ,8183
གྲིའི,8166
ཡའོ,8138
ཛྭང,8094
ཙུའི,8010
ལུའི,7969
ཛྲིང,7964
སྲི,7791
སུའི,7748
དྲ,7633
ཀོཾ,7598
ཀྲ,7588
ཀྱ,7528
མའམ,7500
ཏི,7489
ཊ,7353
ཟེའུ,7320
ཟེའི,7271
རྗོད,7246
ཧྲུའང,7210
ཕོའང,7146
ཁྲུའི,7145
ཕྲ,6973
ཚའི,6876
གོཾ,6864
ཀྲུའུ,6839
འགྲོའོ,6796
ཧྭའང,6786
ཛྲིན,6724
ལྷུའི,6633
མའང,6609
མཎྜལ,6573
མའི,6536
ཀིའི,6514
སཾ,6506
ཧྭས,6499
ཛོའི,6434
ཕོའི,6379
ཟུའི,6310
ཨུཏྤལ,6236
ཆིའུ,6221
ཁྲེའོ,6189
ཁོའོ,6171
ཙེའི,6102
བཞིའོ,6079
བརྙེས,6040
ཨའི,5984
བལྟའོ,5978
ལིའོ,5920
དེའུ,5834
ཐའི,5831
ནེའི,5759
ཀྲི,5716
སྲེའུ,5692
ཟུའུ,5651
ཧྭའི,5650
ཨོཾ,5640
ཧྲའོ,5632
འདིའང,5598
ཙུའི,5595
སྭོའོ,5568
ཟྭ,5562
ཛྷུའི,5549
ཙོའི,5525
ཛྲི,5488
ཛྲུང,5470
འཛུའི,5416
ཁྲོའི,5329
ཟྭའི,5319
ཕྱེའོ,5227
ཉའི,5218
ཚུའི,5210
ཙྭ,5164
ཀྲུའོ,5143
ཙའོ,5123
ཤྲེའུ,5109
ཐེའུ,5054
ཛྭོ,4995
ཧྲའན,4938
ཐྲུའི,4933
ཉིའི,4929
ཕོའུ,4911
ལེའང,4887
ཀྭ,4872
གྭའི,4872
པདྨོ,4870
ཧཱུྃ,4846
ཧོའི,4812
ཉྭ,4776
ཀྭའི,4754
པདྨེ,4745
དགེའོ,4744
ཀིརྟི,4679
རཏྣ,4664
འཛུར,4639
སེཏྲེ,4624
ཙནྡན,4592
ཏའི,4559
ཊའི,4429
ཚོའོ,4425
ཤྲུའི,4394
ཤོད,4385
ཐྲོའོ,4361
ཕྲོའི,4342
ཤོའོ,4337
ཊི,4336
དཀའི,4330
ཧྲུའི,4307
ཤེའི,4307
བཙའི,4211
བརྗེ,4171
ལེའོ,4166
ཞྭི,4146
ཏྭི,4124
ཉོག,4120
ཁོའུ,4106
ཁྲའི,4091
ཀྲའི,4055
ཧོའུ,4018
ལུའི,3996
ཏིག,3964
ཛྭ,3955
ཀྲུའི,3924
མཆིའོ,3913
ཆོཏ,3905
ཐྲན,3882
སའི,3854
བཀྲའི,3854
པའི,3845
ཛའི,3840
ཉྭི,3833
ཧྭན,3826
བཙྭ,3826
གྲུའི,3819
ཁྲུའི,3802
འདིའོ,3797
ལེའུར,3786
ཀྲུའོ,3773
ཤོའམ,3767
ཀྭ,3758
ཉུའི,3751
པཾ,3749
གེའུ,3743
གིའི,3742
ཕེའོ,3731
ཕཾ,3722
ཤིའམ,3721
ཕོའུ,3668
ཇའི,3652
ཀྲཛྲ,3647
ཀྲང,3645
ཤྲེའི,3624
མདེའུ,3616
ཉེའུ,3589
ཊེའི,3520
རེའང,3515
ཁྲེའི,3497
ཀོའུ,3482
ཁྲུའི,3475
ཏྭ,3466
ལེའུའི,3414
ཁིའི,3355
ཀྱི,3322
རཾ,3291
ཡུའི,3265
ཀྲོ,3259
ཉོ,3225
ཁྱེའི,3194
སའང,3192
ཞྭི,3192
པཻ,3176
ཉེད,3175
ཧུའུ,3150
ཧྲུའོ,3130
འདྲེའི,3113
བསུའི,3113
ཆྭང,3112
ཀྱུའོ,3107
ཁའོ,3100
ཧྲིའི,3094
ཟའོ,3093
སའོ,3090
ཀྭ,3075
ཡིའང,3072
ཀྲིའོ,3064
ཧྲུ,3060
ཨོའུ,3049
ཤྲའི,3008
ཧེའི,3001
སྲུའི,2987
ཤོའང,2974
ཚྭའི,2968
དའི,2966
ཤིའུ,2951
ཕོའང,2950
རེཊ,2937
གཾ,2877
ཐྲའི,2870
ངའོ,2857
ཧཾ,2845
ཙཀྲ,2813
ཕོའམ,2796
ཅིའུ,2788
ཚོའང,2784
ཞྭེ,2782
ཀྲན,2774
ཕུའི,2764
གའུ,2725
ཀྱུའང,2721
གཟུཏ,2716
དྲིའི,2713
ཧྲུའི,2708
ཧོའི,2693
ཞའི,2692
ལྷུའོ,2691
ཕའི,2691
འཆིའི,2690
བཾ,2687
ཨཾ,2680
ཟྭ,2672
གཀྲའི,2669
ཊྭི,2664
ཀྭི,2657
ཧོའུ,2656
ཟྭཀྲུ,2643
ཞེའུ,2639
ཀྲི,2630
སེའུ,2629
ཀྲུའང,2626
ཙྭའི,2621
ཤིའུ,2615
ཁྲོའི,2608
ནཾ,2593
ཀྲ,2586
ཀྲྀ,2569
གྲའི,2564
རད,2551
དཀའོ,2541
ཤོའུ,2535
ཁྲོའི,2523
སའམ,2520
འཕྲོའི,2518
ཤེའུ,2517
རེཏ,2508

ཛོའི,2506
ཝུཾ,2504
ཛྷའི,2498
ཨུའམ,2497
ཨུདྲ,2488
ཕེའི,2488
སྤྲོའི,2482
ཏཾ,2479
པའོ,2472
ཀའང,2470
ཟླ,2437
ཕུའུ,2427
ཐའོ,2424
ཏྲའི,2424
ཕའོ,2414
ཀྲུ,2404
སྭུ,2401
ཙོའི,2400
ཏུཾ,2395
ཤུད,2390
ཆའམ,2375
དགྲའི,2363
ཀྵི,2333
ཁེའུ,2323
ཏེག,2313
ཛེའི,2290
བཟའི,2286
ཕྱེའི,2272
ཀླུ,2272
བཀའི,2268
ཏོའུ,2250
ཀྵཻ,2235
ལེད,2232
བྲའམ,2221
གའོ,2217
ཕའུ,2183
སྭའི,2160
ཨིཀྲ,2150
ཐོའུ,2150
དྭི,2148
ཨེའོ,2126
ཀྲཻ,2126
གོའི,2125
ཀྲའི,2123
ཏུཾ,2093
བཀྲན,2079
ཕཾ,2070
ཧ,2068
འཛོའི,2060
ངའང,2060
གྲོའི,2056
གྲོད,2053
ཀའེ,2050
བཙུའོ,2046
ཀྲ,2045
སེའུ,2040
ཕྲུད,2024
ཏོའུ,2022
ཀྵ,2020
ཏུཀྨ,2018
པདྨས,2011
པར,2004
ཅའི,2002
ཀཿཐག,1988
ཆུའུ,1987
སོད,1970
བཞིའམ,1970
ཤངགྲོང,1956
ཟླུ,1956
ཞུའུ,1954
གྲི,1950
ཀྲིའི,1949
ཙིའམ,1945
ཤའོ,1941
ཏེའོ,1932
མཛྫ,1889
བྲའང,1877
ཙིའང,1874
བཙྭོ,1871
པཀྵོའི,1867
ཀྲེའུ,1865
ཀླི,1855
སདྨ,1855
ཕྱེའི,1851
ཕྱིའི,1849
ལུད,1845
བཤྲད,1831
པཾ,1818
བཙོའོ,1817
ཏྲུ,1808
དེའུ,1806
པཀྵི,1805
ཏའི,1790
པདྨར,1768
འཛེའི,1765
ཏོའི,1759
གཞིའོ,1752
མཆུའི,1742
སེའོ,1735
གཡོའི,1728
སོད,1726
ཕྱོར,1718
ཨོཾ,1707
ཀླྀ,1707
ཤེའི,1702
ཀྵེ,1696
ཕྱུས,1695
ཕོའོ,1695
པའེ,1695
ཏྭའི,1695
ཏེའུ,1686
ཟླི,1679
སིདྷིའི,1674
ཞེའོ,1671
སིདྡྷ,1658
གཞིའམ,1644
ཧྲོ,1639
ཞོའི,1638
ཉོའི,1636
ཙུའོ,1634
སྲུའོ,1613
གཡུའི,1607
ཕི,1587
ཀྵས,1584
ཏའམ,1582
ཤཾ,1574
ཧཱུཾ,1566
ཁིའུ,1565
ཁྱིའུའི,1559
རའོ,1555
ཀྲུའམ,1551
ཕྱོ,1545
དའི,1529
ཨའི,1525
ཕུ,1525
སིདྡྷི,1520
འགྲུའི,1520
ཕྭ,1516
ཆིའི,1514
ཧྭོ,1504
མཆེའུའི,1503
ཕྱུ,1501
ཞྭ,1491
ཐིའི,1489
ཀྵའི,1488
ཕྲུ,1482
གྲ,1480
ཆིའམ,1478
གྲོའོ,1466
འཛེད,1458
ཐུའོ,1454
ཕོའན,1451
ཞུད,1449
ཐོའོ,1442
ཤཱིཿ,1436
ཁཾ,1436
སྱུ,1435
དཔུའི,1433
ཤུའོ,1431
ཤྲུ,1428
བར,1422
ཀྵུ,1417
ཙོའི,1416
དགུའོ,1411
ལེཀྵ,1407
ཀྵོ,1400
ཞེའམ,1398
ཕྱའམ,1395
ཀྲི,1393
ཨཱཿཧཱུཾ,1389
འདའོ,1385
མཿ,1383
ཧུ,1382
འགྲོའམ,1372
གྲིའོ,1364
ཧཱུཾ,1361
ཁུའེ,1354
གཀྲ,1352
ཛྲེའོ,1348
ཕྱོད,1347
ཨཱུཏྲ,1342
ལྭའི,1330
ཕྭག,1329
ཙྭ,1329
ལིདྷ,1325
ཁྱི,1315
ཏོའི,1313
ཨཻཾ,1296
ཀྭར,1296
ཏྭ,1274
ཁྱུ,1273
ཀྵཾ,1273
སཾ,1271
ཙའི,1269
སཀྲ,1264
ཏིཀྵ,1264
ཏཾ,1264
ནའེ,1259
ལེཀྵའི,1258
ཀུའུ,1257
ཁ,1253
ཉེ,1245
ཙིཏྲ,1244
མཏྲ,1243
ཐེའི,1240
འཛད,1239
ཀཿཐོག,1236
ཕྲོའོ,1235
སཏ,1230
ཕྱིན,1229
ཕྱོ,1229
ཁྭའི,1227
དེའམ,1225
སྭར,1221
ཏུའི,1220
སྭཏ,1217
གཞིའང,1216
ཏེའི,1209
གཟའི,1209
ཆེའང,1204
ཀུའི,1202
ཀཿ,1201
ཨཱཿ,1196
ཕོའུ,1196
ཉྭའི,1196
རོད,1194
ཁའང,1192
མཐེའུ,1191
ཏྶོ,1190
ཕྱུཿ,1185
ཤྭ,1183
གེའུ,1180
གིའོ,1178
ཨུཧ,1177
ཀྵེ,1170
ཏོཿ,1165
རཏྣ,1162
གཟིའི,1161
དམིད,1159
ཏེཁྲ,1158
ཉེའུ,1156
ཏེ,1154
ཕྲཛྙ,1153
ཀྵ,1149
རཀྵི,1138
ཙའོ,1135
བཾ,1133
ཙཀྲ,1131
ཕྲོའི,1130
ཏྭོའོ,1129
དབའས,1128
ཀྲེའི,1126
རའེ,1125
ཏེའི,1125
གིཧྲེའི,1125
ཕྱོའོ,1118
ཙའི,1117
ཏུའང,1116
ཕྱོའི,1110
བདེའམ,1101
གའམ,1101
གྲུའི,1100
ཕྭ,1098
བཤའི,1098
ཏཏུ,1095
མཏྭ,1093
གི,1093
དགའོ,1087
སོའུ,1077
ཏུ,1074

ཛྲེའུ,1071
ཧྲི,1070
དྭང,1068
རགྲ,1067
སྠི,1062
སྟུ,1056
ཁྲའི,1046
ཐྲའི,1040
ཏས,1040
ཡྭང,1035
དམའི,1028
ཏུའི,1023
པའཱི,1022
ཞྭའི,1021
ཀྵིའི,1021
ཀྵུ,1017
བཙུཊ,1016
གདའོ,1016
ཁཎྜ,1015
ཁྲེའི,1009
ཕཛྲ,998
ཧྲེའི,995
སྭའི,994
ཀྲེའི,994
སྲའི,993
ཕྲུའི,993
ལཛྷུ,992
ཀྵའམ,991
ཛཿ,990
ཛྲའི,989
ཤཀྵྨ,979
བཀྵྨ,977
ཁྲི,972
ཁྲེའུ,970
ཀྵ,967
དཾ,965
ཊེ,963
གཤྲཀྲུ,961
ཕའི,957
ཀྵའོ,955
ཝྱ,954
ཕྲའང,953
ཀའོ,952
ཀྵན,939
ཕྲུའི,933
ཏྲུ,928
ཁའམ,928
འདྲའང,926
འི,918
ཧོཊ,916
པཀྵུ,914
བདེའོ,905
ཀྵོས,901
ཀྲཀྵ,896
ཊོཀྵི,894
ཉཻ,893
བཤུའོ,892
ཆྭང,889
ཀྵོའུ,888
ཀྵར,887
འཚོཊ,886
ཕའོ,885
ཤེའི,879
རེའམ,878
ཊེ,877
བཀྵོའི,876
ཛྲེའུ,875
ཊོན,875
ལའམ,874
ཨྭདྷ,871
ཨྲེ,871
རཿ,871
ཧྲི,869
ཁྲེའི,867
ཛོཀྵ,864
ཨཻ,863
ཁྲེའུའི,861
ཡུའི,860
ཛྙ,860
ཨོཾ,856
ཕིཀྵ,852
ཏྲ,849
གཞིཏ,848
ཀྲེའི,844
ཊོ,843
མངའོ,842
ཨཙ,841
ཀྲོའོ,840
ཏྲ,836
དཔེའོ,832
གཉྫེ,830
གོའུ,828
ཨཱཿཧཱུྃ,826
འཕྲུའི,825
མཚོའམ,824
ཀྵུ,817
ཤྲིར,815
ཨཏྲ,812
ལཏ,810
སཻ,806
ཏཻ,806
ཀྵོ,804
ཡུཏ,802
ཤཾ,801
ཙུའམ,800
ཀའུ,797
ཕེའི,797
ཛྫ,796
མཐའོ,796
བའི,796
ཆཏ,795
ཡིནའང,794
ཀྲཻ,793
ཛཾ,792
ཏར,792
ཝྲ,789
ཏུའི,788
སྭའི,787
ཀྵའི,786
ཏམ,784
གཀྵའི,780
ཙཎྜ,778
ཊོ,777
གེའམ,773
ཙའུ,771
ཕྱི,770
ཀྲུ,769
ཀྲྀ,766
ཁྲོའོ,765
ཀྲིའི,760
ཀྵོའི,758
ཊིག,758
ཁའུ,757
ཚན,756
བཤྭའི,756
ཕེའུ,756
ཁྲུངཿསྐོན,756
བཀྵིའི,751
ཛྙ,749
ཏཾ,748
ཚཊ,747
ཀྲའི,745
ཤེའོ,744
གེའོ,744
ཀྲུ,743
གཙོའི,743
སྒོའང,741
ཆྭ,740
ཡཿ,739
ཧྲའི,734
གཞིཊ,733
གནའི,731
ཀྲུའོ,731
ཤྲུའོ,728
ཀྵེའི,727
ཛོའི,718
མཿསཛ,716
སིཀྵུ,715
ཚུའང,715
ཧྭན,714
དབྲེའོ,714
དཔའོ,714
བཀྵའི,713
གེའི,713
ཀྵོར,711
འདུའོ,709
མཐུའི,709
ཀྵིའི,707
ཊཾ,706
གཎྜ,706
ཙའི,704
ལཛྷུའི,703
ཤྭཀྵི,701
བཀྵོའོ,701
ཀྵྲ,700
ཁྲ,700
འཕོའི,698
ཡའེ,697
ཏཻ,696
ཛྲེའི,695
ཁྲེའུའི,694
ཝྲ,691
ཀྲཀྵ,691
ཀྲེལ,689
ཞའི,688
འདུགཡིན,685
སྲུའི,683
བཊོའི,681
ཙྭང,680
ལེཏ,677
མཚོའི,676
ཏཾ,673
ཀྵོར,672
བའེ,672
ཨོཾ,668
ཕྲའམ,667
བཀྲིའམ,665
ཛྙའི,663
འདུགའོན,663
ཝྲ,663
ཕྲ,662
ཀྵི,661
གཀྵྨ,656
ཤྭི,653
ཅའི,652
ཕོའུ,652
ཨུཊ,651
ཀྵོའུ,651
ཤྭིའི,650
ཏྲ,648
ཀྵིའུ,647
ཞིག,646
ཀྲ,646
ཀྵེའི,645
ཏུའོ,645
ཊོཾ,645
ཨོའོ,644
སཽ,644
ཀྵུར,643
དཀྲིའི,641
ཏཿ,638
གཻ,638
མིའང,637
ཕོའང,636
པཀྵི,633
ཆཊ,631
རཾ,630
ཤྭི,629
ཀྵིས,628
ཀྵིའམ,628
ཀྵཾ,627
ཚུའམ,627
གྲུ,627
ཚོཊ,626
གཛྙའི,624
ཛྫོ,623
གོཾཀྵི,621
ཀྲིས,619
གའང,618
ཨཿ,617
མཿས,615
སྭན,613
ནའམ,613
སྭོ,612
པཙའ,611
ཧྲིའི,611
ཊྲུ,610
ཉེའོ,610
ནཿ,610
གྭའི,610
འདྲིའང,609
ཕིཀྵུ,607
ཤཀྲུ,604
རེའོ,604
ཕོའམ,603
རའམ,601
བཙུའམ,600
ཀྵོའམ,599
ཀྲིའང,598
བཛྙ,597
གཻཾ,596
ཀྲའི,595
ཨུགས,593
ཀྲུའམ,593
གིའང,593
ཏུའི,592
ཨུཾ,589
པཻཧྲུཏུ,588
བཀྲུའོ,588
ཕྲང,587

བརྗེ,587
ཆེའང,587
ཧྲའི,584
ཧྲོའོ,583
ཀྲུ,581
ཚོའུ,581
ཏྲའོ,580
ཀྲུཾ,578
ཀྵའོ,576
ལཿ,576
པུཀྐ,576
ཞུཏ,575
རེཎྜ,574
ཤཱཀྱའི,572
ཚོའམ,572
གའམ,572
ཧཱ,571
ཀྲི,571
ཀྵིས,569
ཛྫེའམ,569
འདེད,566
ཚོད,565
ཡེའུ,564
ཧྲཱ,562
དུཿཁ,562
པུཎྱ,560
ཏེའི,560
ཅེའོ,560
འདྲེ,559
བཻཌཱུར,559
ཀོཉཏཾ,559
ཀྲཱུ,558
ཀྵེའི,557
ཁྲི,557
དྲིའོ,557
ཀྵཾ,556
ཁཾ,554
ཞྭས,554
ཧྲྀ,552
ཅེའུ,552
གུཎ,552
ཀྵེའོ,551
ཀྵོའུ,551
གཀྵ,551
ཀྲིའི,548
ཕིའི,547
སཀ,546
ཀྲིཛྙ,545
ཀྵྭ,544
ཀྵྱིཿཚ,544
ཏོན,544
གཏོད,543
ཏྲོཾ,541
རཛྫ,540
པུཏྲ,540
ཀྵིའི,539
ཧྲར,539
བེའི,536
ཕིའོ,536
ཡེའི,535
ཀྲུ,534
ཀྵིའི,533
བིའི,533
ཙུའོ,533
འཕྲིའི,532
ཏྲི,531
ཊེའི,531
ཀྵི,530
ཨུ,530
ཀྵའུ,529
ཡྭན,529
ཀྲཱ,527
འགྲེའོ,525
ཨཱཿཧཱུཾ,524
ཀྵྲིའུས,523
ཕཾ,522
པིའི,522
གཟིད,522
ཨའུ,520
གྲཏ,520
ཨུའུ,516
ཀྵུ,515
ཀྵྭ,515
ཧྲོ,514
ཨཀྵཾ,513
ཀད,511
ཝཱུ,511
གཀྵུ,510
ཡོའམ,509
ཙུའི,509
འཆེའོ,508
ཏཀྲ,508
ཀྵོའང,507
ཀོའོ,504
ཀྲྀ,503
ཡེའོ,502
འདྲའམ,502
པཉི,500
གཟུད,500
གཀྲ,499
ཚོའོ,498
པིཎྜ,496
ཀྵོའི,495
གཀ,495
ཧུའོ,494
ཀྲིའི,494
ཀྵྭ,492
ཀོའོ,492
ཀྲཛྙ,491
ཙཏྲ,490
པའིའོ,490
ལེའི,489
ཧཾ,488
ཕྲཾ,488
ཀྵུན,487
ཏྭ,487
ཏྲ,486
སཀྵོ,484
གེའང,480
ཤཀྲ,479
ལྭར,478
ཧྭཛ,477
འདེའམ,475
ཀྵ,475
བཀྲའམ,474
ཤིང,473
ཧྲིའི,473
ཀྵིའི,473
བཟློའོ,472
ཀྵྱ,472
ཁྲི,471
ཏུ,471
གཙོའམ,471
གཉིས,471
ཧུའོ,470
མཏྲ,470
ཀྵ,470
ཧཏ,469
ཡིའི,469
ཕཀྲུ,469
ཁྲུད,469
ཀྵོགལམ,469
ཤུཀྲ,468
རིའམ,467
བརྗེ,467
ཕིའོ,467
ལཀྵ,466
ཀྲིས,466
ཀྵ,463
ཀྲུའི,462
ཏུ,462
ཀྲུར,461
ཤཀྲ,460
ཀྵེའུས,459
མཀྲོད,456
ཧྲང,456
གསོའམ,455
ཀྲིཧི,455
ཀྲིའུ,454
བཞུད,454
དཔེའུ,454
ཧྭན,451
ཏྲའི,451
ཀྵཀྵ,450
ཀོཾ,450
ཀྲི,450
མངད,449
ཧྲཾ,448
ཨུར,446
ཚོའམ,446
ཡོཀྵ,445
མཏྲལ,445
ཉེའོ,443
གྲའམ,443
ཤུད,442
ཚུའུ,442
བཛ,442
ཊའི,442
ཤུའུ,441
ཁྭང,439
ཧྭཿ,437
ཊིའི,437
ཞུ,437
པུའང,436
ཏྲི,436
ཉེའུ,435
ཉའོ,435
ཏན,434
མཊ,433
ཏྲཾ,432
ཛཿཧཱུཾ,431
འཚོའོ,430
གཾ,430
ཀྵའམ,429
ཡཾ,428
ཀྵོའམ,427
ཀྲུའམ,426
དཀྲིའི,426
ཀྲུ,425
ཏྲིར,425
ཀྲིཆེ,425
ཏྲིའི,424
པུཥྤི,423
དཀྲུའམ,421
རོཏ,419
ཀྵཀྵུ,418
ཞོའོ,417
ཀྵའི,417
ཕྲིཏྲ,416
ཕོའོ,416
གཅིག,416
པཏྲེ,415
གཡོའོ,415
ཀྵའི,413
ཀྲི,413
ཏྭ,411
གཊ,411
ཞོའུ,410
ཀྲིས,410
ཀྲུའི,409
ཏྲུཏྲ,408
ཀྲིར,407
ཀྵིཀྵ,406
ཀྵྭ,406
ཡྭས,405
ཁྲིའོ,403
ཀྲུལ,401
ཀྵྲི,401
ཡཻ,401
འཕྲིའམ,400
འདྲིའོ,400
བཿ,400
ཀྲིའོ,400
ཕཊ,400
ཀྲིས,400
ཏའར,399
ཀྵུརུ,399
བཞུའི,399
ཀྲུའི,399
ཏྭན,399
ཞིག,398
ཙ,398
འཛུད,398
ཁྲུད,398
ཏྲ,397
ཀྵིའི,395
བཞུད,395
ཀྲའང,395
ཟུའི,394
པཀྵོར,394
ནཏྲ,393
རཀྵིའི,392
འཕྲུའི,392
ཀྲུའི,392
ཡཀྵ,391
པུའོ,391
ལིའི,390
ཧི,390
ཁྲི,390
ཀྵྲིའུ,389
ཀྵུཾ,389
ཡིཾ,389
ཧྲ,388
དམིཏ,388
ཏིའོ,388
འདྲུའི,387
ཚོའོ,387
ཀྲ,386
ཀྲིའམ,385
བེའུའི,385

ཤནྟི,262
པོའིཛྙ,262
ཤུའོ,262
ཊཔྲད,262
ཀྲྀ,262
ཤའམ,261
འཕཊ,261
མིཨུ,261
ཀྵིན,261
མཀྵལ,261
ཀྵལ,261
བརྗའང,260
ཕེཙ,260
གསུཾ,260
ཤེའོ,259
ལྷའམ,259
ཀཙའི,259
འདའི,259
ཞེཙ,259
ཛཱསྲུའི,259
ཏཾ,259
ཤུཔ,258
ཀྵྲ,258
མིའམ,258
པདྨོ,258
ཏཻ,258
གལྷི,258
ཡིཀྲི,257
སྦ,256
ཛེའང,256
ཕྲི,256
བཻཌཱུརྻའི,256
བསྲཊ,256
འདུའམ,255
ཙཀྲས,255
རཀྵ,254
ཡྻ,254
ཀྵཀྵ,254
ཕུཀྵི,254
གུའང,254
ཀླི,253
ཛོའི,253
པཀྲི,253
ཀླུའི,253
ཀྵཇ,253
ཨརྟ,252
སྭ,252
ཕྲིཙའི,252
པཀྵི,252
ཀྲ,252
ཏྲན,252
གངགཱའི,252
ཀྲུ,252
གཾ,252
ཨཱུཊ,251
པྱཻ,251
སཿ,250
ཛྙའང,250
ཡུ,249
ཡིནལ,249
ཡཀྵ,249
ཀྵན,249
ཀྵའི,249
སྦྲི,248
སོའང,248
ཤྲཱིཀྵི,248
ཛཱསྲུ,248
ཨཁྲ,247
ཏྲལ,247
ཙཱཙ,247
ཤིས,247
ཀྲའོ,247
སིཀྲིས,246
ཕཾ,246
ཕྲི,246
མདོའམ,245
བཀྲིས,245
ཤའང,244
མཀྵ,244
ཙཀྲ,244
ཨུཀྲལའི,243
ཐྲིནལ,243
བརྗོ,243
དམེའི,243
གྲུཊ,243
ཨོཾ,242
ཀྵོའི,242
ཤུལ,241
ཀྵུ,241
ཕྲིའི,241
བཻཌཱུརྱ,241
ཙའམ,241
བཻཌཱུརྱ,240
ཕྲེཙ,240
ཀྵུའི,239
ཏྲྀ,239
ཀྵོ,239
བཻ,239
ཏཻན,239
ཨུཾ,238
ཕཀྵ,238
ཏྲུ,238
ཤུཊ,238
ཊུ,238
ཨཱུཾ,237
སཔྲ,237
ཟའམ,237
ཀྵྲ,237
ཏྲཻ,237
ཨཙཊ,236
ཀྲོའོ,236
ཀུའི,236
རཀྲི,236
ཀྵར,236
ཊལ,236
ཙུར,235
ཤཙ,233
ཡྭར,233
བརྗའམ,233
སྭེ,233
ཕྲིཀྵ,233
ཀྵར,232
སལེ,232
ལྷན,232
ཙུཙ,232
གཙིའི,232
ཀྵཱ,231
ཙའམ,231
ཙེཙ,231
ཕྲཱིཙ,230
ལཀྵྨས,230
རཙ,230
ཞེའོ,230
ཙུཙའི,230
ཤེཙ,229
སཀྲ,229
ཀྵཀྲ,229
ཤཀྲུའི,229
ཕུཀྵ,229
བལྷའམ,229
ཀྵའི,228
ཏྲཊ,228
ཀྲུའི,228
གཙོའོ,227
ཨོའི,226
ཕྲིཙས,226
བཀྲུའོ,226
ཏྲེ,226
ཡྭང,225
འཕྲིའང,225
ཕེཾ,225
ཏོར,225
ཨུཀྲ,224
ཨཱཿཡིག,224
སྭན,224
ཀྵཀྲུ,224
ཕྲེའི,224
ཀྵོ,224
ཏྲཾ,223
དོཊ,222
ཙེཀྲ,221
བཞིའང,221
མངའི,220
ཕྲི,220
སྭར,219
ལྷང,219
ཡྭཾ,219
ཛོ,219
སྭར,218
ཙུཙའི,218
དཿ,218
ཀྲུཀླི,218
སཀྵུ,217
ཀྵ,217
འའི,217
འཕྲིའོ,217
ཏྲའི,217
ཀྵུ,216
ཏེཊ,215
ཀྵུའམ,215
ཊ,215
ཀླུ,213
གལྷ,213
ཨུཀྵིའང,212
ཕྲུཨེ,212
ཨོར,212
ཀྱིཔ,212
ཛེཙ,211
ཀྵུ,211
ཀྵོ,211
ཤྲི,211
འཛུའི,210
དཀྲི,210
ཀྲ,209
འཛཊ,209
ཕུཀྵ,209
བཀོའི,209
དཕྲིའོ,209
ལེཙའོ,208
མཚོའོ,208
བསྭེ,208
ཀྵཇ,208
ཤུཙ,208
ཨུཾ,207
ཀྵོ,207
ཞོའི,207
ཀྵཾ,207
ཀྲུཙ,207
ཀྵྲོའི,206
སཾཀྵི,206
ཙཀྵ,206
མཁོའང,206
ཀྵཱ,206
དཔེའམ,206
ཀྵོགས,206
གཀྵྲི,206
ཨུཀྵོ,205
ཨུའོ,205
ཀྵོའི,205
ཨུའོ,204
ཀྵའི,204
ཀྵི,204
བཀྵོའོ,204
ཤུར,204
གཀྲའི,204
ཤུའི,203
སཀྵུ,203
ལཀྵུ,203
ཙཀྲའི,203
མཁོའམ,203
ཏྲཾ,203
ཤུལ,202
གིཊ,202
ཏིཾ,201
མཛོའི,201
བའིའོ,201
ཕྲིཙ,200
ལཊ,200
ཚོའམ,200
བཟོའམ,200
པཿ,200
ཏོཾ,200
ཊའ,200
ཏྲི,200
ཀའི,200
ཤུའི,199
ཀྵ,199
ཙྭས,199
པོཀྲི,199
ཙུཙའི,199
ཀྵར,199
ཀྵུའམ,198
ཡཙ,198
ཚོཊ,198
བཛུའི,198
བཞི,198
ཀྵཀྵ,198
ཀྲུའི,198
གང,198
གིཀྲིས,198
ཀླུ,197
ཕྲིའོ,197
ཁ,197
ཨུའོ,197
ཀྲུ,197
ཨི,197
པཀྲི,197
ཀྵུ,196
རོའམ,196
ཏྲམ,196

ཏཛ,149
ཉེའམ,149
ཏྲའི,148
ཊཱ,148
ཤྲོའོ,148
ཛྷིའམ,148
བཀྲོ,148
ཀོའང,148
ཛེཙའི,147
འཛོད,147
ཐྭང,147
ཤུཏྲ,147
ཏཿཁས,147
ཏྭའི,147
གཞོཊ,147
ཁཻར,147
ཡོའོ,146
ཛཾ,146
ཁྲུཥྚེ,146
བཻཧུཏྲུ,146
པྲའི,146
ཏིའི,146
ཀྵུ,146
པྲཀྵཾ,145
དཻར,145
ཌའོ,145
གཛ,145
གཞིར,145
གཙེཙུ,145
ཊྲའི,145
ཀྭིའི,145
ཚུཾ,144
ཐུཊ,144
སྐྲོའོ,144
ཀྵེའི,144
ཙེའམ,144
པྲཧྲེ,144
པུའམ,144
དཀྱ,144
སཐ,143
འཆོའམ,143
ཙོའོ,143
ཉེལ,143
ཐོའམ,143
ཏྲས,143
གསའི,143
ཁཊ,143
སྲུའམ,143
སིདྡྷ,142
བཀྲ,142
ཀྲིའི,142
བྲུའི,142
ཀྵི,141
ལྭམ,141
ཅེད,141
ཡོཾ,141
སྲུཾ,141
སྲུ,141
བསྐྲི,141
བདཻ,141
ཐཾད,141
གཅིག,141
ཀླེའི,140
ཀྲྀཥྞིའི,140
རི,140
ཀློའོ,140
ཞིའམ,140
ཥྭར,140
སྦུ,140
ཀྵུ,140
ཏེཾ,140
ཀྲས,140
ཏེཙའི,140
སྲུཏྲུ,139
མཆེཙུར,139
ཀྲུ,139
ནྭན,139
ཏིཊི,139
ཉའམ,139
ཐོའི,139
ཨཊྚ,138
ཨྭའིན,138
ཨདྷའི,138
ཀྵོའི,138
རཀྲ,138
ཡཀྵ,138
དེལས,138
ཏིཊ,138
ཊའོ,138
ཐྭའིན,138
ཏྲཀ,138
ཏྲོང,138
ཥྭའི,137
ཁྲཿ,137
ལྦི,137
རིང,137
ཧྲི,137
གཙེཙུ,137
ཀྵྭ,137
ཛོའང,136
ཧའང,136
ཀྲུ,136
ཐཆ,136
ཥྭོ,136
བཙུཊ,136
བཥྟི,136
ནཥྚེ,136
དྲ,136
ཊོལ,136
ཀྲི,136
ཁྲིཙུ,136
ཨིཊྚ,135
ཨྭཿདམར,135
སྐྲོའོ,135
ཀྲེཙུ,135
ཛའི,135
རཀྲོ,135
ཡོཿ,135
འདྲིའམ,135
འཛིག,135
ཛཿཏྲུཾ,135
ཚེཙུ,135
སཽ,135
ཊིས,135
ཀྵུཾ,135
ཀྭིས,135
གཏྲི,135
སྐྲིའི,134
ཀྭམ,134
འཛའི,134
ཚཀྲོ,134
སཽདྷལ,134
མཙུ,134
མཐོའོ,134
ཀྲུཾ,134
ཕར,134
པསྐོས,134
ཁྲོ,134
ཀཏྲི,134
ཤཔྲུ,133
ཙེཀྲུཾ,133
བུཏྲའི,133
ཊའོ,133
ཉི,133
ཨཏྲི,132
ཁྲིཙུ,132
ཤྲིའི,132
སིཀྲ,132
ཛཿཞིས,132
ཀྲིའམ,132
ཥྭུཾ,132
མཆིས,132
བཥྚིའི,132
ཏྭཀྲིའི,132
གསྲུ,132
ཀྲྀ,132
སཻ,131
ཥྲ,131
རཀྲ,131
ཡཀྲ,131
འཕྲུའོ,131
ཞོའམ,131
མཛྲིའི,131
མཉེའི,131
བཤུའི,131
ཐྭེན,131
ཐྭའི,131
གཤེཏ,131
ཀྲུཙུས,130
ཐྲོའོ,130
ཐྲའི,130
ཐྲིའང,130
ཤཀུཏྲལྭའི,130
ཀྵྭ,130
རིའང,130
མདའས,130
མཆི,130
བཀྲ,130
ཏྲཉ,130
དོའོ,130
ཊིས,130
ཏྲུཏ,130
ཛོཙུ,130
ཀྲའི,130
སྲྀང,129
ཤྭུ,129
ཤྲུའམ,129
ཙེའམ,129
ཀྲིཥྞ,129
བཛྲའི,129
ཊྭ,129
ཀྲྀ,129
སཏྭ,128
ཤེའམ,128
འཕོའི,128
འཕོའོ,128
སཽཙུ,128
བདེའང,128
ནསཿ,128
དཔྱིའི,128
ཀྲུ,128
ཀྵྭ,127
སྐྲིང,127
ཥྭུ,127
ཤཻས,127
ཐྲུ,127
ལཀྲུལ,127
ཕིཏྲ,127
བཏཏ,127
ལསཿ,126
ཡཻ,126
མའི,126
མའར,126
ཀྲུཕའི,126
ཐྲོ,126
ཏུཾ,126
ཀྲུཐའི,126
ཀྲྀ,126
ཁའར,126
ཀྭཾ,126
ཨཏ,125
ཨཏྲ,125
ཏཔ,125
ཀྵོན,125
བསྲིའོ,125
ཕྲི,125
པསྐྲ,125
ཀྲི,125
ཏཿ,125
ཤཀྲུའི,124
ཡོཾ,124
ཀྲྀ,124
ཕྲེཙུ,124
ཨྭུཾ,123
ཁྲིའི,123
ལཀྵ,123
སུཏྲི,123
སྲ,123
ཏྲཿ,123
ཀྵན,123
ཕྲིའམ,123
ཏྲན,122
ལྭག,122
བཀྲི,122
དབའི,122
ཨཀའི,121
ཀྵཿཏ,121
སྐྲོའམ,121
ཤཏྲ,121
རཀྵ,121
ཀྵྲིང,121
ཀྵཻ,121
ཐོར,121
ཏྲས,121
ཚེཙ,121
ཚེཙུ,121
ཐྭའི,121
ཀྵུཾ,120
ཤུ,120
ཙེའམ,120
སྲུའང,120
ཁྲོའོ,120
ཀྲུཀེ,119
ཨཀྲ,119
ཥྭ,119
ཀླུ,119
ཨིག,118
ཨའར,118
སིཀྲི,118
འདུའང,118